JN492101

열역학과 구성방정식 이론

열역학과 구성방정식 이론

조광수 지음

경북대학교출판부

지은이 **조광수**

학력 및 주요 경력
서울대학교 섬유공학과 공학사(1989. 2.)
서울대학교 섬유공학과 공학석사(1991. 2.)
서울대학교 재료공학부 공학박사(2000. 8.)
제일모직 연구원(1991. 2.~1997. 2.)
미국 Rensselear Polytechnic Institute 재료공학과 박사후 연수(2001)
경북대학교 고분자공학과 교수(2000. 2.~현재)

연구분야 및 업적
Stress decomposition theory for large amplitude oscillatory shear
Numerical algorithms for viscoelastic identification
Irreversible thermodynamic theory for rheology and transport phenomena
Theory of non-equilibrium statistical mechanics for rheology and transport phenomena

저서 및 논문
Viscoelasticity of polymers, Springer, 2016.
70편 이상의 유변학과 섬유공학 관련 SCI 논문(2023 현재)

경북대학교 학술총서 15
열역학과 구성방정식 이론

찍은 날 2024년 2월 6일 | **펴낸 날** 2024년 2월 20일
지은이 조광수 | **펴낸이** 홍원화 | **펴낸 곳** 경북대학교출판부
출판등록 1973년 10월 10일 ㉑97호 | **주소** 대구광역시 북구 대학로 80
전화 053-950-3830 | **팩스** 053-953-4692 | **E-mail** press@knu.ac.kr
Homepage http://knupress.com
ISBN 978-89-7180-627-2 93420

정가는 뒤표지에 있습니다. 잘못 만들어진 책은 바꾸어 드립니다.

이 저서는 〈2023년 경북대학교 학술총서 집필 및 출간지원사업〉의 재원으로 출간되었습니다.

머리말

유변학은 물질의 변형과 흐름에 관한 물리학이라고 정의할 수 있다. 20세기 초반에 탄생한 유변학 이전부터 유체역학이나 탄성역학은 유체와 고체의 변형과 흐름에 대한 물리학으로 존재해 왔는데 굳이 유변학이라는 학문이 탄생한 것은 의아하기도 하다. 물질의 변형과 흐름을 파악하기 위해서는 물질의 성질인 구성방정식과 물질에 무관하게 반드시 성립되어야 하는 수지식을 연합해서 풀어야 한다. 이 방정식들은 편미분 방정식으로 경계조건과 초기조건을 줘야 변형과 흐름을 예측할 수 있게 된다. 유변학 이전에 유체역학과 탄성역학의 연구자들이 관심을 가진 연구 분야는 구성방정식이 아니라 구성방정식과 수지식을 연합한 방정식을 어떻게 풀 수 있느냐였다. 이를 경계치 문제라고 한다. 왜냐하면 유변학 이전에 관심의 대상이 되는 물질은 선형 점성유체나 선형 등방성 탄성체뿐이었기 때문이다.

고분자물질의 사용이 급격히 늘어 가면서 점성유체나 탄성체로 간주할 수 없는 물질이 있다는 것이 널리 인식되게 된다. 물론 탄성체로 간주하던 금속도 항복응력 이상에서 유체처럼 흐른다는 것을 인식하였지만 이 분야의 연구는 유변학보다는 소성역학으로 부르게 된다. 소성역학 연구자들의 주요 관심사에는 물론 구성방정식도 있지만, 그보다는 경계치 문제를 푸는 것이 더 많은 관심의 대상이었다.

유체역학, 탄성역학, 소성역학은 모두 물질을 연속체로 간주하므로 이들을 연속체역학이라고 부른다. 연속체역학은 응력, 변형률과 같은 기본 개념의 설정, 수지식의 수학적 정립, 구성방정식 이론, 경계치 문제 등으로 이루어져 있다. 따라서 유변학보다 더 포괄적인 학문이라고 할 수 있다. 하지만 연속체역학 연구자의 대부분은 경계치 문제에 더 비중을 두지만, 유변학 연구자는 연속체역학의 지식을 이용하여 일반적인 물질의 구성방정식을 개발하는 데 방점을 둔다.

연속체역학은 뉴턴의 운동법칙을 기반으로 하는 거시적인 물리학이다. 거시적인 물리학이라는 의미는 원자나 분자와 같은 물질을 이루는 구성 입자를 고려하지 않고 연속체로 대체하기 때문이며 눈으로 구분할 수 있는 길이 척도에서 일어나는 자연현상을 대상으로 하기 때문이다. 연속체역학 및 뉴턴 역학으로 기술할 수 없었던 거시적 물리 중의 하나는 열역학이다. 열역학은 에너지 변환을 수반하는 모든 자연현상을 기술하는 거시적인 물리학이다. 사실 에너지 변환을 수반하지 않는 자연현상이 있는지 모르겠다. 따라서 모든 자연현상은 열역학 법칙을 만족해야만 한다. 그러므로 당연히 물질의 흐름과 변형을 기술하기 위해 개발된 구성방정식 역시 열역학 법칙을 만족하는 것이어야만 한다. 연속체역학을 연구하기 위해서는 열역학이 필요하게 된다. 흐름과 변형 대부분은 비가역적인 과정이므로 우리가 필요한 열역학은 비가역 열역학이다. 평형 열역학과 연속체역학은 아주 오래전부터 독립적으로 발전해 왔기 때문에 다른 학문 분야라고 생각하기 쉽지만, 비가역 열역학은 연속체역학의 많은 개념과 결과들을 이용하여야 하므로 두 분야를 합쳐서 thermomechanics라고 부르는 학자도 있다. 열역학이 영어로 thermodynamics인데 thermomechanics를 우리말로 번역하면 다시 열역학이 되어 마땅히 번역할 우리말이 부족해 보인다. 열역학과 연속체역학을 아울러야 하는 주제가 구성방정식이라고 할 수 있다. 따라서 이 책은 유변학자의 관점에서 저술한 연속체역학과 열역학에 관한 연구서이다.

구성방정식은 물질의 성질을 수학적으로 표현한 것이므로 물질의 구조를 반영하여야 할 것이다. 물질의 구조란 물질을 구성하고 있는 원자나 분자들의 공간적 배열이라고 할 수 있겠지만 그러한 배열은 근본적으로 원자나 분자들 사이의 상호작용에 의한 결과이다. 따라서 상호작용으로 어떻게 원자나 분자들이 운동하는지를 규명해야만 구성방정식을 수립할 수 있을 것이다. 그러면 구성방정식의 개발은 연속체역학 이상의 물리학을 요구하게 된다. 분자의 운동을 거시적인 현상과 연결하는 물리학 분야가 통계역학이다. 따라서 구성방정식 이론은 열역학뿐만 아니라 통계역학도 사용하여야 한다. 사실 통계역학은 열역학을 분자론적으로 기술하기 위해서 탄생한 현대물리학이라고 할 수 있다.

유변학에서 구성방정식이라고 함은 응력과 변형 사이의 관계식이다. 하지만 물질의 성질을 연구하는 데 있어서 열 유속(heat flux)은 온도와 어떤 관계에 있느냐도 중요하며, 확산 유속(diffusion flux)은 물질의 조성과 어떤 관계에 있느냐도 중요하다. 열 유속과 온도 사이의 관계식은 후리에 전도 법칙(Fourier's law of conduction)으로 알려진 구성방정식이고 확산 유속과 물질 조성 사이의 관계식은 픽의 확산 법칙(Fick's law of diffusion)으로 알려진 구성방정식이다. 응력 이외의 구성방정식을 위해서는 비가역 열역학이 더욱 필요하다.

구성방정식이 응력만을 다루는 것이 아니기 때문에, 그리고 응력에 관한 구성방정식도 열역학과 통계역학이 필요하므로 이 책의 제목을 '열역학과 구성방정식 이론'이라고 정한 것이다. 따라서 이 책에서의 열역학은 현상학적 이론인 비가역 열역학과 분자론적 이론인 비평형 통계역학을 아우르는 단어이다. 하지만 비평형 통계역학을 이용한 구성방정식 이론은 라우즈 모형과 도이-에드워즈 모형 같은 매우 기초적인 것을 제외하고 다루지 않기로 한다. 연속체역학의 네 가지 수지식, 즉 질량 수지식, 운동량 수지식, 에너지 수지식 및 엔트로피 수지식을 모두 만족하는 비평형 통계역학 이론이 일반적인 물질의 구성방정식에 응용되기에는 아직 부족한 점이 많고 게다가 지금까지의 이론을 포함하기에는 이 책의 분량이 너무 늘어나기 때문이다. 평형 통계역학은 고무 탄성과 몇 가지 분자 이론에 필요하기에 포함했다.

이 책은 연구서이다. 즉, 학부생이나 석사과정 대학원생을 위한 교재가 아니다. 물론 높은 수준의 대학원 강의에 사용하려면 사용할 수 있겠지만 교과서 수준의 기본적인 개념을 간략히 요약할 뿐 상술하지 않았으며 수식의 유도 과정도 매우 간략하게만 기술하였고 연습문제나 예제도 없으므로 좋은 교재라고 할 수 없다. 하지만 일정 수준의 독자라면 고등 개념과 방법론을 빠르게 습득하기 충분하도록 저술하였다. 일정 수준의 독자란 첫째, 대학원 수준의 연속체역학이나 이동현상론과 같은 과목의 지식과 그에 필요한 수학을 충분히 이해하는 독자이며 둘째, 일반적인 물리학과에서 제공하는 학부 수준의 평형 열역학, 해석역학, 통계역학 등의 물리학 지식을 갖춘 독자를 의미한다. 독자의 대부분은 물리학자보다는 화학공학, 기계공학, 재료공학 분야의 공학자나 공학도일 것이므로 공대의 학부나 대학원 과정에서 제공하지 않는 물리학이나 수학에 관한 것은 부록으로 보충하였다.

이 책의 주제와 연관성이 높은 연구서 또는 교재는 많을 수 있지만 연속체역학과 비가역 열역학 그리고 구성방정식을 세 축으로 하는 연구서 또는 교재는 매우 드물다. 구성방정식과 관련된 유변학 분야의 유명 저술 중 Bird, Armstrong and Hassager, 1987, Bird *et al.*, 1987, Larson, 1988은 1980년대까지 개발된 고분자 유체의 유체역학과 구성방정식에 관한 방대한 저서이지만 비가역 열역학의 구성방정식에 대한 응용이 전혀 반영되지 않았으며 Maugin, 1999는 비가역 열역학의 구성방정식에 대한 많은 응용 예가 있지만, 구체적인 접근보다는 내부변수 이론의 다양한 응용의 윤곽을 보여 주는 것을 목표로 저술된 서적으로 보인다. 대학원 수준의 교재로 Haupt, 2000은 연속체역학 이론과 구성방정식 이론이 균형적으로 저술된 명저이지만 열역학의 응용이 매우 부족하며 Gurtin, Fried, Anand, 2010은 열역학의 응용이 Haupt, 2000보다 풍부하지만 열역학을 이용하여 구성방정식을 유도하려는 것보다는 개발된 구성방정식이 열역학 법칙을 위배하지 않는다는 것을 보여 주는 정도이다. 이는 Maugin, 1999에서도 느껴지는 바이다.

사실 열역학으로 구성방정식을 유도한다는 것은 어불성설이다. 그보다는 구성방정식이 자유 에너지나 소산함수와 같은 열역학 함수들과 어떻게 연결되는지를 열역학 이론이 보여 주어야 한다. De Groot and Mazur, 1962 이후에 많은 비가역 열역학 서적이 출간되었고 많은 비가역 열역학 이론들이 개발되었지만, 이러한 열역학 이론은 개발되지 않았다고 본다. 물론 Grmela and Öttinger, 1997과 Öttinger and Grmela, 1997의 GENERIC이 이 조건을 만족하는 열역학 이론과 같아 보이지만 GENERIC에는 응력, 열 유속, 확산 유속과 같은 물리량이 이론 자체에 있지 않고 다만 운동량, 에너지, 조성비의 진화방정식이 GENERIC form이라는 형식으로 표현된다는 것을 보여 주는 것일 뿐이며 이마저도 구성방정식을 미리 알지 못하면 GENERIC 형태의 진화방정식을 수립할 수 없다. 하지만 Cho and Lee, 2021의 변분법적 내부변수 이론은 자연현상의 진화 방향에 대한 변분법을 이용하여 응력, 열유속, 확산 유속 등이 자유 에너지와 소산함수에 의해서 어떻게 생성되는지를 보여 주는 방정식을 유도할 수 있다. 따라서 단지 두 개의 스칼라 함수인 자유 에너지와 소산함수를 모형화하면 모든 구성방정식을 구체화할 수 있다.

이 연구서는 Cho and Lee, 2021의 변분법적 내부변수 이론을 소개하는 데 필요한 사전지식을 제1장부터 제11장까지 할애하였다. 제12장에서 이 변분법적 열역학 이론을 다룬다. 결국 이 열역학 이론은 온새거 변분 원리와 일치하며 이를 다양한 구성방정식에 적용한 것을 제13장에서 다룬다. 제14장에서는 Cho and Lee, 2021의 연구계기가 된 도이(M. Doi)의 온새거 변분 원리에 관해서 소개하고 있다. 저자는 2012년 포르투갈 리스본에서 열린 International Congress on Rheology에서 도이 교수의 기조 강연을 듣고 그가 소개하는 온새거 변분 원리에 상당한 생략과 비약이 있다고 생각하고 문헌 조사를 하면서 변분법적 열역학 이론을 연구하기로 결심하게 되었다. 그때 많은 사람이 한 질문 중의 하나는 온새거 변분 원리가 왜 타당하냐였고 도이 교수의 대답은 원리인데 왜 타당하냐고 물으면 어떻게 대답하냐였다. 그래서 문헌 조사를 시작하고 알게 된 논문이 Eu and Ichiyanagi, 1996이었다. 이 논문의 주제는 온새거 변분 원리의 유도라고 할 수 있다. 그런데 너무 많은 공리로부터 도출한 결과이고 점탄성 고체나 소성체로 확장하기 어려운 측면들이 많아서, 더 작은 공리계로 다양한 구성방정식에 적용할 수 있는 변분 원리를 찾고자 했다. 그 결과가 Cho and Lee, 2021이다. 또한 이 책은 저자가 박사학위 논문으로 열역학과 구성방정식에 관한 연구를 시작한 1997년부터 2023년까지의 약 26년간 연구한 내용을 모아서 체계화한 것이다.

앞에서 언급한 대로 분자론적 구성방정식을 개발하려면 비평형 통계역학이 필요하다. 그런데 볼츠만 속도론(Boltzmann's kinetic theory)을 제외하면 연속체역학의 네 가지 수지식을 만족하는 확률분포의 진화방정식이 없다. 이러한 이유로 지금까지 개발된 분자론적 구성방정식은 임시방편적인 가정들의 결합으로 이루어져 있다. 볼츠만의 확률분포 진화방정식(Boltzmann's kinetic equation)은 네 가지 수지식을 만족하는 완전한 형태이지만, 분자의 운동방정식이 없으므로 분자 동역학(molecular dynamics)과 같은 전산모사에 적용하기 힘들며 비선형 미분-적분방정식이기 때문에 이상기체와 같은 단순한 경우가 아니라면 해석적인 접근도 매우 어렵다. 이를 타개하기 위해서는 완전하면서도 분자 동력학으로 전산모사가 가능한 확률분포의 진화방정식이 필요하게 된다. Cho, 2021은 분자의 운동방정식을 가지는 확률분포의 진화방정식을 유도하였다. 하지만 이 이론은 단원자 분자로 이루어진 물질에만 적용하였고 고분자와 같은 복잡한 물질에 대해서는 아직 연구 중이다. 따라서 비평형 통계역학에 대한 본격적인 논의는 기회가 주어진다면 다음에 저술할 연구서에 반영될 것 같다.

과학지식은 귀납법에 따른 결과들이다. 뉴턴의 만유인력 법칙은 단지 태양계의 몇 가지 행성들의 운동을 보고 만든 것이지만 이 특별한 관찰결과를 전 우주로 확장한 것이다. 논리적으로 보아 전 우주적으로 만유인력 법칙이 성립됨을 증명할 수는 없다. 검증하고 또 검증해서 지금까지 모순이 발견되지 않았다고 미래에도 모순이 발견되지 않는다는 보장이 없는 것이다. 하지만 귀납 논증의 한계로 만유인력의 법칙을 폐기하는 바보는 없을 것이다. 모든 과학지식은 완벽한 토대에서 차곡차곡 쌓아 올려지는 것은 아니다. 과감한 가정으로 이론을 만들고 실험 및 다른 이론과의 비교를 반복하여 검증함으로써 짜인 정합적인 지식의 그물이라고 본다. 자신이 믿는 이론과 다르다는 이유로 배척하는 것은 과학 발전을 방해하는 어리석음이다.

끝으로 원고를 집필하는 동안 내조해 준 아내와 아들에게 감사의 마음을 전한다.

차례

1 서론

1.1 열역학의 개념과 범위

모든 학문이 그렇듯이 열역학도 작은 주제에 관한 연구가 확대, 발전되어 성립된 지식의 총체이다. 어떤 작은 주제의 연구들이 진행되어 가며 공통점이 인지되어 하나의 학문분류가 되었는지를 살펴보면 열역학이 무엇인지 이해하게 될 것이다. 또한 열역학이 무엇인가에 대해서 이해하려면 내가 누구인가란 질문에 답하기 위해서 나와 비슷한 다른 사람과의 비교가 필요하듯 다른 물리학 분야들과의 비교가 필요할 것이다.

먼저 전자의 방법으로 열역학을 살펴보자. 우리의 감각기관은 어떤 물체는 차갑고 어떤 물체는 따뜻하다는 것을 느낄 수 있다. 그런데 어떤 사람에게는 차가운 것을 다른 사람은 그렇게 느껴지지 않는다고 말할 수도 있다. 같은 사람에 대해서도 왼손은 차가운 물에 담그고 오른손은 뜨거운 물에 담근 후에 중간 온도의 물에 두 손을 담그게 되면 왼손은 따뜻해졌다고 느끼고 오른손은 차가워졌다고 느낄 것이다. 우리의 감각기관은 그런대로 차가운 것과 뜨거운 것을 구분해 주기는 해도 정확하지 않은 경우가 생길 수 있다는 것을 의미한다. 그러면 차가움과 뜨거움을 정량화하는 방법이 있는가? 이에 관한 연구는 온도계의 발명을 이끌었고 정확한 온도계를 개발하는 데 매우 오랜 시간이 걸렸다(Chang, 2004). 열역학의 가장 중요한 업적인 열역학 제2 법칙과 그로부터 엔트로피를 정의하고 그로부터 절대온도를 정의하기 전까지 인류는 온도를 제대로 이해하지 못하였다. 절대온도를 정의하였다고 해도 절대온도를 정확하게 정의대로 측정하는 방법이 나오기 전까지 인류는 온도에 대해서 완벽하게 이해했다고 할 수 없다. 온도의 정의와 측정은 열역학의 중요한 주제 중의 하나이며 비가역 열역학을 논의할 때 언급하겠지만 비평형 상태에서의 온도의 정의에 대해서는 아직도 연구가 진행되고 있다.

그렇다고 열역학을 온도의 물리학이라고 정의할 수는 없다. 온도가 높고 낮은 이유는 무엇인가라는 질문에 답하라고 하면 열 때문이라고 할 것이다. 이는 온도변화의 원인을 열이라고 부르자는 것 이외에는 아무런 정보를 주지 못한다. 온도는 열소(caloric)라는 질량이 없는 유체와 같은 것이 물질 사이로 이동하면서 변화하게 된다는 열소 이론이 제안된 적이 있다. 하지만 이는 잘못된 것임이 밝혀진다. 열은 일종의 에너지로 역학적 일과 등가이다(Müller, 2007). 그러면 열역학은 열의 물리학인가? 이름에 열이 들어 있으니 맞는 정의 같아 보인다. 하지만 열소 이론이 제외될 때 역학적 일(mechanical work)이 열로 변환될 수 있기에 여기서 질문이 완결되지 않을 것 같다. 열역학의 연구자들은 더 많은 질문을 하고 그에 답하기 위해 노력하였고 그 결과로 열역학이라는 학문을 구성하였다.

이제 다른 물리학 분야와 비교해 보자. 역학적 일, 운동 에너지, 위치 에너지 등과 같은 에너지라는 개념은 힘의 운동 경로에 대한 선적분인 일(work)로부터 정의되는 물리량들이다. 에너지란 당연히 줄(Jule, J. P.)이 열이 일과 등가인 것을 보이기 전부터 있었던 개념이다. 에너지는 뉴턴

(Newon, I.)이 운동의 원리를 수립한 이후 성립된 고전역학(classical mechanics)의 주요 개념이 되었다. 특히 힘이 중력과 같이 위치 에너지의 미분(gradient)으로 표현될 때, 이를 보존력(conservative force)이라고 한다. 운동 에너지와 위치 에너지의 합은 시간과 관계없이 일정하다. 이를 에너지 보존의 법칙이라고 한다. 보존력만이 존재할 때, 일은 운동 에너지와 위치 에너지로 분배되지만, 그 합은 항상 일정하다. 그러면 일이 열로 변했다면 일은 운동 에너지와 위치 에너지 이외의 다른 것인 열로 변했다는 것이다. 이는 에너지가 운동 에너지와 위치 에너지 이외에도 더 존재할 수 있다는 것을 의미한다.

열역학이 정립되기 전에 증기기관이 영국에서 발명되었다. 그 당시 증기기관이란 석탄을 태워서 역학적 일을 할 수 있는 장치이다. 석탄을 태우면 열이 발생하고 이 열이 일하는 것이다. 석탄은 탄소로 이루어져 있는데 탄소가 산소와 반응해서 이산화탄소가 발생하며 연소열이 발생하는 것이다. 화학반응에 의해서 열이 발생했는데 이유가 궁금해진다. 이를 설명하기 위해서 분자마다 일정 수준의 에너지를 가지고 있는데 반응물의 에너지 합보다 생성물의 에너지 합이 작으면 그 차이만큼 열이 발생한다는 가설을 세운 연구자가 있었다. 역사적으로 누가 먼저 이런 생각을 했는지는 저자의 지식 범위뿐만 아니라 관심 범위 밖이다. 이런 가설에 의하면 화학반응 전후의 에너지는 변하지 않는다. 분자는 하나의 화학반응만으로 생성되지 않는다. 수없이 많은 화학반응의 연쇄로도 만들어질 수 있다. 수많은 화학반응에 대해서 반응열을 측정하고 에너지 보존이라는 관점에서 데이터를 정리하면 위의 가설이 맞다는 것을 증명할 수 있다. 이것이 바로 헤스의 법칙(Hess's law)이다(Silbey, Alberty and Bawendi, 2005).

전자기학과 전기화학의 발전 등 다양한 분야에서 여러 가지의 에너지가 존재한다는 것을 보이게 되고 에너지는 다른 에너지로 변환될 뿐, 그 총량은 변하지 않는다는 것을 증명하게 된다. 고전역학에서의 에너지 보존의 법칙은 뉴턴의 운동법칙으로부터 유도되는 연역적인 결과이지만 열역학의 에너지 보존법칙은 더 광범위한 귀납적인 추론의 결과이다. 이를 열역학 제1 법칙이라고 한다.

높이 h에 있는 물체가 바닥으로 떨어지면 위치 에너지가 줄어들며 운동 에너지가 증가하게 된다. 그래서 물체는 바닥에 도착했을 때 가장 높은 운동 에너지를 가지게 된다. 그런데 물체는 바닥과 처음 충돌한 이후에 다시 튀어 올랐다 떨어지는 과정을 반복하다가 결국에는 바닥에 정지하고 만다. 즉 위치 에너지도 0이 되고 운동 에너지도 0인 상태에 도달하게 된다. 그러면 에너지 보존의 법칙을 위반하는 것처럼 보인다. 추락과 상승을 반복하면서 공기와 물체는 마찰하게 되고 바닥과 충돌할 때마다 바닥을 진동시키게 된다. 즉 물체에 있던 에너지가 공기 중으로 그리고 바닥으로도 흩어져 나간다. 정밀한 실험으로 이러한 눈에 보이지 않았던 에너지들을 모두 모아 보면 에너지는 절대로 소멸하지 않음을 알 수 있다. 그러면 공기와 바닥으로 퍼져 갔던 에너지들이 다시 모여서 바닥 위에 정지해 있는 물체를 다시 높이 h로 올려 보낼 수는 있는가? 당연히 그런 현상은 일어나지 않는다. 역변화는 에너지 보존의 법칙을 만족시키지만 절대로 그러한 현상이 발견된 적이 없다. 에너지 보존의 법칙을 위배하는 것이 아니라고 해도 A에서 B로의 변화는 일어나지만, B에서 A로의 역과정은 일어나지 않는 경우가 많다. 변화하는 현상에 다양한 에너지들이 변환되지만, 그 총량은 변하지 않는다면 변화하는 현상의 전후에 대응시킬 수 있는 어떤 양이 있고 그 양이 증가하거나 그대로인 것은 가능하지만 감소하는 것은 불가능하다고 생각할 수 있을까? 만약 그러한 양을 규정할 수 있고 측정할 수 있다면 우주의 모든 변화를 하나의 척도로 기술할 수 있을 것이다. 이 양을 엔트로피(entropy)라고 한다. 열역학 제2 법칙은 "우주의 엔트로피는 절대 감소하지 않는다."이다. 엔트로피는 클라우시우스(Clausius, R. J. E.)에 의해 처음으로 정의되었다.

이제 열역학을 정의할 수 있을 것 같다. 열역학은 열역학 제1 법칙과 제2 법칙을 이용하여 자연의 모든 변화를 기술하는 물리학이다. 매우 광범위한 학문이라고 할 수 있다. 그렇다면 이런 연구를 어떻게 할 것인가?

물질을 질점들의 연속체로 보고 거시적인 측정 가능한 물리량들을 가지고 자연의 일반적인 변화를 기술하려는 접근법을 연속체 열역학(thermodynamics of continuous media)이라고 할 수 있는데 일반적으로 열역학이라고 하면 이러한 방법론을 사용하는 열역학이다. 물질은 원자와 분자로 이루어져 있으므로 원자와 분자의 운동으로부터 열역학을 연구하려는 분야를 통계역학(statistical mechanics)이라고 한다. 기존의 연속체 열역학에서 확장된 것이므로 이를 분자 열역학(molecular thermodynamics)이라고 부르는 연구자도 있다. 통계역학은 또한 분자의 운동을 고전역학의 입자로 보고 기술할 것인지 아니면 양자역학을 이용하여 기술할 것인지에 따라서 각각 고전 통계역학(classical statistical mechanics)과 양자 통계역학(quantum statistical mechanics)으로 분류할 수 있다.

20세기 이전의 열역학은 연속체 열역학이며 또한 비평형 현상에 대해서는 다루지 않는 평형 열역학이었다. 20세기 이후 통계역학이 성립되었고 비평형을 다루는 비평형 열역학(nonequilibrium thermodynamics)(또는 비가역 열역학(irreversible thermodynamics)이라고도 한다)이 성립되었다. 비평형 열역학은 물론 비평형 연속체 열역학과 비평형 통계역학으로 분류될 수 있다. 열역학 제2 법칙은 물론 비평형도 고려한 것이지만 열역학이 이론적으로 완성도가 높아진 분야는 평형 열역학이다. 또한 다양한 분야에서 평형 열역학은 응용되고 있다. 하지만 비평형 열역학은 아직 평형 열역학만큼 완성된 분야가 아니다. 아직도 이론의 통합이 이루어져 있지 않으며 여전히 발전하고 있다.

열역학의 범위가 넓으므로 응용 분야도 당연히 광범위하다. 화학반응, 분리정제 및 혼합 등에 열역학은 필수적이기 때문에 화학, 화학공학 분야에서 널리 응용되고 있다. 재료의 결정상이 어떤 것이 되는지, 혼합될 수 있는지 없는지도 열역학 법칙과 관련되기 때문에 고분자를 비롯한 여러 재료공학 분야에서도 열역학은 중요하다. 생명현상도 열역학적으로 해석될 수 있으므로 의학 및 생명과학에도 응용된다. 엔진의 효율은 열역학 제2 법칙을 도출하는 계기가 된 것이므로 당연히 기계공학 분야에서도 열역학은 응용되고 있다. 하지만 이러한 응용은 대부분 평형 열역학을 이용하는 것이다. 학부 과정의 열역학은 모두 평형 열역학이다. 간혹 열역학을 전공하지 않은 화학공학 분야의 교수 중에 나에게 비평형에서도 열역학이 있느냐는 질문을 한 경우가 있을 정도이다.

열전도는 전류를 유발할 수 있고 반대로 전류가 열전도를 유발할 수도 있다. 이러한 현상은 연계 현상(coupled phenomena)이라고 하며 19세기 말에 다양한 연계 현상이 발견되면서 20세기에 비평형 열역학이 탄생하게 된다. 이 비평형 열역학 이론은 선형 비평형 열역학이라고도 하는데 여기서는 고전 비가역 열역학(classical irreversible thermodynamics)이라고 부르기로 한다. 고전 비가역 열역학에 대해서는 de Groot and Mazur, 1964에 잘 정리되어 있다.

고전 비가역 열역학으로는 화학반응이 일어나는 뉴턴 유체의 흐름을 기술할 수 있다. 하지만 소성체, 점소성체, 점탄성체와 같은 복잡한 역학적 거동을 보이는 물질의 변형과 흐름을 기술하지는 못한다. 따라서 고전 비가역 열역학 이론을 확장 발전시키는 노력이 이루어졌다. 먼저 소성, 점소성, 점탄성을 아우르는 물질의 변형과 흐름에 관한 학문인 유변학(rheology)을 위해서 개발된 열역학도 있다(Coleman, 1964; Truesdell, 1969; Noll, 1974). 하지만 이 열역학 이론은 복잡한 물질의 구성방정식(constitutive equation)을 개발하는 데 있어 매우 복잡할 뿐만 아니라 열역학 이론으로서도 단점들을 가지고 있다(Jou, Casas-Vázquez and Lebon, 1996). 범함수(functional)의 이용보다는 추가적인 상태변수인 내부변수(internal variable)를 이용하는 것이 수학적으로 더 간단하고 구성방정식을 개발하는 데도 더 편리하다. Coleman and Gurtin, 1967 이후에 구성방정식을 개발하는 이론의 대부분은 내부변수 이론(internal variable theory)을 적용하고 있다. 빠른 열역학적 변화를 기술하기 위해 개발된 확장 비가역 열역학(extended irreversible thermodynamics)도 있지만 이 이론은 다양한 복잡 물질의 유변학적 거동을 기술하기에는 단점이 많다. 확장 비가역 열역학에 대해서는 Jou, Casas-Vázquez and Leobon, 1996을 참조 바란다.

열역학을 이용하여 복잡 물질(complex materials)의 구성방정식을 개발하는 많은 이론적 연구가 있지만, 여전히 많은 가정을 사용하고 있다(Valnis, 1971; Leonov, 1976; Maugin, 1999; Gurtin, Fried and Anand, 2010). 이 가정들은 개발된 구성방정식이 실험 결과와 잘 일치하게 해 주는 매우 성공적인 것들이다. 그런데 가정의 개수가 너무 많다. 성공적인 가정이 많다는 것은 더 적은 개수의 그리고 보다 더 근본적인 가정들로 대체될 수 있다는 것을 의미한다고 본다. 이러한 믿음에서 Cho and Lee, 2021은 변분법적인 내부변수 이론을 창안했다. 이 이론의 결과로 온새거의 변분 원리(Onsager's variational principle)가 유도된다. 그럴 뿐만 아니라, 응력, 열 유속, 확산 유속과 같은 물리량을 자유 에너지와 소산함수로 표현해 줄 수 있으므로 구성방정식의 일반적인 형태를 제공하게 된다. 따라서 단 두 개의 스칼라 함수(scalar function)인 자유 에너지와 소산함수만 모형화하게 되면 구성방정식을 구체화할 수 있게 된다.

1.2 구성방정식

물질의 종류에 상관없이 질량, 전하, 운동량, 에너지는 보존된다. 물리량의 보존성을 나타내는 방정식을 수지식(balance equation)이라고 하며 이러한 방정식은 물질에 상관없이 만족하여야 하는 방정식이다. 불행하게도, 수지식만으로 물질의 거동을 완벽하게 기술할 수 없다. 이 방정식에 나오는 몇몇 물리량은 물질의 성질이기 때문이다.

구성방정식은 물질의 성질을 나타내는 수학 공식이라고 정의할 수 있다. 예를 들어, 평형 열역학에서의 상태방정식(equation of state)은 압력을 온도와 부피의 함수로 표현하거나 부피를 온도와 압력으로 표현한 수학 공식이다. 온도와 부피가 같은 두 유체의 압력은 다를 수 있는데 이는 압력이 물성이라는 것을 의미하므로 상태방정식은 구성방정식이다. 유체역학과 고체역학에서 응력은 변형률 속도나 변형률의 함수로 표현할 수 있다. 이 또한 구성방정식의 한 예이다. 열전도에서 열 유속벡터는 온도의 그래디언트와 반대 방향을 가지며 그 크기가 비례한다는 후리에 전도 법칙(Fourier conduction law)을 사용한다. 열 유속은 같은 형태의 물체에 같은 경계조건을 주어도 물질마다 다르게 나타나게 되므로 일종의 물성이다. 따라서 후리에 전도 법칙도 역시 구성방정식이다. 확산 법칙도 일종의 구성방정식이다. 같은 전기장을 주어도 물질마다 다른 분극(polarization)을 유발하므로 분극과 전기장 사이의 관계 역시 구성방정식이라고 할 수 있다.

어떤 물리현상을 거시적으로 묘사할 때, 그 현상에 해당하는 수지식과 구성방정식을 갖추면 구해야 할 함수의 개수와 방정식의 개수가 같다는 것을 알게 된다. 이 연립방정식은 일반적으로 편미분 방정식이며 구해야 할 함수의 개수와 방정식의 개수가 같으므로 수학 이론상 해를 구할 수 있어 보인다. 하지만 이 조건은 해를 구하는 방법을 제시해 주지는 못한다. 선형탄성학 문제는 선형 편미분 방정식으로만 이루어져 있으므로 해이 유일성이 보장되고 또 어떻게 해를 구할 수 있는지 이미 알려져 있다. 하지만 선형 점성유체의 문제는 내비어-스토크스 방정식(Navier-Stokes equation)이 비선형 편미분 방정식이기 때문에, 주어진 경계조건에서 해가 유일한지 수학적으로 증명되지 않았을뿐더러 일반적인 해를 구하는 방법도 아직 알려지지 않았다. 이런 이유로 구성방정식이 완비되었다고 해도 거시적인 물리 문제가 완전히 기술되지 못할 수 있다.

이 연구서의 주제를 어떻게 구성방정식을 구할 수 있느냐에 한정한다. 20세기 이전에 완성된 구성방정식의 예로는 선형 등방성 탄성체의 구성방정식, 선형 점성유체의 구성방정식, 후리에 열전도 법칙 등이 있다. 후리에 열전도 법칙은 열은 뜨거운 곳에서 차가운 곳으로 이동한다는 경험을 가장 간단한 식으로 표현한 것이라고 본다. 선형 탄성체의 구성방정식 역시 변형량에 비례해서 힘이 작용한다는 훅의 법칙(Hook's law)을 3차원으로 확대한 것이고 선형 점성유체의 구성방정식은 단위 면적당 전단력이 유체 속도의 기울기에 비례한다는 뉴턴의 점도 법칙을 3차원으로 확대한 것이다. 즉, 실험적 관찰 결과를 수식화한 것이다. 물질의 거동이 복잡하지 않을 때는 직관을 수식으로 번역하기가 쉽지만, 점탄성이나 소성과 같이 복잡할 때는 상상력이 필요하게 된다. 항복이 일어나는 응력의 조건을 수식화했다고 항복이 일어날 때의 변형률 속도는 무엇이 되어야 하느냐를 알 수는 없다. 따라서 흐름 법칙(flow rule)은 상상의 결과이다. 많은 상상의 결과가 모두 채택되는 것은 아니다. 상상한 것을 수식화하고 그를 이용하여 계산한 결과가 실험과 비교할 수 있으며 비교가 일치할 때 상상한 것, 가정이 법칙이나 공리로 받아들여지는 것이다.

21세기까지 복잡한 물질들에 대한 여러 가정이 성공적이었다는 것을 알게 되었다. 왜 그렇게 많은 가정이 필요했고 왜 성공적이었을까? 이 수많은 성공적 가정은 사실 근본적인 몇 가지 가정의 산물이지는 않을까? 그렇다면 연속체 물리에서의 근본적인 가정들은 무엇인가? 저자를 비롯한 많은 연구자가 거시적인 현상은 열역학 법칙을 위배해서는 안 된다고 믿는다. 그렇다면 열역학 법칙들로부터 구성방정식 이론의 수많은 성공적 가정들을 유도하지 못한 이유는 무엇인가? 구성방정식은 기본적으로 비가역현상을 기술하는 이론이다. 저자는 아직 비가역 열역학이 구성방정식 이론의 필요성에 호응할 정도로 발전하지 못했기 때문이라고 본다. 더욱 일반적인 비가역 열역학 이론의 개발이 필요한 것이다.

이 연구서의 주요 내용은 저자와 저자의 제자인 이정행 박사의 변분법적 내부변수 이론(Cho and Lee, 2021)과 다양한 구성방정식에 대한 응용이다. 변분법적 내부변수 이론은 완전히 새로운 비가역 열역학 이론이라기보다는 기존의 여러 비가역 열역학 이론들의 파편들을 하나의 체계로 통합하려는 노력의 결과라고 할 수 있다.

이 책은 교과서가 아닌 연구서이기 때문에 연속체역학과 비가역 열역학에 필요한 벡터 및 텐서의 해석학과 같은 수학적인 내용은 담고 있지 않다. 이에 대한 지식이 필요하다면 Cho, 2016이나 Gurtin, Fried and Anand, 2010을 참조 바란다.

2 평형 열역학

저자는 이 책의 독자를 학부 수준의 열역학을 공부한 적이 있는 대학원생 이상의 학자로 상정한다. 따라서 계(system), 주변(surroundings), 상태(state), 상태변수(state variable) 같은 용어들의 정의와 개념은 알고 있다고 간주한다. 이러한 기본적인 내용이 필요한 독자는 Sandler, 2006이나 그 정도 수준의 교재를 참조 바란다. 여기서는 앞으로 논의할 비가역 열역학을 위해 필요한 평형 열역학의 내용만을 다루기로 한다.

2.1 온도와 엔트로피

2.1.1 클라우시우스 열역학

에너지 보존과 관련된 에너지 수지식(energy balance equation)을 배우게 되면 알겠지만, 계에 가해지는 일, 열 그리고 물질유입은 계의 운동 에너지, 위치 에너지 및 내부 에너지(internal energy)를 변화시킨다. 내부 에너지는 에너지 보존을 만족시키기 위해서 도입된 가상적인 개념 같아 보이지만 실측이 가능한 물리량이다. 분자 열역학의 해석에 의하면 내부 에너지는 계를 이루는 분자들의 운동 에너지와 상호작용 포텐셜의 합이다(Evans and Morris, 2008). 평형 열역학에서 계는 강체운동을 하지 않고 정지된 것으로 간주하기 때문에 에너지 수지식은 다음이 된다.

$$\mathrm{d}U = \delta W + \delta Q. \tag{2.1}$$

여기서 U는 내부 에너지이고 W는 일, Q는 열이며 $\mathrm{d}U$는 내부 에너지의 전미분이고, δW와 δQ는 각각 미소 일(infinitesimal work)과 미소 열(infinitesimal heat)을 나타낸다. 여기서 δW와 δQ는 모두 어떤 함수들의 전미분은 아니지만, 이들의 합은 내부 에너지의 전미분이 된다. 미소 일 δW는 흐르지 않는 유체일 때, 압력을 p라고 하고 부피를 V라고 하면 $\delta W = -p\mathrm{d}V$가 되고 탄성체일 때 균일한 응력을 가정하면 응력의 성분을 T_{ik}, 미소 변형률 텐서의 미소 변화량 성분을 $\mathrm{d}\epsilon_{ik}$라고 할때 미소 일은 $\delta W = VT_{ik}\mathrm{d}\epsilon_{ik}$가 된다. 여기서 아인슈타인의 합산 규정(Einstein's convention of summation)을 적용하였고 첨자를 이용한 표기법에서는 특별한 언급이 없는 한, 항상 아인슈타인의 합산 규정을 적용한다. 부피나 변형률은 일에 대한 좌표에 해당하고 압력과 응력은 일에 대한 힘을 의미하므로 N개의 일을 생성하는 좌표 ξ_i와 그에 해당하는 일반화된 힘 ϕ_i가 있다고 하면 미소 일은 다음이 된다.

$$\delta W = \sum_{i=1}^{N} \phi_i \mathrm{d}\xi_i. \tag{2.2}$$

식 (2)의 우변과 같은 수식을 미분형(differential form)이라고 한다. 일관성 있는 형식은 진리가 될 가능성이 높다. 그렇게 보면 미소 열도 열과 관련된 좌표와 일반화된 힘이 있지 않을까? 미소 열이 가역적이라면 엔트로피 S를 좌표, 절대온도 θ를 일반화된 힘으로 사용할 수 있다. 그러면 $\delta Q = \theta\mathrm{d}S$라고 할 수 있으므로 식 (1)은 다음과 같이 다시 쓸 수 있다.

$$dU = \sum_{i=1}^{N} \phi_i \mathrm{d}\xi_i + \theta \mathrm{d}S. \tag{2.3}$$

이 식은 내부 에너지 U는 상태변수 $\xi_1, \xi_2, \cdots, \xi_N, S$의 함수라는 것과 다음을 의미하게 된다.

$$\phi_i = \left(\frac{\partial U}{\partial \xi_i} \right)_{\{\xi\}_i, S}, \quad \theta = \left(\frac{\partial U}{\partial S} \right)_{\{\xi\}}. \tag{2.4}$$

여기서 $\{\xi\}_i$는 ξ_i를 제외한 모든 일 좌표들을 의미하고 $\{\xi\}$는 모든 일 좌표를 의미한다. 절대온도는 음이 아니므로 식 $(4)_2$는 내부 에너지는 엔트로피에 대해서 증가함수라는 것을 의미하므로 식 (3)으로부터 다음을 얻을 수 있다.

$$\mathrm{d}S = \frac{\mathrm{d}U}{\theta} - \sum_{i=1}^{N} \frac{\phi_i}{\theta} \mathrm{d}\xi_i. \tag{2.5}$$

이는 엔트로피는 내부 에너지 U와 일 좌표 ξ_i들의 함수라는 것을 의미하며 또한 다음도 의미한다.

$$-\frac{\phi_i}{\theta} = \left(\frac{\partial S}{\partial \xi_i} \right)_{\{\xi\}_i, U}, \quad \frac{1}{\theta} = \left(\frac{\partial S}{\partial U} \right)_{\{\xi\}}. \tag{2.6}$$

식 $(4)_2$와 $(6)_2$는 모두 절대온도를 정의하고 있다. 그런데 전제가 가역적일 때만이다. 즉, 평형을 이루며 상태가 변화되었을 때만 $\delta Q = \theta \mathrm{d}S$가 성립한다. 일반적인 과정에 대해서는 클라우시우스 부등식의 미분형은

$$\mathrm{d}S \geq \frac{\delta Q}{\theta} \tag{2.7}$$

을 의미하기 때문이다. 여기서 등호는 오로지 가역적 과정에 대해서만 성립된다. 여기서 모순이 발생한다. 식 $(4)_2$와 $(6)_2$는 가역적인 과정을 가정하고 만든 것인데 식 (7)은 비가역과정을 포함할 때도 온도를 사용하고 있다. 이러한 모순은 클라우시우스의 부등식의 유도가 항온조(heat reservior)라는 이상적인 대상을 가정하기 때문에 발생한다. 사실 온도라는 것은 열역학 제0 법칙에 따라서 측정되는 물리량이다. 두 물체가 평형을 이루었을 때 온도가 정의된다. 온도를 측정하려는 물체에 온도계를 접촉하고 평형을 이루었을 때 온도계가 가리키는 온도가 물체 온도이다. 만약 측정하려는 물체의 열용량이 온도계의 열용량보다 무한히 크지 않으면 절대로 온도를 정확하게 측정할 수 없다. 측정 대상에 비해서 온도계가 매우 작다면 온도계가 가리키는 온도가 접촉 후 시간에 따라서 변하지 않게 되는 시간, 즉 온도계가 평형에 도달하게 되는 시간은 매우 짧다.

놀라운 것은 항온조와 같은 이상적인 대상을 이용하여 얻은 클라우시우스의 부등식으로부터 얻어지는 결과들이 실험 결과와 매우 잘 일치한다는 점이다. 문제점을 가지는 전제로부터 얻은 결과들이 실험 결과와 잘 일치한다는 것은 과학사에서 드물지 않게 자주 목격되는 일이다. 부록 1에 기술한 최초온도계 문제, 최초시계 문제 및 쿨롱의 법칙을 참조 바란다.

2.1.2 카라테오도리 열역학

클라우시우스 부등식에 대해서는 나중에 비가역 열역학에서 다시 다루기로 하고 가역과정에 대해서 $\delta Q = \theta \mathrm{d} S$를 만족시키는 온도와 엔트로피를 모순 없이 정할 수 있겠는가? 이 문제는 그리스계 독일 수학자인 카라테오도리(Carthéodory, C.)에 의해서 해결되었다(Carathéodory, 1909). 단열과정을 생각하면 식 (1)은 식 (2)로부터 다음이 된다.

$$\mathrm{d} U - \sum_{i=1}^{N} \phi_i \mathrm{d} \xi_i = 0. \tag{2.8}$$

이 식은 좌표 $(U, \xi_1, \xi_2, \cdots, \xi_N)$로 표현되는 $N+1$차원 다양체(manifold) 안에 있는 N차원 곡면의 방정식이다. 이 곡면은 무수히 많을 수 있고 실수 σ를 이용해서 다음과 같이 표현할 수 있다.

$$\Sigma(U, \xi_1, \xi_2, \cdots, \xi_N) = \sigma. \tag{2.9}$$

여기서 $\Sigma(\ )$는 식 (8)을 적분해서 얻게 되는 어떤 함수이고 σ는 적분 상수에 해당한다. 적분상수 σ는 곡면을 구분해 주는 일종의 지표이다. 식 (9)의 곡면을 단열 곡면(adiabatic surface)이라고 부른다. 그러면 σ_1으로 표시되는 단열 곡면과 σ_2로 표시되는 단열 곡면이 있다고 하자. 임의의 서로 다른 σ_1과 σ_2에 대해서 두 단열 곡면의 교집합이 없다면 $N+1$차원 다양체를 식 (9)로 표현되는 곡면들로 채울 수 있게 된다. 그러면 $(U, \xi_1, \xi_2, \cdots, \xi_N)$의 함수가 되는 σ가 존재하게 된다는 것을 의미하게 되고 이로부터 엔트로피를 정의할 수 있을 것이다. 이 계획을 실현하려면 먼저 단열 곡면들이 교집합을 가지지 않는다는 것을 보여야 한다.

임의의 평형상태 A를 생각해 보자. 단열과정을 통해서 A에서 A 주변의 모든 평형상태에 도달할 수 있다고 가정해 보자. 그러면 A로부터 단열과정이 아닌 과정으로 도달할 수 있는 평형상태 B에도 단열과정을 통해서 도달할 수 있다는 것이다. 그러면 두 평형상태가 매우 가까울 때, 단열과정으로 A에서 B로 이동하면 식 (8)에 의해서 다음이 성립된다.

$$U_B - U_A = \sum_{i=1}^{N} \phi_i \left(\xi_i^B - \xi_i^A \right). \tag{2.10}$$

단열과정이 아닌 과정으로 A에서 B로 이동하게 되면 식 (1)과 (2)에 의해서

$$U_B - U_A = \sum_{i=1}^{N} \phi_i \left(\xi_i^B - \xi_i^A \right) + \Delta Q \tag{2.11}$$

이 얻어진다. 그러면 식 (10)과 (11)을 비교하면 $\Delta Q = 0$이 되어야 한다. 이는 전제를 위배하므로 임의의 평형상태 주변에는 단열과정으로 도달할 수 없는 평형상태가 존재한다는 것을 의미한다. 그러므로 단열 곡면들은 서로 교차할 수 없다. 이를 카라테오도리의 원리(Carthéodory's principle)라고 한다. 카라테오도리의 원리는 켈빈(W. Thomson, the Lord Kelvin)의 원리로부터 유도될 수 있음이 알려져 있다(Landsberg, 1964).

단열 곡면은 연속적이어야 할 것이다. 그런데 만약 같은 일 좌표에 대해서 다른 평형상태가 같은 단열 곡면 위에 있다고 하자. 그러면 두 평형상태는 다른 내부 에너지를 가지는 상태이다. 이 두 상태를 잇는 단열 곡면 위의 곡선을 생각해 보면 이 곡선의 어느 점에서는 반드시 $(\partial U / \partial \xi_i)_{\{\xi\}_i, \sigma} = \phi_i = \pm \infty$인 상태가 존재하게 된다. 힘이 무한대가 되는 현상은 관찰되지 않으므로 같은 일 좌표에 대해서 오로지 하나의 상태가 단열 곡면 위에 있어야만 한다.

위의 논의를 종합하면 단열 곡면들은 내부 에너지 U가 증가하는 방향으로 켜켜이 쌓이면서 $N+1$차원 다양체를 채워 간다는 것을 의미한다. 식 (9)의 양변을 제곱하여 $\Sigma^2(\ )$을 새로운 함수 $\Sigma(\ )$라고 하고 σ^2을 새로운 σ로 간주하여도 미분방정식 (8)의 해가 되므로 $\sigma > 0$이 되도록 할 수가 있다. 즉, $\Sigma(U, \xi_1, \xi_2, \cdots, \xi_N)$은 U에 대해서 단조증가함수가 되도록 설정할 수 있다. 그러면 식 (9)는 다시 다음과 같이 쓸 수도 있다.

$$U = U(\sigma, \xi_1, \xi_2, \cdots, \xi_N). \tag{2.12}$$

그러면 U의 전미분은 식 (1)과 (2)를 이용하여 다음과 같이 표현할 수 있다.

$$\mathrm{d}U = \sum_{i=1}^{N} \left(\frac{\partial U}{\partial \xi_i} \right)_{\{\xi\}_i, \sigma} \mathrm{d}\xi_i + \left(\frac{\partial U}{\partial \sigma} \right)_{\{\xi\}} \mathrm{d}\sigma = \sum_{i=1}^{N} \phi_i \mathrm{d}\xi_i + \delta Q. \quad (2.13)$$

이 식은 결국 다음을 의미한다.

$$\phi_i = \left(\frac{\partial U}{\partial \xi_i} \right)_{\{\xi\}_i, \sigma}, \quad \delta Q = \tau \mathrm{d}\sigma, \quad \tau \equiv \left(\frac{\partial U}{\partial \sigma} \right)_{\{\xi\}}. \quad (2.14)$$

지금까지 논의에 의하면 σ도 일 좌표와 마찬가지로 $N+1$차원 다양체의 좌표 중의 하나이다. 게다가 식 $(14)_2$는 $\delta Q = \theta \mathrm{d}S$와 매우 유사하다. 그러면 τ가 온도의 의미가 있다는 것을 보인다면 σ를 엔트로피로 간주할 수 있게 된다. 이를 위해서 다음과 같은 좌표 변환을 생각해 보자.

$$\bar{\sigma} \equiv \Phi(\sigma), \quad \bar{\tau} \equiv \frac{\tau}{\Phi'(\sigma)}, \quad \Phi'(\sigma) \equiv \frac{d\bar{\sigma}}{d\sigma} > 0. \quad (2.15)$$

여기서 함수 $\Phi(\ )$는 임의의 순증가함수이다. 식 (15)를 식 $(14)_2$에 적용하면 다음이 얻어진다.

$$\delta Q = \bar{\tau} \mathrm{d}\bar{\sigma} = \tau \mathrm{d}\sigma. \quad (2.16)$$

이는 엔트로피와 온도를 선정하는 방법이 무한히 많다는 것을 의미한다.

이제 τ와 경험적인 온도의 개념을 연결해 보자. 경험적인 온도는 섭씨나 화씨 또는 이상기체 온도 등, 우리의 감각기관을 객관화시킨 온도를 의미한다. 이 책에서는 Ma, 1985의 논의를 소개한다. 평형에 있는 계를 1과 2로 구분해 보자. 평형상태이므로 부분 계 1과 부분 계 2는 같은 경험적 온도 $\bar{\theta}$를 가질 것이다. 부분 계 1과 2의 미소 열을 각각 δQ_1과 δQ_2라고 하면 계 전체의 미소 열 δQ와 다음의 관계가 된다.

$$\delta Q = \delta Q_1 + \delta Q_2. \quad (2.17)$$

여기서 부분 계 1과 2의 τ와 σ를 각각 τ_1, τ_2, σ_1, σ_2라고 하면 식 (16)에 의해 식 (17)은 다음이 된다.

$$\tau \mathrm{d}\sigma = \tau_1 \mathrm{d}\sigma_1 + \tau_2 \mathrm{d}\sigma_2. \tag{2.18}$$

부분 계에서 일 좌표와 내부 에너지도 첨자를 이용하여 표현한다면 식 (1)과 (2)를 이용하여 각 부분 계에 대한 열역학 제1 법칙은 다음과 같이 변형해서 쓸 수 있다.

$$\delta Q_1 = \tau_1 \mathrm{d}\sigma_1 = \mathrm{d}\, U_1 - \sum_{i=1}^{N} \phi_i^{(1)} \mathrm{d}\xi_i^{(1)},$$
$$\delta Q_2 = \tau_2 \mathrm{d}\sigma_2 = \mathrm{d}\, U_2 - \sum_{i=1}^{N} \phi_i^{(2)} \mathrm{d}\xi_i^{(2)}. \tag{2.19}$$

그러면 식 (18)에 의해서

$$\sigma = \hat{\sigma}(\sigma_1, \sigma_2), \quad \sigma_k = \hat{\sigma}_k(U_k, \Xi_k),$$
$$\Xi_k \equiv \left(\xi_1^{(k)}, \xi_2^{(k)}, \cdots, \xi_N^{(k)} \right) \tag{2.20}$$

이라고 할 수 있다. 또한 식 (18)에 식 (20)을 적용하면

$$\left(\frac{\partial \sigma}{\partial \sigma_1}\right)_{\sigma_2} = \frac{\tau_1}{\tau} \equiv Y_1(\sigma_1, \sigma_2), \quad \left(\frac{\partial \sigma}{\partial \sigma_2}\right)_{\sigma_1} = \frac{\tau_2}{\tau} \equiv Y_2(\sigma_1, \sigma_2) \tag{2.21}$$

이 된다. 여기서 식 (21)의 좌변은 모두 σ_1과 σ_2만의 함수인 것을 알고 있으므로 각각을 $Y_k(\sigma_1, \sigma_2)$로 표시한 것이다. 두 부분 계 모두가 같은 온도 $\bar{\theta}$를 공유하므로 τ들을 다음과 같이 쓸 수 있다.

$$\tau = \hat{\tau}(\bar{\theta}, \sigma_1, \sigma_2), \quad \tau_1 = \hat{\tau_1}(\bar{\theta}, \sigma_1), \quad \tau_2 = \hat{\tau_2}(\bar{\theta}, \sigma_2). \tag{2.22}$$

여기서 τ_1은 Ξ_1의 함수이지만 Ξ_2의 함수는 아니므로 τ_1은 σ_2의 함수일 수 없고, 마찬가지로 τ_2는 Ξ_2의 함수이지만 Ξ_1의 함수는 아니므로 σ_1의 함수가 아닌 점을 유의하기 바란다. 부분 계에 대해서 식 $(22)_2$와 식 $(22)_3$의 형식이 성립되면 전체에 대해서도 함수 형태가 같아야 할 것이다. 그러면 식 $(22)_1$은 다음이 될 것이다.

$$\tau = \hat{\tau}(\bar{\theta}, \sigma). \tag{2.23}$$

그러면 식 (21)에 식 (22)와 식 (23)을 적용하면

$$\frac{\hat{\tau}_1(\bar{\theta}, \sigma_1)}{\hat{\tau}(\bar{\theta}, \sigma)} = Y_1(\sigma_1, \sigma_2), \quad \frac{\hat{\tau}_2(\bar{\theta}, \sigma_2)}{\hat{\tau}(\bar{\theta}, \sigma)} = Y_1(\sigma_1, \sigma_2) \tag{2.24}$$

가 된다. 경험적인 온도 $\bar{\theta}$에 대한 의존도가 사라지므로 다음과 같은 인수분해 조건을 만족해야만 한다.

$$\hat{\tau}(\bar{\theta}, \sigma) = \hat{T}(\bar{\theta})\hat{S}'(\sigma), \quad \hat{\tau}_1(\bar{\theta}, \sigma_1) = \hat{T}(\bar{\theta})\hat{S}_1'(\sigma_1),$$

$$\hat{\tau}_2(\bar{\theta}, \sigma_2) = \hat{T}(\bar{\theta})\hat{S}_2'(\sigma_2). \tag{2.25}$$

즉, 공통인수인 $\hat{T}(\bar{\theta})$가 있어야 식 (24)가 성립된다. 여기서 부분 계 1과 2는 임의로 선정한 것이므로 공통인수 $\hat{T}(\bar{\theta})$는 물체에 상관없는 보편적인 함수이어야 한다. 또한 이는 경험적 온도에서 다른 온도 단위로의 변환 공식이므로 $\theta = \hat{T}(\bar{\theta})$는 절대온도가 되도록 공통인수 함수를 선정할 수 있다.

식 (15)와 (25)를 비교하면 엔트로피를 다음과 같이 정의할 수 있다.

$$S = \hat{S}(\sigma) = \int \hat{S}'(\sigma) \mathrm{d}\sigma. \tag{2.26}$$

그러면 당연히

$$\delta Q = \tau \mathrm{d}\sigma = \theta \mathrm{d}S \tag{2.27}$$

이 성립된다. 그러면 식 (18)은 다음과 같이 다시 쓸 수 있게 된다.

$$\mathrm{d}S = \mathrm{d}S_1 + \mathrm{d}S_2. \tag{2.28}$$

식 (28)이 바로 $S = S_1 + S_2$를 의미하는 것은 아니다. 부분 계 모두에 공통으로 적용할 수 있는 적분상수가 있어야만 엔트로피의 가산성이 확보된다. 즉 열역학 제3 법칙이 필요하게 된다. 이로써 엔트로피 S는

미소 열과 같이 가산적이므로 엔트로피는 크기 변수(extensive variable)라는 것을 알 수 있다.

2.1.3 열역학의 공리계

카라테오도리의 미분기하학을 이용하면 평형 열역학은 이론적으로 완성된다. 즉, 클라우시우스 부등식을 이용해서 엔트로피를 정의하는 방법과 같은 온도의 모순성이 발생하지 않는다. 다만 다양체와 미분형과 같은 고등수학을 이용하기 때문에 학부 교재에서 다루지 않는다. 하지만 미분기하학을 이용한 평형 열역학 이론은 비가역에 대한 상상력을 제한하는 면이 있다. 평형과 비평형을 구분 지어 주는 방안을 제시하지 못한다. 오로지 평형에서의 이론적 관계만을 다루기 때문에 자발적인 변화를 감지하는 방안을 제시하지 못하는 단점이 있다.

항온조를 사용하지 않고 클라우시우스 부등식을 유도할 수 있는지는 모르겠다. 하지만 클라우시우스 부등식에 기초해서 고전 비가역 열역학이 발전된 것은 사실이며 클라우시우스 부등식을 변형한 클라우시우스-듀헴 부등식(Clausius-Duhem inequality)은 구성방정식 개발에 애용되고 있다. 클라우시우스 부등식은 $\delta Q/\theta$의 임의의 폐곡선에 대한 순환 적분이 양이 아니라는 것이므로 온도를 정의하지 않으면 엔트로피를 정의할 수 없게 된다. 물론 클라우시우스 부등식을 증명하는 과정에서의 온도는 절대온도가 아니고 경험적인 온도이다. 일단 엄밀하지 않은 온도의 정의로부터 클라우시우스 부등식을 증명하고 나면 평형에 대해서 엔트로피를 정의할 수 있고 그 결과로 절대온도를 정의할 수 있다. 게다가 클라우시우스 부등식은 자연의 진화 방향을 명시할 수 있는 열역학 제2법칙의 근간이 된다. 따라서 온도와 엔트로피는 서로의 존재성을 보장해 주어서 열역학 제2 법칙은 동어반복의 오류(fallacy of repetition)와 같은 느낌을 준다. 카라테오도리의 열역학은 비록 평형만을 한정했지만, 항온조 없이 이론이 전개되며 엔트로피와 온도 모두를 엄밀하게 정의할 수 있게 해 주지만 클라우시우스의 열역학과는 달리 자연의 진화 방향에 대한 아무런 정보를 주지 못한다.

열역학뿐만 아니라 모든 물리학 이론은 기본 개념과 법칙으로 이루어져 있는데 이를 수학적 용어로 표현하면 정의와 공리로 이루어졌다고 할 수 있다. 수학과의 차이는 공리의 타당성을 검증하는 과정이 더 풍부하다는 것이다. 오히려 수학에서는 공리의 타당성을 따지지 않지만, 물리학에서는 처음 세운 공리계로부터 도출된 연역적 결과가 실험 결과와 일치하지 않는다면 공리계를 수정하는 과정을 가진다. 학부 과정 열역학 교재에 소개되는 클라우시우스의 열역학은 조금 생각해 보면 불완전한 공리계로 이루어진 것 같다. 하지만 평형 열역학의 실험 결과들과 클라우시우스의 공리계로부터 연역적으로 추론한 이론적 결과가 틀린 적이 없었다. 오로지 평형 열역학만을 고려한 더 완전성이 높은 카라테오도리의 열역학 공리계로 클라우시우스의 이론적 결과들이 똑같이 유도되므로 다른 공리계로도 평형 열역학을 구성할 수 있을 것으로 생각된다. 새로운 공리계로 평형 열역학을 재구성한 예를 Callen, 1991에서 찾아볼 수 있다. 이 책의 목표 중의 하나는 비평형 계까지 아우를 수 있는 최소한의 공리계를 찾는 것이다. 이에 대해서는 제12장에서 다루기로 하자.

2.2 자유 에너지

일 좌표들이 선정되면 클라우시우스 부등식인 식 (7)을 열역학 제1

법칙인 식 (1)을 이용하여 다음과 같이 쓸 수 있다.

$$\theta \mathrm{d}S \geq \mathrm{d}U - \sum_{i=1}^{N} \phi_i \mathrm{d}\xi_i. \tag{2.29}$$

이를 $\mathrm{d}U$에 대해서 정리하면

$$\mathrm{d}U \leq \theta \mathrm{d}S + \sum_{i=1}^{N} \phi_i \mathrm{d}\xi_i \tag{2.30}$$

이 된다. 만약 모든 일 좌표와 엔트로피를 고정한다면 $\mathrm{d}U \leq 0$이 되므로 이러한 조건에서 계의 내부 에너지는 감소하는 방향으로 진행한다는 것을 알 수 있다. 식 (30)의 양변에 $\mathrm{d}(\theta S)$를 빼 주면

$$\mathrm{d}F \leq -S\mathrm{d}\theta + \sum_{i=1}^{N} \phi_i \mathrm{d}\xi_i, \quad F \equiv U - \theta S \tag{2.31}$$

이 얻어진다. 여기서 $F = U - \theta S$를 자유 에너지라고 부른다. 우변의 두 번째 항은 미소 일이므로 온도가 일정하면 외부가 계에 해 준 미소 일보다 계의 자유 에너지 변화가 항상 작거나 같다는 것을 의미한다. 즉,

$$\mathrm{d}F \leq \delta W = \sum_{i=1}^{N} \phi_i \mathrm{d}\xi_i, \quad \theta = \mathrm{constant} \tag{2.32}$$

이다. 이 책에서는 일의 부호에 대해서 계의 내부 에너지를 증가시킬 때는 양의 부호를 부여하고 그 반대일 때는 음의 부호를 부여하는 규약을 사용한다. 하지만 엔진에 관심이 있는 연구자는 계인 엔진에서 얼마의 일을 추출하느냐에 더 관심이 있으므로 엔진의 출력이 양이 되는 부호 규약을 사용한다. 이 경우 식 (32)는 다음과 같이 다시 쓸 수 있다.

$$\delta W_{\mathrm{out}} \equiv -\delta W \leq -\mathrm{d}F. \tag{2.33}$$

평형에 대해서는 식 (31)은 등식이 되고 다음이 성립됨은 명확하다.

$$\left(\frac{\partial F}{\partial \theta}\right)_{\{\xi\}} = - S, \quad \left(\frac{\partial F}{\partial \xi_i}\right)_{\{x\}_i, \theta} = \phi_i. \tag{2.34}$$

따라서 평형인 경우, 자유 에너지는 일 좌표와 온도의 함수라는 것을 알 수 있다. 그러면 비평형인 경우, 내부 에너지, 엔트로피, 자유 에너지는 상태변수들의 함수일까? 클라우시우스의 이론과 카라테오도리의 이론 모두 이 질문에는 답을 하지 못하는 것 같다.

유체의 평형을 다루게 되면 일 좌표는 유일하게 부피가 된다. 이 경우 식 (31)은 다음과 같이 간단하게 된다.

$$\mathrm{d}F \le - S\mathrm{d}\theta - p\mathrm{d}V. \tag{2.35}$$

물론 일 좌표 V에 대한 열역학적 힘은 $-p$가 된다. 식 (35)의 양변에 $\mathrm{d}(pV)$를 더해 주면 다음이 얻어진다.

$$\mathrm{d}G \le V\mathrm{d}p - S\mathrm{d}\theta, \quad G \equiv F + pV. \tag{2.36}$$

여기서 G를 깁스 자유 에너지(Gibbs free energy)라고 한다. 평형일 경우 등식이 성립되므로 식 (36)은 깁스 자유 에너지가 압력과 온도의 함수라는 것을 말해 준다. 부피와 온도를 제어하는 실험보다는 압력과 온도를 제어하는 실험이 더 안전하고 편리한 경우가 많다. 특히 실험실 규모의 화학실험 대부분은 압력과 온도가 일정한 경우가 많다. 이 경우 식 (36)은 $\mathrm{d}G \le 0$가 되므로 압력과 온도가 고정된 경우, 계의 진화 방향은 깁스 자유 에너지가 감소하는 방향으로 일어난다는 것을 알 수 있다.

2.3 혼합물의 평형 열역학

향후 비가역 열역학을 이용하여 혼합물의 역학적 성질, 구성방정식을 구하는 작업을 할 것이다. 이를 위해서는 평형 열역학으로 상평형을 공부할 필요가 있다.

2.3.1 화학 포텐셜

유일한 일 좌표가 부피이며 C 종류의 화학종이 화학반응 없이 혼합된 계에 대해서 논의한다. 계는 평형에 있다고 가정한다. 그러면 식 $(31)_2$의 자유 에너지의 전미분은 다음이 된다.

$$\mathrm{d}F = -p\mathrm{d}V - S\mathrm{d}\theta + \sum_{i=1}^{C}\left(\frac{\partial F}{\partial n_i}\right)_{V,\theta,\{n\}_i}\mathrm{d}n_i. \tag{2.37}$$

여기서 n_i는 i번째 화학종의 몰 수(number of molecules in mole)를 의미한다. 식 (37)의 자유 에너지를 헬름홀츠 자유 에너지(Helmholtz free energy)라고 한다. 식 (37)에서 다음과 같은 간단한 표기법을 사용하자.

$$\mu_i \equiv \left(\frac{\partial F}{\partial n_i}\right)_{V,\theta,\{n\}_i}. \tag{2.38}$$

이 편미분을 화학 포텐셜(chemical potential)이라고 부른다. 식 (37)의 양변에 $\mathrm{d}(pV)$를 양변에 더해 주면 다음이 된다.

$$\mathrm{d}G = V\mathrm{d}p - S\mathrm{d}\theta + \sum_{i=1}^{N}\mu_i\mathrm{d}n_i. \tag{2.39}$$

식 (39)는

$$\mu_i \equiv \left(\frac{\partial G}{\partial n_i}\right)_{p,\theta,\{n\}_i} \tag{2.40}$$

이라는 것을 금방 알 수 있다. 또한 화학 포텐셜이 다음과 같이 표현되는 것도 쉽게 밝힐 수 있다.

$$\mu_i \equiv \left(\frac{\partial U}{\partial n_i}\right)_{V,S,\{n\}_i} = \left(\frac{\partial H}{\partial n_i}\right)_{p,S,\{n\}_i}. \tag{2.41}$$

여기서 $H = U + pV$로 엔탈피(entalphy)이다.

상(相, phase)이란 물성이 균일한 공간적 영역을 의미한다. 순수한 물질을 예로 들면 녹는점에서 고체와 액체가 공존하게 된다. 고체인 영역과 액체인 영역이 한 계에서 공존하게 되는 것이다. 고체의 성질과 액체의 성질은 구별되므로 고체의 영역을 고상(固相, solid phase), 액체의 영역을 액상(液相, liquid phase)이라고 부른다. 기화점에서는 액상과 기상(氣相, gas phase)이 공존한다. 혼합물이면 더 다양한 상이 존재할 수 있다.

액체 혼합물이 C개의 화학종으로 이루어져 있고 P개의 상이 공존한다고 하자. 화학종을 나타내는 지표는 로마 문자로, 상을 나타내는 지표는 그리스 문자로 표기하자. 화학종 i는 상 α에도 존재하고 상 β에도 존재할 것이다. 계 전체에 있는 화학종 i의 분자수를 n_i라고 하면 다음이 성립된다.

$$n_i = \sum_{\alpha=1}^{P} n_i^{(\alpha)}. \tag{2.42}$$

여기서 $n_i^{(\alpha)}$는 상 α에 있는 화학종 i의 몰 수이다.

그러면 이 혼합 계의 깁스 자유 에너지의 전미분은 다음이 될 것이다.

$$\mathrm{d}G = V\mathrm{d}p - S\mathrm{d}\theta + \sum_{i=1}^{C}\sum_{\alpha=1}^{P} \mu_i^{(\alpha)} \mathrm{d}n_i^{(\alpha)}. \tag{2.43}$$

여기서 $\mu_i^{(\alpha)}$는 상 α에 있는 화학종 i의 화학 포텐셜이다. 압력과 온도가 고정한 채로 평형에 도달하게 되면 식 (36)에서 배운 바와 같이 $\mathrm{d}G = 0$이 되어야 한다. 그러면 다음이 성립된다.

$$\sum_{i=1}^{C}\sum_{\alpha=1}^{P} \mu_i^{(\alpha)} \mathrm{d}n_i^{(\alpha)} = 0. \tag{2.44}$$

계가 물질의 출입을 허락하지 않는다면 식 (42)로부터 다음이 성립된다.

$$\sum_{\alpha=1}^{M} \mathrm{d}n_i^{(\alpha)} = 0. \tag{2.45}$$

그러면 식 (45) 때문에 모든 $\mathrm{d}n_i^{(\alpha)}$가 독립인 것은 아니다. 즉, $1 \le \beta \le P$인 임의의 β를 하나 선택하게 되면

$$\mathrm{d}n_i^{(\beta)} = -\sum_{\alpha \ne \beta}^{P} \mathrm{d}n_i^{(\alpha)} \tag{2.46}$$

이므로 이를 식 (44)에 대입하면 다음이 된다.

$$\sum_{i=1}^{C} \sum_{\alpha \ne \beta}^{P} \left(\mu_i^{(\alpha)} - \mu_i^{(\beta)}\right) \mathrm{d}n_i^{(\alpha)} = 0. \tag{2.47}$$

여기서 $1 \le \alpha \le P$이고 $\alpha \ne \beta$인 α에 대해서 모든 $\mathrm{d}n_i^{(\alpha)}$가 독립이므로 식 (47)로부터 다음이 성립된다.

$$\mu_i^{(\alpha)} = \mu_i^{(\beta)}, \quad 1 \le \alpha \ne \beta \le P. \tag{2.48}$$

따라서 식 (48)은 P개의 상들이 평형을 이루게 되는 조건이 된다.

2.3.2 열역학 함수의 눈금 맞춤

평형 열역학의 상태함수 S, U, H, F, G는 계를 구성하는 물질의 양이 조성비를 일정하게 유지하며 커지거나 작아지면 그에 비례해서 커지거나 작아지는 크기 변수(extensive variable)이다. 부피, 분자의 개수도 일종의 크기 변수이다. 하지만 p, θ 등은 계의 크기 변화와 무관한 세기 변수(intensive variable)이다. 일 좌표로 V만을 고려하게 되면 내부 에너지는 $U(V, S, n_1, n_2, \cdots, n_C)$라고 쓸 수 있다. 그러면 내부 에너지 U의 모든 독립변수는 크기 변수임을 알 수 있다. 여기서 n을 계에 있는 모든 분자의 개수라고 하고 n을 조성비를 유지하며 λn으로 변화시키면 크기 변수의 특성에 의해서 다음을 만족하게 된다.

$$\lambda U(V, S, n_1, n_2, \cdots, n_C) = U(\lambda V, \lambda S, \lambda n_1, \lambda n_2, \cdots, \lambda n_C). \tag{2.49}$$

식 (49)는 임의의 실수 λ에 대해서 성립하므로 오일러의 동차함수에 대한 정리(Euler's theorem of homogeneous function)를 이용하면 다음과 같은 결과를 얻을 수 있다.

$$\begin{aligned} U &= V\left(\frac{\partial U}{\partial V}\right)_{S,\{n\}} + S\left(\frac{\partial U}{\partial S}\right)_{V,\{n\}} + \sum_{i=1}^{C} n_i \left(\frac{\partial U}{\partial n_i}\right)_{V,S,\{n\}_i} \\ &= -pV + \theta S + \sum_{i=1}^{C} n_i \mu_i. \end{aligned} \tag{2.50}$$

여기서 $G = U + pV - \theta S$인 것을 이용하면

$$G = \sum_{i=1}^{C} n_i \mu_i \tag{2.51}$$

임을 알 수 있고 $F = U - \theta S$인 것을 이용하면 식 (50)으로부터

$$F = -pV + \sum_{i=1}^{C} n_i \mu_i \tag{2.52}$$

가 됨을 알 수 있다.

순수한 물질로 이루어진 계의 경우 $C = 1$이므로 식 (51)과 (52)는 다음이 된다.

$$\begin{aligned} &G(p, \theta, n) = n\mu, \quad \mu \equiv \left(\frac{\partial G}{\partial n}\right)_{p,\theta} = \left(\frac{\partial F}{\partial n}\right)_{V,\theta}, \\ &F(V, \theta, n) = -pV + n\mu. \end{aligned} \tag{2.53}$$

식 (53)으로부터 순수한 물질의 화학 포텐셜은 1몰당 깁스 자유 에너지(molar Gibbs free energy)라는 것을 알 수 있다. 따라서 다음이 성립된다.

$$\begin{aligned} \overline{G} &\equiv \frac{G(p, \theta, n)}{n} = G(p, \theta, 1) = \mu(p, \theta), \\ \overline{F} &\equiv \frac{F(V, \theta, n)}{n} = F(\overline{V}, \theta, 1) = -p\overline{V} + \mu(p, \theta). \end{aligned} \tag{2.54}$$

깁스 자유 에너지는 $(\theta, p, n_1, n_2, \cdots, n_C)$의 함수임을 안다. 화학 포텐셜 μ_i는 깁스 자유 에너지를 화학종 i의 몰 수로 미분한 것이므로 세기 변수이다. 그러면 식 (51)의 양변에 전미분을 취하면 다음이 얻어진다.

$$V\mathrm{d}p - S\mathrm{d}\theta + \sum_{i=1}^{C}\mu_i \mathrm{d}n_i = \sum_{i=1}^{C}\mu_i \mathrm{d}n_i + \sum_{i=1}^{C} n_i \mathrm{d}\mu_i. \tag{2.55}$$

이 식을 정리하면 다음과 같은 깁스-듀헴 방정식(Gibbs-Duhem equation)이 얻어진다.

$$\sum_{i=1}^{C} n_i \mathrm{d}\mu_i = V\mathrm{d}p - S\mathrm{d}\theta. \tag{2.56}$$

양변을 계의 총 분자수 n으로 나누면 다음과 같이 쓸 수 있다.

$$\sum_{i=1}^{C} z_i \mathrm{d}\mu_i = \overline{V}\mathrm{d}p - \overline{S}\mathrm{d}\theta. \tag{2.57}$$

여기서 $\overline{V}$는 1몰당 부피이고 $\overline{S}$는 1몰당 엔트로피이며 z_i는 화학종 i의 몰 분율이다. 깁스-듀헴 방정식은 열역학 이론의 일관성을 점검하는 데 유용하게 사용된다. 만약 온도와 압력이 일정하다면 식 (57)은 다음이 된다.

$$\sum_{i=1}^{C} z_i \mathrm{d}\mu_i = 0, \quad \text{if } \mathrm{d}p = 0 \text{ and } \mathrm{d}\theta = 0. \tag{2.58}$$

2.3.3 혼합 깁스 자유 에너지

여러 화학종 i, n_i 몰이 순수한 상태에서 가지게 되는 깁스 자유 에너지를 G_i라고 표시하면

$$G_i(p, \theta, n_i) = n_i \overline{G}_i(p, \theta) \tag{2.59}$$

가 된다. 그러면 여러 화학종들이 n_i 몰씩 혼합될 때 혼합 전후의 깁스

자유 에너지의 차이를 혼합 깁스 자유 에너지라고 부르면

$$\varDelta G(p, \theta, n_1, n_2, \cdots, n_C) = \sum_{i=1}^{C} (\mu_i - \overline{G}_i) n_i \tag{2.60}$$

이 된다.

궁극적으로는 혼합 후의 깁스 자유 에너지가 필요한데 혼합 깁스 자유 에너지를 정의하는 이유는 혼합 후의 깁스 자유 에너지의 함수구조를 구하기 어렵지만, 혼합 깁스 자유 에너지의 모형화는 상대적으로 쉽기 때문이다. 혼합 전의 깁스 자유 에너지는 순수한 물질들의 깁스 자유 에너지의 합이므로 상대적으로 모형화가 쉽다. 따라서 식 (60)은 다음과 같이 다시 쓸 수 있다.

$$\begin{aligned} & G(p, \theta, n_1, n_2, \cdots, n_C) \\ & = \sum_{i=1}^{C} n_i \overline{G}_i(p, \theta) + \varDelta G(p, \theta, n_1, n_2, \cdots, n_C). \end{aligned} \tag{2.61}$$

통계역학을 사용하지 않고 순수한 평형 열역학 이론만으로 식 (61)의 좌변을 직접 유도하는 것은 이상기체를 제외하고는 불가능하다. 혼합물에 대한 현상학적 열역학 이론들은 이상기체에 관한 결과의 확장이라고 할 수 있다. 따라서 이상기체의 혼합물에 대한 열역학을 먼저 생각해 볼 필요가 있다.

C 종류의 이상기체가 각각 n_i 몰씩 혼합된 혼합기체의 상태방정식은 다음과 같음이 알려져 있다.

$$V = \frac{nR\theta}{p}, \quad n = \sum_{i=1}^{C} n_i. \tag{2.62}$$

일반적으로 부피 V는 압력, 온도, 성분들의 몰 수 n_i의 함수이므로

$$V = V(p, \theta, n_1, n_2, \cdots, n_C) \tag{2.63}$$

으로 표현할 수 있다. 그런데 부피는 크기 변수이므로 오일러의 등차함수 정리에 의하면 다음이 된다.

$$V = \sum_{i=1}^{C} n_i \hat{V}_i, \quad \hat{V}_i \equiv \left(\frac{\partial V}{\partial n_i}\right)_{p,\, \theta,\, \{n\}_i}. \tag{2.64}$$

여기서 $\hat{V}_i$는 i번째 이상기체의 부분 몰랄 부피(partial molar volume)이다. 그런데

$$V = \left(\frac{\partial G}{\partial p}\right)_{\theta,\, \{n\}} \tag{2.65}$$

이므로 부분 몰랄 부피는

$$\hat{V}_i = \left(\frac{\partial}{\partial n_i}\left(\frac{\partial G}{\partial p}\right)_{\theta,\, \{n\}}\right)_{p,\, \theta,\, \{n\}_i} \tag{2.66}$$

이 된다. 그런데 깁스 자유 에너지는 다른 상태함수들과 마찬가지로 전이를 고려하지 않는다면 적어도 2차 미분까지는 연속이라고 가정할 수 있으므로 식 (66)의 미분의 순서를 바꿀 수 있다. 따라서 다음이 성립된다.

$$\hat{V}_i = \left(\frac{\partial \mu_i}{\partial p}\right)_{\theta,\, \{n\}}. \tag{2.67}$$

식 (62)를 식 (67)에 적용하면 다음이 얻어진다.

$$\left(\frac{\partial \mu_i^{\mathrm{IG}}}{\partial p}\right)_{\theta,\, \{n\}} = \frac{R\theta}{p}. \tag{2.68}$$

이 미분방정식을 적분하면 다음이 얻어진다.

$$\mu_i^{\mathrm{IG}}(\theta, p, y_1, y_2, \cdots, y_C) = R\theta \log p + g_i^{\mathrm{IG}}(\theta, y_1, y_2, \cdots, y_C). \tag{2.69}$$

여기서 g_i^{IG}는 적분상수이고 화학 포텐셜은 세기 변수라는 것을 이용하였으며 y_i는 i번째 이상기체의 몰 분율이다. 따라서

$$y_i = \frac{n_i}{n}, \quad n = \sum_{i=1}^{C} n_i \tag{2.70}$$

이다. 이상기체의 상태방정식만으로 함수 g_i^{IG}를 완벽하게 구하는 것은 불가능하다. 몇 가지 가정이 필요하다.

식 (62)를 보면 순수한 i번째 이상기체 n 몰의 상태방정식과 C가지의 이상기체 종류들의 총 몰 수가 n 몰일 때의 상태방정식이 일치한다. 즉, 이상기체의 상태함수들은 종류에 상관없이 같은 형태를 가져야 할 것으로 예상된다. 그러면 식 (69)의 g_i^{IG}는 이상기체의 화학종에 상관없는 함수이어야 할 것이다. 그러면 식 (69)를 다음과 같이 간단히 쓸 수 있다.

$$\mu_i^{\text{IG}}(\theta, p, y_i) = R\theta \log p + g^{\text{IG}}(\theta, y_i). \tag{2.71}$$

그러면 식 (51)에 의해서 이상기체 혼합물의 깁스 자유 에너지는 다음이 된다.

$$G^{\text{IG}}(\theta, p, n_1, n_2, \cdots, n_C) = nR\theta \log p + \sum_{i=1}^{C} n_i g^{\text{IG}}(\theta, y_i). \tag{2.72}$$

만약 $n_i \neq 0$이고 나머지 이상기체들의 몰 수는 모두 0이면 식 (72)는 다음이 되어야 한다.

$$G^{\text{IG}}(\theta, p, 0, \cdots, n_i, \cdots, 0) = n_i R\theta \log p + n_i g^{\text{IG}}(\theta, 1). \tag{2.73}$$

그러면 순수한 이상기체의 몰랄 깁스 자유 에너지 $\overline{G}_i^{\text{IG}}$는 다음이 된다.

$$\overline{G}_i^{\text{IG}}(\theta, p) = R\theta \log p + g^{\text{IG}}(\theta, 1). \tag{2.74}$$

돌턴의 부분압 법칙(Dalton's law of partial pressure)으로부터 이상기체 혼합물에서 i번째 이상기체의 화학 포텐셜은 부분압이 $p_i \equiv p y_i$인 순수한 i번째 이상기체의 몰랄 깁스 자유 에너지와 같다고 가정해 보자. 그러면 식 (71)은 다음이 된다.

$$\mu_i^{\text{IG}}(\theta, p, y_i) = R\theta \log p_i + g^{\text{IG}}(\theta, y_i) = R\theta log y_i + \overline{G}_i^{\text{IG}}(\theta, p). \tag{2.75}$$

식 (60)에 식 (75)를 적용하면 이상기체의 혼합 깁스 자유 에너지는 다음이 된다.

$$\varDelta G^{\mathrm{IG}} = R\theta \sum_{i=1}^{C} n_i \log y_i, \quad \varDelta \overline{G}^{\mathrm{IG}} = R\theta \sum_{i=1}^{C} y_i \log y_i. \tag{2.76}$$

식 (76)을 보면 온도가 일정할 경우 모든 조성에 대해서 $\varDelta \overline{G}^{\mathrm{IG}} \le 0$ 라는 것을 알 수 있다. 이는 식 (36)과 일치한다. 그리고 $x \to 0^+$에 대해서 $x \log x \to 0^-$라는 것을 알 수 있으므로 식 (76)에서 등호가 성립되는 경우는 조성비가 순수한 물질로 근접하는 경우이다. 즉 $y_i \to 1$이고 나머지 몰 분율은 모두 0으로 무한히 가까워지는 경우이다.

액체 혼합물이나 실제 기체 혼합물에 대해서는 식 (75)를 사용할 수 없을 것이다. 하지만 혼합 전후의 부피 변화와 엔탈피 변화가 없는 액체 혼합물에 식 (75)를 적용한 결과, 실험 결과와 높은 일치성을 관찰하게 된다. 즉, 액상의 몰 분율을 x_i로 표현할 때

$$\varDelta \overline{G}^{\mathrm{IS}} = R\theta \sum_{i=1}^{C} x_i \log x_i, \quad \varDelta \overline{V}^{\mathrm{IS}} = 0, \quad \varDelta \overline{U}^{\mathrm{IS}} = 0 \tag{2.77}$$

을 만족하는 액체 혼합물을 이상용액(ideal solution)이라고 한다. 액상과 기상의 몰 분율을 다르게 표시하는 것은 기-액 평형(gas-liquid equilibrium)의 계산에서 구별하기 위한 관습이다. 이상용액의 가정인 $\varDelta \overline{V}^{\mathrm{IS}} = 0$은 성분 분자들의 크기가 유사하다는 것을 의미하고 $\varDelta \overline{U}^{\mathrm{IS}} = 0$은 성분 분자들의 화학적 성질이나 구조가 유사하다는 것을 의미한다.

실제 용액의 열역학적 거동이 이상용액의 거동과 큰 차이가 없을 것이라고 보고, 식 (77)을 보완해 보자는 생각으로 고안된 것이 활성도계수(activity coefficient)이다. Prigogine, 1957에 의하면 활성도계수는 Lewis and Randall, 1923이 고안한 것이라고 한다. 화학종 i에 대한 활성도

계수를 γ_i라고 표시하면 일반적인 용액의 화학 포텐셜은 다음이 된다.

$$\mu_i(\theta, p, x_i) = R\theta \log \gamma_i x_i + \overline{G}_i(\theta, p). \tag{2.78}$$

이 식을 깁스-듀헴 방정식의 일종인 식 (58)에 대입하면

$$\sum_{i=1}^{C} x_i \mathrm{d} \log \gamma_i = 0 \tag{2.79}$$

가 됨을 알 수 있다.

활성도계수는 기-액 상평형 실험으로 측정이 가능한 양이지만 물리적 의미를 더 구체적으로 알아보기 위해서 실제 용액의 깁스 자유 에너지에서 이상용액의 깁스 자유 에너지를 뺀 양을 과잉 깁스 자유 에너지(excess Gibbs free energy)라고 정의하자. 즉, 과잉 깁스 자유 에너지는 다음이 된다.

$$G_{ex} \equiv G - \sum_{i=1}^{C} n_i \left[R\theta log x_i + \overline{G}_i(\theta, p) \right]. \tag{2.80}$$

실제 용액의 화학 포텐셜을 식 (78)로 간주하게 되면 과잉 깁스 자유 에너지는 다음이 된다.

$$\overline{G}_{ex} = R\theta \sum_{i=1}^{C} x_i \log \gamma_i. \tag{2.81}$$

등온, 등압 조건에서 깁스 자유 에너지의 차이는 일반적으로 다음과 같이 표현된다.

$$\Delta\overline{G} = \Delta\overline{H} - \theta\Delta\overline{S} = \Delta\overline{U} + p\Delta\overline{V} - \theta\Delta\overline{S}. \tag{2.82}$$

이상용액의 경우, $\Delta\overline{U} = \Delta\overline{V} = 0$을 가정하므로 $\Delta\overline{H}$는 과잉 깁스 자유 에너지에 속하는 양이 되고 $-\theta\Delta\overline{S}$는 이상용액의 혼합 깁스 자유 에너지로 보인다. 그런데 통계역학의 관점에서 보면 이상용액의 혼합 깁스 자유 에너지는 모든 분자가 무작위적으로 혼합(random mixing)되는 것을

가정한 것이다. 하지만 이종의 분자들 사이에 친화도가 다르기에 완전히 무작위적인 혼합은 매우 이상적인 가정이다. 다른 분자 사이의 친화도를 고려한 엔트로피의 변화를 고려해야 한다(Prigogine, 1957; Parusnitz, Lichtenthaler and de Azevedo, 1986). 그러면 과잉 엔트로피도 고려해야 하고 식 (82)는 다음과 같이 다시 표현할 수 있게 된다.

$$\Delta\overline{G} = \overline{G}_{ex} - \theta\Delta\overline{S}, \quad \overline{G}_{ex} = \Delta\overline{U} + p\Delta\overline{V} - \theta\Delta\overline{S}_{ex}. \tag{2.83}$$

여기서 $\Delta\overline{S}_{ex} \equiv \Delta\overline{S} - \Delta\overline{S}^{\mathrm{IS}}$ 이다.

정규용액이론(regular solution theory)은 $\overline{G}_{ex} = \Delta\overline{U}$로 간주한 혼합이론이다. 혼합 내부 에너지는 동종 분자 간 상호작용 에너지와 이종 분자 간 상호작용 에너지의 차이에 기인한다고 볼 수 있다. 무차원화한 상호작용 에너지의 차이를 χ_{ik}라고 하면 이 차이는 이종의 분자가 만날 확률과 관계될 것이므로

$$\Delta\overline{U} = R\theta\sum_{i=1}^{C}\sum_{k>i}^{C}\chi_{ik}x_i x_k \tag{2.84}$$

로 볼 수 있을 것이다. 상호작용 매개변수(interaction parameter) χ_{ik}는 대부분은 양의 상수로 간주하지만, 때에 따라서 다를 수 있다. 식 (84)를 보면 순수 물질의 조성이 되면 $\Delta\overline{U} = 0$이 되는 것을 알 수 있다.

지금까지의 논의를 종합하면 혼합 후의 깁스 자유 에너지는 다음과 같이 표현된다.

$$G = \sum_{k=1}^{C}\left(R\theta\log x_k + \overline{G}_k\right)n_k + n\overline{G}_{ex}. \tag{2.85}$$

식 (85)로부터 화학 포텐셜은 다음이 된다.

$$\mu_i = \left(\frac{\partial G}{\partial n_i}\right)_{\theta, p, \{n\}_i}$$

$$= R\theta \log x_i + \overline{G}_i + \overline{G}_{ex} + n\left(\frac{\partial \overline{G}_{ex}}{\partial n_i}\right)_{\theta, p, \{n\}_i}. \quad (2.86)$$

얼핏 이 식은 식 (81)과 모순인 것 같아 보이지만 깁스-듀헴 방정식에 의해서 등압, 등온인 경우, 식 (79)를 사용하면 일치성이 있다는 것을 알 수 있다. 따라서 활성도계수와 과잉 깁스 자유 에너지 사이의 관계는 다음이 된다.

$$\log\gamma_i = \left[\frac{\partial\left(n\overline{G}_{ex}/R\theta\right)}{\partial n_i}\right]_{\theta, p, \{n\}_i}, \quad \overline{G}_{ex} = R\theta\sum_{i=1}^{C} x_i \log\gamma_i. \quad (2.87)$$

과잉 깁스 자유 에너지 $\overline{G}_{ex}$나 혼합 깁스 자유 에너지 $\Delta\overline{G}$ 모두는 몰분율이 순수한 물질의 조성이 되면 0이 되는 특징을 가지고 있다.

2.4 상 분리와 불균일 혼합 계

기-액 상평형 문제를 다룬다면 깁스 자유 에너지를 이용하는 것이 여러 가지로 편리하다. 하지만 액체만의 상 분리를 다루게 된다면 액체의 부피 변화가 미미하여서 깁스 자유 에너지와 헬름홀츠 자유 에너지를 구분하는 것이 특별한 이점이 없을 수 있다. 특히 비평형에서의 점탄성체 혼합물의 구성방정식을 개발하려는 경우, 응력이 변형률만의 함수가 아니기 때문에, 깁스 자유 에너지를 일관성 있게 정의하기 어렵다. 나중에 비가역 열역학으로 혼합물의 구성방정식을 논의할 때는 헬름홀츠 형의 자유 에너지를 사용할 것이므로 여기서는 헬름홀츠 자유 에너지를 이용하여 상 분리와 불균일 혼합 계의 평형 열역학을 기술하고자 한다.

2.4.1 정규용액의 상 분리

논의를 단순하게 하려고 이성분 혼합물만을 고려한다. 식 (84)와 같은 내부 에너지 변화만을 생각하는 정규용액 이론을 고려하면 혼합 자유 에너지는 혼합 깁스 자유 에너지 대신 다음이 된다.

$$\frac{\varDelta\bar{F}}{R\theta}=x_1\log x_1+x_2\log x_2+\chi x_1x_2. \tag{2.88}$$

혼합이 일어나려면 $\varDelta\bar{F}\leq 0$이어야 한다. 조성비는 $0\leq x_i\leq 1$이기 때문에 식 (88)의 우변의 첫 두 항의 합은 항상 음의 값을 가진다. 하지만 $\chi\geq 0$이라면 χ의 크기에 따라서 $\varDelta\bar{F}$의 부호는 달라질 수 있다. 상호작용 매개변수 χ는 온도의 함수인데 어떤 특정 값 χ_c보다 작을 때는 $\varDelta\bar{F}<0$이지만 클 때는 $\varDelta\bar{F}\geq 0$일 수 있다. $\varDelta\bar{F}\geq 0$이면 계는 $x_1=1$인 영역과 $x_1=0$인 영역으로 완전히 분리되게 된다. 그런데 $\chi<\chi_c$일 때 $\varDelta\bar{F}$를 x_1의 함수로 그리면 W 모양의 그래프가 얻어진다. 두 개의 극소와 한 개의 극대가 $0<x_1<1$에 존재하게 된다.

극점들을 구하기 위해서 $c\equiv x_1$, $x_2=1-c$로 식 (88)을 변환한 후에 c에 대해서 미분해 보면 다음이 얻어진다.

$$\frac{d}{dc}\frac{\varDelta\bar{F}}{R\theta}=\log c-\log(1-c)+\chi(1-2c). \tag{2.89}$$

극점을 구하는 것은, 식 (89)를 0으로 놓은 비선형방정식을 푸는 것이기에 해석적인 해를 구하기 어렵다. 하지만 극대점은 쉽게 구할 수 있다. $c=1/2$이면 식 (89)는 0이 되기 때문이다. 두 극소점을 $c_{(-)}$와 $c_{(+)}$라고 하고 $c_{(+)}>c_{(-)}$라고 하자. 그러면 $c_{(-)}<1/2<c_{(+)}$가 되는 것은 자명하다. 이제 $c_{(-)}\equiv 1/2-\delta$라고 하고 식 (89)에 대입하면 극소점의 정의에 의해서 다음이 얻어진다.

$$h(\delta) \equiv \log\left(\frac{1}{2} - \delta\right) - \log\left(\frac{1}{2} + \delta\right) + 2\chi\delta = 0. \tag{2.90}$$

식 (90)에 δ 대신에 $-\delta$를 대입하면 $h(-\delta) = -h(\delta)$가 되므로 $c_{(+)} = 1/2 + \delta$라는 것을 알 수 있다.

극소점 부근에서 $\Delta\overline{F}$는 $x_1 = c$에 대해서 아래로 볼록한 함수(convex function)이다. 따라서 조성비에 약간의 섭동(perturbation)이 있더라도 극소점으로 회귀하게 되어 있다. 반면에 극대점 부근에서 $\Delta\overline{F}$는 $x_1 = c$에 대해서 위로 볼록한 함수(concave function)이므로 조성비의 섭동은 다시 극대점으로 회귀시키지 못하므로 극대점은 불안정한 조성이라고 할 수 있다. 그러면 조성비 $c_{(\pm)}$로 상 분리가 일어날 것으로 추정된다. 계에 두 조성비의 상이 공존하려면 두 조성비에 대한 화학 포텐셜이 같아야만 한다. 두 극소점의 조성에서의 화학 포텐셜을 구해 보자.

식 (88)로부터 혼합 후의 1몰당 자유 에너지는 다음이 됨을 알 수 있다.

$$\overline{F} = x_1\overline{F}_1 + x_2\overline{F}_2 + R\theta(x_1\log x_1 + x_2\log x_2 + \chi x_1 x_2). \tag{2.91}$$

만약 $\overline{F}$를 $x_1 = c$의 함수로 그래프를 그린다면 우변의 첫 두 항은 기울기가 $\overline{F}_1 - \overline{F}_2$이고 절편이 $\overline{F}_2$인 직선이 된다. 우변의 마지막 항은 혼합 자유 에너지이므로 두 조성 $x_1 = c_{(+)}$와 $x_1 = c_{(-)}$에서의 $d\overline{F}/dc$는 같은 값 $\overline{F}_1 - \overline{F}_2$이 된다. 식 (91)로부터 화학 포텐셜을 구하면

$$\mu_1 = \overline{F}_1 + R\theta(\log x_1 + \chi x_2^2),\ \ \mu_2 = \overline{F}_2 + R\theta(\log x_2 + \chi x_1^2) \tag{2.92}$$

가 된다. 그러면 식 $(92)_1$에 $c_{(+)} = 1/2 + \delta$를 대입하여 얻은 화학 포텐셜을 $\mu_1^{(+)}$라고 하고 $c_{(-)} = 1/2 - \delta$를 대입하여 얻은 화학 포텐셜을 $\mu_1^{(-)}$라고 하면 다음이 된다.

$$\mu_1^{(\pm)} = \overline{F}_1 + R\theta\left[\log\left(\frac{1}{2} \pm \delta\right) + \chi\left(\frac{1}{2} \mp \delta\right)^2\right]. \tag{2.93}$$

두 화학 포텐셜의 차이를 구하면

$$\mu_1^{(+)} - \mu_1^{(-)} = - h(\delta) = 0 \tag{2.94}$$

가 되므로 식 (90)에 의해서 두 상의 화학 포텐셜이 같음을 알 수 있다. 같은 방법으로 다음이 얻어진다.

$$\mu_2^{(+)} - \mu_2^{(-)} = h(\delta) = 0. \tag{2.95}$$

2.4.2 불균일 계

온도가 $\chi \leq \chi_c$를 만족하게 되면 앞에서 논의한 바와 같은 상 분리가 일어난다. 조성비가 $x_1 = c_{(+)} > 1/2$인 1번 물질이 많은 상(+상이라고 부르자)과 조성비가 $x_1 = c_{(-)} < 1/2$인 1번 물질보다 2번 물질이 많은 상(-상이라고 부르자)이 공존하게 된다. 그런데 +상이나 –상 모두 계가 차지하는 공간에 여러 개의 영역으로 존재하게 된다. 따라서 조성비가 공간에 분포하게 된다. 일반적인 평형 열역학에서는 모든 상태변수나 조성비가 계 전체에서 균일한 값을 가지지만 상 분리가 일어난 계는 공간적으로 불균일한 열역학적 물성값을 보이게 된다. 따라서 계가 차지하는 영역을 B라고 하면 자유 에너지는 다음과 같은 적분으로 표현된다.

$$F[B] = \int_B \hat{f}\, \mathrm{d}V. \tag{2.96}$$

여기서 $\hat{f}$는 자유 에너지 밀도이다. 자유 에너지 밀도는 온도, 조성비의 함수가 된다. 그런데 온도는 전 영역에서 균일한 값을 가질지라도 조성비는 위치의 함수가 된다. 두 상, +상과 –상 사이에는 계면(interface)이 존재하고 계면의 부근에서 조성비는 위치 $\mathbf{x}$의 함수가 된다. 즉

$$\hat{f} = \hat{f}(\theta, c(\mathbf{x})) \tag{2.97}$$

이 된다. 그런데 과연 자유 에너지 밀도가 조성비 $c(\mathbf{x})$만의 함수일까?

더 일반적으로는

$$\hat{f} = \hat{f}(\theta, c, \nabla c, \nabla \nabla c) \tag{2.98}$$

이 될 것이다. Cahn and Hilliard, 1958은 식 (98)의 가정을 출발점으로 불균일한 평형 계의 열역학을 제안하였다. 조성비 c의 그래디언트 ∇c와 헤시안(Hessian) $\nabla \nabla c$와 같은 조성비의 미분이 필요한 이유는 계면 효과를 기술하기 위함이다. 헤시안보다 더 높은 차수의 미분이 필요할지 모르지만 2차 텐서인 헤시안까지만 고려한다.

Cahn and Hilliard, 1958은 식 (98)을 사용하였지만, 수식만 복잡하여서 여기서는 같은 근사를 주는 다음의 근사식을 사용한다.

$$\hat{f} = \hat{f}(\theta, c, \nabla c). \tag{2.99}$$

자유 에너지 밀도는 스칼라 장(scalar field)이며 등방성 함수(isotropic function)이어야만 한다. 즉, 임의의 직교 텐서 $\mathbf{Q}$에 대해서 다음이 항상 성립되어야만 한다.

$$\hat{f}(\theta, c, \nabla c) = \hat{f}(\theta, c, \mathbf{Q} \nabla c). \tag{2.100}$$

이 조건을 만족하기 위해서 자유 에너지 밀도는 다음과 같은 함수이어야만 한다.

$$\hat{f} = \hat{f}(\theta, c, \nabla c \cdot \nabla c). \tag{2.101}$$

이 함수를 $\nabla c \cdot \nabla c$에 대해서 테일러 전개하면 다음이 된다.

$$\hat{f} \approx \hat{f}(\theta, c, 0) + \frac{\varkappa_0}{2} \nabla c \cdot \nabla c,$$

$$\frac{\varkappa_0}{2} \equiv \left[\frac{\partial \bar{f}}{\partial(\nabla c \cdot \nabla c)} \right]_{\nabla c \cdot \nabla c = 0}. \tag{2.102}$$

그러면 불균일계의 자유 에너지는 다음과 같이 근사할 수 있다.

$$F[B] = \int_B \left(f_0 + \frac{\varkappa_0}{2} \| \nabla c \|^2 \right) \mathrm{d}V. \tag{2.103}$$

물론 여기서 f_0는 조성비 c의 함수로서, 균일계의 자유 에너지를 계의 부피로 나눈 것으로 간주할 수 있다. 이 식은 나중에 액체 혼합물의 구성방정식을 유도하는 데 사용하게 될 것이다.

3 평형 통계역학

통계역학은 분자들의 운동으로부터 거시적인 열역학적 현상을 기술하는 현대물리학이다. 여기서는 분자의 운동을 뉴턴 역학으로 다루는 고전 통계역학만을 다룬다. 공학적으로 중요한 구성방정식을 다룰 때는 극저온과 같이 양자효과가 유의미한 경우가 매우 드물어 굳이 수학적으로 복잡한 양자 통계역학을 사용하는 것보다 고전 통계역학을 사용하는 것이 더 의미 있는 결과를 생산하기 때문이다.

고전 통계역학에서는 분자들의 운동이 고전역학을 따른다고 가정하므로 모든 분자의 위치와 운동량은 열역학계의 미시적 상태변수(microscopic state variable)라고 할 수 있다. 열역학계를 이루는 입자의 개수를 N이라고 하면 미시적 상태변수가 구성하는 공간은 $6N$차원 공간이 된다. 이 공간을 위상공간(phase space)이라고 부른다. 통계역학의 기본적인 가정 중의 하나는 거시적인 물성에 대응하는 분자들의 위치와 운동량의 함수가 존재하고 이 함수의 평균이 거시적인 물성이라는 것이다. 이 함수를 위상함수(phase function)라고 부르자. 그러면 거시적 물성에 대응되는 위상함수를 구해야 하고 이를 평균하는 방법을 개발해야 할 것이다.

거시적인 물리량이 계 전체의 운동량이나 에너지와 같은 역학적 물리량이라면 이들의 위상함수를 찾기는 어려운 일이 아니다. 하지만 온도나 엔트로피와 같은 열과 관련된 물성이라면, 위상함수를 찾기는 매우 어려운 일이고 특히 온도에 대해서는 위상함수의 여러 가지 후보가 제안되고 있지만(Todd and Daivis, 2017) 합의된 것은 없는 것으로 안다.

어떻게 평균을 구할 것인가? 사실 거시적인 물리량의 측정은 순식간에 일어나는 것이 아니다. 물론 물성에 따라서 인간이 인지하기 어려울 정도의 짧은 시간에 측정이 일어나기도 하지만 수천분의 일 초 정도 또는 그보다 짧을 수도 있지만 하여간 유한한 시간이 소요된다. 그러면 측정시간 동안의 위상함수의 평균을 시간 평균(time average)이라고 부른다. 하지만 거시적인 계를 이루는 분자의 개수는 아보가드로 수보다 큰 수일 수 있으므로 특정 시각에서 모든 분자의 위치와 운동량을 알고 뉴턴의 운동방정식을 풀어서 미래나 과거의 위치와 운동량을 계산한다는 것은 현실적으로 불가능하다. 게다가 특정 시각에서의 모든 위치와 운동량을 파악한다는 것도 불가능하다. 초기조건에 대한 문제는 단순히 데이터 입력의 문제뿐만 아니라 초기조건을 어떻게 측정할 수 있느냐도 포함한다. 이러한 이유로 확률론적 접근이 필요하게 된다.

미시적 상태변수는 $3N$개의 위치 좌표와 $3N$개의 운동량 성분이므로 다음과 같은 편리한 표기법이 필요하다.

$$\xi^N = \left(r^N, p^N\right) = \left(\mathbf{r}_1, \mathbf{r}_2, \cdots, \mathbf{r}_N, \mathbf{p}_1, \mathbf{p}_2, \cdots, \mathbf{p}_N\right). \tag{3.1}$$

그러면 미시적 상태변수에 대응하는 확률분포 $\Psi\left(\xi^N, t\right)$가 존재한다고 가정하자. 여기서 t는 시간이다. 그러면 임의의 거시적 물성 $g(t)$에 대응하는 위상함수가 $\hat{g}\left(\xi^N\right)$일 때 다음이 성립된다고 가정한다.

$$g(t) = \left\langle \hat{g}\left(\xi^N\right) \right\rangle = \int \hat{g}\left(\xi^N\right) \Psi\left(\xi^N, t\right) \mathrm{d}\xi^N. \tag{3.2}$$

당연히 $\Psi\left(\xi^N, t\right)$가 확률분포이므로 다음을 만족해야만 한다.

$$\Psi(\xi^N, t) \geq 0, \quad \int \Psi(\xi^N, t) \mathrm{d}\xi^N = 1. \tag{3.3}$$

만약 확률분포 $\Psi(\xi^N, t)$를 구할 수 있는 방정식을 알고 이를 풀 수 있다면 모든 열역학적 문제를 풀 수 있게 될 것이다. 이 장은 평형 통계역학이지만 식 (3)의 확률분포는 시간에 대해서 양함수적인 의존성(explicit dependence on time)을 가지고 있으므로 비평형에 대해서도 유용하다는 점을 유의하기 바란다.

3.1 확률분포의 진화방정식

미시적 상태변수는 뉴턴의 운동법칙을 따르므로 다음의 미분방정식을 만족시키는 물리량이다.

$$\frac{d\mathbf{r}_\alpha}{dt} = \frac{\mathbf{p}_\alpha}{m_\alpha}, \quad \frac{d\mathbf{p}_\alpha}{dt} = \mathbf{f}_\alpha, \quad \alpha = 1, 2, \cdots, N. \tag{3.4}$$

여기서 m_α는 α번째 입자의 질량이고 $\mathbf{f}_\alpha$는 α번째 입자에 작용하는 힘이다. 힘 $\mathbf{f}_\alpha$는 분자 사이의 상호작용력뿐만 아니라 열역학계가 주변과 상호작용함에 따른 영향력을 포함한다. 분자 사이의 상호작용력이라면 적정한 포텐셜의 그래디언트로 표현될 수 있겠지만 주변과의 상호작용으로 발생하는 힘은 명시하기 어렵다. 일반적인 이론을 만들기 위해서 일단 힘 $\mathbf{f}_\alpha$를 알고 있다고 가정하자. 그러면 식 $(3)_2$에 의해서 확률분포는 보존된다고 할 수 있으므로 확률분포는 다음과 같은 진화방정식(evolution equation)을 따라야만 한다.

$$\begin{aligned} \frac{\partial \Psi}{\partial t} &= -\frac{\partial}{\partial \xi^N} \circ \left(\frac{d\xi^N}{dt} \Psi \right) \\ &\equiv -\sum_{\alpha=1}^{N} \left[\frac{\partial}{\partial \mathbf{r}_\alpha} \cdot \left(\frac{d\mathbf{r}_\alpha}{dt} \Psi \right) + \frac{\partial}{\partial \mathbf{p}_\alpha} \cdot \left(\frac{d\mathbf{p}_\alpha}{dt} \Psi \right) \right]. \end{aligned} \tag{3.5}$$

식 (4)의 힘 $\mathbf{f}_{\alpha}$만 명확하게 명시될 수 있다면 확률분포의 의미가 명확해진다. 유한 개수의 거시적 물리량으로 열역학계를 특징지을 수 있다. 거시적 물리량에는 그에 해당하는 위상함수가 존재하므로 식 (2)와 같은 관계식이 n개 있다고 하자.

$$x_k(t) \equiv \langle \hat{x}_k(\xi^N) \rangle, \quad k = 1, 2, \cdots, n. \tag{3.6}$$

여기서 $x_k(t)$는 거시적 물리량으로 측정할 수 있으며 이미 알고 있다고 가정하자. 이 거시적 물리량들은 연속체 열역학의 상태변수라고 할 수 있을 것이다. 그러면 운동방정식 (4)는 식 (6)을 만족시켜야만 한다. 즉, 힘 $\mathbf{f}_{\alpha}$에서 분자 간 상호작용에 관한 것을 제외한 부분은 식 (6)을 구속조건으로 해서 결정될 수 있을 것이다. 따라서 식 (6)은 고전역학에서 제약조건에 해당하므로 제약조건을 만족하는 운동방정식을 만드는 이론적 방법은 라그란지안 역학(Lagrangian mechanics)이나 해밀토니안 역학(Hamiltonian mechanics)에서 일반화 좌표(generalized coordinate)와 일반화 운동량(generalized momentum)을 이용하는 것과, 가우스의 최소 제약 원리(Gauss' principle of least constraints, GPLC)를 이용하는 것이다(Lanczos, 1970; Evans and Morris, 2008; Todd and Daivis, 2017). 이와 같은 방법으로 결정되는 확률분포는 식 (6)의 상태변수로 규정되는 거시적 열역학계가 특정 시각에서 미시적 상태변수를 가질 확률이 된다.

사실 식 (6)의 제약조건으로부터 식 (4)에 쓰일 구속력을 구하기는 어렵지만 식 (6)에 사용할 수 있는 위상함수를 찾는 일도 어렵다. 그런데 만약 열역학계가 고립계라면 분자의 개수도 일정하고 열역학계가 차지하는 부피도 일정하고 전체 에너지도 일정하다. 에너지가 일정한 경우는 식 (4)의 힘이 보존력일 경우이다. 즉,

$$\mathbf{f}_\alpha = -\frac{\partial}{\partial \mathbf{r}_\alpha}\Phi(r^N) \tag{3.7}$$

인 경우이다. 그러면 다음과 같은 해밀토니안 H를 도입할 수 있다.

$$H(\xi^N) = \sum_{\alpha=1}^{N} \frac{\mathbf{p}_\alpha \cdot \mathbf{p}_\alpha}{2m_\alpha} + \Phi(r^N). \tag{3.8}$$

그리고 이를 이용하면 운동방정식 (4)는 다음이 된다.

$$\frac{d\mathbf{r}_\alpha}{dt} = \frac{\partial H}{\partial \mathbf{p}_\alpha}, \quad \frac{d\mathbf{p}_\alpha}{dt} = -\frac{\partial H}{\partial \mathbf{r}_\alpha}, \quad \alpha = 1, 2, \cdots, N. \tag{3.9}$$

식 (9)를 식 (5)에 대입하고 정리하면

$$\frac{\partial \Psi}{\partial t} = -\sum_{\alpha=1}^{N}\left(\frac{\partial H}{\partial \mathbf{p}_\alpha} \cdot \frac{\partial \Psi}{\partial \mathbf{r}_\alpha} - \frac{\partial H}{\partial \mathbf{r}_\alpha} \cdot \frac{\partial \Psi}{\partial \mathbf{p}_\alpha}\right) \tag{3.10}$$

이 얻어진다. 여기서 임의의 α와 β에 대해서 항상 다음이 성립됨을 이용하였다.

$$\frac{\partial}{\partial \mathbf{r}_\beta} \cdot \frac{\partial H}{\partial \mathbf{p}_\alpha} = \frac{\partial}{\partial \mathbf{p}_\beta} \cdot \frac{\partial H}{\partial \mathbf{r}_\alpha}. \tag{3.11}$$

식 (10)을 리우빌 방정식(Liouville equation)이라고 부른다.

리우빌 방정식의 일반해를 구하기는 매우 어렵지만 $\partial\Psi/\partial t = 0$인 경우의 특수해는 구할 수 있다. 평형에 도달하게 되면 $\partial\Psi/\partial t = 0$이라고 할 수 있다. 평형에서의 확률분포가 $H(\xi^N)$의 함수라고 하면 다음이 성립된다.

$$\frac{\partial \Psi}{\partial \mathbf{r}_\alpha} = \frac{d\Psi}{dH}\frac{\partial H}{\partial \mathbf{r}_\alpha}, \quad \frac{\partial \Psi}{\partial \mathbf{p}_\alpha} = \frac{d\Psi}{dH}\frac{\partial H}{\partial \mathbf{p}_\alpha}. \tag{3.12}$$

이를 식 (10)에 대입하면

$$\sum_{\alpha=1}^{N}\left(\frac{\partial H}{\partial \mathbf{p}_\alpha} \cdot \frac{\partial \Psi}{\partial \mathbf{r}_\alpha} - \frac{\partial H}{\partial \mathbf{r}_\alpha} \cdot \frac{\partial \Psi}{\partial \mathbf{p}_\alpha}\right) = 0 \tag{3.13}$$

이 성립된다. 하지만 식 (13)으로부터 $\Psi\left[H(\xi^N)\right]$이 됨을 보이기는 쉬운 일이 아니다. 이를 증명한 것은 아니지만, 평형에서 확률분포가 해밀토니안의 함수가 됨은 다른 방법으로 설명할 수 있으며 실험 결과와도 일치한다. 여기서 강조하고 싶은 점은 리우빌 방정식의 확률분포는 고립계의 확률밀도 함수라는 것이다. 이를 주변과 상호작용하는 열역학계에 적용할 수 없다.

고립계의 평형 확률분포가 해밀토니안의 함수라는 것을 안다고 해도 그 함수가 어떤 것인지를 식 (13)으로 알 수가 없다. 고립계의 확률분포를 구하기 위해서는 다른 방법이 필요하다.

3.2 모둠과 평형 확률분포

평형 열역학의 기본 가정 중의 하나는 계의 열역학적 현상을 유한 개수의 거시적인 물리량들로 완벽하게 기술할 수 있다는 것이다. 이 유한 개수의 거시적인 물리량이 상태변수이고 이를 분자의 위치와 운동량인 미시적 상태변수와 구분하기 위해서 거시적 상태변수라고 부르자. 열역학계를 상태변수들로 규정할 수 있지만 같은 상태변수를 가지지만 미시적 상태는 다른 열역학계의 존재를 부정할 수 없다. 같은 거시적 상태변수를 가지지만 다른 미시적 상태변수를 가지는 열역학계는 무수히 많을 수 있다. 이렇게 무수히 많은 열역학계의 집합을 모둠(ensemble)이라고 부른다. 이 모둠에 대한 위상함수의 평균을 모둠 평균(ensemble average)이라고 부른다.

위상함수가 분자 위치와 운동량의 함수인데 단원자 분자를 가정하고 분자의 개수가 N이라고 하면 위상함수는 $3N$개의 위치 좌표와 $3N$개의 운동량 성분의 함수이다. 즉, 위상함수는 $6N$개의 변수를 가지는 함수이고, 열역학계의 미시상태는 이 $6N$개의 변수를 좌표로 하는 위상공간(phase space)의 한 점에 해당한다. 이 점을 $6N$차원의 벡터로 간주하면 이 위상 벡터(phase vector)는 뉴턴의 운동방정식에 따라서 변하는 시간의 함수이다. 사실 거시적인 물성은 어떤 측정시간 동안의 위상함수들의 시간 평균이라고 볼 수 있다. 그러면 측정시간을 얼마로 하느냐에 따라서 무수히 많은 시간 평균이 존재할 수 있다. 하지만 평형상태의 열역학계에 대해서 시간 평균을 구할 때 측정시간이 어떤 특정 값보다 커지면 시간 평균은 측정시간과 무관하게 된다. 따라서 충분히 긴 측정시간에 대해서는 시간 평균의 모호성이 없어지게 된다.

그러면 모둠 평균과 시간 평균 중에서 어떤 평균이 거시적인 물성을 가장 잘 표현할 수 있을까? 열역학계가 평형에 있으면 시간 평균과 모둠 평균의 차이가 없다고 가정한다. 이를 어고딕 가설(ergodic hypothesis)이라고 하며 이는 평형 통계역학의 기본 가정 중의 하나이다(McQuarrie, 1976). 충분히 긴 측정시간에 대한 시간 평균을 구한다는 것은 측정시간에 대해서 운동방정식을 적분하는 것이다. 이는 이론적으로 다루기 힘든 계산이지만 분자 동력학 전산모사(molecular dynamics computer simulation)에서는 편리한 방법이다(Evans and Morris, 2008). 이론적인 측면에서 보면 모둠에 대한 확률분포를 구해서 평균을 내는 모둠 평균이 실용적인 방법이고 모둠 평균은 몬테카를로 전산모사(Monte Carlo computer simulation)의 기초가 된다(Chandler, 1987). 그러면 주어진 거시적 상태변수에 대한 모둠의 확률분포를 어떻게 구할 수 있는가?

3.2.1 작은 바른 틀 모둠

주사위를 던져서 1, 2, 3, 4, 5, 6 중에서 한 숫자가 나올 확률은 얼핏 1/6인 것 같다. 주사위는 정육면체이고 여섯 개의 숫자에 대해서 특별히 선호되는 숫자가 없을 것 같기 때문이다. 하지만 어떤 실제적인 주사위를 관찰하면 완전한 정육면체도 아니고 숫자를 표시한 홈 때문에 여섯 개의 면이 모두 동등한 것 같지도 않고 주사위를 이루는 재료의 질량 분포가 균일한지도 의심스럽다. 그런데 우리는 여러 개의 경우에 대해서 특정한 경우의 가능성이 더 클 수 있는 근거를 찾기 어려우면 모든 경우가 같은 가능성을 가진다고 가정하고 실험으로 확률분포를 계측하면 그 가설이 타당하다는 것을 알게 되는 경험을 많이 한다.

평형 통계역학도 이러한 추론의 관습을 따른다. 모든 미시적 상태가 동등한 확률을 가지는 모둠은 어떤 것이 있을까? 먼저 가장 단순한 경우로 단원자 분자 N개가 일정한 부피 V 안에서 전체 에너지가 U로 고정된 열역학계를 생각해 보자. 전체 에너지는 모든 분자의 운동 에너지와 위치 에너지의 합이다. 에너지, 부피, 분자의 개수가 고정된 열역학계는 고립계이다. 고립계는 주변과 물질, 에너지 및 운동량을 교환하지 않는 열역학계이다. 이런 고립계의 모임을 작은 바른 틀 모둠 또는 소정준 앙상블(microcanonical ensemble)이라고 부른다. 전체 에너지에 대한 위상함수는 식 (8)의 해밀토니안이다. 해밀토니안의 모둠 평균은 평형에서 내부 에너지가 된다. 그러면 일정 에너지 조건은 다음이 된다.

$$H(\xi^N) - U = 0. \tag{3.14}$$

작은 바른 틀 모둠은 미시적 상태, $\xi^N \equiv (p^N, q^N)$가 식 (14)를 만족하는 열역학계의 모임이고 이 모든 열역학계는 같은 확률을 가진다고 가정한다. 이를 선험적 동등 확률의 가정(hypothesis of equal a priori probability)

이라고 할 수 있다(McQuarrie, 1976). 그러면 확률분포는

$$\Psi_{MC}(\xi^N) = \frac{\delta(H(\xi^N) - U)}{W} \tag{3.15}$$

라고 할 수 있다. 여기서 W는 확률분포 Ψ_{MC}가 다음과 같은 정규화 조건을 만족시키기 위해 도입한 것이다. 즉

$$W(N, V, U) = \int \delta(H(\xi^N) - U) \mathrm{d}\xi^{\mathrm{N}} \tag{3.16}$$

이다. 여기서

$$\int \mathrm{d}\xi^N \equiv \int \mathrm{d}r^N \int \mathrm{d}p^N,$$

$$\int \mathrm{d}r^N \equiv \int_V \mathrm{d}^3\mathbf{r}_1 \int_V \mathrm{d}^3\mathbf{r}_2 \cdots \int_V \mathrm{d}^3\mathbf{r}_N,$$

$$\int \mathrm{d}p^N \equiv \int_{\mathrm{R}^3} \mathrm{d}^3\mathbf{p}_1 \int_{\mathrm{R}^3} \mathrm{d}^3\mathbf{p}_2 \cdots \int_{\mathrm{R}^3} \mathrm{d}^3\mathbf{p}_N \tag{3.17}$$

을 의미한다. 미시적 상태변수를 적분해서 얻어지는 $W(N, V, U)$는 거시적 상태변수의 함수이므로 이를 분배함수(partition function)라고 부른다. 식 (15)의 확률 분포는 해밀토니안의 함수이므로 정상상태 리우빌 방정식 (13)의 해가 됨은 당연하다.

이제 확률분포를 정했으므로 평형 열역학의 압력, 내부 에너지, 자유에너지와 같은 물리량을 나타내는 위상함수를 안다고 할 때 식 (15)의 확률분포를 이용해서 이 위상함수의 모듬 평균을 구하면 평형 통계역학과 평형 열역학을 연결할 수 있을 것이다. 일반적인 물성들에 대한 위상함수를 구하기는 쉽지 않으며 이에 대해서는 Irving and Kirkwood, 1950을 참조하여야 할 것이다. 하지만 어빙-커크우드의 방법론도 엔트로피의 위상함수를 제안하지는 못한다. 왜냐하면 어빙-커크우드 방법은 엔트로피 수지식을 제공할 수 없기 때문이다. 가장 쉽게 찾을 수 있는

위상함수는 내부 에너지의 위상함수일 것이다. 평형상태이므로 계의 평균 운동량은 계의 어느 위치에서나 0이 될 것이므로 내부 에너지는 식 (2)의 모둠 평균이 될 것이다. 즉, 계의 해밀토니안(Hamiltonian)이 내부 에너지의 위상함수라고 할 수 있다. 하지만 확률분포가 식 (15)와 같으므로

$$\begin{aligned} &\langle H(p^N, r^N) \rangle \\ &= \frac{1}{W(N, V, U)} \int\int H(p^N, r^N) \delta(H(p^N, r^N) - U) \mathrm{d}p^N \mathrm{d}r^N \\ &= U \end{aligned} \tag{3.18}$$

이 된다. 여기서 디랙 델타 함수에 대한 항등식 $x\delta(x-u) = u\delta(x-u)$를 이용하였다. 만약에 해밀토니안의 모둠 평균인 $\langle H(p^N, r^N) \rangle$이 다른 거시적 상태변수의 함수로 표현된다면 통계역학과 평형 열역학 사이의 관계를 규명하기 쉽겠지만 작은 바른 틀 모둠이 N, V, U가 고정된 모둠이기 때문에 N, V, U의 위상함수를 이용한 결과는 의미 있는 정보를 줄 수 없다. 하지만 이러한 접근법은 뒤에 논의하게 될 바른 틀 모둠 또는 정준 앙상블(canonical ensemble)에서는 매우 유용하다는 것을 알 수 있다. 그런데 바른 틀 모둠의 확률분포를 유도하기 위해서는 작은 바른 틀 모둠과 직결되는 열역학 함수를 찾아야만 한다.

이 문제의 해결은 결코 쉬운 일이 아니지만, 볼츠만은 엔트로피가 다음이 된다는 것을 제안했다.

$$S = k_{\mathrm{B}} \log W. \tag{3.19}$$

이 식은 물리학의 제1 원리로부터 유도된 것이 아니라, 천재의 직감으로 제안된 것이다. 그런데 이 제안으로부터 얻어지는 결과들은 실험과 높은 일치성을 보인다. 왜 확률분포의 정규화 상수인 W의 로그 함수가 엔트로피와 비례해야 할까? 이유 중의 하나는 $W \propto e^N$이기 때문에 엔

트로피의 가산성을 위해서 식 (19)를 구성한 것이라고 볼 수 있다.

식 (16)을 보면 W는 식 (14)를 만족하는 위상공간 영역의 크기를 나타낸다는 것을 알 수 있다. 식 (14)로 표현되는 위상공간의 영역은 거시적인 상태변수 N, V, U로 규정되는 열역학계가 가질 수 있는 미시적 상태의 영역이라고 할 수 있다. 거시적인 상태변수는 실험적으로 측정할 수 있으면서 동시에 제어할 수 있지만, 미시적 상태변수는 그렇지 못하다. 이론적으로는 미시적 상태변수가 시간에 따라서 어떻게 변화할지를 계산할 수는 있지만, 현실적으로는 수많은 분자의 위치와 운동량 모두를 제어하고 측정할 수는 없다. 거시적인 상태변수로 같게 보이는 열역학계라고 해도 다른 미시적인 상태변수를 가지는 다른 계라는 것이다. 따라서 식 (19)가 의미하는 바는 거시적으로는 같게 보이는 계가 많을수록 높은 엔트로피를 가진다는 것이다. 이는 거시적인 상태변수만을 다루는 평형 열역학에서는 제시할 수 없는 엔트로피의 특성이라고 할 수 있다. 즉, 식 (19)는 엔트로피의 통계적인 해석이라고 할 수 있다. 이 새로운 해석으로부터도 기존의 평형 열역학 이론이 도출될 수 있어서 통계역학이 탄생하게 된 것이다.

식 (14)의 영역은 $6N$ 차원의 위상공간에 있는 $6N-1$차원의 곡면이라고 해석할 수 있다. 거시적인 상태변수 N, V, U로 규정되는 열역학계 중에서 하나를 골라서 관찰하면 이 계는 $6N-1$차원의 곡면의 한 점에서 같은 곡면의 다른 점으로 이동하게 된다. 따라서 W는 한 열역학계가 운동할 수 있는 위상공간의 최대 크기라고 할 수 있다.

3.2.2 여러 모둠과 확률분포

이미 언급했지만, 볼츠만의 엔트로피는 유도된 것이 아니다. 그렇다면 몇 가지 질문이 생긴다. 먼저 식 (19)가 올바르다는 것을 어떻게 실험과 비교해서 증명할 수 있을까? 과연 식 (16)의 분배함수를 어떻게 계산할 수 있겠는가? 모든 측정은 측정할 대상과 측정장치 사이의 에너지 교환을 반드시 수반하므로 고립계에 대해서 유도한 식 (19)를 직접 실험으로 측정한다는 것은 원리상 불가능하다. 하지만 식 (15)와 (19)를 이용하여 거시적인 상태변수 N, V, θ로 규정되는 바른 틀 모둠(또는 정준 앙상블(canonical ensemble)이라고도 한다)의 확률분포를 구하고 실험 결과와 비교하는 간접적인 방법이 있다. 바른 틀 모둠의 경우, 작은 바른 틀 모둠에 비해서 실험이 쉽기 때문이다. 식 (16)을 임의의 위치 에너지 Φ에 대해서 엄밀한 해석적 결과를 얻는 것은 아직 누구도 성공하지 못했다. 하지만 이상기체와 같은 위치 에너지가 없는 단순계에 대해서는 엄밀한 계산을 할 수 있다. 그런데 이 계산은 바른 틀 모둠으로 계산한 이상기체의 결과와 일치하지만, 그 계산과정은 훨씬 더 복잡하다. 따라서 작은 바른 틀 모둠으로부터 바른 틀 모둠의 확률분포를 유도하고 기존의 평형 열역학과 어떻게 일치하는 결과를 주는지를 논의하기로 하자.

분자의 개수가 N_t, 에너지가 U_t, 부피가 V_t인 고립계를 생각해 보자. 이 고립계는 분자의 개수가 N_r, 에너지가 U_r, 부피가 V_r인 부분계와 분자의 개수가 N, 에너지가 U, 부피가 V인 부분 계로 이루어져 있다고 가정하자. 두 부분 계 사이에는 다음의 관계가 성립된다고 가정하자.

$$N_t = N_r + N, \quad U_t = U_r + U, \quad V_t = V_r + V,$$
$$N \ll N_r, \quad U \ll U_r, \quad V \ll V_r. \tag{3.20}$$

즉, 아래첨자 r로 표시되는 부분 계는 첨자 없는 부분 계에 비해서 매우 크다는 것을 의미한다. 전체 계가 평형을 이루고 있을 때를 가정하면 두 부분 계는 같은 온도(θ), 압력(p)과 화학 포텐셜(μ)을 가지게 될 것이다.

평형을 이루고 있는 고립계의 큰 부분 계에 대한 작은 부분 계의 주변 확률분포(marginal probability distribution)를 여러 조건에 대해서 구하려고 한다. 관심의 대상은 작은 부분 계이므로 작은 부분 계의 미시적 상태변수로 표현되는 확률분포를 구해야 한다. 이를 위해서 큰 부분 계의 미시적 상태변수를 $\xi_r^{N_r}$로 표시하고 작은 부분 계의 미시적 상태변수를 ξ^N로 표시하면 전체 계의 해밀토니안은 다음과 같이 표시할 수 있다.

$$H_t\left(\xi_r^{N_r}, \xi^N\right) \approx H_r\left(\xi_r^{N_r}\right) + H\left(\xi^N\right). \tag{3.21}$$

여기서 작은 부분 계의 분자들과 큰 부분 계의 분자들 사이의 상호작용은 무시하였다. 그러면 전체 계의 확률분포는 다음이 된다.

$$\Psi_t = \frac{\delta\left(H_r\left(\xi_r^{N_r}\right) + H\left(\xi^N\right) - U_t\right)}{W\left(N_t, U_t, V_t\right)}. \tag{3.22}$$

그러면 작은 부분 계의 주변 확률분포는

$$\Psi = \int \Psi_t \mathrm{d}\xi_r^{N_r} \tag{3.23}$$

이 된다. 여기서 큰 부분 계 분자들의 위치 $r_r^{N_r}$에 대한 적분의 범위는 V_r이고 운동량 $p_r^{N_r}$에 관한 적분 범위는 R^3임을 유의하기를 바란다. 그러면 식 (16)에 의해서 식 (23)은 다음이 된다.

$$\begin{aligned}\Psi &= \frac{W\left(N_r, U_t - H\left(\xi^N\right), V_r\right)}{W\left(N_t, U_t, V_t\right)} \\ &= \frac{W\left(N_t - N, U_t - H\left(\xi^N\right), V_t - V\right)}{W\left(N_t, U_t, V_t\right)}.\end{aligned} \tag{3.24}$$

식 (19)를 이용하면 식 (24)는 다시 다음이 된다.

$$\frac{\log\Psi}{k_{\rm B}} = S(N_t - N,\ U_t - H(\xi^N),\ V_t - V) - S(N_t,\ U_t,\ V_t). \quad (3.25)$$

오일러의 동차함수 정리를 이용한 엔트로피는 단일 성분 계에 대해서 식 (2.50)을 바꿔 써 보면 다음이 된다.

$$S(N_t,\ U_t,\ V_t) = \frac{U_t + pV_t + N_t\mu}{\theta}. \quad (3.26)$$

이를 식 (25)에 적용하면 다음이 얻어진다.

$$\log\Psi = -\beta(N\mu + pV + H(\xi^N)), \quad \beta \equiv \frac{1}{k_{\rm B}\theta}. \quad (3.27)$$

작은 부분 계에 대해서 N과 V를 고정하고 U는 변동할 수 있다고 가정하자. 그러면 확률분포 Ψ의 독립변수는 작은 부분 계의 미시적 상태변수만이 된다. 즉, 작은 부분 계의 내부 에너지가 δU만큼 변하게 되면 큰 부분 계의 내부 에너지 변화는 $-\delta U$가 된다는 의미이다. 이러한 작은 부분 계의 모둠을 정준 앙상블(canonical ensemble) 또는 토박이말로 바른 틀 모둠이라고 부른다. 그러면 바른 틀 모둠에 대한 확률분포는 식 (27)로부터 다음이 된다.

$$\Psi_C(\xi^N) = \frac{e^{-\beta H(\xi^N)}}{Z(N,\ V,\ \theta)}, \quad F = -k_{\rm B}\theta\log Z. \quad (3.28)$$

여기서 식 (26)으로부터

$$N\mu + pV = -F \quad (3.29)$$

가 됨을 이용하였다. 식 (28)의 Z는 일종의 정규화 인자로서, 바른 틀 모둠의 분배함수(partition function)라고 부른다. 즉, 다음이 된다.

$$Z = \int e^{-\beta H(\xi^N)} {\rm d}\xi^N. \quad (3.30)$$

식 (28)에서 좌변에 아래첨자 C를 도입한 것은 이 확률분포가 바른 틀 모둠의 확률분포임을 강조한 것일 뿐이다.

이번에는 작은 부분 계의 분자 개수가 변동할 수 있고 부피는 고정되었다고 생각해 보자. 이러한 열역학계의 모둠을 큰 바른 틀 모둠(grand canonical ensemble) 또는 대정준 앙상블이라고 부른다. 그러면 큰 바른 틀 모둠의 확률분포는 미시적 상태변수와 분자 개수의 함수가 된다. 즉, 식 (27)로부터 다음이 유도된다.

$$\Psi_G(N, \xi^N) = \frac{\zeta^{-N} e^{-\beta H(\xi^N)}}{\Xi(\mu,\ V, \theta)},\quad pV = k_{\mathrm{B}}\theta \log \Xi,\quad \zeta \equiv e^{\beta\mu}. \tag{3.31}$$

큰 바른 틀 모둠의 분배함수 Ξ도 역시 정규화 인자로 다음이 된다.

$$\begin{aligned}\Xi(\mu,\ V, \theta) &= \sum_{N=0}^{\infty} \zeta^{-N} \int e^{-\beta H(\xi^N)} \mathrm{d}\xi^N \\ &= \sum_{N=0}^{\infty} \zeta^{-N} Z(N,\ V, \theta).\end{aligned} \tag{3.32}$$

만약 작은 부분 계에 대해서 분자 개수는 고정하지만, 부피의 변동을 허용하면 등온-등압 모둠(isothermal and isobaric ensemble)의 확률분포를 다음과 같이 구할 수 있다.

$$\Psi_B(V, \xi^N) = \frac{e^{-\beta(H(\xi^N) + pV)}}{\Lambda(N, p, \theta)},\quad G = N\mu = k_{\mathrm{B}}\theta \log \Lambda. \tag{3.33}$$

물론, 등온-등압 모둠의 분배함수도 정규화 인자이므로 또한 다음이 된다.

$$\Lambda(N, p, \theta) = \int_0^{\infty} e^{-\beta p V} Z(N,\ V, \theta) \mathrm{d}V. \tag{3.34}$$

지금까지 작은 바른 틀 모둠, 바른 틀 모둠, 큰 바른 틀 모둠, 등온-등압 모둠 등 네 가지 모둠에 대해서 논의하였고 모둠 각각의 분배함수는 거시적 열역학 함수로 연결되어 있으며 식 (32)와 (34)에서 알 수 있듯이 큰 바른 틀 모둠의 분배함수는 바른 틀 모둠 분배함수의 z-변환이고 등온-등압 모둠의 분배함수는 바른 틀 모둠 분배함수의 라플라스 변환이라는 것을 알 수 있다. 그러면 바른 틀 모둠의 분배함수는 작은 바른 틀 모둠의 분배함수와 어떤 관계가 있을까? 다음의 항등식 관계를 생각해 보자.

$$\begin{aligned}
&\int_0^\infty W(N, V, U)e^{-\beta U}\mathrm{d}U \\
&= \int\left[\int_0^\infty \delta\left(H\left(r^N, p^N\right)-U\right)e^{-\beta U}\mathrm{d}U\right]\mathrm{d}\xi^N \\
&= \int \exp\left[-\frac{H\left(r^N, p^N\right)}{k_{\mathrm{B}}\theta}\right]\mathrm{d}\xi^N.
\end{aligned} \tag{3.35}$$

여기서

$$\int_0^\infty \delta(z-x)f(x)\mathrm{d}x = f(z) \tag{3.36}$$

을 사용하였다. 따라서 바른 틀 모둠의 분배함수는 작은 바른 틀 모둠 분배함수의 라플라스 변환이라는 것을 알 수 있다.

$$Z(N, V, \theta) = \int_0^\infty W(N, V, U)e^{-\beta U}\mathrm{d}U. \tag{3.37}$$

3.3 눈금 맞춤과 양자 보정

물리 공식의 양변은 같은 차원의 물리량으로 이루어져야 한다. 예를 들어 훅의 법칙(Hook's law)을 생각해 보자. 고체에 작용하는 힘 f는 고체의 변형 변위 x에 비례해야 한다. 즉, $f = kx$이다. 여기서 좌변은 힘이므로 차원은 $[f] = MLT^{-2}$이고 우변의 변형 변위는 길이의 차원을 가지므로 $MLT^{-2} = [k]L$이어야 하므로 스프링 상수 k의 차원은 $[k] = MT^{-2}$가 되어야 한다. 그런데 만약 힘과 변형 변위의 관계가 다음과 같이 초월함수로 이루어져 있다고 하자.

$$f = \kappa\left(1 - e^{-x/\lambda}\right). \tag{3.38}$$

초월함수인 지수함수의 독립변수 x/λ는 무차원이어야 하고 계수 κ의 차원은 힘의 차원과 같아야 할 것이다. 만약 x/λ가 무차원량이 아니라면

$$1 - e^{-x/\lambda} = \frac{x}{\lambda} - \frac{1}{2!}\left(\frac{x}{\lambda}\right)^2 + \frac{1}{3!}\left(\frac{x}{\lambda}\right)^3 - \cdots \tag{3.39}$$

가 되어 항마다 다른 차원을 가지게 되어 모순이 발생한다. 그러면 식 (19)의 차원을 분석해 보자. 좌변의 엔트로피는 에너지 나누기 온도의 차원을 가지고 이는 볼츠만 상수의 차원과 같다. 식 (19)가 온전한 물리 공식이 되기 위해서는 초월함수인 로그 함수의 독립변수 W는 무차원이어야 한다.

디랙 델타 함수의 후리에 표현법은 다음이 된다.

$$\delta(x) = \frac{1}{2\pi}\int_{-\infty}^{\infty} e^{\mathrm{i}qx}\mathrm{d}q. \tag{3.40}$$

지수함수의 독립변수는 무차원이어야 하므로 $[q] = [x]^{-1}$이어야 한다. 식 (40)을 이용하면

$$\delta\left(H(\xi^N) - U\right) = \frac{1}{2\pi}\int_{-\infty}^{\infty} e^{\mathrm{i}q\left(H(\xi^N) - U\right)}\mathrm{d}q \tag{3.41}$$

이 된다. 지수가 무차원이 되려면 q의 차원은 에너지 차원의 역수가 되어야 하므로 식 (41)의 좌변은 에너지 차원의 역수를 차원으로 가져야만 한다. 그러면 식 (16)으로부터 분배함수 W의 차원은 다음이 된다.

$$[W] = \frac{[\mathrm{d}\xi^N]}{[U]}. \tag{3.42}$$

따라서 식 (19)는 올바른 물리 공식이 못 된다.

식 (19)가 올바른 물리 공식이 되기 위해서는 W가 무차원량이 되도록 식 (16)을 개선하여야 한다. 먼저 $[\mathrm{d}\xi^N]$은 운동량과 거리의 곱의 차원의 $3N$제곱이다. 이를 무차원화하기 위해서 운동량의 특성치 p_c와 위치의 특성치 r_c를 구해서 $\tilde{\mathbf{p}} \equiv \mathbf{p}/p_c$, $\tilde{\mathbf{r}} \equiv \mathbf{r}/r_c$로 무차원화된 운동량과 위치 벡터를 사용하여야 할 것이다. 그러면

$$\mathrm{d}\tilde{\xi}^N \equiv \frac{\mathrm{d}\xi^N}{(r_c p_c)^{3N}} \tag{3.43}$$

을 이용하여 식 (16)을 다음과 같이 정의할 수 있다.

$$\begin{aligned} \widetilde{W} &= \int \delta\left(\frac{H(\xi^N)}{U} - 1\right)\mathrm{d}\tilde{\xi}^N \\ &= \frac{1}{(r_c p_c)^{3N}} \int \delta\left(\frac{H(\xi^N)}{U} - 1\right)\mathrm{d}\xi^N. \end{aligned} \tag{3.44}$$

그러면 이 새로운 분배함수는 무차원이 되므로 식 (19)는 차원과 관련된 문제가 없게 된다. 게다가 $\delta(U^{-1}H(\xi^N) - 1)$이 나타내는 위상공간의 영역과 $\delta(H(\xi^N) - U)$가 나타내는 위상공간의 영역이 같으므로 식 (44)와 식 (16)이 나타내는 분배함수는 다만 비례상수 $(r_c p_c)^{-3N}$의 차이만 있을 뿐이다. 여기서 $\widetilde{W}$는 무차원이라는 것을 강조하기 위해 도입한 표기법이다.

그러면 $r_c p_c$는 어떻게 정할 수 있는가? 이 특성치는 보편적 상수(universal constant)이어야만 한다. 양자역학의 불확정성의 원리(principle of uncertainty)에 의하면 운동량의 편차를 δp, 위치의 편차를 δr이라고 하면

$$\delta r \delta p \geq \frac{h}{4\pi} \tag{3.45}$$

가 성립되어야만 한다. 여기서 h는 플랑크 상수(Planck constant)로서, 기체상수와 마찬가지로 보편적 상수이고 $[rp]$의 차원을 가진다. 따라서 $r_c p_c = h$로 선정할 수 있다. 그러면 차원 해석적으로 올바른 분배함수의 정의는 다음이 된다.

$$\widetilde{W}(N, V, U) = \frac{1}{h^{3N}} \int \delta\left(\frac{H(\xi^N)}{U} - 1\right) \mathrm{d}\xi^N. \tag{3.46}$$

그러면 다른 모둠의 분배함수들은 다음이 된다.

$$\tilde{Z}(N, V, \theta) = \frac{1}{h^{3N}} \int e^{-\beta H(\xi^N)} \mathrm{d}\xi^N, \tag{3.47}$$

$$\tilde{\Xi}(\mu, V, \theta) = \sum_{N=0}^{\infty} \zeta^{-N} \tilde{Z}(N, V, \theta), \tag{3.48}$$

$$\tilde{\Lambda}(N, p, \theta) = \int_0^{\infty} e^{-\beta p V} \tilde{Z}(N, V, \theta) \mathrm{d}V. \tag{3.49}$$

모든 분배함수가 무차원이 되었으므로 분배함수와 열역학 함수 사이의 관계식은 차원 해석적으로 올바른 물리 공식이 된다.

그러면 식 $(28)_2$는 과연 자유 에너지가 크기 함수(extensive function)라는 것을 보장하는지 살펴보자. 식 $(28)_2$를 다시 써 보면

$$F(N, V, \theta) = -k_{\mathrm{B}} \theta \log \tilde{Z}(N, V, \theta) \tag{3.50}$$

이다. 자유 에너지가 임의의 실수 $\lambda > 0$에 대해서

$$F(\lambda N, \lambda V, \theta) = \lambda F(N, V, \theta) \tag{3.51}$$

을 만족하므로 분배함수는 식 (51)에 부응하여야 한다. 이를 알아보기 위해서 식 (8)과 (47)로부터 바른 틀 모둠의 분배함수를 구하면 다음이 된다.

$$\tilde{Z} = \left(\frac{\sqrt{2\pi m k_B \theta}}{h}\right)^{3N} Q(N,\ V, \theta),$$

$$Q(N,\ V, \theta) \equiv \int_V e^{-\beta\Phi(r^N)} \mathrm{d}r^N. \tag{3.52}$$

여기서 $Q(N,\ V, \theta)$를 배치 분배함수(configuration partition function)라고 부르며 이는 분자들의 배치에 대한 상태 합이라고 할 수 있고 $\tilde{Z}$에서 Q를 제외한 부분은 운동 에너지에 대한 적분으로 얻어진 것이다. 식 (52)의 유도에 대해서는 McQuarrie, 1976을 참조 바란다. 식 (52)를 식 (50)에 대입하면 다음이 된다.

$$F(N,\ V, \theta)$$
$$= -3Nk_B\theta \log\frac{\sqrt{2\pi m k_B \theta}}{h} - k_B\theta \log Q(N,\ V, \theta). \tag{3.53}$$

식 (53)이 식 (51)을 만족시키기 위해서는

$$\log Q(\lambda N, \lambda V, \theta) = \lambda \log Q(N,\ V, \theta) \tag{3.54}$$

가 임의의 λ에 대해서 항상 성립되어야 한다. 이상기체인 경우 $\Phi(r^N) = 0$이므로 $Q = V^N$이 된다. 그러면 $\log Q = N \log V$이므로 이를 식 (54)에 대입하면

$$\log Q(\lambda N, \lambda V, \theta) = \lambda N \log(\lambda V) = \lambda \log Q(N,\ V, \theta) + \lambda N \log \lambda$$
$$\neq \lambda \log Q(N,\ V, \theta) \tag{3.55}$$

가 되어 식 (54)를 만족시키지 못한다. 이러한 모순은 깁스 역설(Gibbs paradox)로 알려진 고전 통계역학의 한계이다. 고전역학에서는 같은 종류의 분자라고 해도 구별이 가능하지만, 양자역학에서는 구별이 불가능하다는 것이 밝혀졌다(McQuarrie, 1976). 따라서 분배함수를 계산할 때 $N!$로 나누어 주면 이러한 문제가 해결된다는 것이 알려져 있다. 그러

면 여러 모둠의 분배함수들은 다음과 같이 양자역학적 보정을 해 주어야 한다.

$$W(N,\ V,\ U)=\frac{1}{N!h^{3N}}\int\delta\left(\frac{H(\xi^N)}{U}-1\right)\mathrm{d}\xi^N,$$

$$Z(N,\ V,\theta)=\frac{1}{N!h^{3N}}\int e^{-\beta H(\xi^N)}\mathrm{d}\xi^N,$$

$$\Xi(\mu,\ V,\theta)=\sum_{N=0}^{\infty}\zeta^{-N}Z(N,\ V,\theta),$$

$$\Lambda(N,p,\theta)=\int_0^{\infty}e^{-\beta pV}Z(N,\ V,\theta)\mathrm{d}\xi^N. \tag{3.56}$$

이 양자역학적 보정을 사용하게 되면 이상기체의 분배함수는

$$Z=\left(\frac{\sqrt{2\pi mk_{\mathrm{B}}\theta}}{h}\right)^{3N}\frac{V^N}{N!} \tag{3.57}$$

이 된다. 여기에 스털링의 근사(Stiring's approximation)

$$\log N! = N\log N-N \tag{3.58}$$

을 사용하면 이상기체의 자유 에너지는 다음이 된다.

$$F(N,\ V,\theta)$$
$$=-3Nk_{\mathrm{B}}\theta\log\frac{\sqrt{2\pi mk_{\mathrm{B}}\theta}}{h}-Nk_{\mathrm{B}}\theta\left(\log\frac{V}{N}+1\right). \tag{3.59}$$

이 식이 식 (51)을 만족함은 명백하다.

3.4 요동과 모둠의 등가성

바른 틀 모둠은 온도가 고정되어 있으므로 내부 에너지는 변동할 수 있다. 확률분포를 알고 있으므로 해밀토니안의 모둠 평균이 내부 에너

지이다. 따라서 해밀토니안의 분산도 구할 수 있다. 해밀토니안의 분산은 다음과 같이 계산된다.

$$\begin{aligned}\sigma_U^2 &\equiv \int \Psi_C(\xi^N)\left[H(\xi^N) - U\right]^2 \mathrm{d}\xi^N \\ &= k_\mathrm{B}\theta^2\left(\frac{\partial}{\partial\theta}\int \Psi_\mathrm{C}(\xi^N) H(\xi^N)\mathrm{d}\xi^N\right)_{N,\,V} \\ &= k_\mathrm{B}\theta^2\left(\frac{\partial U}{\partial\theta}\right)_{N,\,V}. \end{aligned} \tag{3.60}$$

정적 열용량(heat capacity at constant volume)은 평형 열역학 이론으로부터

$$C_V = \left(\frac{\partial U}{\partial\theta}\right)_{N,\,V} \tag{3.61}$$

이므로 식 (60)은 정적 열용량은 항상 음이 아니라는 것을 보여 준다.

$$C_V = \frac{\sigma_U^2}{k_\mathrm{B}\theta} \geq 0. \tag{3.62}$$

정적 열용량과 내부 에너지 모두는 크기 변수(extensive variable)이므로 N에 비례하는 양이다. 따라서

$$\frac{\sigma_U}{U} \propto \frac{1}{\sqrt{N}} \tag{3.63}$$

이 성립된다. 보통 열역학계는 아보가드로 수만큼 많은 분자로 이루어져 있으므로 식 (63)의 표준편차를 평균으로 나눈 값은 거의 0에 가까울 수밖에 없다. 즉 바른 틀 모둠의 열역학계의 내부 에너지는 평균에서 매우 작은 변동 범위 $1/\sqrt{N}$ 안에서 변동할 뿐이므로 내부 에너지가 평균 이외의 값을 가질 가능성은 매우 희박하게 된다. 따라서 바른 틀 모둠의 열역학계와 작은 바른 틀 모둠의 열역학계를 구분하기 어려워진다. 즉, 두 모둠은 거의 같은 열역학계로 이루어진 것처럼 보이게 된다. 따라서 어떤 모둠 평균으로 계산하건 평형에서는 같은 값이 나온다는 것이다.

큰 바른 틀 모둠을 이용하게 되면 계 안에 있는 분자 개수의 평균과 분산을 구할 수 있다. 분자 개수의 큰 바른 틀 모둠 평균을 $\langle N \rangle_G$로 표시하면 분자 개수의 분산은 다음이 된다.

$$\sigma_N^2 = \langle (N - \langle N \rangle_G)^2 \rangle_G = k_B \theta \left(\frac{\partial \langle N \rangle_G}{\partial \mu} \right)_{V,\theta}. \tag{3.64}$$

그런데 평형 열역학 이론에 의해서

$$\left(\frac{\partial \mu}{\partial N} \right)_{V,\theta} = -\frac{V^2}{N^2} \left(\frac{\partial p}{\partial V} \right)_{N,\theta} = \frac{V}{N^2} \varkappa_\theta \tag{3.65}$$

의 관계가 성립된다. 여기서 $\varkappa_\theta$는 등온 압축계수(isothermal compressibility)이다. 식 (64)와 (65)를 연합하면 $\varkappa_\theta \geq 0$이 됨을 쉽게 알 수 있을 뿐만 아니라 다음도 알게 된다.

$$\frac{\sigma_N}{\langle N \rangle_G} = \sqrt{\frac{k_B \theta}{V \varkappa_\theta}} \propto \frac{1}{\sqrt{N}}. \tag{3.66}$$

여기서 $\varkappa_\theta$는 세기 변수(intensive variable)이지만 부피 V는 크기 변수인 점이 사용되었다. 따라서 큰 바른 틀 모둠의 열역학계는 거의 평균에 해당하는 분자 개수로 이루어지게 되어 바른 틀 모둠의 열역학계와 차이가 거의 없다는 것을 식 (66)으로부터 알 수 있다.

평형에서는 모든 모둠이 마찬가지이기 때문에 분배함수가 쉽게 구해지는 모둠을 선택하는 것이 편리할 뿐이다.

3.5 등분배 정리

바른 틀 모둠에 대해서 생각해 보자. 바른 틀 모둠에서 유도한 결과는 모둠의 등가성 때문에 다른 모둠에서도 유도될 수 있는 것이다. 그러면 분자의 운동량이나 위치 벡터의 성분을 χ_i라고 표시하면 위상공간의 차원이 $6N$이므로 첨자 i는 1에서 $6N$까지의 자연수이다. 그러면 확률 분포는 다음의 성질을 만족한다.

$$\lim_{\chi_i \to \pm\infty} |\chi_i|^n \Psi_C(\xi^N) = 0. \tag{3.67}$$

여기서 n은 음이 아닌 임의의 정수이다. 이를 이용하면 다음과 같은 항등식을 얻을 수 있다.

$$\int_{-\infty}^{\infty} \frac{\partial}{\partial \chi_i}(\chi_k \Psi_C) \mathrm{d}\chi_i = [\chi_k \Psi_C]_{\chi_i=-\infty}^{\chi_i=\infty} = 0. \tag{3.68}$$

그런데 좌변의 피적분 함수는

$$\frac{\partial}{\partial \chi_i}(\chi_k \Psi_C) = \left(\delta_{ik} - \beta \chi_k \frac{\partial H}{\partial \chi_i}\right) \Psi_C \tag{3.69}$$

이므로 식 (68)은 다음과 같이 다시 쓸 수 있다.

$$\left\langle \chi_k \frac{\partial H}{\partial \chi_i} \right\rangle = k_{\mathrm{B}} \theta \delta_{ik}. \tag{3.70}$$

이를 등분배 정리(equipartition theorem)라고 부른다. 여기서 모둠 평균에서 바른 틀 모둠을 나타내는 아래첨자 C를 생략한 이유는 모둠의 등가성 때문에 식 (70)은 임의의 모둠 평균에서도 성립하는 것이기 때문이다. 즉, 식 (70)의 등분배 정리를 작은 바른 틀 모둠에서도 유도할 수 있다(Huang, 1991).

식 (70)에서 같은 분자 위치의 같은 성분이나 같은 분자의 운동량의 같은 성분일 때만 우변이 0이 아니게 되고 그 외에는 0이 된다. 해밀토니안의 정의로부터 $\partial H / \partial p_\alpha^{(i)} = p_\alpha^{(i)} / m_\alpha$이므로

$$\left\langle \frac{\mathbf{p}_\alpha \cdot \mathbf{p}_\alpha}{2m_\alpha} \right\rangle = \left\langle \frac{m_\alpha}{2} \mathbf{v}_\alpha \cdot \mathbf{v}_\alpha \right\rangle = \frac{3k_{\mathrm{B}}\theta}{2} \tag{3.71}$$

이 성립된다. 즉, 한 분자의 운동 에너지의 모둠 평균이 바로 온도에 비례하게 되는 것이다. 물론 여기서 $p_{\alpha}^{(i)}$는 α번째 분자의 $i=1,2$ 또는 3번째 운동량 성분을 의미한다. 해밀토니안의 정의로부터 $\partial H/\partial r_{\alpha}^{(i)} = \partial \Phi/\partial r_{\alpha}^{(i)} = -f_{(\alpha,c)}^{(i)}$이다. 여기서 $r_{\alpha}^{(i)}$는 α번째 분자의 i번째 좌표이고 $f_{(\alpha,c)}^{(i)}$는 α번째 분자에 작용하는 보존력의 i번째 성분이다. 그러면 식 (70)으로부터

$$\langle \mathbf{r}_{\alpha} \otimes \mathbf{f}_{\alpha}^{(c)} \rangle = -k_{\mathrm{B}}\theta \mathbf{I} \tag{3.72}$$

가 얻어진다. 이를 비리얼 정리(virial theorem)라고 부른다.

식 (71)과 (72)는 분자 동력학 전산모사(molecular dynamic simulation)에서 평형 온도를 계산하는 데 유용한 공식이다. 식 (71)을 기반으로 계산한 온도를 운동 에너지 온도라고 할 수 있고 식 (72)를 기반으로 계산한 온도를 포텐셜 온도라고 할 수 있다(Todd and Daivis, 2017). 특히 식 (71)은 브라운 운동에서 무작위 힘의 세기를 계산하는 데 매우 유용하게 사용할 수 있다(McQuarrie, 1976).

3.6 엔트로피 최대화의 변분법

식 (19)는 볼츠만의 직관으로 제안된 식인데 식 (15)로부터 다음과 같은 관계가 성립된다는 것을 알 수 있다.

$$\begin{aligned} -k_{\mathrm{B}} \int \Psi_{MC}(\xi^N) \log \Psi_{MC}(\xi^N) \mathrm{d}\xi^N &= -k_{\mathrm{B}} \langle \log \Psi_{MC} \rangle_{MC} \\ &= k_{\mathrm{B}} \log W = S. \end{aligned} \tag{3.73}$$

바른 틀 모둠에 대해서, 식 (28)로부터

$$S = -\left(\frac{\partial F}{\partial \theta}\right)_{N,V} = k_{\mathrm{B}} \log Z + k_{\mathrm{B}}\theta \left(\frac{\partial \log Z}{\partial \theta}\right)_{N,V}$$

$$= -k_B \langle \log \Psi_C \rangle_C \tag{3.74}$$

가 얻어진다. 평형 열역학 이론에 의하면

$$S = \frac{pV + N\mu + U}{\theta} \tag{3.75}$$

인데 여기에 식 (31)을 적용하면

$$S = k_B \log \Xi + \frac{\mu \langle N \rangle_G}{\theta} + \frac{\langle H \rangle_G}{\theta} \tag{3.76}$$

이 된다. 그런데 식 $(31)_1$에 로그를 취하여 평균을 내면

$$-k_B \langle \log \Psi_G \rangle = \left\langle \frac{N\mu}{\theta} + \frac{H}{\theta} + k_B \log \Xi \right\rangle_G = S \tag{3.77}$$

이 된다. 등압-등온 모둠에 대해서도

$$S = -\left(\frac{\partial G}{\partial \theta}\right)_{p,N} = -k_B \log \Lambda - k_B \theta \left(\frac{\partial \log \Lambda}{\partial \theta}\right)_{p,N}$$

$$= -k_B \langle \log \Psi_B \rangle_B \tag{3.78}$$

이 얻어진다. 따라서 지금까지 논의한 모든 모둠에 대해서 확률분포를 알면 엔트로피는 다음과 같이 확률분포의 로그의 모둠 평균이 된다.

$$S = -k_B \langle \log \Psi \rangle. \tag{3.79}$$

식 (79)는 섀넌의 엔트로피(Shannon's entropy) 또는 정보 엔트로피(information entropy)라고 불리며, 1948년에 통신이론 연구자인 섀넌에 의해서 처음 제안되었다(Shannon, 1948). 원래 섀넌의 엔트로피는 통신에서 정보의 양을 정의하기 위해서 개발된 것이었지만 열역학의 엔트로피와 같다는 것이 알려지며 통계역학에도 사용하게 되었다(McQuarrie, 1976).

평형에 도달하게 되면 열역학의 클라우시우스 부등식에 따라서

$dS=0$이므로, 엔트로피가 최대화되었다고 할 수 있다. 바른 틀 모둠의 확률분포를 구해 보자. 확률분포는 분자들의 위치와 운동량의 함수로 표현되고 분자의 개수 N과 분자들이 운동할 수 있는 물리적 공간의 크기가 부피 V로 고정되어 있다. 그런데 이 확률분포는 다음을 만족해야 한다.

$$\int \Psi_C(\xi^N)\mathrm{d}\xi^N = 1, \quad \int H(\xi^N)\Psi_C(\xi^N)\mathrm{d}\xi^N = U. \tag{3.80}$$

이 제약조건에 대해서 엔트로피 $S=-k_{\mathrm{B}}\langle \log\Psi_C\rangle_C$를 최대화하는 확률분포 Ψ_C를 결정하려고 한다. 이 최대화 문제는 라그란지 승수 방법(Lagrange multiplier method)으로 풀 수 있다. 즉 다음을 만족시키는 확률분포를 구하는 것이다.

$$\delta\left\{-k_{\mathrm{B}}\langle \log\Psi_C\rangle_C - \lambda_1(\langle 1\rangle_C - 1) - \lambda_2(\langle H(\xi^N)\rangle_C - U)\right\}$$
$$=0. \tag{3.81}$$

여기서 δ는 변분(variation)을 의미한다. 그런데

$$\begin{aligned}\delta\langle \log\Psi_C\rangle_C &= \delta\int \Psi_C(\xi^N)\log\Psi_C(\xi^N)\mathrm{d}\xi^N \\ &= \int\left[\log\Psi_C(\xi^N)+1\right]\delta\Psi_C(\xi^N)\mathrm{d}\xi^N, \\ \delta(\langle 1\rangle_C - 1) &= \delta\int\Psi_C(\xi^N)\mathrm{d}\xi^N = \int\delta\Psi_C(\xi^N)\mathrm{d}\xi^N, \\ \delta(\langle H(\xi^N)\rangle_C - U) &= \int H(\xi^N)\delta\Psi_C(\xi^N)\mathrm{d}\xi^N\end{aligned} \tag{3.82}$$

이므로 식 (81)은 다음과 같이 간단하게 된다.

$$\int\left[-k_{\mathrm{B}}\log\Psi_C(\xi^N) - 1 - \lambda_1 - \lambda_2 H(\xi^N)\right]\delta\Psi_C(\xi^N)\mathrm{d}\xi^N = 0. \tag{3.83}$$

이 식이 임의의 변분 $\delta\Psi_C$에 대해서 항상 성립되기 위해서는 다음이 되어야만 한다.

$$\Psi_C(\xi^N) = \exp\left[-\frac{1+\lambda_1+\lambda_2 H(\xi^N)}{k_\mathrm{B}}\right]. \tag{3.84}$$

여기서 임의의 변분이라고 했지만 변분 $\delta\Psi_C$는 다음을 만족해야 한다.

$$\int \Psi_C(\xi^N)\mathrm{d}\xi^N = \int \left[\Psi_C(\xi^N) + \delta\Psi_C(\xi^N)\right]\mathrm{d}\xi^N = 1. \tag{3.85}$$

왜냐하면 $\Psi_C(\xi^N)$가 정규화된 확률분포이듯 $\Psi_C(\xi^N)+\delta\Psi_C(\xi^N)$도 정규화된 확률분포이어야 하기 때문이다. 식 (81)은 정규화된 확률분포 중에서 제한 조건을 만족시키며 엔트로피를 최대화하는 것을 찾겠다는 것이기 때문이다. 즉, 다른 변분법 문제의 해가 그러하듯 $\Psi_C(\xi^N)$는 결국 최적의 확률분포이고 $\Psi_C(\xi^N)+\delta\Psi_C(\xi^N)$는 후보 확률분포를 나타내는 것이다. 따라서 변분 $\delta\Psi_C$는 항상

$$\int \delta\Psi_C(\xi^N)\mathrm{d}\xi^N = 0 \tag{3.86}$$

을 만족시켜야 한다.

이제 라그란지 승수 λ_1과 λ_2를 구해 보자. 식 (84)를 식 $(80)_1$에 대입하면

$$e^{(1+\lambda_1)/k_\mathrm{B}} = \int e^{-\lambda_2 H(\xi^N)/k_\mathrm{B}}\mathrm{d}\xi^N \tag{3.87}$$

이 됨을 알 수 있다. 이 식은 λ_1과 λ_2 사이의 관계식이다. 승수 λ_2를 구하기 위해서

$$\theta = \left(\frac{\partial U}{\partial S}\right)_{N,V} = \left(-\frac{\delta\langle H(\xi^N)\rangle_C}{k_\mathrm{B}\delta\langle \log\Psi_C(\xi^N)\rangle_C}\right)_{N,V} \tag{3.88}$$

을 이용한다. 우변의 분자와 분모는 다음과 같이 계산된다.

$$\begin{aligned}(\delta\langle H\rangle_C)_{N,V} &= \int H(\xi^N)\delta\Psi_C(\xi^n)\mathrm{d}\xi^N, \quad -\left(k_\mathrm{B}\langle\log\Psi_C\rangle_C\right)_{N,V} \\ &= \lambda_2(\delta\langle H\rangle_C)_{N,V}. \end{aligned} \tag{3.89}$$

두 번째 등식을 유도할 때 식 (86)을 사용하였다. 식 (89)를 식 (88)에 적용하면

$$\lambda_2 = \frac{1}{\theta} \tag{3.90}$$

이 된다. 결국 식 (84)는 바른 틀 모둠의 확률분포가 되는 것이다.

엔트로피 최대화 방법은 정보이론과 통계역학의 융합에 의한 결과라고 볼 수 있으며 이에 대한 더 많은 내용은 Jaynes, 1957a와 1957b 및 이를 인용한 문헌을 참조 바란다.

3.7 고분자 사슬의 통계역학

고분자 사슬은 단량체라는 같은 구조의 원자단 여러 개가 공유결합으로 연결된 실과 같은 구조의 분자이다. 분자량이 매우 높으므로 하나의 고분자 사슬을 이루는 단량체의 개수 N은 매우 큰 자연수가 된다. 단량체를 이루는 원자들의 운동까지 고려하게 되면 고분자 물질의 물리적 성질을 수식화하는 것이 거의 불가능하므로 고분자의 구조를 단순화한 모형이 필요하다. 단량체를 하나의 강체로 가정하고 이웃한 단량체를 연결하는 공유결합을 길이가 일정하지만, 단량체가 회전을 할 수 있는 축으로 간주하는 모형을 자유 회전 사슬 모형(freely rotating chain)이라고 부른다. 하지만 이웃한 단량체 사이에는 상호작용 포텐셜이 존재하므로 공유결합을 축으로 하는 회전은 자유롭게 일어날 수 없다. 회전 각도에 따른 에너지가 다르기 때문이다. 이러한 회전 에너지까지 고려한 모형을 제한된 회전 사슬 모형(hindered rotating chain)이라고 부른다. 두 모형 모두 사슬의 물리적 거동을 기술하기에는 여전히 복잡하므로 더 단

순한 모형이 필요하게 된다. 이웃한 단량체들 사이의 거리는 일정하지만, 공유결합의 방향을 나타내는 벡터가 임의의 방향을 가질 수 있는 사슬 모형을 자유 결합 사슬 모형(freely jointed chain)이라고 부른다. 여러 가지 사슬 모형으로 가장 기본적인 고분자 사슬의 물성인 양 말단 거리의 제곱 평균을 구하면 비례상수만 다르지 동일한 N의 함수가 얻어진다는 것을 알게 된다(Rubinstein and Colby, 2003). 따라서 충분히 분자량이 높은 고분자 사슬에 대해서는 몇 개의 실제 단량체를 묶어 하나의 단량체로 간주하게 되면 가상의 단량체에 대한 자유 결합 사슬로 간주할 수 있다. 즉, 단량체의 화학구조가 다르더라도 고분자 사슬의 크기는 보편적인 함수(universal function)로 기술할 수 있다는 것이다. 그러므로 여기서는 고분자 사슬을 자유 결합 사슬로도 충분히 기술할 수 있다고 가정한다.

유리 전이온도보다 높은 온도에 있는 고분자 사슬이나 용액 안의 고분자 사슬의 단량체는 공유결합을 축으로 끊임없는 회전운동을 하게 된다. 따라서 고분자 사슬의 형태는 펼쳐진 긴 막대기 모양보다는 감겨 있는 코일 형태를 가지는 것이 일반적이다. 고분자 사슬이 N개의 단량체로 이루어져 있다면 $N-1$개의 공유결합이 있고 이 $N-1$의 공유결합을 축으로 하는 회전운동이 일어나면 직선 형태의 고분자 사슬이 존재할 확률은 매우 낮아진다. 그러면 코일(coil) 형태의 사슬 배좌의 크기를 어떻게 산출할까? 가장 간단한 방법은 첫 번째 단량체에서 마지막 단량체까지의 평균적인 거리를 코일 형태의 크기로 간주하는 것이다. 이웃한 단량체 사이의 공유결합 길이가 같다고 가정했으므로 이를 b라고 표시하자. 그리고 n번째 단량체의 위치를 $\mathbf{r}_n$이라고 표시하면 결합 벡터(bond vector)를 다음과 같이 정의할 수 있다.

$$\mathbf{b}_n \equiv \mathbf{r}_{n+1} - \mathbf{r}_n. \tag{3.91}$$

그러면

$$\mathbf{r}_n = \mathbf{r}_1 + \sum_{k=1}^{n-1} \mathbf{b}_k \tag{3.92}$$

라고 쓸 수 있다.

양 말단 거리 벡터 $\mathbf{h}$를 다음과 같이 정의한다.

$$\mathbf{h} \equiv \mathbf{r}_N - \mathbf{r}_1. \tag{3.93}$$

식 (92)를 사용하면 양 말단 거리 벡터는 다음과 같이 결합 벡터들의 합으로 표현된다.

$$\mathbf{h} = \sum_{k=1}^{N-1} \mathbf{b}_k. \tag{3.94}$$

결합 벡터 $\mathbf{b}_k$는 길이는 b로 일정하지만, 방향은 무작위이므로 원점에서 반지름이 b인 구면 위의 한 점을 가리키는 확률변수인 벡터로 간주할 수 있을 것이다. 그러면 식 (94)를 통해서 양 말단 거리 벡터 $\mathbf{h}$도 역시 확률변수가 된다. 양 말단 거리 벡터에 대한 평균을 구하려고 한다면 모든 결합 벡터에 대한 확률분포를 알아야 할 것이다.

이웃한 단량체 사이의 상호작용 포텐셜을 생각하지 않으므로 각각의 결합 벡터들이 통계적으로 독립(statistically independent)인 확률변수라고 할 수 있다. 그러면 모든 결합 벡터에 대한 확률분포는 다음이 된다.

$$P(\mathbf{b}_1, \mathbf{b}_2, \cdots, \mathbf{b}_{N-1}) = p(\mathbf{b}_1)\mathrm{p}(\mathbf{b}_2)\cdots \mathrm{p}(\mathbf{b}_{N-1}),$$

$$p(\mathbf{b}) = \frac{1}{4\pi b^2}\delta(\| \mathbf{b} \| - b). \tag{3.95}$$

식 $(95)_2$는 결합 벡터의 모든 방향에 대해서 같은 가능성을 가정한 것이다. 모든 방향이 똑같은 가능성을 가지므로

$$\begin{aligned}\langle \mathbf{b} \rangle &\equiv \int_{\mathrm{R}^3} \mathbf{b}\, p(\mathbf{b}) \mathrm{d}^3\mathbf{b} \\ &= \frac{1}{4\pi}\int_0^{2\pi}\int_0^{\pi} b(\mathbf{e}_1\sin\theta\cos\phi + \mathbf{e}_2\sin\theta\sin\phi + \mathbf{e}_3\cos\theta)\sin\theta \mathrm{d}\theta \mathrm{d}\phi \\ &= \mathbf{0} \qquad (3.96)\end{aligned}$$

이 되고

$$\langle \mathbf{b} \cdot \mathbf{b} \rangle = \frac{1}{4\pi}\int_0^{2\pi}\int_0^{\pi} b^2 \sin\theta \mathrm{d}\theta \mathrm{d}\phi = b^2 \qquad (3.97)$$

이 된다. 게다가

$$\begin{aligned}\langle \mathbf{b}_i \cdot \mathbf{b}_k \rangle &= \int_{R^3} \mathrm{d}\mathbf{b}_1 \cdots \int_{\mathrm{R}^3} \mathrm{d}\mathbf{b}_{N-1} P(\{\mathbf{b}_k\}) \mathbf{b}_i \cdot \mathbf{b}_k \\ &= b^2 \delta_{ik} \qquad (3.98)\end{aligned}$$

이 된다. 그러면

$$\langle \mathbf{h} \rangle = \sum_{n=1}^{N-1} \langle \mathbf{b}_k \rangle = \mathbf{0},$$

$$\begin{aligned}\langle \mathbf{h} \cdot \mathbf{h} \rangle &= \sum_{i=1}^{N-1}\sum_{k=1}^{N-1} \langle \mathbf{b}_i \cdot \mathbf{b}_k \rangle = \sum_{i=1}^{N-1}\sum_{k=1}^{N-1} b^2 \delta_{ik} \\ &= (N-1)b^2 \qquad (3.99)\end{aligned}$$

가 된다.

제한된 회전 사슬 모형의 경우 모든 회전 각도가 똑같은 가능성을 가지지 않는다. 보통 3개의 각도에서 회전 포텐셜은 국소를 보인다. 이를 단순히 해서 단량체 사이의 결합당 3개의 각도만 허용된다고 하면 중합도가 N인 고분자 사슬이 가질 수 있는 배좌의 개수는 $\Omega_{conf} = 3^{N-1}$이 된다. 만약 $N = 100$이면 $\Omega_{conf} \approx 1.7 \times 10^{47}$이 된다. 한 배좌에서 다른 배좌로 바뀌는 데 1ns가 필요하다고 하면 고분자 사슬이 모든 배좌를 한번씩 취하게 되는 데 걸리는 시간은 1.7×10^{38}s가 되며 이는 대략 5×10^{30}년에 해당하는 긴 시간이다. 이렇게 수많은 배좌 중에서 양 말단 벡터가 $\mathbf{h}$가 되는 확률분포를 구해 보자. 이 확률분포는 다음과 같이 구할 수 있다.

$$\Psi(\mathbf{h}, N)=\int_{\mathrm{R}^3} d\mathbf{b}_1 \cdots \int_{\mathrm{R}^3} d\mathbf{b}_{N-1} P(\{\mathbf{b}_k\})\delta\left(\mathbf{h}-\sum_{k=1}^{N-1}\mathbf{b}_k\right). \tag{3.100}$$

식 (100)은 모든 가능성 중에 양 말단 벡터가 $\mathbf{h}$가 되는 경우만을 골라내기 위해서 델타 함수를 사용한 것이다.

식 (100)을 계산하기 위해서 다음과 같은 후리에 변환을 이용한 델타 함수의 표현법을 사용할 필요가 있다.

$$\delta\left(\mathbf{h}-\sum_{k=1}^{N-1}\mathbf{b}_k\right)=\frac{1}{(2\pi)^3}\int_{\mathrm{R}^3}\exp\left[i\mathbf{q}\cdot\left(\mathbf{h}-\sum_{k=1}^{N-1}\mathbf{b}_k\right)\right]d\mathbf{q}. \tag{3.101}$$

식 (101)을 식 (100)에 대입하고 정리하면 다음이 얻어진다.

$$\Psi(\mathbf{h}, N)=\frac{1}{(2\pi)^3}\int_{\mathrm{R}^3} e^{i\mathbf{q}\cdot\mathbf{h}}\left[\hat{p}(\mathbf{q})\right]^{N-1}d\mathbf{q}. \tag{3.102}$$

여기서 $\hat{p}(\mathbf{q})$는 확률분포 $p(\mathbf{b})$의 후리에 변환으로 다음과 같다.

$$\hat{p}(\mathbf{q})=\int_{\mathrm{R}^3}\frac{\delta(\|\mathbf{b}\|-b)}{4\pi b^2}e^{i\mathbf{q}\cdot\mathbf{b}}d^3\mathbf{b}=\frac{\sin qb}{qb}. \tag{3.103}$$

물론 $q=\|\mathbf{q}\|$이다. 그런데 N이 충분히 크면

$$\left[\hat{p}(\mathbf{q})\right]^{N-1}=\left(\frac{\sin qb}{qb}\right)^{N-1}\approx\exp\left[-\frac{N-1}{6}q^2b^2\right] \tag{3.104}$$

의 근사가 성립된다. 이를 식 (102)에 대입하고 계산하면 양 말단 벡터 $\mathbf{h}$의 확률분포를 다음과 같이 얻게 된다.

$$\Psi(\mathbf{h}, N+1) = \left(\frac{3}{2\pi Nb^2}\right)^{3/2} \exp\left(-\frac{3\mathbf{h}\cdot\mathbf{h}}{2Nb^2}\right). \tag{3.105}$$

이 확률분포는 몇 가지 문제가 있다. 양 말단 벡터의 크기는 아무리 고분자 사슬이 늘어나도 $h > Nb$일 수 없다. 하지만 이 확률분포로는 $h > Nb$이어도 확률이 0이 아니다. 이 확률분포는 식 (99)를 만족시키지만, 고분자 사슬 길이의 유한성을 무시한 것이다. 하지만 $h > Nb$의 확률은 $h \leq Nb$의 확률과 비교해서 미미한 수준이다. 따라서 식 (105)는 좋은 근사일 뿐이다.

식 (105)는 대부분의 고분자 물리 문제를 해결하는 데 도움이 되지만 고분자 사슬에 작용하는 힘을 계산할 때는 한계가 있다. 평형 통계역학 이론에 의하면 엔트로피는 양 말단 벡터가 $\mathbf{h}$가 되는 경우의 수의 로그에 비례한다.

$$S = k_B \log W(\mathbf{h}, N) + S_0. \tag{3.106}$$

여기서 S_0는 $\mathbf{h}$와 N에 무관한 엔트로피이다. 경우의 수 $W(\mathbf{h}, N)$은 모든 배좌의 경우의 수 W_{conf}과 확률분포 $\Psi(\mathbf{h}, N)$의 곱으로 근사할 수 있으므로 식 (106)은 다음이 된다.

$$S = -\frac{3k_B}{2Nb^2}\mathbf{h}\cdot\mathbf{h} + S_0. \tag{3.107}$$

단량체의 회전에 대한 포텐셜을 무시하면 배좌의 변화에 의해서 내부에너지의 변화는 일어나지 않으므로 고분자 사슬 하나의 헬름홀츠 자유에너지는

$$F = U_0 - \theta S \tag{3.108}$$

이라고 할 수 있다. 물론 여기서 U_0는 $\mathbf{h}$와 무관한 함수이다. 헬름홀츠 자유 에너지로부터 등온 변형에 의한 힘은 다음과 같이 계산된다.

$$\mathbf{f} = \left(\frac{\partial F}{\partial \mathbf{h}}\right)_\theta = -\theta\left(\frac{\partial S}{\partial \mathbf{h}}\right)_\theta = \frac{3k_B\theta}{Nb^2}\mathbf{h}. \tag{3.109}$$

Ortiz and Hadziioannou, 1999의 원자 힘 현미경(atomic force microscopy)을 이용한 실험 결과에 의하면 $h/(Nb) \ll 1$일 때는 식 (109)가 실험 결과와 일치하지만 h가 커지면 힘의 크기 f가 급격히 발산하는 실험 결과를 설명해 주지는 못한다. 이유는 식 (105)의 확률분포가 사슬 길이의 유한성을 고려하지 않은 근사이기 때문이다. 만약 식 (104)의 근사를 이용하지 않고 엄밀하게 양 말단 벡터의 확률분포를 유도하였다면 실험 결과와 일치하는 수식이 얻어질 것이다.

엄밀한 확률분포를 구해서 엔트로피를 구하고 식 (109)를 이용한다면 힘의 크기 f와 양 말단 벡터의 크기 h 사이에는 다음이 성립된다는 것이 알려져 있다(Treloar, 1975).

$$f = \frac{k_B\theta}{b}L^{-1}\left(\frac{h}{Nb}\right). \tag{3.110}$$

여기서 $L^{-1}(x)$는 랑주뱅 함수(Langevin function) $L(x)$의 역함수이다. 랑주뱅 함수는 다음과 같다.

$$L(x) = \coth x - \frac{1}{x}. \tag{3.111}$$

역(逆)랑주뱅 함수 $L^{-1}(x)$는 급수 전개로 표현하면 다음이 된다.

$$L^{-1}(x) = 3x + \frac{9}{5}x^3 + \frac{297}{175}x^5 + \frac{1539}{875}x^7 + \frac{126117}{67375}x^9 + \cdots. \tag{3.112}$$

식 (112)에서 1차 항까지 근사하면

$$f = \frac{3k_B\theta}{Nb^2}h \tag{3.113}$$

이 되고 이는 식 (109)와 일치하는 결과이다. 역(逆)랑주뱅 함수 $L^{-1}(x)$는 $x=1$ 부근에서 급격히 증가하는 함수이므로 복잡한 식 (112)보다는 다음과 같은 근사를 선호한다.

$$f \approx \frac{3k_{\mathrm{B}}\theta}{Nb^2}\frac{h}{1-(h/Nb)^2}. \tag{3.114}$$

이 관계식을 유한 연신 비선형 탄성 모형(Finite Extensible Nonlinear Elastic model)이라고 하며, 약어로 FENE 모형이라고 부른다.

앞에서 소개한 엔트로피를 구하는 방법은 작은 바른 틀 모둠(microcanonical ensemble)을 이용하는 방법이다. Rubinstein and Colby, 2003은 바른 틀 모둠(canonical ensemble)을 이용해서 식 (110)을 유도하는 방법을 소개했다. 바른 틀 모둠을 이용한 통계역학에서 자유 에너지는 다음과 같이 주어진다.

$$F(\theta, \mathbf{f}, N) = -k_{\mathrm{B}}\theta \log Z(\theta, \mathbf{f}, N). \tag{3.115}$$

여기서 $Z(\theta, \mathbf{f}, N)$은 바른 틀 모둠의 분배함수로 등온에서 중합도가 N인 고분자 사슬에 힘 $\mathbf{f}$가 작용할 때의 모든 가능성의 합으로서 다음과 같이 정의된다.

$$Z(\theta, \mathbf{f}, N) = \int_{\mathrm{R}^3} d\mathbf{b}_1 \cdots \int_{\mathrm{R}^3} d\mathbf{b}_{N-1} P(\{\mathbf{b}_k\}) \exp\left[-\frac{1}{k_{\mathrm{B}}\theta}\mathbf{f}\cdot\sum_{n=1}^{N-1}\mathbf{b}_n\right]. \tag{3.116}$$

여기서 지수함수의 독립변수는 힘 $\mathbf{f}$와 양 말단 벡터(모든 결합 벡터의 합)의 내적을 $k_{\mathrm{B}}\theta$로 나눈 것으로서, 힘 $\mathbf{f}$에 의한 에너지를 $k_{\mathrm{B}}\theta$로 나눈 것으로 해석된다. 지수함수의 성질과 식 (95)를 이용하면 분배함수는 다음이 된다.

$$Z(\theta, \mathbf{f}, N) = \left[\int_0^{2\pi}\int_0^{\pi}\frac{1}{4\pi}\exp\left(-\frac{fb\cos\psi}{k_B\theta}\right)\sin\psi\mathrm{d}\psi\mathrm{d}\phi\right]^{N-1}$$

$$= 2^{N-1}\left[\int_{-1}^{1}\exp\left(-\frac{fb}{k_B\theta}\xi\right)\mathrm{d}\xi\right]^{N-1}$$

$$= \left[\frac{4\sinh(fb/k_B\theta)}{fb/k_B\theta}\right]^{N-1}. \qquad (3.117)$$

여기서 식 (116)을 $\mathbf{f}$에 대해서 미분하면

$$\frac{\partial Z}{\partial \mathbf{f}} = -\frac{1}{k_B\theta}\int_{\mathrm{R}^3}\mathrm{d}\mathbf{b}_1$$

$$\cdots\int_{\mathrm{R}^3}\mathrm{d}\mathbf{b}_{N-1}P(\{\mathbf{b}_k\})\left(\sum_{n=1}^{N-1}\mathbf{b}_n\right)\exp\left[-\frac{1}{k_B\theta}\mathbf{f}\cdot\sum_{n=1}^{N-1}\mathbf{b}_n\right] \qquad (3.118)$$

이 됨을 알 수 있다. 양변에 $-k_B\theta$를 곱해 주고 Z로 나누어 주면 다음이 됨을 알 수 있다.

$$-k_B\theta\frac{\partial\log Z}{\partial\mathbf{f}} = \int_{R^3}\mathrm{d}^3\mathbf{b}_1\cdots\int_{R^3}\mathrm{d}^3\mathbf{b}_{N-1}\left(\sum_{n=1}^{N-1}\mathbf{b}_n\right)\Pi_{N-1}(\{\mathbf{b}_k\};\mathbf{f})$$

$$\equiv\left\langle\sum_{n=1}^{N-1}\mathbf{b}_n\right\rangle_{\Pi},$$

$$\Pi_{N-1}(\{\mathbf{b}_k\};\mathbf{f}) \equiv \frac{1}{Z}P(\{\mathbf{b}_k\})\exp\left[-\frac{1}{k_B\theta}\mathbf{f}\cdot\sum_{n=1}^{N-1}\mathbf{b}_n\right]. \qquad (3.119)$$

식 (119)로부터, $\Pi_{N-1}(\{\mathbf{b}_k\})$은 정규화된 확률분포라는 것을 알 수 있으며 식 $(119)_1$은 바로 양 말단 벡터의 평균임을 알 수 있다. 식 (95)의 확률분포 $P(\{\mathbf{b}_k\})$에 대한 양 말단 벡터의 평균은 $P(\{\mathbf{b}_k\})$가 등방성이기 때문에 0이 되지만 $\Pi_{N-1}(\{\mathbf{b}_k\})$는 등방성 분포가 아니므로 0이 되지 않는다. 그러면 식 (117)을 이용한 미분으로부터 다음이 얻어진다.

$$\left\langle \sum_{n=1}^{N-1} \mathbf{b}_n \right\rangle \equiv \mathbf{h} = -k_B\theta \frac{\partial}{\partial \mathbf{h}} \log \left[\frac{4\sinh(fb/k_B\theta)}{fb/k_B\theta} \right]^{N-1}$$

$$= -(N-1)k_B\theta\left(\coth\frac{fb}{k_B\theta} - \frac{k_B\theta}{fb}\right)\hat{\mathbf{f}}. \tag{3.120}$$

여기서 $\hat{\mathbf{f}} = \mathbf{f}/f$ 이고 $\mathbf{h} = h\hat{\mathbf{h}}$, $\hat{\mathbf{h}} = h^{-1}\mathbf{h}$ 이므로 식 (120)이 성립되려면 두 단위 벡터 $\hat{\mathbf{f}}$와 $\hat{\mathbf{h}}$은 같은 벡터이어야 한다. 그러므로 식 (110)이 성립된다. 그러면 벡터 식으로 다음이 성립된다.

$$\mathbf{f} = \frac{k_B\theta}{b} L^{-1}\left(\frac{h}{Nb}\right)\hat{\mathbf{h}}. \tag{3.121}$$

4 연속체의 운동과 변형

물질은 수많은 분자와 원자 같은 입자들로 이루어져 있어서 입자의 운동에 대한 고전역학 이론을 직접 사용할 수 없다. 수많은 입자의 위치를 효율적으로 묘사하기 위해서는 어떤 기준이 되는 시각에 물질들이 차지하는 영역의 좌표로 입자를 구분할 필요가 있다.

4.1 운동과 표기법

기준 시각 t_0에서 물질을 이루는 입자들의 분포를 기준분포(reference configuration)라고 하고 기준분포에서 물질이 차지하는 영역을 $\tilde{B}$라고 표시하자. 영역 $\tilde{B}$ 안의 입자의 위치

$$\tilde{\mathbf{x}} = \tilde{x}_i \mathbf{e}_i \in \tilde{B} \tag{4.1}$$

은 입자의 이름이라고 할 수 있다. 따라서 좌표 $\tilde{x}_i$를 물질 좌표(material coordinate)라고 한다. 여기서 중복되는 첨자에 대해서는 합산규칙을 적용한다. 합산규칙에 대해서는 Cho, 2016이나 Gurtin, Fried and Anand, 2010을 참조 바란다. 식 (1)의 $\mathbf{e}_i$는 직교좌표계의 기저 벡터이다. 이 입자 $\tilde{\mathbf{x}}$가 시각 t에서 위치 $\mathbf{x} = x_i \mathbf{e}_i$에 있게 된다면 두 벡터 사이의 관계식을 다음과 같이 표시하자.

$$\mathbf{x} = \boldsymbol{\chi}(\tilde{\mathbf{x}}, t). \tag{4.2}$$

식 (2)를 운동(motion)이라고 부르고 위치 벡터 $\mathbf{x}$의 좌표 x_i를 공간좌표(spatial coordinate)라고 부른다. 이 운동으로 집합(기준영역) $\tilde{B}$는 시각 t에 $\tilde{B}_t$에 도착하게 된다. 현재 시각 t에서의 입자들의 분포를 변형분포(deformed configuration) 또는 현재분포(current configuration)라고 부른다. 그러면 $\mathbf{x} \in \tilde{B}_t$라고 표시할 수 있다.

운동 $\boldsymbol{\chi}(\tilde{\mathbf{x}}, t)$는 당연히 $t = t_o$일 때 $\tilde{\mathbf{x}}$이 되어야 하므로

$$\tilde{\mathbf{x}} = \boldsymbol{\chi}(\tilde{\mathbf{x}}, t_o) \tag{4.3}$$

이어야만 한다. 또한 운동은 역사상(inverse mapping)을 가진다고 가정한다. 즉, 다음의 사상이 있다.

$$\tilde{\mathbf{x}} = \boldsymbol{\chi}^{-1}(\mathbf{x}, t). \tag{4.4}$$

운동을 표현하는 이 방법을 사용하여 입자의 속도 $\mathbf{v}$를 다음과 같이 표시할 수 있다.

$$\mathbf{v} = \frac{\partial \boldsymbol{\chi}(\tilde{x}, t)}{\partial t} \equiv \dot{\boldsymbol{\chi}}. \tag{4.5}$$

여기서 시간 미분은 물질 좌표를 고정한 시간 미분으로 물질 시간 미분(material time derivative)이라고 부른다. 물질 시간 미분을 식 (5)의 마지막 항처럼 간단히 방점으로 표시하기도 한다. 식 (5)는 속도가 물질 좌표와 시간의 함수라는 것을 의미한다. 따라서 이를 다음과 같이 표시한다.

$$\mathbf{v} = \tilde{\mathbf{v}}(\tilde{\mathbf{x}}, t). \tag{4.6}$$

그런데 식 (4)의 역사상이 있으므로 속도장을 다음과 같이 공간좌표의 함수로 표현할 수 있다.

$$\mathbf{v} = \tilde{\mathbf{v}}(\boldsymbol{\chi}^{-1}(\mathbf{x}, t), t) = \mathbf{v}(\mathbf{x}, t). \tag{4.7}$$

식 (6)과 같이 물리량을 물질 좌표와 시간으로 표시하는 표기법을 라그란지 표기(Lagrangian description) 또는 라그란지 기술이라고 하고 식 (7)과 같이 물리량을 공간좌표와 시간으로 표시하는 표기법을 오일러 표기법(Eulerian description)이라고 한다.

뉴턴의 운동법칙을 사용하려면 가속도를 구해야 한다. 가속도장(acceleration field) $\mathbf{a}$는 속도의 물질 시간 미분이므로 다음이 된다.

$$\mathbf{a} = \frac{\partial \tilde{\mathbf{v}}}{\partial t} = \frac{\partial \mathbf{v}}{\partial t} + \mathbf{v} \cdot \operatorname{grad} \mathbf{v} = \ddot{\boldsymbol{\chi}}. \tag{4.8}$$

여기서 grad는 공간좌표에 대한 그래디언트 연산자이다. 두 번째 등식은 속도장을 오일러 표기법으로 표현했을 때 속도의 물질 시간 미분을 표현한 것이다. 물질 시간 미분은 학부 수준의 연속체역학에서도 기본적인 내용이므로 여기서는 더 이상 상술하지 않는다.

4.2 변형률과 변형속도

식 (2)의 운동은 입자들의 강체운동과 변형 모두를 포함하고 있다. 여기서 순수한 변형만을 추출하여야 한다. 독자들이 이미 변형률의 개념을 알고 있다고 간주한다. 기준분포에서 매우 가까이 있는 두 입자 $\tilde{\mathbf{x}}_1$과 $\tilde{\mathbf{x}}_2$가 운동으로 각각 $\mathbf{x}_1$과 $\mathbf{x}_2$로 이동하는 경우를 생각해 보자. 그러면 식 (2)에 의해서 다음이 성립된다.

$$d\mathbf{x} \equiv \mathbf{x}_2 - \mathbf{x}_1 = \boldsymbol{\chi}(\mathbf{x}_2, t) - \boldsymbol{\chi}(\mathbf{x}_2, t) = \mathbf{F} d\tilde{\mathbf{x}}. \tag{4.9}$$

여기서 $d\tilde{\mathbf{x}} \equiv \tilde{\mathbf{x}}_2 - \tilde{\mathbf{x}}_1$를 의미하고

$$\mathbf{F} = \operatorname{Grad} \boldsymbol{\chi} \tag{4.10}$$

은 변형 그래디언트(deformation gradient)이다. 여기서 Grad는 물질 좌

표에 대한 그래디언트 연산을 의미한다. 변형 그래디언트는 병진운동에 대해서는 무관하지만, 회전운동에 대해서는 영향을 받는다. 역사상 $\tilde{\mathbf{x}} = \chi^{-1}(\mathbf{x}, t)$을 가정하므로 당연히 $\mathbf{F}$는 가역인 2차 텐서이다.

임의의 가역인 2차 텐서에 대해서 항상 다음과 같은 극분해(polar decomposition)가 성립한다.

$$\mathbf{F} = \mathbf{R}\mathbf{U} = \mathbf{V}\mathbf{R}. \tag{4.11}$$

여기서 $\mathbf{R}$은 직교 텐서(orthogonal tensor)이고 $\mathbf{U}$와 $\mathbf{V}$는 대칭이고 양의 정치(positive definite)인 2차 텐서이다. 변형에서 반전(inversion)은 있을 수 없으므로 $\mathbf{R}$은 회전을 나타내는 직교 텐서로 $\det\mathbf{R} = 1$이다. 극분해에 대한 수학적 증명은 Gurtin, Fried and Anand, 2010을 참조 바란다. 그러면 $\mathbf{F}$에서 회전을 제거하면 순수한 변형을 나타낼 수가 있으므로 $\mathbf{U}$와 $\mathbf{V}$는 순수한 변형을 나타내는 대칭이며 양의 정치인 텐서이다. 당연히 변형이 없으면 두 텐서 모두 항등 텐서(identity tensor) $\mathbf{I}$가 된다. $\mathbf{U}$를 우-연신 텐서(right stretching tensor), $\mathbf{V}$를 좌-연신 텐서(left stretching tensor)라고 부른다.

그런데 주어진 $\mathbf{F}$로부터 $\mathbf{U}$와 $\mathbf{V}$를 구하는 것은 쉽지 않고 번거로운 작업이다. 이를 해결하기 위해서 고안된 것이 코시-그린 변형률 텐서(Cauchy-Green strain tensor)이다. 코시-그린 변형률 텐서는 다음과 같이 두 가지가 있다.

$$\mathbf{B} = \mathbf{F}\mathbf{F}^{\mathrm{T}}, \quad \mathbf{C} = \mathbf{F}^{\mathrm{T}}\mathbf{F}. \tag{4.12}$$

여기서 $\mathbf{B}$를 좌 코시-그린 텐서, $\mathbf{C}$를 우 코시-그린 텐서라고 한다. 극분해로부터 다음이 성립됨은 당연하다.

$$\mathbf{B} = \mathbf{V}^2, \quad \mathbf{C} = \mathbf{U}^2. \tag{4.13}$$

식 (12)를 이용하면 $\mathbf{F}$로부터 $\mathbf{B}$와 $\mathbf{C}$를 구할 수 있고 식 (13)을 이용하여 $\mathbf{U}$와 $\mathbf{V}$를 구할 수 있다. 정의로부터 $\mathbf{B}$와 $\mathbf{C}$ 모두 대칭이고 양의 정치인 텐서들이므로 스펙트럼 분해를 이용하여 $\mathbf{U}$와 $\mathbf{V}$를 구할 수 있게 된다. 대칭이고 양의 정치인 텐서들의 고유치는 모두 양수이며 서로 다르므로 역텐서(inverse tensor)를 가지게 된다. 즉 $\mathbf{U}$와 $\mathbf{V}$를 알면 $\mathbf{U}^{-1}$과 $\mathbf{V}^{-1}$을 구할 수 있으므로 쉽게 $\mathbf{R}$을 구할 수 있다. 자세한 계산과정에 대해서는 Gurtin, Fried and Anand, 2010; Lai, Rubin and Kremple, 2009 등을 참조 바란다.

텐서 $\mathbf{B}$는 현재분포에 있는 벡터를 현재분포의 벡터로 대응시키는 선형변환이지만 텐서 $\mathbf{C}$는 기준분포의 벡터를 기준분포의 벡터로 대응시키는 선형변환이다. 따라서 현재분포에서의 힘과 면에 대한 선형변환인 코시 응력(Cauchy stress, 진응력)은 $\mathbf{B}$와 대응되고 기준분포에서의 힘과 면에 대한 선형변환인 피올라 응력(Piola stress)은 $\mathbf{C}$와 대응된다.

일반적인 변형에 대해서는 $\mathbf{B}$, $\mathbf{C}$, $\mathbf{U}$, $\mathbf{V}$와 이들에 약간의 수학적 조작을 해서 정의하는 다양한 변형률이 사용된다. 이러한 텐서로 $(\mathbf{C}-\mathbf{I})/2$를 생각할 수 있는데 이 텐서는 운동이 강체운동일 경우 영텐서 $\mathbf{O}$가 된다. 하지만 금속이나 플라스틱과 같이 미소 변형이 공학적 의미가 있는 경우에는 수학적으로나 수치해석적으로나 다루기 더 편리하며 실험 결과의 일치성을 저하하지 않는 미소 변형률(infinitesimal strain)을 사용하는 것이 일반적이다. 앞에서 언급한 변형률 척도(strain measure)들은 운동이 강체운동일 경우에는 항등 텐서 $\mathbf{I}$가 되거나 영 텐서 $\mathbf{O}$이 되지만 미소 변형률 텐서는 병진운동일 때는 $\mathbf{O}$이 되고 회전운동일 때는 $\mathbf{O}$이 아니지만 $\mathbf{O}$에 가까운 텐서가 된다. 미소 변형에서는 회전 각도가 매우 작을 경우만을 고려하기 때문에, 이 경우 미소 변형률

은 $\mathbf{O}$에 매우 가까운 텐서가 된다. 미소 변형률 텐서 $\mathbf{E}$는

$$\mathbf{E} = \frac{1}{2}\left(\mathbf{F} + \mathbf{F}^{\mathrm{T}} - 2\mathbf{I}\right) \tag{4.14}$$

로 정의된다. 미소 변형률 텐서는 일종의 기하학적 선형화를 이용한 근사라고 할 수 있다. 이 경우 기준분포와 현재분포의 차이가 매우 작아 구분할 필요가 없어진다. 이러한 이유로 변형이 큰 고무의 역학을 다룰 때는 미소 변형률 텐서를 사용할 수 없다.

변형속도를 표현하기 위해서 변형 그래디언트의 물질 시간 미분을 구하면 다음이 된다는 것을 쉽게 알 수 있다.

$$\dot{\mathbf{F}} = \mathbf{L}\mathbf{F}, \quad \mathbf{L} = \operatorname{grad}\mathbf{v}. \tag{4.15}$$

여기서 $\mathbf{L}$을 속도 그래디언트(velocity gradient)라고 한다. 속도 그래디언트는 $d\mathbf{v} = \mathbf{L}d\mathbf{x}$를 만족시킨다. 즉 속도 그래디언트는 현재분포에서의 미소 변위를 오일러 표기로 나타낸 속도장의 전미분으로 대응시키는 선형변환이다.

식 (14)를 이용하여 두 변형률 텐서 $\mathbf{B}$와 $\mathbf{C}$의 미분에 적용하면 다음이 얻어진다.

$$\dot{\mathbf{B}} = \mathbf{L}\mathbf{B} + \mathbf{B}\mathbf{L}^{\mathrm{T}}, \quad \dot{\mathbf{C}} = 2\mathbf{F}^{\mathrm{T}}\mathbf{D}\mathbf{F}. \tag{4.16}$$

여기서

$$\mathbf{D} = \frac{1}{2}\left(\mathbf{L} + \mathbf{L}^{\mathrm{T}}\right) \tag{4.17}$$

은 변형률 속도 텐서로 속도 그래디언트의 대칭부이다. 속도 그래디언트의 반대칭부를 $\mathbf{W}$로 표시하고 스핀 텐서(spin tensor)라고 부른다.

4.3 면적과 부피의 변형

기준분포에서의 곡면은 좌표평면 (p,q)에서 3차원 공간 벡터 $\tilde{\mathbf{x}}(p,q)$로의 사상(mapping)이다. 따라서 곡면 위의 미소 면적 벡터 $\mathrm{d}\tilde{\mathbf{a}}$는 다음과 같이 표현할 수 있다.

$$\mathrm{d}\tilde{\mathbf{a}} = \tilde{\mathbf{t}}_p \times \tilde{\mathbf{t}}_q dp\mathrm{d}q, \quad \tilde{\mathbf{t}}_p \equiv \frac{\partial \tilde{\mathbf{x}}}{\partial p}, \quad \tilde{\mathbf{t}}_q \equiv \frac{\partial \tilde{\mathbf{x}}}{\partial q}. \tag{4.18}$$

운동으로 접선 벡터 $\tilde{\mathbf{t}}_p$와 $\tilde{\mathbf{t}}_q$는 다음과 같은 변환을 하게 된다.

$$\mathbf{t}_p = \mathbf{F}\tilde{\mathbf{t}}_p, \quad t_q = \mathbf{F}\tilde{\mathbf{t}}_q. \tag{4.19}$$

그러면 미소 면적 벡터 $\mathrm{d}\tilde{\mathbf{a}}$는 운동으로 다음이 된다.

$$\mathrm{d}\mathbf{a} = \mathbf{t}_p \times \mathbf{t}_q \mathrm{d}p\mathrm{d}q. \tag{4.20}$$

그러면 임의의 두 벡터 $\mathbf{u}$와 $\mathbf{v}$에 대해서

$$\mathbf{F}^{\mathrm{T}}[(\mathbf{F}\mathbf{u}) \times (\mathbf{F}\mathbf{v})] = \det\mathbf{F}\,\mathbf{u} \times \mathbf{v} \tag{4.21}$$

이 항상 성립하므로 식 (19)는 다음이 된다.

$$\mathrm{d}\mathbf{a} = \det\mathbf{F}\,\mathbf{F}^{-\mathrm{T}}\mathrm{d}\tilde{\mathbf{a}}. \tag{4.22}$$

이 식으로 기준분포에서의 미소 면적 벡터가 변형으로 어떻게 변하는지를 알 수 있게 된다.

기준분포에서 한 평면 위에 있지 않은 세 미소 접선 벡터 $\mathrm{d}\tilde{\mathbf{x}}_1$, $\mathrm{d}\tilde{\mathbf{x}}_2$, $\mathrm{d}\tilde{\mathbf{x}}_3$가 이루는 평행육면체의 부피는

$$\mathrm{d}\tilde{V} = \mathrm{d}\tilde{\mathbf{x}}_1 \cdot \left(\mathrm{d}\tilde{\mathbf{x}}_2 \times \mathrm{d}\tilde{\mathbf{x}}_3\right) \tag{4.23}$$

이 된다. 그런데 각각의 접선 벡터는 $\mathrm{d}\mathbf{x}_k = \mathbf{F}\mathrm{d}\tilde{\mathbf{x}}_k$를 만족하므로 현재 분포에서의 부피 요소는 다음이 된다.

$$\mathrm{d}V = \det\mathbf{F}\,\mathrm{d}\tilde{V}. \tag{4.24}$$

여기서 다음의 항등식을 이용하였다.

$$(\mathbf{Fu}) \cdot [(\mathbf{Fv}) \times (\mathbf{Fw})] = \det \mathbf{F}. \tag{4.25}$$

식 (22)와 (24)는 다양한 수지식을 유도할 때 유용하게 사용될 것이다.

4.4 미시구조체의 운동과 변형

물질의 성질을 연속체 관점에서 모형화하기 위해서는 물성과 관련되는 재료의 구조를 파악하고 이 구조체의 기하학적 특성과 역학적 특성을 파악하여 이를 수식화하여야 한다. 여기서는 역학적 특성보다는 기하학적 특성을 어떻게 수식화하는지에 대해서 논의하기로 한다.

먼저 구조체의 운동을 대표할 수 있는 물리량이 벡터인 경우부터 생각해 보기로 하자. 구조체는 연속체 관점에서 보면 매우 작은 미시적인 대상이라고 가정한다. 즉, 매우 작은 기하학적 구조체가 기준분포 안에 박혀 있고 또한 분포해 있는 경우를 생각해 보자. 기준분포가 운동함에 따라서 이 작은 구조체도 운동하게 될 것이다. 이 구조체의 운동을 기술하기 위해서 벡터 $\mathbf{p}$를 사용하자. 이 벡터는 기준분포에서 $\tilde{\mathbf{p}}$로 표시된다고 한다면 현재분포에서 $\mathbf{p}$와 기준분포에서의 $\tilde{\mathbf{p}}$ 사이의 관계식은 무엇이 되겠는가? 접선 벡터의 정의 때문에 $\tilde{\mathbf{t}}_p$는 식 (19)와 같은 관계식을 가진다. 반면에 면적 벡터는 두 접선 벡터의 벡터 곱으로 정의되기 때문에 식 (22)와 같은 관계식을 가진다. 구조체 벡터 $\mathbf{p}$와 $\tilde{\mathbf{p}}$ 사이의 관계식은 미시역학적 모형화(micromechanical modeling)에서 중요한 역할을 한다.

예를 들어 도이-에드워즈 모형(Doi-Edwards model)의 경우, 근본 사슬(primitive chain)의 접선 벡터 $\mathbf{u}$는 다음의 관계식을 만족한다(Doi and

Edwards, 1986).

$$\mathbf{u} = \frac{\mathbf{F}\tilde{\mathbf{u}}}{\|\mathbf{F}\tilde{\mathbf{u}}\|}. \tag{4.26}$$

식 (26)은 접선 벡터 $\mathbf{u}$가 처음부터 단위 벡터이고 운동하는 동안에도 계속해서 단위 벡터라는 것을 의미한다.

이제 $\mathbf{u}$의 시간에 따른 변화를 기술해 보자. 분명 $\mathbf{u}$는 시간의 함수이지만 $\tilde{\mathbf{u}}$는 기준분포에서의 물리량이므로 시간 의존성은 없고 위치 의존성은 있다. 따라서 $\mathbf{u}$의 물질 시간 미분은 식 (15)를 이용해서 다음과 같이 구해진다.

$$\dot{\mathbf{u}} = \mathbf{L}\mathbf{u} - (\mathbf{u} \cdot \mathbf{L}\mathbf{u})\mathbf{u}. \tag{4.27}$$

그런데

$$\mathbf{u} \cdot \mathbf{L}\mathbf{u} = \mathbf{L} : (\mathbf{u} \otimes \mathbf{u}) = \mathbf{D} : (\mathbf{u} \otimes \mathbf{u}) = \mathbf{u} \cdot \mathbf{D}\mathbf{u} \tag{4.28}$$

이므로 식 (27)을

$$\dot{\mathbf{u}} = \mathbf{L}\mathbf{u} - (\mathbf{u} \cdot \mathbf{D}\mathbf{u})\mathbf{u} \tag{4.29}$$

로 사용하기도 한다.

여기서 주목할 점은 $t \to -t$, $\mathbf{v} \to -\mathbf{v}$의 시간반전 변환(time reversal transform)에 대해서 접선 벡터가 $\mathbf{u} \to \mathbf{u}$의 불변성을 가지면 식 (29)도 불변이라는 것이다. 왜냐하면 시간반전 변환에 대해서 $\mathbf{L} \to -\mathbf{L}$이기 때문이다. 뉴턴 역학이 시간반전 변환에 대해서 불변이기에 가역적이라고 말하는 것처럼, 식 (27)이나 (29)는 가역적인 진화방정식(evolution equation)이라고 할 수 있다.

길이 변화가 허용되며 접선 벡터와 같은 기하학적 성질을 가지는 미시구조체 벡터 $\mathbf{t}$를 생각해 보자. 이 경우

$$\mathbf{t} = \mathbf{F}\tilde{\mathbf{t}} \tag{4.30}$$

의 관계식이 성립되므로 벡터 $\mathbf{t}$의 물질 시간 미분은 다음이 된다.

$$\dot{\mathbf{t}} = \mathbf{L}\mathbf{t} \tag{4.31}$$

이 된다. 반면에 미시구조체 벡터 $\mathbf{a}$가 면적과 유사한 기하학적 특성을 가진다면

$$\mathbf{a} = \mathbf{F}^{-\mathrm{T}}\tilde{\mathbf{a}} \tag{4.32}$$

가 된다. 벡터 $\mathbf{a}$의 물질 시간 미분을 구하기 위해서는 다음이 필요하다.

$$\dot{\mathbf{F}}^{-\mathrm{T}} = -\mathbf{L}^{\mathrm{T}}\mathbf{F}^{-\mathrm{T}}. \tag{4.33}$$

따라서 벡터 $\mathbf{a}$의 물질 시간 미분은 다음이 된다.

$$\dot{\mathbf{a}} = -\mathbf{L}^{\mathrm{T}}\mathbf{a}. \tag{4.34}$$

구조체의 운동을 벡터보다 2차 텐서로 표현하는 것이 더 편리하거나 자연스러울 수가 있다. 2차 텐서는 두 벡터의 텐서 곱이므로 2차 텐서의 기하학적 특성은 2차 텐서를 구성하는 벡터들의 기하학적 특성으로 규정된다. 다음과 같은 네 가지 텐서를 생각할 수 있다.

$$\mathbf{A}_{tt} = \mathbf{t}\otimes\mathbf{t},\quad \mathbf{A}_{ta} = \mathbf{t}\otimes\mathbf{a},\quad \mathbf{A}_{at} = \mathbf{a}\otimes\mathbf{t},\quad \mathbf{A}_{aa} = \mathbf{a}\otimes\mathbf{a}. \tag{4.35}$$

물론 여기서 $\mathbf{t}$는 접선 벡터와 같은 기하학적 특성을 가진 벡터이고 $\mathbf{a}$는 면적 벡터와 같은 기하학적 특성을 가진 벡터이다. 이 네 텐서의 진화방정식은 다음이 된다.

$$\dot{\mathbf{A}}_{tt} = \mathbf{L}\mathbf{A}_{tt} + \mathbf{A}_{tt}\mathbf{L}^{\mathrm{T}},\quad \dot{\mathbf{A}}_{ta} = \mathbf{L}\mathbf{A}_{ta} - \mathbf{A}_{ta}\mathbf{L},$$

$$\dot{\mathbf{A}}_{at} = -\mathbf{L}^{\mathrm{T}}\mathbf{A}_{at} + \mathbf{A}_{at}\mathbf{L}^{\mathrm{T}},\quad \dot{\mathbf{A}}_{aa} = -\mathbf{L}^{\mathrm{T}}\mathbf{A}_{aa} - \mathbf{A}_{aa}\mathbf{L}. \tag{4.36}$$

식 (26)의 접선 벡터로 이루어지는 2차 텐서 $\mathbf{A} \equiv \mathbf{u}\otimes\mathbf{u}$의 경우, 진화 방정식은 다음이 된다.

$$\dot{\mathbf{A}} = \mathbf{L}\mathbf{A} + \mathbf{A}\mathbf{L}^{\mathrm{T}} - 2(\mathbf{A}:\mathbf{D})\mathbf{A}. \tag{4.37}$$

지금까지 미시구조체를 대표하는 물리량의 기하학적 특성으로부터 이들의 진화방정식을 얻은 것에 대해서 논의하였다. 운동학(kinematics)만을 이용하였기 때문에 물리적 상호작용에 대한 요소가 배제되어 있다. 물리적 상호작용까지 포함한 진화방정식에 대해서는 비가역 열역학을 공부할 때와 이를 구성방정식의 개발에 응용할 때 더 구체적으로 공부할 것이다. 여기서는 미시구조체의 실제 예에 대해서 자세히 제시하지 않았지만, 이 또한 나중에 다루기로 한다. 미시구조체를 대표하는 변수를 비가역 열역학에서 내부변수(internal variable)라고 부른다.

5 수지식

평형상태에서 물리량은 계의 전역에서 같은 값을 가지지만 비평형에서는 계의 부분마다 다른 값을 가질 수 있게 되며 시간에 따라서도 다른 값을 가질 수 있게 된다. 따라서 계의 영역이 시각 t에서 B_t라고 하고 계에 대응되는 물리량을 Φ라고 하면 이를 $\Phi[B_t]$라고 표시하고 다음과 같은 체적분으로 계산해야 한다.

$$\Phi[B_t]=\int_{B_t}\hat{\phi}(\mathbf{x},t)\mathrm{d}V. \tag{5.1}$$

여기서 $\hat{\phi}(\mathbf{x},t)$는 위치와 시간의 함수이며 이는 물리량 Φ의 단위 부피당 분포를 의미하므로 Φ의 밀도라고 부른다. 단위 질량당 분포를 $\phi(\mathbf{x},t)$라고 하면 단위 부피당 분포인 $\hat{\phi}(\mathbf{x},t)$와 다음과 같은 관계가 된다.

$$\hat{\phi}(\mathbf{x},t)=\rho(\mathbf{x},t)\phi(\mathbf{x},t). \tag{5.2}$$

여기서 $\rho(\mathbf{x},t)$는 질량 밀도이다.

기준분포에서 계가 차지하는 영역이 $\tilde{B}$라고 하자. 영역 $\tilde{B}$의 임의의 부분집합 $\tilde{A}\subset\tilde{B}$을 생각해 보자. 영역 $\tilde{A}$는 시각 t에서 현재분포 안의 $A_t\subset B_t$가 된다. 이는 $\tilde{A}$의 모든 질점이 시각 t에 현재분포의 영역인 A_t에 있게 된다는 뜻이다. 그러면 $\tilde{A}$의 질량과 A_t의 질량은 같게 된다. 이를 수식으로 표현하면

$$\int_{\tilde{A}} \tilde{\rho}(\tilde{\mathbf{x}}) \mathrm{d}\tilde{V} = \int_{A_t} \rho(\mathbf{x}, t) \mathrm{d}V \tag{5.3}$$

이 된다. 여기서 $\tilde{\rho}(\tilde{\mathbf{x}}) = \rho(\mathbf{x}, t_0)$를 의미한다. 즉 $\tilde{\rho}(\tilde{\mathbf{x}})$는 기준분포에서의 질량 분포이다. 영역 $\tilde{A}$가 임의적이므로 식 (3)은

$$\tilde{\rho} \mathrm{d}\tilde{V} = \rho \mathrm{d}V \tag{5.4}$$

가 된다. 여기에 식 (4.24)를 적용하면 다음이 얻어진다.

$$\rho = \frac{\tilde{\rho}}{\det \mathbf{F}}. \tag{5.5}$$

식 (4)와 (5)는 질량보존의 수식화라고 할 수 있다.

수지식(balance equation)은 $\Phi[B_t]$의 시간 미분이 무엇이 되는지를 보여 주는 방정식이다. 그런데 $\Phi[B_t]$의 시간 미분의 요인들을 밝히는 것은 물리량 $\Phi[B_t]$에 관련된 물리적 과정(physical process)이 무엇인지를 밝히는 것이므로 $\Phi[B_t]$의 물리적 의미를 알아야 한다. 이에 대해서는 뒤에서 $\Phi[B_t]$의 구체적인 예를 두고 논의하겠고 여기서는 일단 $\Phi[B_t]$의 시간 미분의 수학적 성질에 대해서만 생각한다.

식 (1)의 시간 미분을 구하기 위해서 다음의 항등식 관계를 생각해보자.

$$\Phi[B_t] = \int_{B_t} \rho \phi(\mathbf{x}, t) \mathrm{d}V = \int_{\tilde{B}} \tilde{\rho} \phi(\boldsymbol{\chi}(\tilde{\mathbf{x}}, t), t) \mathrm{d}\tilde{V}. \tag{5.6}$$

물론 식 (6)에는 식 (4)가 적용되었다. 여기서 $\tilde{\rho}$는 오로지 $\tilde{\mathbf{x}}$에만 의존하고 시간과는 무관하고 $\mathrm{d}\tilde{V}$는 오로지 물질 좌표로 이루어졌으므로 $\Phi[B_t]$의 시간에 따른 변화는 단위질량당 분포인 $\phi(\boldsymbol{\chi}(\tilde{\mathbf{x}}, t), t)$에 의해서이다. 따라서 식 (6)은 다음과 같이 다시 쓸 수 있다.

$$\dot{\Phi}[B_t] = \int_{\tilde{B}} \tilde{\rho} \dot{\phi} \mathrm{d}\tilde{V} = \int_{B_t} \rho \dot{\phi} \mathrm{d}V. \tag{5.7}$$

이를 레이놀즈 수송정리(Raynolds tranport theorem)라고 한다.

이제 물리량의 종류에 따른 수지식을 공부하고 이들로부터 일반적인 물리량의 수지식 형태에 대해서 논의하기로 한다.

5.1 질량 수지식

임의의 영역 B_t에 채워진 물질의 질량은 질량 밀도 $\rho(\mathbf{x}, t)$를 알면 다음과 같이 계산할 수 있다.

$$M[B_t] = \int_{B_t} \rho \mathrm{d} V \tag{5.8}$$

여기에 레이놀즈 수송정리를 사용하면 바로 $\dot{M}[B_t] = 0$이다. 그런데 질량은 보존되므로 당연한 결과지만 우리가 원하는 것은 질량 밀도 함수의 시간에 대한 미분이 무엇이 되는가이다. 식 (5)를 시간에 대해서 미분하면 다음이 얻어진다.

$$\dot{\rho} = -\frac{\tilde{\rho}}{(\det\mathbf{F})^2}\det\dot{\mathbf{F}} = -\frac{\tilde{\rho}}{\det\mathbf{F}}\mathrm{tr}\mathbf{L} = -\rho\mathrm{tr}\mathbf{L} = -\rho\nabla\cdot\mathbf{v}. \tag{5.9}$$

식 (4.8)에 나타낸 물질 시간 미분과 오일러 표기법의 시간 미분 사이의 관계를 이용하면 식 (9)는 다음이 된다.

$$\frac{\partial\rho}{\partial t} = -\nabla\cdot(\rho\mathbf{v}). \tag{5.10}$$

지금까지는 물질부피(material volume)를 이용하였는데, 공간상의 임의의 고정된 부피(현재분포에서의) 부피에 대한 고려로 식 (10)을 유도할 수 있다. 공간상에 고정된 부피를 제어부피(control volume)라고 한다. 이를 C로 표시하기로 하자. 제어부피에 있는 질량은 다음과 같이 계산된다.

$$M[C] = \int_C \rho(\mathbf{x}, t) \mathrm{d} V. \tag{5.11}$$

이를 시간에 대해서 미분하면 C가 고정되었기 때문에 다음이 된다.

$$\frac{d}{dt} M[C] = \int_C \frac{\partial \rho}{\partial t} \mathrm{d} V. \tag{5.12}$$

제어부피의 질량이 늘어나거나 줄어들게 되는 이유는 C 밖으로부터의 물질유입과 C 안으로부터의 물질유출 때문이다. 이는 간단하게 C의 경계에서의 다음과 같은 면적분으로 표현된다.

$$\frac{d}{dt} M[C] = -\oint_{\partial C} \rho \mathbf{v} \cdot \mathrm{d}\mathbf{a}. \tag{5.13}$$

따라서 식 (12)와 (13)을 결합하면 다음이 얻어진다.

$$\int_C \frac{\partial \rho}{\partial t} \mathrm{d} V = -\oint_{\partial C} \rho \mathbf{v} \cdot \mathrm{d}\mathbf{a} = -\int_C \nabla \cdot (\rho \mathbf{v}) \mathrm{d} V. \tag{5.14}$$

이 식은 임의의 제어부피에 대해서도 성립되어야 하므로 식 (10)이 얻어진다. 물론, 여기서 발산정리(divergence theorem 또는 Gauss theorem)를 이용하여 면적분을 체적분으로 변환하였다.

물질부피를 이용한 방법은 제어부피를 이용한 것에 비해서 수학적으로 간결하지만, 수지식이 물리 과정을 이용하여 수립되는 것이라는 측면에서 보면 물질부피를 이용하는 것보다 제어부피를 이용하는 것이 더 일반적이라고 할 수 있다. 물론 제어부피를 이용한 결과와 물질부피를 이용한 결과 모두 최종적으로는 같은 미분방정식을 주게 되지만 예외적인 것이 에너지 수지식이다. 이에 대해서는 나중에 에너지 수지식을 다룰 때 공부하기로 하자.

5.2 운동량 수지식

운동량 수지식은 선운동량 수지식(balance equation of linear momentum)과 각운동량 수지식(balance equation of angular momentum)으로 나눌 수 있다. 뉴턴의 제2 법칙을 연속체로 확대한 것뿐이다. 따라서 운동량 수지식을 수립하기 위해서는 연속체에 작용하는 힘의 표현을 먼저 구성하여야 한다. 물질부피를 이용한 유도부터 하고 제어부피를 이용한 유도와 비교할 것이다.

일상생활에서 물체에 힘을 주는 경우를 생각하면 힘을 가하는 우리의 손과 힘을 받는 물체가 접촉하지 않고서는 불가능하다. 분자론적으로 보면, 손이 물체에 힘을 가하는 것은 손을 이루는 분자들과 물체를 이루는 분자들 사이의 전자기력에 기반한 상호작용력에 의한 것이다. 이런 분자 간 힘에 관한 현상을 연속체적인 관점에서 수식하하면, 물체의 표면에 단위 면적당 힘에 해당하는 응력 벡터(stress vector 또는 traction) $\mathbf{t}(\mathbf{x},\mathbf{n},t)$가 분포하게 된다는 것이다. 여기서 $\mathbf{n}$은 응력 벡터가 작용하는 면의 바깥쪽을 향하는 단위 벡터이다. 따라서 접촉에 의한 힘 $\mathbf{f}_{\text{cont}}[B_t]$을 다음과 같은 면적분으로 표현한다.

$$\mathbf{f}_{\text{cont}}[B_t] = \oint_{\partial B_t} \mathbf{t}\,da. \tag{5.15}$$

물체에 가해지는 힘은 접촉력 $\mathbf{f}_{\text{cont}}$만 있는 것이 아니다. 물체 밖에 상당한 거리를 둔 곳에 있는 물체가 발휘하는 원거리 힘(long-range force)이 있다. 이는 중력이나 하전체로부터 발생하는 전자기력이다. 이 힘은 영역 B_t의 각각의 질점에 직접 작용하는 힘이다. 이 힘을 물체력(body force)이라고 부르며 다음과 같이 표현할 수 있다.

$$\mathbf{f}_{\mathrm{body}}[B_t] = \int_{B_t} \mathbf{b}\,\mathrm{d}V. \tag{5.16}$$

여기서 $\mathbf{b}$는 단위 부피당 작용하는 힘으로 물체력의 분포라고 할 수 있다.

뉴턴 제2 법칙에 따라서 위의 두 힘의 합은 물질부피 B_t의 총 운동량의 시간 변화율이어야 한다. 물질부피 B_t의 총 운동량은 다음과 같이 체적분으로 표현된다.

$$\mathbf{p}[B_t] = \int_{B_t} \rho\mathbf{v}\,\mathrm{d}V. \tag{5.17}$$

레이놀즈 수송정리를 이용하면 운동량의 시간 변화율은 다음이 된다.

$$\dot{\mathbf{p}}[B_t] = \int_{B_t} \rho\dot{\mathbf{v}}\,\mathrm{d}V. \tag{5.18}$$

이제 식 (15), (16), (18)을 연합하면 선운동량 수지식이 완성된다.

$$\int_{B_t} (\rho\dot{\mathbf{v}} - \mathbf{b})\,\mathrm{d}V = \oint_{\partial B_t} \mathbf{t}\,\mathrm{d}a. \tag{5.19}$$

좌변은 체적분인데 우변은 면적분으로 되어 있다. 질량 수지식을 유도할 때 발산정리를 사용한 것처럼 어떤 물리량 발산의 체적분이 식 (19)의 우변이 될 수 있을 것 같다. 식 (14)에서 운동량 밀도인 벡터 $\rho\mathbf{v}$의 발산이 스칼라인 것처럼 어떤 물리량의 발산이 벡터라면 그 물리량은 2차 텐서일 것이다. 이 2차 텐서는 응력 텐서 $\mathbf{T}$이며 응력 벡터 $\mathbf{t}$와 다음의 관계가 있다.

$$\mathbf{t}(\mathbf{x}, \mathbf{n}, t) = \mathbf{T}\mathbf{n}. \tag{5.20}$$

여기서 응력 텐서 $\mathbf{T}$는 위치와 시간의 함수이다. 이 식은 코시(Augustin-Louis Cauchy)가 처음으로 사면체를 이용하여 유도한 공식이고 이 때문에 $\mathbf{T}$를 코시 응력이라고 부른다. 코시의 사면체를 이용한 증명은 많은 교과서에서 다루므로 여기서는 생략한다(Lai, Rubin and Kremple, 2009;

Gurtin, Fried and Anand, 2010). 그러면 식 (19)는 다음이 된다.

$$\int_{B_t} (\rho\dot{\mathbf{v}} - \mathbf{b} - \nabla \cdot \mathbf{T}^{\mathrm{T}}) \mathrm{d}V = \mathbf{0}. \tag{5.21}$$

그런데 물질부피 B_t는 임의로 설정할 수 있으므로 선운동량 수지식의 미분형은 다음이 된다.

$$\rho\dot{\mathbf{v}} = \nabla \cdot \mathbf{T}^{\mathrm{T}} + \mathbf{b}. \tag{5.22}$$

여기서 2차 텐서의 발산은 식 (22)의 우변의 첫 번째 항과 같이 됨을 유의하기 바란다(Cho, 2016 참조).

이제 제어부피를 이용하여 선운동량 수지식을 유도해 보자. 번거로운 작업이지만 에너지 수지식의 유도에 필요하므로 다루기로 한다. 먼저 제어부피 C의 운동량과 그 시간 미분은 다음이 된다.

$$\frac{d}{dt}\mathbf{p}[C] = \frac{d}{dt}\int_C \rho\mathbf{v}\,\mathrm{d}V = \int_C \frac{\partial \rho\mathbf{v}}{\partial t}\mathrm{d}V. \tag{5.23}$$

이제 제어부피의 선운동량을 변화시키는 요인을 생각해 보자. 첫째는 앞에서 사용했던 접촉력과 물체력이고 둘째는 물질부피에서는 생각할 필요가 없는 물질의 유입과 유출에 의한 운동량의 변화이다. 질량 수지식을 제어부피로 유도할 때와 마찬가지로 제어부피의 경계에서 매우 작은 면적 요소 $\mathrm{d}\mathbf{a} = \mathbf{n}\mathrm{d}a$를 통해 출입하는 운동량은 $-\rho\mathbf{v}(\mathbf{v} \cdot \mathrm{d}\mathbf{a})$가 된다. 이는 제어부피의 표면 ∂C에 대해서 면적분하여 얻어진다. 그러면 다음의 적분형 선운동량 수지식이 얻어진다.

$$\int_C \frac{\partial \rho\mathbf{v}}{\partial t}\mathrm{d}V = -\oint_{\partial C} (\rho\mathbf{v} \otimes \mathbf{v} - \mathbf{T}) \cdot \mathrm{d}\mathbf{a} + \int_C \mathbf{b}\,\mathrm{d}V. \tag{5.24}$$

여기에 발산정리를 사용하면 다음이 얻어진다.

$$\int_C \left[\frac{\partial \rho\mathbf{v}}{\partial t} + \nabla \cdot (\rho\mathbf{v} \otimes \mathbf{v} - \mathbf{T}^{\mathrm{T}}) - \mathbf{b} \right] \mathrm{d}V = \mathbf{0}. \tag{5.25}$$

역시 제어부피는 마음대로 설정할 수 있으므로 식 (25)는 다음과 같은 미분형 선운동량 수지식이 된다.

$$\frac{\partial \rho \mathbf{v}}{\partial t} = -\nabla \cdot (\rho \mathbf{v} \otimes \mathbf{v} - \mathbf{T}^{\mathrm{T}}) + \mathbf{b}. \tag{5.26}$$

여기서

$$\frac{\partial \rho \mathbf{v}}{\partial t} = \rho \dot{\mathbf{v}} - \nabla \cdot (\rho \mathbf{v} \otimes \mathbf{v}) \tag{5.27}$$

의 항등식을 이용하면 식 (26)은 식 (22)와 같다는 것을 알 수 있다.

식 (26)의 우변의 첫 번째 텐서 $\rho \mathbf{v} \otimes \mathbf{v}$는 대칭인 2차 텐서로 응력과 같은 단위를 가지는 물리량이다. 식 (26)과 식 (10)의 발산으로 묶인 물리량들은 유체역학의 유속(flux)으로 간주할 수 있다. 그래서 유체역학을 주로 연구하는 몇몇 학자들은 응력 대신에 압력 텐서 $\mathbf{P} \equiv -\mathbf{T}$를 사용하여 부호의 일관성을 유지하려는 경향이 있다(de Groot and Mazur, 1962; Eu, 2002; Evans and Morris, 2008).

각운동량 수지식은 힘의 모멘트는 각운동량의 시간 미분이라는 뉴턴 역학의 결과를 연속체로 확장한 것이고 이에 대한 유도는 Aris, 1962; Lai, Rubin and Kremple, 2009; Gurtin, Fried and Anand, 2010 등을 참조 바란다. 그 결과를 요약하면 고유 스핀이 없는 물질의 경우 응력은 대칭 텐서가 된다는 것이다.

$$\mathbf{T} = \mathbf{T}^{\mathrm{T}}. \tag{5.28}$$

물론 액정과 같이 고유 스핀을 가진 물질에 대해서는 식 (28)이 성립되지 않는다.

5.3 에너지 수지식

에너지는 크게 물질에 축적되는 내부 에너지와 그렇지 않은 외부 에너지로 나눌 수가 있다. 일반적으로 외부 에너지는 운동 에너지와 위치 에너지인데 연속체의 질점을 하나의 작은 부분 계(de Groot and Mazur, 1962) 또는 입자(Lai, Rubin and Kremple, 2009)로 보면 운동 에너지는 질점 하나하나에 대응시킬 수 있는 내부 에너지와 마찬가지인 에너지이지만 위치 에너지는 그렇지 않다. 위치 에너지는 계의 외부에 있는 근원에 의해 공간 전체에 펼쳐져 있는 것이기에 질점이 아닌 공간의 위치마다 대응되는 물리량이다. 즉, 내부 에너지와 운동 에너지는 입자적인 개념이고 위치 에너지는 장(field) 개념이라고 할 수 있다(Griffiths, 2013). 이 때문에 에너지 수지식을 유도하는 대부분의 서적에서 내부 에너지와 운동 에너지만을 계의 에너지로 사용하는 경향이 있다(Evans and Morris, 2008; Gurtin, Fried and Anand, 2010; Lai, Rubin and Kremple, 2009). 반면에 비가역 열역학을 다루는 서적에서는 에너지에 위치 에너지도 포함하지만, 에너지 유속(energy flux)을 정의하고 있다(de Groot and Mazur, 1962). 하지만 에너지 유속을 정의하여 에너지 보존을 기술한다는 것은 받아들이기 어려운 추론 방식이다.

계는 일, 열, 물질 등을 통해 주변과 에너지 교환을 하게 되고 이러한 교환은 계의 내부 에너지, 운동 에너지, 위치 에너지의 변동을 일으킨다. 그러면 먼저 제어부피 C의 에너지는 다음의 적분으로 표현될 것이다.

$$E[C]=\int_C \rho e \mathrm{d}V, \quad e=\frac{\mathbf{v}\cdot\mathbf{v}}{2}+u+\psi_{\mathrm{ex}}. \tag{5.29}$$

여기서 u는 단위 질량당 내부 에너지 분포이고 ψ_{ex}는 단위 질량당 위치 에너지 분포로 물체력과 다음의 관계를 가진다.

$$\mathbf{b} = -\rho \nabla \psi_{\mathrm{ex}}. \tag{5.30}$$

여기서 $\partial \psi_{\mathrm{ex}} / \partial t = 0$임을 유의하기 바란다.

제어부피 C의 에너지의 시간 미분은 접촉력과 물체력에 의한 일률 $\dot{W}[C]$, 열전달에 의한 에너지 교환 속도 $\dot{Q}[C]$ 그리고 물질교환에 의한 에너지의 변화율 $\dot{M}[C]$의 합이 된다. 즉,

$$\dot{E}[C] = \int_C \frac{\partial \rho e}{\partial t} \mathrm{d}V = \dot{W}[C] + \dot{Q}[C] + \dot{M}[C] \tag{5.31}$$

이 성립한다.

여기서 일률 $\dot{W}[C]$은 다음과 같이 쉽게 얻어진다.

$$\dot{W}[C] = \oint_{\partial C} \mathbf{v} \cdot \mathbf{T}\mathbf{n} \mathrm{d}a + \int_C \mathbf{v} \cdot \mathbf{b} \mathrm{d}V. \tag{5.32}$$

우변의 첫 번째 항은 접촉력에 의한 일률이고 두 번째 항은 물체력에 의한 일률이다. 발산정리를 사용하면 다음과 같이 체적분으로 표현이 된다.

$$\dot{W}[C] = \int_C [\mathbf{v} \cdot \mathbf{b} + \nabla \cdot (\mathbf{T}\mathbf{v})] \mathrm{d}V. \tag{5.33}$$

열전달은 복사에 의한 것과 전도에 의한 것이 있다. 전도에 의한 열전달은 열 유속을 $\mathbf{q}_{\mathrm{o}}$라고 하고, 복사에 의한 열전달은 단위 부피당 열에너지 방사율을 r이라고 하면 $\dot{Q}[C]$은 다음이 된다.

$$\dot{Q}[C] = -\oint_{\partial C} \mathbf{q}_{\mathrm{o}} \cdot \mathrm{d}\mathbf{a} + \int_C r \mathrm{d}V. \tag{5.34}$$

그런데 프와송 방정식(Poisson's equation)의 해는 유일하므로 다음과 같은 스칼라를 생각해 보자.

$$-\nabla^2\psi_h = r. \tag{5.35}$$

그러면 식 (34)는 다음과 같이

$$\dot{Q}[C] = -\oint_{\partial C} \mathbf{q} \cdot \mathrm{d}\mathbf{a}, \quad \mathbf{q} = \mathbf{q}_o + \nabla\psi_h \tag{5.36}$$

으로 다시 쓸 수 있고 발산정리를 적용하면 다시 다음이 된다.

$$\dot{Q}[C] = -\int_C \nabla \cdot \mathbf{q}\,\mathrm{d}V. \tag{5.37}$$

끝으로 $\dot{M}[C]$를 구성해야 한다. 내부 에너지와 운동 에너지는 질점에 대응되는 물리량이므로 대류 유속으로 표현될 수 있다. 하지만 위치 에너지는 질점에 대응되지 않고 공간에 대응되는 것이므로 대류 유속이 아니라 제어부피 내부에서의 밀도변화로 표현되어야 한다. 즉, $\dot{M}[C]$는 다음이 된다.

$$\dot{M}[C] = -\oint_{\partial C} \rho\left(u + \frac{\mathbf{v} \cdot \mathbf{v}}{2}\right)\mathbf{v} \cdot \mathrm{d}\mathbf{a} + \int_C \frac{\partial\rho}{\partial t}\psi_{\mathrm{ex}}\mathrm{d}V. \tag{5.38}$$

그런데 식 (10)에 의해서 두 번째 적분의 피적분 함수는 다음이 된다.

$$\frac{\partial\rho}{\partial t}\psi_{\mathrm{ex}} = -\nabla \cdot (\rho\mathbf{v})\psi_{\mathrm{ex}} = -\nabla \cdot (\rho\psi_{\mathrm{ex}}\mathbf{v}) - \mathbf{b} \cdot \mathbf{v}. \tag{5.39}$$

여기서 식 (30)을 사용하였다. 그러면 발산정리를 이용하면 식 (38)은 다음과 같이 다시 쓸 수 있다.

$$\dot{M}[C] = -\int_C [\nabla \cdot (\rho e\mathbf{v}) + \mathbf{b} \cdot \mathbf{v}]\,\mathrm{d}V. \tag{5.40}$$

이제 식 (33), (37), (40)을 식 (31)에 대입하면 다음이 얻어진다.

$$\int_C \left[\frac{\partial\rho e}{\partial t} + \nabla \cdot (\rho e\mathbf{v} + \mathbf{q} - \mathbf{T}\mathbf{v})\right]\mathrm{d}V = 0. \tag{5.41}$$

제어부피는 임의로 선정할 수 있으므로 에너지 수지식의 미분형은 다음이 된다.

$$\frac{\partial \rho e}{\partial t} = -\nabla \cdot (\rho e \mathbf{v} + \mathbf{q} - \mathbf{T}\mathbf{v}). \tag{5.42}$$

여기에 식 (27)을 참조하여 물질 시간 미분으로 표현하면 다음이 얻어진다.

$$\rho \dot{e} = -\nabla \cdot (\mathbf{q} - \mathbf{T}\mathbf{v}). \tag{5.43}$$

식 (43)은 식 (29)의 에너지 밀도에서 위치 에너지를 제외한 것을 에너지 밀도로 정의하고 물질부피로 유도한 결과와 같다. 만약 식 (29)의 에너지 밀도를 사용하여 물질부피로 유도하게 되면 식 (43)과 같은 결과를 얻을 수 없다. 그 이유는 앞에서 설명한 바와 같다.

이제 내부 에너지의 수지식을 유도해 보자. 이를 위해서는 운동 에너지

$$K[C] = \int_C \frac{1}{2} \rho \mathbf{v} \cdot \mathbf{v} \mathrm{dV} \tag{5.44}$$

의 시간 미분을 고려해야 한다. 양변을 시간에 대해서 미분하면 다음이 얻어진다.

$$\dot{K}[C] = \int_C \left(\rho \frac{\partial \mathbf{v}}{\partial t} \cdot \mathbf{v} + \frac{1}{2} \frac{\partial \rho}{\partial t} \mathbf{v} \cdot \mathbf{v} \right) \mathrm{d}V. \tag{5.45}$$

여기에 식 (26)을 대입하고 정리하면 다음이 얻어진다.

$$\frac{\partial}{\partial t} \rho \left(\psi_{ex} + \frac{1}{2} \mathbf{v} \cdot \mathbf{v} \right)$$

$$= -\nabla \cdot \left[\rho \left(\frac{1}{2} \mathbf{v} \cdot \mathbf{v} + \psi_{\mathrm{ex}} \right) \mathbf{v} - \mathbf{T}\mathbf{v} \right] + \mathbf{T} : \mathbf{L}. \tag{5.46}$$

식 (46)을 식 (42)에 적용하고 정리하면 내부 에너지의 수지식이 다음과 같이 얻어진다.

$$\frac{\partial}{\partial t} \rho u = -\nabla \cdot (\rho u \mathbf{v} + \mathbf{q}) + \mathbf{T} : \mathbf{L}. \tag{5.47}$$

물론 여기서 응력 텐서가 대칭인 것을 이용하였다. 이를 다시 물질 시간 미분에 관한 것으로 변환하면 다음이 된다.

$$\rho\dot{u} = -\nabla\cdot\mathbf{q} + \mathbf{T}:\mathbf{L}. \tag{5.48}$$

평형 열역학의 식 (2.1)과 비교하면 우변의 발산항은 δQ에 해당하고 마지막 항은 δW에 해당한다. 마지막 항 $\mathbf{T}:\mathbf{L}$은 응력 일률(stress power)이라고 부른다.

5.4 수지식의 일반화

지금까지 유도하였던 수지식 식 (10), (26), (42), (47)을 비교하여 일반적인 형태를 써 보면

$$\frac{\partial}{\partial t}\rho\phi = -\nabla\cdot(\rho\phi\mathbf{v} + \mathbf{j}_\phi) + \sigma_\phi \tag{5.49}$$

또는

$$\rho\dot{\phi} = -\nabla\cdot\mathbf{j}_\phi + \sigma_\phi \tag{5.50}$$

의 형태를 가진다. 식 (49)와 (50)을 수지식의 일반적 형태라고 부르자. 만약 ϕ가 n차 텐서이면 $\mathbf{j}_\phi$는 $n+1$차 텐서이고 σ_ϕ는 n차 텐서이다.

앞에서 논의한 미시구조체의 운동과 변형에서는 미시구조체의 기하학적 특성에 운동학을 도입하여 미시구조체를 대표하는 텐서의 물질 시간 미분을 구하였다. 즉, 내부변수의 수지식 일부를 구한 것이다. 운동학으로 유도한 것은 시간반전 변환에 대해서 불변이므로 가역적인 변화를 나타낸 것뿐이다. 하지만 미시구조체의 운동과 변형은 에너지 소산을 유발할 수 있으므로 4.4절의 결과는 내부변수의 완벽한 수지식이 아

니다. 그런데 식 (50)의 유속 $\mathbf{j}_\phi$는 질점과 주변의 상호작용이나 확산 거동을 나타내는 것이므로 에너지 소산과 관련될 가능성이 크다. 식 (50)의 생성항 σ_ϕ는 질점 내에서의 물리적인 과정을 대표한다고 본다면 이 역시 완화과정과 같은 에너지 소산 과정과 관련된다고 볼 수 있다. 그러면 미시구조체를 대표하는 내부변수의 수지식 또는 진화방정식은 다음과 같은 형태를 가질 것으로 추정할 수 있다.

$$\rho\dot{\phi} = -\nabla \cdot \mathbf{j}_\phi + \sigma_\phi + \rho(\dot{\phi})_{\text{kinematics}}. \tag{5.51}$$

여기서 $(\dot{\phi})_{\text{kinematics}}$는 4.4절에서 논의한 운동학으로 얻은 내부변수의 시간 변화율이다. 식 (51)은 나중에 저자가 개발한 변분법적 비가역 열역학에서 중요한 역할을 하게 된다. 식 (51)의 마지막 두 항은 같은 차수의 텐서양이므로 기원은 다르지만, 형식상으로는 내부 항이라고 간주할 수 있다. 식 (51)은 Eu, 2002의 일반화된 수력학 방정식(generalized hydrodynamic equation)에 해당한다.

식 (50)이 일반적인 수지식이라면 그리고 비평형에서도 엔트로피를 정의할 수 있다면 엔트로피 밀도에 대해서 다음과 같은 수지식을 가정할 수 있을 것이다.

$$\frac{\partial \rho s}{\partial t} = -\nabla \cdot (\rho s \mathbf{v} + \mathbf{h}) + \Omega. \tag{5.52}$$

이 식을 물질 시간 미분에 관한 것으로 변환하면 다음이 된다.

$$\rho\dot{s} = -\nabla \cdot \mathbf{h} + \Omega. \tag{5.53}$$

여기서 $\mathbf{h}$를 엔트로피 유속(entropy flux)이라고 하고 Ω를 엔트로피 생성률(entropy production rate)이라고 부른다. 식 (52)와 (53)은 형식적인 것이므로 비가역 열역학 이론은 $\mathbf{h}$와 Ω를 제시하여야만 한다.

식 (42)를 보면 에너지 밀도 ρe에 대한 생성항이 없고 식 (10)의 질량 수지식을 봐도 생성항이 없다. 두 물리량 모두 보존되는 물리량이라는 공통점이 있다. 뉴턴의 운동법칙에 의하면 외부력이 없으면 계의 선운동량은 보존된다. 즉, 물체력 b가 없으면 식 (26)의 운동량 수지식도 생성항이 없게 된다. 이런 관점에서 보면 엔트로피는 평형이 아니라면 보존되는 양이 될 수 없으므로 Ω에 대해서 다음과 같은 조건을 부여할 수 있을 것이다.

$$\rho\dot{s} + \nabla \cdot \mathbf{h} \equiv \Omega \geq 0. \tag{5.54}$$

물론 등호는 평형일 때만 성립된다. 저자는 식 (54)를 공리로 채택하고 클라우시우스 부등식에 해당하는 비가역 열역학의 제2 법칙으로 간주한다. 이것은 또한 고전 비가역 열역학의 공리이다(de Groot and Mazur, 1962).

6 고전 비가역 열역학과 새로운 이론들

6.1 고전 비가역 열역학의 기본 가정과 그 결과

고전 비가역 열역학(classical irreversible thermodynamics)은 평형 열역학에 약간의 가정을 도입하여 비가역적 과정을 기술하는 이론으로 최초의 비가역 열역학이라고 할 수 있다. Kuiken, 1995에 따르면 고전 비가역 열역학은 다음과 같이 여섯 개의 공리(axiom)로 이루어진다.

[1] 평형 열역학을 수용한다.

[2] 국부 평형 가정(local equilibrium hypothesis): 국부적으로 계의 부분들은 즉각적인 평형을 이루고 있다.

[3] 연속체역학의 네 가지 수지식과 전자기학의 맥스웰 방정식을 수용한다.

[4] 깁스 방정식과 수지식, 맥스웰 방정식을 이용하여 엔트로피 수지식의 엔트로피 유속과 엔트로피 생성률을 계산할 수 있고 엔트로피 생성률은 절대 음일 수 없다.

[5] 열역학적 힘과 열역학적 유속 사이에는 선형관계가 성립된다.

[6] 온새거-캐시미어 상호 정리(Onsager-Casimir reciprocal theorem)가

성립된다(Onsager, 1931a; 1931b; Casimir, 1945).

다섯 번째 공리 때문에 이 열역학 이론을 선형열역학이라고도 부른다.

첫 번째 공리는 두 번째 공리와 연결된 것이라서 두 번째 공리를 받아들이면 첫 번째 공리는 당연히 성립되는 것이므로 국부 평형 가정은 가장 중요한 공리라고 할 수 있다. 하지만 첫 번째 공리의 의의는 평형에서 계를 기술할 수 있었던 상태변수들로도 비가역적 과정을 다룰 수 있다는 것을 의미한다. 즉, 상태변수의 선정에 대한 공리라고 할 수 있다. 비평형에서 상태변수는 단순한 실수변수(variable of real number)가 아니라 위치와 시간에 의존하는 장 변수(field variable)이다. 따라서 상태변수가 시간에 따라서 어떻게 진화하는지를 나타내는 방정식이 필요하다. 나중에 보이겠지만 평형 열역학의 상태변수를 장 변수로 간주하면 이 변수들은 바로 연속체역학의 수지식의 변수들이다. 따라서 세 번째 공리는 상태변수의 진화방정식(evolution equation)에 관한 공리라고 할 수 있다. 네 번째 공리는 부등식 (5.54)와 이를 구성하는 엔트로피 유속과 엔트로피 생성률을 구하는 수학적 방법에 정당성을 부여하는 공리이다. 다섯 번째 공리는 구성방정식을 만드는 방법에 대한 공리로 이 공리는 비선형 점탄성이나 소성의 구성방정식을 허용하지 못하게 한다. 여섯 번째 공리는 다섯 번째 공리에서 비례상수에 해당하는 행렬의 대칭성에 관한 것으로 온새거와 캐시미어가 통계역학을 이용하여 유도한 결과이다(Onsager, 1931a, 1931b; Casimir, 1945).

고전 비가역 열역학의 핵심을 파악하기 위해서 가장 간단한 예로 단일 성분의 유체를 고려하기로 하자. 다성분의 반응이 있는 유체에 대한 것은 de Groot and Mazur, 1962; Kuiken 1995; Eu, 2002 등을 참조 바란다. 이 경우 평형 열역학에서 엔트로피 S는 내부 에너지 U와 부피 V의 함수이다. 즉, $S=S(U, V)$이다. 그런데 국부 평형의 가정을 사용하여야 하므로 위치 $\mathbf{x}$ 에서의 분포가 필요하다. 공간상의 위치 $\mathbf{x}$ 는 연속체역학에서 질점의 현재분포에서의 위치이다. 위치 $\mathbf{x}$ 근방의 질량은 $\rho \mathrm{d} V$이므로 질점 각각의 질량에 질량당 엔트로피를 곱해서 모든 질점에 대해서 더해 주면 계의 엔트로피가 얻어진다. 이를 수식으로 표시하면 다음이 된다.

$$S[B_t]=\int_{B_t} \rho s(u, v) \mathrm{d} V. \tag{6.1}$$

여기서 $v=\rho^{-1}$로 단위 질량당 부피이다. 단위 질량당 엔트로피인 s는 평형의 경우, 엔트로피가 크기 변수(extensive variable)이므로 임의의 질량 $\delta m>0$에 대해서 다음의 관계가 성립된다.

$$\frac{S(U, V)}{\delta m}=S\left(\frac{U}{\delta m}, \frac{V}{\delta m}\right)=s(u, v). \tag{6.2}$$

그러면 $s(u, v)$의 전미분은 다음이 된다.

$$\mathrm{d} s=\frac{\partial s}{\partial u} \mathrm{d} u+\frac{\partial s}{\partial v} \mathrm{d} v. \tag{6.3}$$

여기에 평형 열역학의 결과를 수용하면 다음이 됨을 알 수 있다.

$$\frac{\partial s}{\partial u}=\frac{1}{\theta}, \quad \frac{\partial s}{\partial v}=\frac{p}{\theta}. \tag{6.4}$$

따라서 식 (3)은 다시 다음이 된다.

$$\mathrm{d} s=\frac{1}{\theta} \mathrm{d} u+\frac{p}{\theta} \mathrm{d} v. \tag{6.5}$$

이제 단위 질량당 내부 에너지와 단위 질량당 부피의 전미분이 무슨 의미인지를 생각해 보아야 한다. 국부 평형의 가정은 질점 하나하나가 작은 부분 계라는 것을 의미하므로 전미분들을 물질 시간 미분으로 대체할 수 있을 것이다. 단위 질량당 부피의 진화방정식은 식 (5.9)로부터 다음이 됨이 쉽게 유도된다.

$$\rho\dot{v} = \mathrm{tr}\mathbf{L}. \tag{6.6}$$

단위 질량당 내부 에너지의 진화방정식은 에너지 수지식으로부터 얻어진 식 (5.48)을 사용할 수 있다. 그러면 식 (5)를 다음으로 대체한다.

$$\rho\dot{s} = \frac{1}{\theta}(-\nabla\cdot\mathbf{q} + \mathbf{T}:\mathbf{L}) + \frac{p}{\theta}\mathrm{tr}\mathbf{L}. \tag{6.7}$$

이제 식 (7)을 식 (5.53)과 유사한 형태로 변환해야 할 것이다. 여기서 발산 분해(divergence decomposition)라고 할 수 있는 다음의 항등식을 고려한다.

$$-\frac{1}{\theta}\nabla\cdot\mathbf{q} = -\nabla\cdot\left(\frac{\mathbf{q}}{\theta}\right) + \mathbf{q}\cdot\nabla\frac{1}{\theta}. \tag{6.8}$$

이를 식 (7)에 대입하고 정리하면

$$\rho\dot{s} = -\nabla\cdot\frac{\mathbf{q}}{\theta} + \mathbf{q}\cdot\nabla\frac{1}{\theta} + \frac{1}{\theta}\mathbf{T}:\mathbf{L} + \frac{p}{\theta}\mathrm{tr}\mathbf{L} \tag{6.9}$$

가 된다. 식 (9)를 식 (5.53)과 비교하면 다음과 같은 추정을 할 수 있다.

$$\mathbf{h} = \frac{\mathbf{q}}{\theta}, \quad \Omega = -\frac{1}{\theta^2}\mathbf{q}\cdot\nabla\theta + \frac{1}{\theta}(\mathbf{T} + p\mathbf{I}):\mathbf{L} \geq 0. \tag{6.10}$$

식 $(10)_1$을 클라우시우스의 부등식과 비교하면 엔트로피 유속은 열 유속을 온도로 나눈 것이어야 한다는 생각이 들 것이다. 식 (10)의 엔트로피 생성률은 다음과 같은 구조로 되어 있다는 것을 알 수 있다.

$$\Omega = \mathbf{j}_\mathrm{q}\cdot\mathbf{f}_\mathrm{q} + \mathbf{J}_\mathrm{m}:\mathbf{F}_\mathrm{m}. \tag{6.11}$$

고전 비가역 열역학에서는 $\mathbf{f}_\mathrm{q} \equiv -\theta^{-2}\nabla\theta$와 $\mathbf{F}_\mathrm{m} \equiv -\theta^{-1}\mathbf{L}$은 열역학적인 힘들이고 $\mathbf{j}_\mathrm{q} \equiv \mathbf{q}$와 $\mathbf{J}_\mathrm{m} \equiv -\mathbf{T} - p\mathbf{I} = \mathbf{P} - p\mathbf{I}$은 열역학적 유속이라고 정의한다. 여기서 $\mathbf{P} = -\mathbf{T}$는 압력 텐서라고 부르며 이를 사용하

는 이유는 부호의 일관성을 위해 도입한 것으로 보인다. 하지만 압력 텐서를 사용할지 아니면 응력 텐서를 사용할지는 사용자의 취향 문제로 보인다. 고전역학에서 보존력이 위치 에너지의 그래디언트에 음의 부호를 붙인 것과 관련해서 열역학적 힘을 온도의 그래디언트와 속도의 그래디언트로 정의한 것으로 보인다. 여기서 $\mathbf{L} = \mathrm{grad}\mathbf{v}$ 인 것을 유의하기 바란다.

다섯 번째 공리는 유속과 힘 사이의 선형관계를 가정하는 것이므로 다음과 같은 관계식을 생각할 수 있다.

$$\mathbf{j}_{\mathrm{q}} = \mathbf{M}\mathbf{f}_{\mathrm{q}}, \quad \mathbf{J}_{\mathrm{m}} = \mathbf{H}^{(4)} : \mathbf{F}_{\mathrm{m}}. \tag{6.12}$$

여기서 $\mathbf{M}$은 대칭이고 양의 정치(positive definite)인 2차 텐서로 상태변수의 함수일 수 있고, $\mathbf{H}^{(4)}$는 대칭이고 양의 정치인 4차 텐서로 역시 상태변수의 함수일 수 있다. 두 텐서를 온새거 계수 행렬이라고 부르기도 한다. 온새거-캐시미어 상호 정리(Onsager-Casimir reciprocal theorem)에 의해서 두 텐서는 대칭이라고 했고 엔트로피 생성률이 음이 아니기 위해서 양의 정치라는 조건을 사용하였다. 유체가 등방성을 보장하면 두 계수 텐서는 등방성 텐서가 되어야 한다. 그러면 가장 간단한 결과는

$$\mathbf{q} = -\varkappa \nabla \theta, \quad \mathbf{T} = (\eta_{\mathrm{B}}\mathrm{tr}\mathbf{L} - p)\mathbf{I} + 2\eta_{\mathrm{S}}\mathbf{D}' \tag{6.13}$$

이고 여기서

$$\varkappa(u,v) > 0, \quad \eta_{\mathrm{B}}(u,v) > 0, \quad \eta_{\mathrm{S}}(u,v) > 0,$$

$$\mathbf{D}' \equiv \mathbf{D} - \frac{1}{3}\mathrm{tr}\mathbf{D}\,\mathbf{I} \tag{6.14}$$

이다. 물론 $\varkappa$는 후리에 전도 법칙(Fourier's conduction law)의 열전도계수(heat conductivity)이고 η_{B}는 부피 점도(bulk viscosity)이고 η_{S}는 전단 점도(shear viscosity)이고 $\mathbf{D}'$은 변형률 속도 텐서의 편차 텐서(deviatoric tensor)이다.

상태변수를 식 (1)과 같이 u와 v로 선택했을 때 후리에 전도 법칙을 만족하는 뉴턴 유체의 결과를 얻었다. 그러면 당연히 고전 비가역 열역학은 고체의 거동을 기술할 수 없느냐는 질문을 하게 된다. 이에 대한 대답을 위해서 상태변수를 u와 $\mathbf{B}$로 선택해 보자. 그러면 연쇄법칙에 의해서

$$\rho\dot{s} = \rho\frac{\partial s}{\partial u}\dot{u} + \rho\frac{\partial s}{\partial \mathbf{B}} : \dot{\mathbf{B}} \tag{6.15}$$

가 얻어진다. 그러면 식 $(4.16)_1$을 이용하여 식 (15)는 다음이 된다.

$$\rho\dot{s} = -\nabla \cdot \frac{\mathbf{q}}{\theta} - \frac{1}{\theta^2}\mathbf{q} \cdot \nabla\theta + \frac{1}{\theta}\left(\mathbf{T} + 2\rho\theta\mathbf{B}\frac{\partial s}{\partial \mathbf{B}}\right) : \mathbf{L}. \tag{6.16}$$

따라서

$$\mathbf{h} = \frac{\mathbf{q}}{\theta}, \quad \Omega = -\frac{\mathbf{q}\cdot\nabla\theta}{\theta^2} + \frac{1}{\theta}\left(\mathbf{T} + 2\rho\theta\mathbf{B}\frac{\partial s}{\partial \mathbf{B}}\right) : \mathbf{L} \geq 0. \tag{6.17}$$

이라고 할 수 있다. 그런데 $\nabla\theta$와 $\mathbf{L}$은 독립적으로 주어지고 온도는 항상 양이므로 식 $(17)_2$는 다음으로 분리된다.

$$q \cdot \nabla\theta \leq 0, \quad \left(\mathbf{T} + 2\rho\theta\mathbf{B}\frac{\partial s}{\partial \mathbf{B}}\right) : \mathbf{L} \geq 0. \tag{6.18}$$

첫 번째 부등식을 만족하는 가장 간단한 경우는 식 $(13)_1$이고 두 번째 부등식을 만족하는 가장 간단한 선형관계는 다음이 된다.

$$\mathbf{T} = -2\rho\theta\mathbf{B}\frac{\partial s}{\partial \mathbf{B}} + \eta_B \mathrm{tr}\mathbf{D}\,\mathbf{I} + 2\eta_S\mathbf{D}'. \tag{6.19}$$

이 식의 특수한 경우가 식 $(13)_2$이다.

물질이 등방성이면 단위 질량당 엔트로피는 $\mathbf{B}$의 주요 불변량 (principal invariant)의 함수가 된다. 즉,

$$\mathbf{B}\frac{\partial s}{\partial \mathbf{B}} = III_{\mathbf{B}}\frac{\partial s}{\partial III_{\mathbf{B}}}\mathbf{I} + \left(\frac{\partial s}{\partial I_{\mathbf{B}}} + I_{\mathbf{B}}\frac{\partial s}{\partial II_{\mathbf{B}}}\right)\mathbf{B} - \frac{\partial s}{\partial II_{\mathbf{B}}}\mathbf{B}^2 \tag{6.20}$$

이 얻어진다. 여기서

$$I_{\mathbf{B}} = \mathrm{tr}\mathbf{B}, \quad II_{\mathbf{B}} = \frac{I_{\mathbf{B}}^2 - \mathrm{tr}\mathbf{B}^2}{2}, \quad III_{\mathbf{B}} = \det\mathbf{B} \tag{6.21}$$

이다. 그런데 식 (5.5)로부터

$$v = \tilde{v}\det\mathbf{F} = \tilde{v}\sqrt{\det\mathbf{B}} \tag{6.22}$$

이므로 만약 $\partial s/\partial I_{\mathbf{B}} = 0$이고 $\partial s/\partial II_{\mathbf{B}} = 0$이라면 식 (19)는 식 $(13)_2$가 된다. 즉, 유체는 변형률 텐서 $\mathbf{B}$의 모든 성분에 의존하는 것이 아니라 단 $\det\mathbf{B}$에만 의존하는 경우에 해당한다.

만약에 $f = u - \theta s$로 정의되는 단위 질량당 자유 에너지의 전미분은

$$\begin{aligned} \mathrm{d}f &= \mathrm{d}u - s\mathrm{d}\theta - \theta\mathrm{d}s = \mathrm{d}u - s\mathrm{d}\theta - \theta\left(\frac{1}{\theta}\mathrm{d}u + \frac{\partial s}{\partial \mathbf{B}} : \mathrm{d}\mathbf{B}\right) \\ &= -s\mathrm{d}\theta - \theta\frac{\partial s}{\partial \mathbf{B}} : \mathrm{d}\mathbf{B} \end{aligned} \tag{6.23}$$

이 된다. 따라서

$$\frac{\partial f}{\partial \theta} = -s, \quad \frac{\partial f}{\partial \mathbf{B}} = -\theta\frac{\partial s}{\partial \mathbf{B}} \tag{6.24}$$

가 성립됨을 알 수 있다. 이 르장드르 변환(Legendre transform)의 결과를 식 (19)에 적용하면 응력의 구성방정식은 다음이 된다.

$$\mathbf{T} = 2\rho\mathbf{B}\frac{\partial f}{\partial \mathbf{B}} + \eta_{\mathrm{B}}\mathrm{tr}\mathbf{D}\,\mathbf{I} + 2\eta_{\mathrm{S}}\mathbf{D}'. \tag{6.25}$$

식 (17)과 (18)을 보면 만약에 $\mathbf{T} = 2\rho\mathbf{B}\,\partial f/\partial\mathbf{B}$라면 변형 때문에 엔트로피 생성이 일어나지 않는다는 것을 의미한다. 즉, 응력이 변형률 $\mathbf{B}$만의 함수로 표현되는 물질은 탄성체(elastic body)이므로 탄성체는 변형으로 엔트로피를 생성시키지 않는다는 것을 알 수 있다. 그러면 식 (25)

의 첫 항은 탄성 응력(elastic stress)이라고 할 수 있고 나머지 두 항은 변형이 엔트로피를 증가시키게 해 주는 점성 응력(viscous stress)이라고 할 수 있다.

지금까지의 논의를 종합하면 고전 비가역 열역학은 선형 점성유체(Newtonian fluid), 초탄성체(hyperelastic body), 식 (25)와 같은 보이그트(Voigt)형 점탄성 고체를 기술할 수 있다. 일반적인 점탄성체, 소성체, 점소성체, 비선형 점성유체 등은 고전 비가역 열역학으로는 유도될 수 없는 구성방정식들이다.

6.2 클라우시우스-듀헴 부등식

고전 비가역 열역학은 국부 평형 가정과 발산 분해 같은 수학적 조작을 통해서 얻은 엔트로피 수지식을 개념적인 엔트로피 수지식과 비교해서 엔트로피 유속 및 엔트로피 생성률을 찾아내고 엔트로피 생성률이 절대 음이 될 수 없다는 가정을 통해서 구성방정식을 얻는 방법이다. 고전 비가역 열역학 이전까지 대부분의 구성방정식은 열역학과 무관하게 실험 결과를 수식화한 것들이다. 그런데 수식화에 사용된 실험 결과가 물질의 모든 역학적 성질을 다루는 것이라고 할 수 없으므로 개발된 구성방정식의 타당성을 검토하기 위해서는 구성방정식이 $\Omega \geq 0$를 만족하는지 검토할 필요가 있다.

대부분의 구성방정식은 항온과정을 바탕으로 개발한 것들이므로 식 (17)과 (18)은 개발된 또는 개발하고자 하는 구성방정식이 열역학적으로 타당한지를 검토하는 데 있어 편리한 것은 아니다. 식 (5.54)에 식 $(17)_1$을 적용해 보면 다음이 얻어진다.

$$\rho\dot{s} + \nabla \cdot \frac{\mathbf{q}}{\theta} \geq 0. \tag{6.26}$$

그런데 자유 에너지의 정의로부터

$$\dot{f} = \dot{u} - \dot{\theta}s - \theta\dot{s} \tag{6.27}$$

이므로 이를 식 (26)과 결합하면 다음이 얻어진다.

$$\rho\dot{u} - \rho\dot{\theta}s - \rho\dot{f} + \theta\nabla \cdot \frac{\mathbf{q}}{\theta} \geq 0. \tag{6.28}$$

여기에 식 (5.48)을 대입하면 다음이 얻어진다.

$$-\frac{\mathbf{q} \cdot \nabla\theta}{\theta} + \mathbf{T} : \mathbf{L} - \rho\dot{\theta}s - \rho\dot{f} \geq 0. \tag{6.29}$$

이 부등식을 클라우시우스-듀헴 부등식(Clausius-Duhem inequality)이라고 한다.

식 (23)을 보면 단위 질량당 자유 에너지 f의 독립변수는 온도와 온도가 아닌 상태변수들이라고 할 수 있다. 그러면 f의 물질 시간 미분은 다음과 같이 표현할 수 있다.

$$\dot{f} = \frac{\partial f}{\partial \theta}\dot{\theta} + (\dot{f})_\theta. \tag{6.30}$$

여기서 $(\dot{f})_\theta$는 온도가 고정되었을 때 자유 에너지의 물질 시간 미분이다. 이를 식 (29)에 대입하면 다음이 된다.

$$-\frac{\mathbf{q} \cdot \nabla\theta}{\theta} - \rho\left(s + \frac{\partial f}{\partial \theta}\right)\dot{\theta} + \mathbf{T} : \mathbf{L} - \rho(\dot{f})_\theta \geq 0. \tag{6.31}$$

이 식은 앞에서 엔트로피에 대해서 논의한 결과와 같은 결과를 주는 부등식이지만 겉모습은 그렇지 않은 것처럼 보인다. 앞에서와 같이 $f = f(\theta, \mathbf{B})$라고 가정하면 식 (31)은 식 (4.16)에 의해서 다음이 된다.

$$-\frac{\mathbf{q} \cdot \nabla\theta}{\theta} - \rho\left(s + \frac{\partial f}{\partial \theta}\right)\dot{\theta} + \left(\mathbf{T} - 2\rho\mathbf{B}\frac{\partial f}{\partial \mathbf{B}}\right) : \mathbf{L} \geq 0. \tag{6.32}$$

여기서 $\nabla\theta$, $\dot{\theta}$, $\mathbf{L}$은 독립적으로 주어질 수 있으므로

$$\mathbf{q}=-\varkappa\nabla\theta,\quad \frac{\partial f}{\partial\theta}=-s,$$

$$\mathbf{T}=2\rho\mathbf{B}\frac{\partial f}{\partial\mathbf{B}}+\eta_{\mathrm{B}}\mathrm{tr}\mathbf{D}\,\mathbf{I}+2\eta_{\mathrm{S}}\mathbf{D}' \tag{6.33}$$

이다. 만약 응력이 $\mathbf{B}$만의 함수라면 식 (33)의 마지막 등식은 $\mathbf{T}=2\rho\mathbf{B}(\partial f/\partial\mathbf{B})$가 되어야만 한다. 물론 $f=f(\theta,\sqrt{\det\mathbf{B}})$라면 응력은 뉴턴 유체의 구성방정식을 따르게 된다. 따라서 앞에서와 같은 결과가 얻어진다.

그런데 클라우시우스-듀헴 부등식은 공리 [5]를 배제하게 되면 더 다양한 구성방정식을 유도할 수 있다. 이러한 특징은 내부변수 이론에서 더 자세히 다루겠지만 여기서는 비선형 점성유체에 관한 것을 예로 들겠다.

점성유체이므로 자유 에너지는 반드시 $f=f(\theta,v)$이거나 $f=f(\theta,\sqrt{\det\mathbf{B}})$이어야 한다. 그러면 $-p\mathbf{I}=2\rho\mathbf{B}(\partial f/\mathbf{B})$가 된다.

$$\mathbf{T}=-p\mathbf{I}+\eta_{\mathrm{B}}(I_{\mathbf{D}},II_{\mathbf{D}})\mathrm{tr}\mathbf{D}\,\mathbf{I}+2\eta_{\mathrm{S}}(I_{\mathbf{D}},II_{\mathbf{D}})\mathbf{D}' \tag{6.34}$$

를 가정하면 클라우시우스-듀헴 부등식을 만족하게 된다. 단 여기서 두 점도 함수 η_{B}와 η_{S}는 모두 양인 함수이다.

6.3 온새거 변분 원리

식 (11)을 물리적인 의미만을 보여 주기 위해서 다음과 같이 써 보자.

$$\Omega=J_1F_1+J_2F_2+\cdots+J_NF_N=J_iF_i\geq 0. \tag{6.35}$$

물론 여기서 J_k와 F_k는 각각 k번째 열역학적 유속과 열역학적 힘이고

첨자에 대해서 아인슈타인 합산규칙을 적용했으며 첨자는 1에서 N까지이다. 공리 [5]에 의해서

$$J_i = L_{ik}F_k \tag{6.36}$$

을 만족하는 계수 행렬 L_{ik}가 존재하며 이를 온새거 계수라고 한다. 온새거-캐시미어 상호 정리에 의하면

$$L_{ik} = L_{ki} \tag{6.37}$$

이다. 게다가 식 (35)를 만족시키기 위해서는 온새거 계수 행렬은 양의 정치이어야 한다. 대칭이며 양의 정치인 행렬은 역행렬을 가진다. 따라서 L_{ik}의 역행렬을 M_{ik}라고 하면

$$L_{im}M_{mk} = M_{im}L_{mk} = \delta_{ik} \tag{6.38}$$

이고 식 (36)으로부터 다음도 성립된다.

$$F_i = M_{ik}J_k. \tag{6.39}$$

그러면 식 (36)이나 식 (39)를 식 (35)에 적용하면 다음이 성립된다.

$$\Omega = L_{ik}F_iF_k = M_{ik}J_iJ_k \geq 0. \tag{6.40}$$

물론 L_{ik}가 양의 정치이기 때문에 그 역행렬인 M_{ik}도 양의 정치이다.

다음과 같은 소산함수(dissipation function)를 정의해 보자.

$$\psi(J) \equiv \frac{1}{2}M_{ik}J_iJ_k. \tag{6.41}$$

소산함수를 J_i에 대해서 편미분하면 $M_{ik}J_k$가 얻어진다. 반면에 식 (35)의 Ω를 J_i에 대해서 편미분하면 F_i가 얻어진다. 따라서 만약에 $\xi \equiv \Omega - \psi$라고 정의하고

$$\frac{\partial \xi}{\partial J_i} = 0 \tag{6.42}$$

라고 가정하면 식 (39)가 얻어지고 양변에 M_{ik}의 역행렬을 곱해 주면

최종적으로 식 (36)이 얻어진다.

식 (42)는 함수 ξ의 최소화 조건 또는 최대화 조건이라고 할 수 있다. 물리학 이론 중에는 목적론적 관점으로 구해지는 것이 많다. 식 (42)와 같이 어떤 함수나 범함수의 최대화 또는 최소화가 중요한 공식을 제공한다. 가장 잘 알려진 예로는 라그란지안 역학이나 해밀토니안 역학이 있다(Lanczos, 1970). Onsager, 1931a는 식 (36), (39), (42)로부터 다음과 같은 변분 원리(the Onsager variational principle)를 제시하였다.

$$\delta\int_{B_t}(\rho\dot{s}-\psi)\mathrm{d}V=0. \tag{6.43}$$

온새거의 변분 원리를 유도하기 위해서 영역 B_t의 엔트로피를 다음과 같이 정의하자.

$$S[B_t]=\int_{B_t}\rho s\mathrm{d}V. \tag{6.44}$$

이를 시간에 대해서 미분하면

$$\dot{S}[B_t]=\int_{B_t}\rho\dot{s}\mathrm{d}V=\int_{B_t}(-\nabla\cdot\mathbf{h}+\Omega)\mathrm{d}V \tag{6.45}$$

가 얻어진다. 그리고 영역 B_t에 대한 소산 범함수(dissipation functional)를 다음과 같이 정의하자.

$$\Psi[B_t]=\int_{B_t}\psi\mathrm{d}V. \tag{6.46}$$

그러면 식 (45)와 (46)을 이용하여 다음을 정의하자.

$$\Xi[B_t]\equiv\dot{S}[B_t]-\Psi[B_t]. \tag{6.47}$$

범함수 Ξ는 유속 J의 범함수이므로 J에 대한 Ξ의 변분(variation)을 구하면 다음이 된다.

$$\delta\Xi=-\delta\int_{B_t}\nabla\cdot\frac{q}{\theta}\mathrm{d}V+\int_{B_t}\frac{\partial(\Omega-\psi)}{\partial J}\delta J\mathrm{d}V. \tag{6.48}$$

첫 번째 변분은 발산정리를 이용하면 다음과 같이 된다.

$$\delta\int_{B_t}\nabla\cdot\frac{q}{\theta}\mathrm{d}V=\delta\oint_{\partial B_t}\frac{1}{\theta}\mathbf{q}\cdot\mathrm{d}\mathbf{a}=\oint_{\partial B_t}\frac{1}{\theta}\delta\mathbf{q}\cdot\mathrm{d}\mathbf{a}. \tag{6.49}$$

경계조건이 정해진 경우를 생각하면 경계 ∂B_t에서 $\mathbf{q}\neq\mathbf{0}$이나 열 유속의 변분은 0이어야 한다. 즉 ∂B_t에서 $\delta\mathbf{q}=\mathbf{0}$이어야 한다. 따라서 식 (48)의 최대/최소의 조건 $\delta\Xi=0$은 결국 식 (42)가 되고 선형관계식인 식 (36)과 (39)가 얻어진다.

Onsager, 1931a의 변분 원리는 고전 비가역 열역학의 공리 [5]의 선형관계로부터 일반화를 통해 얻은 귀납법적인 유도의 결과이다. 따라서 소산함수는 반드시 열역학적 유속의 2차 형식(quadratic form)이어야 하고 온새거 계수는 상태변수의 함수일 수는 있지만 열역학적 유속과 무관해야 한다. 게다가 엔트로피 유속을 $\mathbf{h}=\theta^{-1}\mathbf{q}$로 확정하고 유도한 결과이다. 일반적인 구성방정식을 위해서는 평형 열역학의 상태변수만으로는 부족하다. 추가적인 상태변수가 필요하다면 이렇게 확장된 열역학적 공간(thermodynamic space)에 대해서 여전히 $\mathbf{h}=\theta^{-1}\mathbf{q}$가 성립되는가? 사실 식 (36)은 계가 평형에서 멀지 않은 비평형에 있다면 열역학적 힘은 열역학적 유속의 선형함수로 근사할 수 있다는 가정으로 만들어진 것이다. 따라서 처음의 가정을 다른 방식으로 표현한 것이 온새거의 변분 원리인데 이것이 일반적인 물질에도 적용될 수 있을지는 의문일 수밖에 없다. 따라서 온새거 변분 원리를 엄밀하게 유도하려는 시도가 있었다. Eu and Ichiyanagi, 1996은 해석역학의 달랑베르 원리(d'Alembert's principle)를 참조한 변분법적인 방법으로 온새거 변분 원리를 비선형 비가역 열역학으로 확장하는 방법을 제시하였다. Eu의 열역학은 뒤에 설명할 확장 비가역 열역학(extended irreversible thermodynamics)과 유사하지만, 공리계가 더 일반적이라고 본다. 특히, 엔트로피 유속에 대한 공리는 확장 비가역 열역학의 공리보다 일반적이다. 하지만 Eu, 2002의 열역학은 비평형 엔트로피의 존재를 공리로 채택하기보다는 유도했기 때문에 더 많은 공리로 이루어져 있다. 제12장에서 온새거의 변분 원리를 연역법적인 방법으로 더 정확하게 유도할 것이다.

도이(M. Doi)는 온새거의 변분 원리를 연성 물질 물리(soft matter physics)의 다양한 문제에 적용하였다 (Doi, 2011; Doi, 2013). 도이가 온새거 원리를 응용하는 방식은 열역학에 대한 철저한 분석의 흔적이 없는 형식적인 방법이다. 하지만 그의 직관력은 그가 응용한 예를 모두 유의미하게 만든 것 같다.

6.4 새로운 열역학 이론들

6.4.1 이성 열역학

고전 비가역 열역학이 제한된 물질의 구성방정식만을 기술할 수 있기에 점탄성과 같은 훨씬 복잡한 구성방정식을 도출할 수 있는 새로운 비가역 열역학이 필요하게 되었다. 이에 대한 첫 번째 시도가 이성 열역학(rational thermodynamics)이다(Coleman, 1964; Truesdell, 1969; Noll, 1974). 이 열역학 이론은 평형 열역학의 상태변수를 그대로 사용한다. 추가적인 상태변수가 없으나 열 유속이나 응력 같은 물질의 성질은 과거의 이력에 의존하는 범함수(functional)로 간주한다. 일단 구성방정식의 대상이 되는 열 유속과 응력 등의 대략적인 형태를 제시하고 클라우시우스-듀헴 부등식, 식 (29)를 이용하여 형태를 완성해 나간다. 엔트로피 유속은 $\mathbf{h} = \theta^{-1}\mathbf{q}$ 라고 가정한다. 이성 열역학의 가장 중요한 공리는 관찰자 불변의 원리(frame indifference principle)이다. 구성방정식의 수학적 형태는 관찰자에 무관하게 같은 형태를 가져야 한다는 원리이다. 이에 대해서는 제7장에서 자세히 다루기로 한다.

이성 열역학의 단점들에 대한 비판은 Jou, Casas-Vázquez, Leobon, 1996의 1.4절을 참조 바란다. 저자의 의견으로는 범함수의 사용은 수학적으로도 어려울 뿐만 아니라 구성방정식을 실험 결과와 비교하여 물질 상수나 물질 함수를 구하기가 매우 어렵다. 이러한 단점을 극복하기 위해서 도입된 열역학 이론이 내부변수 이론이다.

6.4.2 내부변수 이론

내부변수 이론은 평형 열역학의 상태변수에 추가로 내부변수라고 불리는 상태변수를 선택하는 확장된 열역학 공간에서의 비가역 열역학이다. 기존의 상태변수는 진화방정식을 수지식에서 구할 수 있지만, 추가된 상태변수의 진화방정식은 모형으로 만들어야 한다. 내부변수의 진화방정식을 적분하고 나면 구성방정식이 궁극적으로는 범함수 형태를 취하게 해 주지만 이성 열역학의 방법보다는 수학적으로 간단하고 실험과 비교하기도 쉽다. 최초의 연구는 Coleman and Gurtin, 1967로 추정된다.

내부변수의 진화방정식을 모형화하여야 하므로 이 진화방정식이 열역학적으로 타당한지를 검토해야 한다. 이성 열역학에서와 마찬가지로 클라우시우스-듀헴 부등식을 사용하여 열역학적으로 타당한 진화방정식을 결정하게 된다. 따라서 기존의 내부변수 이론 역시 이성 열역학과 마찬가지로 엔트로피 유속이 무엇인가란 문제를 마주하게 된다.

내부변수 이론의 가장 큰 문제점은 내부변수가 무엇인지 명확하지 않았다는 점이다. 초기에는 스프링-대시포트 모형(spring-dashpot model)에서 스프링의 변형률이라는 막연한 정의를 사용하였다. 이후에 재료의 미시구조를 대표할 수 있는 스칼라, 벡터, 텐서 등으로 간주하게 된다. 고분자의 경우 고분자 사슬의 양 말단 벡터의 다이애딕(diadic)으로 정의되는 텐서양을 배좌 텐서(conformation tensor)라고 하고 내부변수로 채택한다(Bird *et al.*, 1987). 레오노프 모형(Leonov, 1976)의 경우, 배좌 텐서는 크뢰너-리 분해(Kröner-Lee decomposition)로 얻어지는 탄성 변형률 텐서에 해당하는 내부변수이다. 내부변수의 다양한 예와 정의에 대해서는 Maugin, 1999를 참조 바란다.

기존의 내부변수 이론으로 개발된 구성방정식 모형의 단점 중의 하나는 상태변수와 응력을 연결하는 관계식이 열역학으로 제공되지 않고 기존의 성공적인 가정을 채택하는 것이다. 즉, 직관으로 응력과 내부변수 사이의 관계를 결정하는 것이라고 볼 수 있다. 특히 크뢰너-리 분해를 사용하는 경우 탄성 변형률 또는 소성 변형률과 연결되는 응력을 무엇으로 해야 하는가에 대한 문제가 발생한다. 주목할 만한 점은 이 문제를 열역학을 사용하지 않고 해결한 예가 있다. Gurtin과 공동연구자들은 가상 일률 원리(principle of virtual power)로 이 문제를 해결하였다(Anand and Gurtin, 2003; Gurtin, Fried and Anand, 2010). 가상 일률 원리에 대해서는 제7장에서 다루기로 한다.

6.4.3 확장 비가역 열역학

고전 비가역 열역학의 단점 중의 하나는 비평형이 강하지 않다고 가정하는 것이다. 즉, 평형에서 멀지 않아 국부 평형 가정을 사용할 수 있다고 보는 것이다. 따라서 얼마나 평형에서 멀면 고전 비가역 열역학을 사용하기 어려운지 분석이 필요하다. 이에 대해서는 Jou, Casas-Vázquez and Leobon, 1996과 Kreuzer, 1981을 참조 바란다.

이러한 고전 비가역 열역학의 단점을 제거하기 위해서 확장 비가역 열역학(extended irreversible thermodynamics)은 평형 열역학의 상태변수와 함께 평형에서는 0이 되는 유속들을 상태변수로 채택한다. 즉, 확장된 열역학적 공간을 이용한다는 점에서는 내부변수 이론과 유사하지만, 내부변수는 측정되지만 제어될 수 없는 변수들이다(Maugin, 1999). 그러나 확장 비가역 열역학의 추가된 상태변수들은 열 유속과 같이 측정할 수 있으며 제어도 할 수 있는 물리량들이다. 이 때문에 확장 비가역 열역학은 국부 평형 가정 없이도 다양한 열역학 현상을 묘사할 수 있으며 특히 속도가 빠른 비가역적 현상에서 장점을 보인다고 한다.

하지만 이 이론이 채택한 상태변수 중에 소산 응력(dissipative stress)이 있는데 이는 응력의 한 부분에 해당한다. 즉, 응력을 가역적인 부분과 비가역적인 부분으로 나눈다면 비가역적인 부분이 소산 응력이다. 그러면 코시 응력을 어떻게 분해하느냐란 문제가 발생한다. 응력에 대해 모호함이 발생하는 문제를 안고 있다. 게다가 엔트로피 유속에 대한 가정은 매우 제한적이라서 다양한 구성방정식을 개발하는 데 제약이 심하며, 소산 응력의 진화방정식에 객관적 시간 미분(objective time derivative)을 도입하는 데 모호성과 제약이 있다. 객관적 시간 미분은 제7장에서 다룬다.

6.4.4 GENERIC

GENERIC은 General Equation for Non-Equilibrium Reversible-Irreversible Coupling의 약자로 일종의 내부변수 이론이다(Grmela and Öttinger, 1997; Öttinger and Grmela). GENERIC의 목적은 상태변수들이 정해지면 그에 대응하는 구성방정식을 자연스럽게 유도하는 것이다. 이는 Cho and Lee, 2021의 변분법적 열역학의 목적과 일치한다.

기본적인 개념은 모든 상태변수의 시간 미분은 가역적인 부분과 비가역적인 부분으로 나뉠 수 있다는 것이다. 따라서 상태변수를 성분으로 하는 벡터를 X라고 했을 때 다음과 같은 진화방정식의 형태가 어떤 상태변수 벡터에 대해서도 성립된다는 것이다.

$$\frac{\partial X}{\partial t}=\hat{L}\circ\frac{\delta E}{\delta X}+\widehat{M}\circ\frac{\delta S}{\delta X}. \tag{6.50}$$

여기서 벡터 X는 질량 밀도 ρ, 운동량 밀도 $\mathbf{p}=\rho\mathbf{v}$, 내부 에너지 밀도 $\hat{u}=\rho u$를 반드시 포함하여야 한다. 기호 '$\circ$'은 X가 다양한 차수의 텐서로 이루어져 있으므로 그에 해당하는 적절한 일반화된 내적을 의미한다. 따라서 식 (50)은 질량 수지식, 선형 운동량 수지식 그리고 내부 에너지 수지식도 성분으로 포함하고 있다. 에너지 범함수 E와 엔트로피 범함수 S는 제어부피에 대해서 다음과 같이 정의한다.

$$E[C]=\int_C \hat{e}\,\mathrm{d}V,\quad \hat{e}=\hat{u}+\frac{\mathbf{p}\cdot\mathbf{p}}{2\rho}, \tag{6.51}$$

$$S[C]=\int_C \hat{s}\,\mathrm{d}V,\quad \hat{s}=\hat{s}(\rho,\hat{u},\mathbf{A}). \tag{6.52}$$

여기서 $\mathbf{A}$는 내부변수 텐서이다. 주목할 점은 엔트로피 밀도 $\hat{s}$는 운동량 밀도에 의존하지 않는다는 것이다. 두 개의 행렬 $\hat{L}$과 $\widehat{M}$은 각각 가역적 변화율과 비가역적 변화율을 위해 고안된 선형 미분 연산자(linear differential operator)이다. 행렬 $\hat{L}$은 프와송 행렬(Poisson matrix) 또는 프와송 연산자(Poisson operator)라고 부르고 행렬 $\widehat{M}$은 마찰 행렬(friction matrix) 또는 마찰 연산자(friction operator)라고 부른다(Öttinger, 2005).

이 연산자들은 또한 상태변수의 함수로도 간주한다.

식 (51)이나 (52)와 같은 형식으로 표현되는 임의의 범함수 $A[C]$, $B[C]$, $C[C]$에 대해서 두 연산자는 다음의 성질을 만족한다고 가정한다.

$$\{A, B\} \equiv \int_C \frac{\delta A}{\delta X} \circ \hat{L} \circ \frac{\delta B}{\delta X} \mathrm{d}V = -\{B, A\},$$

$$\{A, \{B, C\}\} + \{B, \{C, A\}\} + \{C, \{A, B\}\} = 0, \tag{6.53}$$

$$[A, B] \equiv \int_C \frac{\delta A}{\delta X} \circ \hat{M} \circ \frac{\delta B}{\delta X} \mathrm{d}V = [B, A], \; [A, A] \geq 0. \tag{6.54}$$

식 (53)은 해밀턴 역학에서의 운동방정식의 수학적 형태에서 영감을 받은 공리들로, 해밀턴 운동방정식이 시간 역전 변환에 대한 불변성 가짐을 이용한 것이다. 식 (54)로 표현되는 GENERIC의 공리는 엔트로피 생성률이 음이 아니어야 하는 성질을 나타내기 위해서 도입한 것으로 보인다. Grmela and Öttinger, 1997에 의하면, 식 (50)의 우변의 두 번째 항은 진즈버그-란다우 방정식(Ginzburg-Landau equation)을 수정하여 정한 것이라고 한다.

그러면 임의의 $A[C]$의 시간 미분은 다음과 같다.

$$\dot{A}[C] = \frac{\partial}{\partial t}\int_C \hat{a}\,\mathrm{d}V = \int_C \frac{\partial \hat{a}}{\partial t}\mathrm{d}V = \int_C \frac{\partial \hat{a}}{\partial X} \circ \frac{\partial X}{\partial t}\mathrm{d}V$$

$$= \int_C \left(\frac{\partial \hat{a}}{\partial X} \circ \hat{L} \circ \frac{\delta E}{\delta X}\right)\mathrm{d}V + \int_C \left(\frac{\partial \hat{a}}{\partial X} \circ \hat{M} \circ \frac{\delta S}{\delta X}\right)\mathrm{d}V. \tag{6.55}$$

여기서 $A[C]$의 밀도인 $\hat{a}$가 상태변수만의 함수라면, 즉, 상태변수의 미분에는 의존하지 않는다면

$$\frac{\partial \hat{a}}{\partial X} = \frac{\delta A}{\delta X} \tag{6.56}$$

이 된다. 그러면

$$\dot{A}[C] = \int_C \left(\frac{\delta A}{\delta X} \circ \hat{L} \circ \frac{\delta E}{\delta X} \right) \mathrm{d}V + \int_C \left(\frac{\delta A}{\delta X} \circ \widehat{M} \circ \frac{\delta S}{\delta X} \right) \mathrm{d}V$$

$$= \{A, E\} + [A, S] \tag{6.57}$$

이란 것을 알 수 있다.

GENERIC은 다음의 추가적인 조건을 두 연산자에 부여하고 있다.

$$\hat{L} \circ \frac{\delta S}{\delta X} = 0, \quad \widehat{M} \circ \frac{\delta E}{\delta X} = 0. \tag{6.58}$$

이 조건은 에너지 및 엔트로피 수지식에 대해서 기존 이론과 일치하게 하기 위해서도 필요한 조건이다.

식 (57)은 에너지 범함수와 엔트로피 범함수에도 적용할 수 있다. 에너지의 경우

$$\dot{E}[C] = \{E, E\} + [E, S] = [E, S] = [S, E] = 0 \tag{6.59}$$

가 되고 여기서 식 $(53)_1$, $(54)_1$, $(58)_2$를 사용하였다. 만약 고립계라면 $\dot{E}[C] = 0$이겠지만 일반적으로는

$$\dot{E}[C] = -\int_C \nabla \cdot (\mathbf{q} - \mathbf{T}\mathbf{v}) \mathrm{d}V \tag{6.60}$$

이 된다. 식 (60)은 식 (5.42)의 적분형이다. 바로 이해하기는 어려운 결과이다. 엔트로피에 대해서는 다음이 성립된다.

$$\dot{S}[C] = \{S, E\} + [S, S] = -\{E, S\} + [S, S] = [S, S] \geq 0. \tag{6.61}$$

여기서 식 $(53)_1$과 식 $(58)_1$을 사용하였다. 그런데 식 (5.52)의 적분형은 다음과 같다.

$$\dot{S}[C] = -\int_C \nabla \cdot (\hat{s}\mathbf{v} + \mathbf{h}) \mathrm{d}V + \int_C \Omega \mathrm{d}V. \tag{6.62}$$

식 (59)와 (60)을 비교하고 식 (61)과 (62)를 비교하면 GENERIC의 창시자들은 면적분으로 변환될 수 있는 발산항을 포함하는 체적분은 모

두 0이 되도록 식 (58)을 공리로 도입한 것처럼 보인다. 대부분의 변분법(variational method)은 경계에서의 변분(variation)은 0으로 설정한다. 그 경우 면적분으로 변환되는 부분은 제거되지만, GENERIC은 변분법으로 유도된 것이 아니다. Grmela, and Öttinger, 1997과 Öttinger and Grmela, 1997은 고립계를 가정한다고 한다. 고립계에 대해서 유도한 결과를 일반적인 계에도 적용할 수 있는지는 더 생각해 보아야 하겠다. 왜냐하면 고립계를 가정하고 이론 체계를 만들었는데, 그 결과는 고립계가 아니어도 잘 작동하고 있기 때문이다.

그러면 질량 범함수와 운동량 범함수에 대해서도 생각해 보자.

$$M[C] \equiv \int_C \rho \mathrm{d}V, \quad \mathbf{p}_{\text{total}}[C] \equiv \int_C \hat{\mathbf{p}} \mathrm{d}V. \tag{6.63}$$

식 (58)의 공리가 발산항을 가지는 체적분을 제거한다면 식 (57)에 의해서 다음이 성립되어야 한다.

$$\dot{M}[C] = \{M, E\} + [M, S] = -\int_C \nabla \cdot \hat{\mathbf{p}} \mathrm{d}V = 0, \tag{6.64}$$

$$\begin{aligned} \dot{\mathbf{p}}_{\text{total}}[C] &\equiv \{\mathbf{p}_{\text{total}}, E\} + [\mathbf{p}_{\text{total}}, S] \\ &= -\int_C \nabla \cdot \left(\frac{\hat{\mathbf{p}} \otimes \hat{\mathbf{p}}}{\rho} - \mathbf{T}\right) \mathrm{d}V = 0. \end{aligned} \tag{6.65}$$

일반적인 열역학 이론들이 임의의 제어부피를 사용하는 반면 GENERIC에서는 고립계를 가정한다 하니, 계의 영역이 C이고 공간에 고정되었다고 가정하든지 우주 전체의 영역이라고 보아야 할 것이다.

선택한 상태변수들에 대해서 어떻게 프와송 연산자와 마찰 연산자를 구하는가? GENERIC의 창시자들은 앞에서 기술한 연산자들에 대한 공리를 이용하여 구할 수 있다고 주장하지만, 이론의 어디에도 측정할 수 있고 제어할 수 있는 응력 텐서와 열 유속이 나타나 있지 않으며 이들은 단지 GENERIC의 개념대로 계산한 운동량 수지식과 에너지 수지식을 기존의 열역학에서 사용하는 수식을 비교하여 찾아낼 수 있다고 한다. 그런데 Öttinger and Grmela, 1997에 서술된 예제를 보면, 열 유속과 응력의 구성방정식과 엔트로피 유속, 엔트로피 생성률을 이미 알고 있는 경우에 대해서, 엔트로피 유속의 발산과 엔트로피 생성률을 마찰 연산자의 한 성분으로 정하고 공리에서 제시하는 마찰 연산자가 갖추어야 하는 조건을 이용하여 마찰 연산자의 나머지 성분들을 정하고 있다. 이러한 절차는 프와송 연산자를 구하는 데도 적용되고 있다. 이는 GENERIC은 단지 열역학적 기초를 가진 기존의 구성방정식이 식 (50)과 같은 형태로 표현될 수 있다는 것을 보일 뿐이지, 주어진 열역학적 공간에 대해서, 구성방정식으로 결정해야만 하는 열 유속이나 응력이 상태변수들의 함수인 엔트로피나 자유 에너지와 어떻게 관련되는지를 알려 주지는 못한다. 이미 개발된 구성방정식들이 GENERIC의 진화방정식 형태를 따른다는 것만을 보여 주는 것이다.

GENERIC을 이용하여 새로운 구성방정식을 개발할 수 있을까? 아마도 구성방정식 개발에 대한 충분한 경험과 지식을 가진 창의적인 개발자라면 가능성이 큰 진화방정식의 형태와 구성방정식 등을 미리 설정한 후 GENERIC의 형태를 위배하지 않도록 미세조정을 하는 방법으로 개발할 수 있을 것이다. 이는 마치 기존의 내부변수 이론 이용자들이 설정한 구성방정식이 클라우시우스-듀헴 부등식을 만족하도록 미세조정을 하는 것과 유사하지만 수학적으로 더 복잡하다. 비슷한 결과를 주는 두 방법이 있는데 하나는 간단하고 다른 하나는 복잡하다면 어떤 방법을 선택할지는 명확하다. 하지만 현학적인 즐거움을 원한다면 복잡한 방법을 사용할 수도 있을 것이다.

7 열역학을 사용하지 않은 구성방정식 이론

이 장에서는 열역학과 관련이 없는 구성방정식을 개발하기 위해서 공리로 받아들일 수 있는 원리들을 소개한다. 이 이론들은 열역학을 기반으로 하지 않는 구성방정식의 개발과, 내부변수 이론과 열역학을 소극적으로 이용하는 구성방정식 개발에 오랫동안 사용되었다.

7.1 관찰자 불변의 원리

관찰자 불변의 원리(frame indifference principle)는 구성방정식의 형태는 관찰자에 따라서 다르게 표현되어서는 안 된다는 개념에 대한 것이다(Truesdell and Noll, 1965). 먼저 관찰자 1은 고정된 관찰자이고 관찰자 2는 관찰자 1에 대해서 상대적으로 운동하는 관찰자이다. 관찰자 1과 관찰자 2는 시각 $t = 0$에서 같은 좌표계를 공유한다. 그리고 관찰의 대상인 연속체는 시각 $t = 0$에서 기준분포라고 가정하자. 관찰자 2의 운동은 병진운동과 회전운동을 하게 된다고 일반성에 어긋나지 않는다. 따라서 관찰자 2의 좌표계는 시각 $t > 0$에서는 관찰자 1의 좌표계와 다른 배향을 하여도 된다. 관찰자 1의 좌표계를 직교좌표계로 간주하고 그에 해당하는 기저 벡터를 $\mathbf{e}_i$라고 표시하고 관찰자 2의 직교좌표계에 대한 기저 벡터를 $\mathbf{e}'_i$라고 표시하면 두 기저 벡터에 대해서 다음의 관계가 성립한다.

$$\mathbf{e}_i = \mathbf{Q}^{\mathrm{T}}\mathbf{e}'_i, \quad \mathbf{e}'_i = \mathbf{Q}\mathbf{e}_i. \tag{7.1}$$

여기서 직교 텐서 $\mathbf{Q}$는 시간만의 함수이다. 관찰자 2의 시각 t에서의 위치를 $\mathbf{c}(t)$라고 하면 이는 관찰자 2의 좌표계의 원점에 해당한다. 여기서 벡터 $\mathbf{c}(t)$는 시간만의 함수이다.

연속체의 한 질점은 시각 $t=0$에서 $\tilde{\mathbf{x}} = \tilde{x}_i\tilde{\mathbf{e}}_i$에서 출발하여 시각 t에서 $\mathbf{x}$에 있다고 할 때 이를 관찰자 1의 좌표계로 표시하면 다음이 된다.

$$\mathbf{x} = x_i\mathbf{e}_i = \boldsymbol{\chi}(\tilde{\mathbf{x}}, t). \tag{7.2}$$

그런데 이 벡터는 관찰자 2의 좌표계로 다음과 같이 표현할 수 있을 것이다.

$$\mathbf{x}^* = \mathbf{c} + r_i\mathbf{e}'_i. \tag{7.3}$$

여기서 물론 $r_i = r_i(\tilde{\mathbf{x}}, t)$이다.

7.1.1 불변 텐서와 객관 텐서

식 (3)에서 $\tilde{\mathbf{x}}$에 대해서 그래디언트를 구하면 관찰자 1의 경우, 변형 그래디언트는 다음과 같이 보일 것이다.

$$\mathbf{F} = \frac{\partial x_i}{\partial \tilde{x}_k}\mathbf{e}_i \otimes \tilde{\mathbf{e}}_k. \tag{7.4}$$

반면에 관찰자 2에게 변형 그래디언트는 다음과 같이 보일 것이다.

$$\mathbf{F}^* = \frac{\partial r_i}{\partial \tilde{x}_k}\mathbf{e}'_i \otimes \tilde{\mathbf{e}}_k. \tag{7.5}$$

여기서 일반적으로 $r_i \neq x_i$이지만,

$$x_i(\tilde{\mathbf{x}}+\mathrm{d}\tilde{\mathbf{x}},t)-x_i(\tilde{\mathbf{x}},t)=r_i(\tilde{\mathbf{x}}+\mathrm{d}\tilde{\mathbf{x}},t)-r_i(\tilde{\mathbf{x}},t) \tag{7.6}$$

이다. 따라서

$$\frac{\partial x_i}{\partial \tilde{x}_k}=\frac{\partial r_i}{\partial \tilde{x}_k} \tag{7.7}$$

이므로 $\mathbf{F}^*$와 $\mathbf{F}$ 사이의 관계는 다음이 된다.

$$\mathbf{F}^*=\mathbf{QF}. \tag{7.8}$$

여기서 식 (1)이 사용되었고 별표는 관찰자 2에게 보이는 물리량을 나타낸다. 이제 다양한 물리량에 대해서 관찰자 2에게 보이는 것과 관찰자 1에게 보이는 것의 관계를 고찰하겠다.

식 (4.15)에 의하면 속도 그래디언트 $\mathbf{L}$을 변형 그래디언트의 물질 시간 미분으로 다음과 같이 표시할 수 있다.

$$\mathbf{L}=\dot{\mathbf{F}}\mathbf{F}^{-1}. \tag{7.9}$$

식 (8)로부터 다음이 얻어진다.

$$\mathbf{L}^*=\dot{\mathbf{F}}^*\mathbf{F}^{*-1}=(\dot{\mathbf{Q}}\mathbf{F}+\mathbf{Q}\dot{\mathbf{F}})(\mathbf{F}^{-1}\mathbf{Q}^{\mathrm{T}})=\mathbf{QLQ}^{\mathrm{T}}+\dot{\mathbf{Q}}\mathbf{Q}^{\mathrm{T}}. \tag{7.10}$$

그런데 $\dot{\mathbf{Q}}\mathbf{Q}^{\mathrm{T}}$는 반대칭 텐서이므로 변형률 속도 텐서에 대해서는 다음의 관계식이 성립된다.

$$\mathbf{D}^*=\mathbf{QDQ}^{\mathrm{T}}. \tag{7.11}$$

반면에 스핀은 다음이 된다.

$$\mathbf{W}^*=\mathbf{QWQ}^{\mathrm{T}}+\dot{\mathbf{Q}}\mathbf{Q}^{\mathrm{T}}. \tag{7.12}$$

마찬가지의 방법을 사용하면 다음의 관계식을 얻을 수 있다.

$$\mathbf{C}^*=\mathbf{C},\quad \mathbf{B}^*=\mathbf{QBQ}^{\mathrm{T}},\quad \mathbf{U}^*=\mathbf{U},\quad \mathbf{V}^*=\mathbf{QVQ}^{\mathrm{T}}. \tag{7.13}$$

두 변형률 텐서 $\mathbf{C}$와 $\mathbf{U}$는 관찰자에 상관없이 다르게 보이지 않기 때문에 관찰자 불변이라고 부르자. 반면에 $\mathbf{B}$, $\mathbf{V}$, $\mathbf{D}$는 앞에는 $\mathbf{Q}$가, 뒤

에는 $\mathbf{Q}^T$가 붙는 형태를 가진다. 이러한 변환규칙을 보이는 텐서를 객관적 텐서(objective tensor)라고 하자(Gurtin, Fried and Anand, 2010). 어떤 벡터 $\mathbf{a}$가 $\mathbf{a}^* = \mathbf{Q}\mathbf{a}$의 형태를 보이면 객관적 벡터라고 하고 $\mathbf{a}^* = \mathbf{a}$라면 불변 벡터라고 하자. 변형 그래디언트 텐서, 속도 그래디언트 텐서, 스핀 텐서는 두 분류 중 어디에도 속하지 않는 것이며 관찰자 불변의 원리에서 중요한 역할을 하지 않기 때문에 분류하지 않는다. 스칼라양은 관찰자 불변량이라는 것을 쉽게 알 수 있다.

관찰자 불변 텐서들은 기준분포의 벡터를 기준분포의 벡터로 대응시키는 선형변환이고 객관적 텐서들은 현재분포의 벡터를 현재분포의 벡터로 대응시키는 선형변환이라는 것을 알 수 있다. Gurtin, Fried and Anand, 2010은 기준분포의 벡터를 기준분포의 벡터로 대응시키는 텐서를 물질 텐서(material tensor), 현재분포의 벡터를 현재분포의 벡터로 대응시키는 텐서를 공간 텐서(spatial tensor)로 분류하였다. 물질 텐서는 라그란지 표기법에 해당하는 텐서이고 공간 텐서는 오일러 표기법에 해당하는 텐서이기 때문에 Ogden, 1984는 관찰자 불변인 텐서를 라그란지 텐서(Lagrangian tensor), 객관적 텐서를 오일러 텐서(Eulerian tensor)로 불렀다. 이 책에서는 간단하게 관찰자 불변 텐서는 불변 텐서, 객관적 텐서는 객관 텐서라고 줄여 부르기로 한다.

7.1.2 다양한 응력

현재분포에서 미소 면적 요소의 단위 법선 벡터(unit normal vector) $\mathbf{n}$은 객관 벡터이고 현재분포에서의 응력 벡터 $\mathbf{t}$도 객관 벡터라는 것을 알 수 있다.

$$\mathbf{n}^* = \mathbf{Q}\mathbf{n}, \quad \mathbf{t}^* = \mathbf{Q}\mathbf{t}. \tag{7.14}$$

이를 식 (5.20)에 적용해 보면 다음이 된다.

$$\mathbf{t}^* = \mathbf{Q}\mathbf{t} = \mathbf{Q}\mathbf{T}\mathbf{n} = \mathbf{Q}\mathbf{T}\mathbf{Q}^{\mathrm{T}}\mathbf{n}^* = \mathbf{T}^*\mathbf{n}^*. \tag{7.15}$$

식 (15)를 정리하면

$$\mathbf{T}^* = \mathbf{Q}\mathbf{T}\mathbf{Q}^{\mathrm{T}} \tag{7.16}$$

이 된다. 따라서 코시 응력은 객관 텐서라는 것을 알 수 있다.

점성유체에서 속도 그래디언트가 영 텐서면 응력이 등방성 텐서(isotropic tensor)인 $-p\mathbf{I}$가 되고 계수 p를 정압력(hydrostatic pressure)이라고 한다. 속도 그래디언트가 0이 아닌 경우에는 여분의 응력이 발생하므로 간단하게 코시 응력이 다음과 같이 주어진다고 가정해 보자.

$$\mathbf{T} = -p\mathbf{I} + \eta_1\mathbf{L}. \tag{7.17}$$

그러면 식 (16)에 의해서 식 (17)로부터 다음이 얻어져야 한다.

$$\mathbf{T}^* = \mathbf{Q}(-p\mathbf{I} + \eta_1\mathbf{L})\mathbf{Q}^{\mathrm{T}}. \tag{7.18}$$

그런데 식 (17)의 우변은

$$\begin{aligned}&(-p\mathbf{I} + \eta_1\mathbf{L})^* \\ &= -p\mathbf{I} + \eta_1(\mathbf{Q}\mathbf{L}\mathbf{Q}^{\mathrm{T}} + \dot{\mathbf{Q}}\mathbf{Q}) = \mathbf{Q}\mathbf{T}\mathbf{Q}^{\mathrm{T}} + \eta_1\dot{\mathbf{Q}}\mathbf{Q}\end{aligned} \tag{7.19}$$

가 되어서 식 (17)은 식 (16)을 만족시키지 못한다. 하지만 식 (17) 대신에

$$\mathbf{T} = -p\mathbf{I} + \eta_1\mathbf{D} \tag{7.20}$$

을 사용한다면 식 (16)이 만족된다.

이로써 코시 응력이 객관 텐서이기 때문에 이를 표현하는 수식도 식 (20)처럼 객관 텐서가 되어야 할 것이다. 식 (17)은 실험 결과를 직관적으로 해석해서 만든 가장 간단한 구성방정식이지만 관찰자 불변의 원리로 보면 알맞은 것이 아니다. 식 (17)과 유사하지만 식 (20)은 관찰자

불변의 원리를 만족시킨다.

제3장에서 다양한 변형률 텐서를 정의할 수 있었다. 실험 결과로부터 탄성체는 응력이 변형률의 함수라는 결론을 내릴 수 있는데 그러면 $\mathbf{F}$, $\mathbf{B}$, $\mathbf{C}$, $\mathbf{U}$, $\mathbf{V}$ 중에서 어떤 변형률을 사용하여야 하는가? 앞에서 $\mathbf{B}$와 $\mathbf{V}$는 코시 응력 $\mathbf{T}$와 마찬가지로 객관 텐서이므로 $\mathbf{T}$는 $\mathbf{F}$, $\mathbf{C}$, $\mathbf{U}$의 함수보다는 $\mathbf{B}$나 $\mathbf{V}$의 함수가 되는 것이 타당하다. 그러면 $\mathbf{F}$, $\mathbf{C}$, $\mathbf{U}$는 의미 없는 변형률들인가? 사실 $\mathbf{B}$보다 $\mathbf{C}$가 변형률에 대한 직관적 개념과 더 일치하는 것처럼 보이는데 구성방정식에서 $\mathbf{C}$의 역할은 없는 것인가? 대답은 그렇지 않다. 우 코시-그린 변형률 $\mathbf{C}$뿐만 아니라 변형 그래디언트 $\mathbf{F}$도 구성방정식의 개발에 유용한 역할을 하게 된다. 이에 대한 논의를 위해서는 코시 응력 이외에 다른 응력들을 정의할 필요가 있다.

관찰자 불변의 원리로 점성유체를 기술하는 데 있어 변형률 속도 텐서 $\mathbf{D}$가 필요하다는 것을 배웠다. 하지만 객관 텐서보다는 불변 텐서를 이용하는 것이 관찰자 불변의 원리를 적용하기 더 쉽지 않을까?

식 (5.15)의 접촉력은 현재분포에 대한 면적분으로 이루어져 있다. 그러면 식 (5.20)과 (4.22)를 이용하여 접촉력을 기준분포에 대한 면적분으로 바꾸어 보자.

$$\mathbf{f}_{\text{cont}}[B_t] = \oint_{\partial B_t} \mathbf{T}\mathbf{n}\,da = \oint_{\partial \tilde{B}} J\mathbf{T}\mathbf{F}^{-\mathrm{T}}\tilde{\mathbf{n}}\,d\tilde{a}, \quad J \equiv \det\mathbf{F}. \tag{7.21}$$

식 (21)로부터 다음과 같이 제1 피올라-키르히호프 응력(the first Piola-Kirchhoff stress) $\mathbf{P}$를 정의할 수 있다.

$$\mathbf{P} \equiv J\mathbf{T}\mathbf{F}^{-\mathrm{T}}. \tag{7.22}$$

압력 텐서와 같은 기호를 사용함을 이해하기 바란다. 이는 아래아 한글

워드 프로세서의 수식 편집기에 다양한 문자형이 제공되지 않아서이다. 독자들은 문맥으로 피올라 텐서인지 압력 텐서인지 충분히 구분할 수 있을 것이다. 제1 피올라-키르히호프 응력은 기준분포의 벡터(물질 벡터(material vector)) $\tilde{\mathbf{n}}$을 현재분포의 벡터(공간 벡터(spatial vector)) $\mathbf{t}$로 대응시키는 텐서이다. 따라서 변형 그래디언트와 유사하게 다음과 같은 관계를 만족한다.

$$\mathbf{P}^* = \mathbf{QP}. \tag{7.23}$$

내부 에너지 수지식 (5.48)의 마지막 항은 응력 일률이다. 식 (22)가 $\mathbf{T} = J^{-1}\mathbf{PF}^{\mathrm{T}}$를 의미하므로 응력 일률에 대해서 다음이 성립된다.

$$\mathbf{T} : \mathbf{L} = \mathbf{T} : \mathbf{D} = J^{-1}(\mathbf{PF}^{\mathrm{T}}) : \mathbf{L} = J^{-1}\mathbf{P} : \dot{\mathbf{F}}. \tag{7.24}$$

따라서 응력 일률을 계산할 때 제1 피올라-키르히호프 응력과 짝을 이루는 변형률 속도는 $\dot{\mathbf{F}}$라는 것을 알 수 있다. 식 (24)의 첫 번째 등식은 코시 응력이 대칭이기 때문에 성립되는 것이므로 응력 일률의 관점에서 보면 코시 응력과 짝을 이루는 변형률 속도는 $\mathbf{D}$라는 것을 알 수 있다.

코시 응력이 대칭이지만 식 (22)의 제1 피올라-키르히호프 응력은 대칭이 아니다. 게다가 제1 피올라-키르히호프 응력은 불변 텐서도 아니다. 불변 텐서이면서 대칭인 응력 텐서를 구해 보자. 식 (24)의 $\mathbf{D}$를 $\mathbf{F}$와 $\dot{\mathbf{F}}$를 이용하여 표현해 보면 다음이 얻어진다.

$$\begin{aligned}\mathbf{T} : \mathbf{D} &= \frac{1}{2}\mathbf{T} : (\mathbf{L} + \mathbf{L}^{\mathrm{T}}) = \frac{1}{2}\mathbf{T} : \left(\dot{\mathbf{F}}\mathbf{F}^{-1} + \mathbf{F}^{-\mathrm{T}}\dot{\mathbf{F}}^{\mathrm{T}}\right) \\ &= \frac{1}{2}(\mathbf{F}^{-1}\mathbf{T}\mathbf{F}^{-\mathrm{T}}) : \dot{\mathbf{C}}.\end{aligned} \tag{7.25}$$

여기서 제2 피올라-키르히호프 응력(the second Piola-Kirchhoff stress)을 다음과 같이 정의하자.

$$\hat{\mathbf{T}} \equiv \mathbf{F}^{-1}\mathbf{P} = J\mathbf{F}^{-1}\mathbf{T}\mathbf{F}^{-\mathrm{T}}. \tag{7.26}$$

그러면 응력 일률은 다음과 같이 표현된다.

$$\mathbf{T}:\mathbf{D} = \frac{1}{2}J^{-1}\hat{\mathbf{T}}:\dot{\mathbf{C}} = J^{-1}\mathbf{P}:\dot{\mathbf{F}}. \tag{7.27}$$

제2 피올라-키르히호프 응력의 정의로부터 다음이 된다는 것을 알 수 있다.

$$\begin{aligned}\hat{\mathbf{T}}^{*} &= (\mathbf{F}^{-1}\mathbf{P})^{*} = (\mathbf{QF})^{-1}(\mathbf{QP}) = \mathbf{F}^{-1}\mathbf{Q}^{\mathrm{T}}\mathbf{QP} \\ &= \mathbf{F}^{-1}\mathbf{P} = \hat{\mathbf{T}}.\end{aligned} \tag{7.28}$$

즉, 제2 피올라-키르히호프 응력은 불변 텐서이고 대칭 텐서인 것도 알 수 있다. 그러면 탄성체인 경우, 제2 피올라-키르히호프 응력은 그에 짝을 이루는 우 코시-그린 변형률 텐서 $\mathbf{C}$의 함수로 표현할 수 있다.

만약에 어떤 물질의 제2 피올라-키르히호프 응력이

$$\hat{\mathbf{T}} = \sigma_0\mathbf{I} + \sigma_1\mathbf{C} \tag{7.29}$$

라고 가정해 보자. 여기서 σ_0와 σ_1은 상수라고 하자. 그러면 항등 텐서 $\mathbf{I}$는 불변 텐서이므로 식 (29)는 관찰자 불변이다. 식 (29)를 식 (26)에 적용하면 다음이 된다.

$$\begin{aligned}\mathbf{T} &= J^{-1}\mathbf{F}\hat{\mathbf{T}}\mathbf{F}^{\mathrm{T}} = J^{-1}\mathbf{F}(\sigma_0\mathbf{I} + \sigma_1\mathbf{C})\mathbf{F}^{\mathrm{T}} \\ &= J^{-1}(\sigma_0\mathbf{B} + \sigma_1\mathbf{B}^2).\end{aligned} \tag{7.30}$$

이는 불변 텐서를 이용하여 관찰자에 무관한 구성방정식을 만들면 객관 텐서인 코시 응력을 객관 텐서인 좌 코시-그린 변형률 텐서로 표현하는 구성방정식이 얻어진다는 것을 의미한다. 다르게 말하면 객관 텐서를 이용하여 구성방정식을 개발하는 것이나 불변 텐서를 이용하는 것 모두 관찰자와 무관한 구성방정식을 개발하는 방법이라는 것이다. 따라서 어떤 방법을 사용하느냐는 개발자 취향의 문제라고 할 수 있다. 일반적으로 유체의 구성방정식에 관심 있는 연구자들은 객관 텐서를 이용하는 방법을 선호하는 반면에 소성역학과 같은 고체의 구성방정식에 집중하는 연구자는 불변 텐서를 이용하는 방법을 선호하는 경향이 있다.

7.1.3 객관적 시간 미분

선형 점탄성 모형 중의 하나인 맥스웰 모형을 생각해 보자(Cho, 2016). 이 모형은 스프링과 대시포트를 직렬로 연결한 1차원적인 개념적 모형이다.

$$\lambda\dot{\sigma} = \eta\dot{\gamma} - \sigma. \tag{7.31}$$

여기서 σ는 1차원적인 응력, λ는 완화시간(relaxation time), η는 점도, $\dot{\gamma}$는 전단 속도(shear rate)이다. 이 모형을 3차원 모형으로 확장하기 위해서 전단 속도는 변형률 속도 텐서 $2\mathbf{D}$로 바꾸고 시간 미분은 물질 시간 미분으로 변경하게 되면 식 (31)은 다음이 된다.

$$\lambda\dot{\mathbf{T}} = 2\eta\mathbf{D} - \mathbf{T}. \tag{7.32}$$

우변은 $\mathbf{D}$와 $\mathbf{T}$의 선형결합으로 이루어져 있으니 당연히 객관 텐서이다. 하지만 객관 텐서인 코시 응력의 물질 시간 미분은

$$\dot{\mathbf{T}}^{*} = \dot{\mathbf{Q}}\mathbf{T}\mathbf{Q}^{\mathrm{T}} + \mathbf{Q}\dot{\mathbf{T}}\mathbf{Q}^{\mathrm{T}} + \mathbf{Q}\mathbf{T}\dot{\mathbf{Q}}^{\mathrm{T}} \tag{7.33}$$

이 되므로 객관 텐서가 아니다. 따라서 관찰자 불변의 원리를 만족하는 시간 미분이 필요하다. 즉, 객관 텐서로 남아 있게 하는 새로운 시간 미분을 개발할 필요가 있다. 이러한 시간 미분을 객관적 시간 미분(objective time derivative)이라고 한다.

식 $(4.16)_1$을 보면

$$(\dot{\mathbf{B}}-\mathbf{L}\mathbf{B}-\mathbf{B}\mathbf{L}^{\mathrm{T}})^{*}=\mathbf{Q}(\dot{\mathbf{B}}-\mathbf{L}\mathbf{B}-\mathbf{B}\mathbf{L}^{\mathrm{T}})\mathbf{Q}^{\mathrm{T}} \tag{7.34}$$

가 성립함을 쉽게 알 수 있다. 따라서 다음과 같이 정의하는 시간 미분은 객관 텐서가 된다.

$$\overset{\triangledown}{\mathbf{T}}\equiv\dot{\mathbf{T}}-\mathbf{L}\mathbf{T}-\mathbf{T}\mathbf{L}^{\mathrm{T}}. \tag{7.35}$$

이 시간 미분을 위-흐름 시간 미분(upper-convected time derivative)이라고 부른다. 객관적 시간 미분은 위-흐름 시간 미분만 있는 것이 아니다. 수없이 많이 정의할 수 있는데 재료역학과 관련해서는 위-흐름 시간 미분과 다음의 두 미분이 가장 빈번히 사용된다.

$$\overset{\vartriangle}{\mathbf{T}}\equiv\dot{\mathbf{T}}+\mathbf{L}^{\mathrm{T}}\mathbf{T}+\mathbf{T}\mathbf{L},\quad \overset{\diamond}{\mathbf{T}}\equiv\dot{\mathbf{T}}-\mathbf{W}\mathbf{T}+\mathbf{T}\mathbf{W}. \tag{7.36}$$

식 $(36)_1$은 아래-흐름 시간 미분(lower-convected time derivative)이라고 하고 $(36)_2$는 자우만 시간 미분(Jaumann time derivative)이라고 부른다.

응력 텐서를 직교좌표계의 기저 벡터를 이용하여 $\mathbf{T}- T_{ik}\mathbf{e}_i\otimes\mathbf{e}_k$라고 쓸 수 있다. 그런데 변형 그래디언트가 가역 텐서(invertible tensor)이므로 새로운 기저 벡터 $\mathbf{g}_i=\mathbf{F}\mathbf{e}_i$를 사용하여 응력 텐서를 표현하면 다음과 같이 쓸 수 있다.

$$\mathbf{T}=\tau^{ik}\mathbf{g}_i\otimes\mathbf{g}_k. \tag{7.37}$$

그러면 성분 T_{ik}와 τ^{ik} 사이에는 다음과 같은 관계식이 성립된다.

$$T_{ik}=\mathbf{e}_i\cdot\mathbf{T}\mathbf{e}_k=\tau^{mn}(\mathbf{e}_i\cdot\mathbf{F}\mathbf{e}_m)(\mathbf{e}_k\cdot\mathbf{F}\mathbf{e}_n). \tag{7.38}$$

새로운 기저 벡터 $\mathbf{g}_i$의 물질 시간 미분은 다음이 된다.

$$\dot{\mathbf{g}}_i=\dot{\mathbf{F}}\mathbf{e}_i=\mathbf{L}\mathbf{F}\mathbf{e}_i=\mathbf{L}\mathbf{g}_i. \tag{7.39}$$

이를 이용하면 $\mathbf{T}$의 물질 시간 미분은 다음과 같이 구해진다.

$$\dot{\mathbf{T}}=\dot{\tau}^{ik}\mathbf{g}_i\otimes\mathbf{g}_k+\tau^{ik}(\mathbf{L}\mathbf{g}_i)\otimes\mathbf{g}_k+\tau^{ik}\mathbf{g}_i\otimes(\mathbf{L}\mathbf{g}_k)$$

$$= \dot{\tau}^{ik}\mathbf{g}_i \otimes \mathbf{g}_k + \mathbf{LT} + \mathbf{TL}^{\mathrm{T}}. \tag{7.40}$$

그러면 식 (35)의 위-흐름 시간 미분의 정의와 식 (40)을 비교하면

$$\dot{\tau}^{ik}\mathbf{g}_i \otimes \mathbf{g}_k = \overset{\nabla}{\mathbf{T}} \tag{7.41}$$

이 됨을 알 수 있다. 새로운 기저 벡터 $\mathbf{g}_i$는 흐름을 타고 좌표계가 흘러갈 때의 기저 벡터에 해당하므로 이를 흐름 기저 벡터(convected base vector)라고 하자. 그러면 식 (41)은 흐름 기저로 표현한 텐서의 성분에 대한 시간 미분이 바로 위-흐름 시간 미분이라는 것을 의미한다. 이와 유사한 방식으로 아래-흐름 시간 미분도 해석할 수 있으나 여기서는 생략하겠다. 더 자세한 내용은 Cho, 2016을 참조 바란다.

7.2 변형의 분해

금속을 항복응력 이상으로 하중(loading)을 주고 다시 하중을 제거(unloading)하면 응력이 0이 되었음에도 원래의 무변형 상태로 돌아가지 못하고 영구변형을 남기게 된다. 하중을 제거하기 전까지의 변형률을 ϵ이라고 하고 남아 있는 영구 변형률을 ϵ_p라고 하면 회복된 변형률 $\epsilon_e \equiv \epsilon - \epsilon_p$를 탄성 회복률이라고 할 수 있을 것이다. 금속의 항복이 일어날 때의 변형률(항복 변형률(yield strain))은 매우 작으므로 식 (4.14)의 미소 변형률을 사용하여 이 결과를 3차원적으로 표현하면 다음이 된다.

$$\mathbf{E} = \mathbf{E}_e + \mathbf{E}_p. \tag{7.42}$$

식 (42)는 물론 1차원적인 실험 결과를 3차원적으로 확장한 과감한 가정이지만 놀랍게도 소성역학 분야에서 매우 성공적이었다. 하지만 변형이 커지면 식 (42)의 가정은 성공적이지 못한 결과를 주게 된다.

소성영역에서의 좌굴(buckling)이나 다른 구조 안정성을 고려하는 설계를 해야 하거나 균열의 끝에서의 응력과 변형률을 해석해야 할 때는 순수 변형량($\mathbf{F} = \mathbf{V}\mathbf{R}$에서 $\mathbf{V}$)이 작더라도 회전($\mathbf{F} = \mathbf{V}\mathbf{R}$에서 $\mathbf{R}$)이 클 수 있으므로 식 (42) 대신 대안을 찾아야 한다. 물론 단조(forging)나 압출(extrusion)과 같이 대변형이 일어나는 금속 성형 공정을 해석하려면 식 (42)로는 충분하지 않다(Gurtin, Fried and Anand, 2010). 고분자 물질의 변형은 금속에 비해서 매우 크므로 당연히 식 (42)의 적용 범위가 금속에서보다 더 좁을 수밖에 없다.

식 (42)는 변형을 가역적인 것 ($\mathbf{E}_e$)과 비가역적인 것 ($\mathbf{E}_p$)으로 덧셈 같은 가산적 분해(additive decomposition)를 할 수 있다는 가정인데 Kröner, 1960과 Lee, 1969는 대변형일 때 다음과 같은 곱셈 같은 분해(multiplicative decomposition)를 독립적으로 제안하였다.

$$\mathbf{F} = \mathbf{F}_e\mathbf{F}_p. \tag{7.43}$$

이를 크뢰너-리 분해(Kröner-Lee decomposition)라고 부른다. 여기서 $\mathbf{F}_e$는 가역적인 탄성 변형을 나타내는 변형 그래디언트로 가역인 텐서 ($\det\mathbf{F}_e > 0$)로 가정하고, $\mathbf{F}_p$는 비가역적인 소성 변형을 나타내는 변형 그래디언트로 역시 가역인 텐서 ($\det\mathbf{F}_p > 0$)이다. 금속의 관점에서 보면 $\mathbf{F}_e$는 결정격자(crystal lattice)의 뒤틀림을 대표하는 것이고 $\mathbf{F}_p$는 전위(dislocation)의 발생 소멸 및 분포 등을 대표하는 것으로 해석할 수 있다. 실험 결과에 의하면 금속의 경우 전위의 운동에 의한 부피 변화는 거의 없으므로 $\det\mathbf{F}_p = 1$이라고 할 수 있다. 따라서 $\det\mathbf{F} = \det\mathbf{F}_e$가 된다.

이 곱셈 형식의 분해는 금속의 소성역학을 위해서 제안된 것이지만 비선형 점탄성 유체 및 고체에 대해서도 사용되고 있다(Leonov, 1987;

Boyce, Parks and Argon, 1988; Anand *et al.*, 2009).

변형 그래디언트 $\mathbf{F}$가 기준분포의 미소 벡터를 현재분포의 미소 벡터로 대응시키는 텐서이므로 식 (43)은 기준분포와 현재분포 사이에 중간분포(intermediate configuration)가 존재한다고 가정한 것이다. 즉, 운동은 기준분포에서 $\mathbf{F}_p$를 통해서 중간분포에 도달하고 다시 중간분포에서 $\mathbf{F}_e$를 통해서 현재분포에 도달하는 것으로 상상한 것이다. 기준분포에서 변형이 시작되면 처음에는 탄성 변형만 있다가 응력이 항복응력을 넘어서게 되면 소성 변형이 일어날 것이다. 이런 관점에서 보면 식 (43)보다는 $\mathbf{F}=\mathbf{F}_p\mathbf{F}_e$가 더 타당해 보일 것이다. 그런데 소성 변형을 실험적으로 관찰하는 것은 하중을 준 다음에 제중(unloading)을 하고 남는 영구변형으로 확인하는 것이므로 소성 변형은 $\mathbf{F}$ 다음에 $\mathbf{F}_e^{-1}$를 적용해서 $\mathbf{F}_p = \mathbf{F}_e^{-1}\mathbf{F}$로 확인되므로 식 (43)이 타당해 보이기도 한다. 두 분해 방법에 관한 연구도 있지만(Lubarda, 1999), 두 분해 방법 모두 가정에서 출발한 것이므로 여기서 어느 분해법이 더 효과적인지에 대해서는 논의하지 않겠다. 점탄성의 경우 매우 작은 변형에서도 비탄성적인 변형이 발생하기 때문에 이에 대한 논의는 큰 가치가 없다고 보기 때문이며 또한 많은 학자가 식 (43)을 더 선호하기 때문이다. 나중에 논의할 변분법적인 내부변수 이론은 식 (43)이나 $\mathbf{F}=\mathbf{F}_p\mathbf{F}_e$ 없이도 이런 분해를 이용한 구성방정식을 유도할 수 있기 때문이다. 하지만 이 곱셈 방식의 분해법은 열역학을 이용한 구성방정식의 개발에도 많은 영감을 주기 때문에 그 가치를 절대 무시할 수 없다. 제10장과 제11장에서 이 분해법을 이용한 구성방정식의 예를 소개할 것이므로 여기서는 식 (43)의 수학적 결과들을 논의하기로 한다.

식 (4.15)로부터 속도 그래디언트 $\mathbf{L}$을 다음과 같이 변형 그래디언트로 표현할 수 있다.

$$\mathbf{L} = \dot{\mathbf{F}}\mathbf{F}^{-1}. \tag{7.44}$$

식 (43)의 양변에 물질 시간 미분을 취하면 다음이 얻어진다.

$$\dot{\mathbf{F}} = \dot{\mathbf{F}}_e\mathbf{F}_p + \mathbf{F}_e\dot{\mathbf{F}}_p. \tag{7.45}$$

식 (45)를 식 (44)에 대입하고 정리하면 다음이 얻어진다.

$$\mathbf{L} = \dot{\mathbf{F}}_e\mathbf{F}_e^{-1} + \mathbf{F}_e\left(\dot{\mathbf{F}}_p\mathbf{F}_p^{-1}\right)\mathbf{F}_e^{-1}. \tag{7.46}$$

식 (44)와 비유해서 다음을 정의할 수 있다.

$$\mathbf{L}_e \equiv \dot{\mathbf{F}}_e\mathbf{F}_e^{-1}, \quad \hat{\mathbf{L}}_p \equiv \dot{\mathbf{F}}_p\mathbf{F}_p^{-1}. \tag{7.47}$$

여기서 $\mathbf{L}_p$ 대신 $\hat{\mathbf{L}}_p$를 사용한 이유는 $\hat{\mathbf{L}}_p$는 중간분포에 대한 텐서이기 때문이다. 대신에 $\mathbf{L}_p$는 다음과 같이 정의한다.

$$\mathbf{L}_p \equiv \mathbf{F}_e\left(\dot{\mathbf{F}}_p\mathbf{F}_p^{-1}\right)\mathbf{F}_e^{-1}. \tag{7.48}$$

이는 $\mathbf{L}$과 마찬가지로 현재분포에서 현재분포로의 선형사상이기 때문에 기호 'hat'을 제거했다. 식 (46)은 속도 그래디언트가 탄성부와 소성부의 합으로 분해된다는 것을 보여 준다.

식 (43)의 변형 분해는 탄성 변형률을 정의할 수 있게 해 준다. 즉,

$$\mathbf{B}_e \equiv \mathbf{F}_e\mathbf{F}_e^{\mathrm{T}}, \quad \mathbf{C}_e \equiv \mathbf{F}_e^{\mathrm{T}}\mathbf{F}_e \tag{7.49}$$

이다. 여기서 주목할 점은 $\mathbf{B}_e$는 현재분포에서 현재분포로의 선형사상이지만 $\mathbf{C}_e$는 중간분포에서 중간분포로의 선형사상이다.

Leonov, 1976과 Leonov 1987은 $\mathbf{B}_e$를 내부변수로 채택한 구성방정식을 제안하고 있다. 따라서 $\mathbf{B}_e$의 진화방정식이 필요하다. 식 (47)과 (48)을 이용하면 다음이 얻어진다.

$$\overset{\triangledown}{\mathbf{B}}_e = -\mathbf{L}_p\mathbf{B}_e - \mathbf{B}_e\mathbf{L}_p^{\mathrm{T}}. \tag{7.50}$$

이 방정식은 $\mathbf{L}_p$를 상태변수들의 함수로 표현할 수 없으면 의미가 없다. $\mathbf{L}_p$가 무엇인지를 결정해 주려면 클라우시우스-듀헴 부등식이 필요하다. 이에 대해서는 제10장과 제11장에서 논의하기로 한다.

7.3 가상 일률 원리

열역학을 이용하여 식 (50)의 우변을 결정할 수 있다고 해도 상태변수와 응력이 어떤 관계 인지를 찾아내는 방법이 없었다. 이를 해결하기 위한 노력 중의 하나가 가상 일률 원리(virtual power principle)이다(Anand and Gurtin, 2003; Gurtin, Fried and Anand, 2010).

7.3.1 코시 응력 성질의 유도

임의의 물질부피 B_t에 작용하는 힘들에 의한 일률 $\dot{W}[B_t, \mathbf{v}]$은 다음과 같이 계산할 수 있다.

$$\dot{W}[B_t, \mathbf{v}] = \oint_{\partial B_t} \mathbf{t} \cdot \mathbf{v} da + \int_{B_t} \mathbf{b} \cdot \mathbf{v} dV. \tag{7.51}$$

여기에 식 (5.20)과 발산정리를 적용하고 운동방정식 (5.22)를 사용하면 다음이 얻어진다.

$$\begin{aligned} \dot{W}[B_t, \mathbf{v}] &= \int_{B_t} (\rho \mathbf{v} \cdot \dot{\mathbf{v}} + \mathbf{T} : \mathbf{L}) dV \\ &= \dot{K}[B_t, \mathbf{v}] + \int_{B_t} \mathbf{T} : \mathbf{L} dV. \end{aligned} \tag{7.52}$$

여기서 $K[B_t, \mathbf{v}]$는 물질부피 B_t의 운동 에너지이다[식 (5.44)를 참조]. 식 (51)과 (52)를 연합하면 다음의 일률 수지식이 얻어진다.

$$\oint_{\partial B_t} \mathbf{t} \cdot \mathbf{v} da + \int_{B_t} \mathbf{b} \cdot \mathbf{v} dV = \dot{K}[B_t, \mathbf{v}] + \int_{B_t} \mathbf{T} : \mathbf{L} dV. \tag{7.53}$$

이 식을 간단히 하기 위해서 일반화된 물체력 $\overline{\mathbf{b}}$를 다음과 같이 정의한다.

$$\overline{\mathbf{b}} \equiv \mathbf{b} - \rho \dot{\mathbf{v}}. \tag{7.54}$$

식 (54)를 식 (53)에 적용하면 다음이 얻어진다.

$$\dot{W}_e[B_t, \mathbf{v}] \equiv \oint_{\partial B_t} \mathbf{t} \cdot \mathbf{v} \mathrm{d}a + \int_{B_t} \overline{\mathbf{b}} \cdot \mathbf{v} \mathrm{d}V = \dot{W}_i[B_t, \mathbf{v}]. \tag{7.55}$$

여기서

$$\dot{W}_i[B_t, \mathbf{v}] \equiv \int_{B_t} \mathbf{T} : \mathrm{grad} \mathbf{v} \mathrm{d}V \tag{7.56}$$

이다. 외부 일률 $\dot{W}_e[B_t, \mathbf{v}]$는 속도장 $\mathbf{v}$가 강체운동을 나타낼 때는 0이 되며, 관찰자에 대해서 불변이다(Gurtin, Fried and Anand, 2010).

$$\dot{W}_e^*[B_t^*, \mathbf{v}^*] = \dot{W}_e[B_t, \mathbf{v}]. \tag{7.57}$$

그러면 $\dot{W}_e[B_t, \mathbf{v}] = \dot{W}_i[B_t, \mathbf{v}]$이므로 내부 일률 $\dot{W}_i[B_t, \mathbf{v}]$도 관찰자에 대해서 불변이어야만 한다.

$$\dot{W}_i^*[B_t^*, \mathbf{v}^*] = \dot{W}_i[B_t, \mathbf{v}]. \tag{7.58}$$

역학법칙에 따라 질점의 운동이 결정되면 속도장 $\mathbf{v}$도 결정된다. 가상일률 원리는 식 (55)가 $\mathbf{v}$뿐만 아니라 임의의 가상의 속도장 $\overline{\mathbf{v}}$에 대해서도 성립된다는 것이다. 이 가정을 사용하면 $\dot{W}_e[B_t, \overline{\mathbf{v}}] = \dot{W}_i[B_t, \overline{\mathbf{v}}]$을 다음과 같이 다시 쓸 수 있다.

$$\int_{B_t} (\nabla \cdot \mathbf{T}^{\mathrm{T}} + \overline{\mathbf{b}}) \cdot \overline{\mathbf{v}} \mathrm{d}V + \oint_{\partial B_t} (\mathbf{t} - \mathbf{T}\mathbf{n}) \cdot \overline{\mathbf{v}} \mathrm{d}a = 0. \tag{7.59}$$

임의의 벡터장 $\overline{\mathbf{v}}$에 대해서 항상 식 (59)가 성립되기 위해서는

$$\nabla \cdot \mathbf{T}^{\mathrm{T}} + \overline{\mathbf{b}} = \nabla \cdot \mathbf{T}^{\mathrm{T}} + \mathbf{b} - \rho \dot{\mathbf{v}} = \mathbf{0} \tag{7.60}$$

이 되어야만 하고

$$\mathbf{t}-\mathbf{T}\mathbf{n}=0 \tag{7.61}$$

이 되어야만 한다. 식 (60)은 운동량 수지식인 (5.22)이며 식 (61)은 코시 응력의 정의인 식 (5.20)이다.

식 (58)은 다음과 같이 전개할 수 있다.

$$\dot{W}_i^*\left[B_t^*, \mathbf{v}^*\right] \equiv \int_{B_t} \mathbf{T}^* : \left(\mathbf{Q}\mathbf{L}\mathbf{Q}^{\mathrm{T}} + \dot{\mathbf{Q}}\mathbf{Q}^{\mathrm{T}}\right) \mathrm{d}\,V. \tag{7.62}$$

여기서

$$\mathbf{T}^* : \left(\mathbf{Q}\mathbf{L}\mathbf{Q}^{\mathrm{T}} + \dot{\mathbf{Q}}\mathbf{Q}^{\mathrm{T}}\right) = \mathbf{Q}^{\mathrm{T}}\mathbf{T}^*\mathbf{Q} : \mathbf{L} + \mathbf{T}^* : \left(\dot{\mathbf{Q}}\mathbf{Q}^{\mathrm{T}}\right) \tag{7.63}$$

이다. 이 식은 $\mathbf{Q}$가 상수인 경우에도 성립되어야 하므로 이 경우 $\dot{\mathbf{Q}}\mathbf{Q}^{\mathrm{T}} = \mathbf{O}$이므로 식 (63)은 다음이 된다.

$$\mathbf{T}^* : \left(\mathbf{Q}\mathbf{L}\mathbf{Q}^{\mathrm{T}} + \dot{\mathbf{Q}}\mathbf{Q}^{\mathrm{T}}\right) = \mathbf{Q}^{\mathrm{T}}\mathbf{T}^*\mathbf{Q} : \mathbf{L}. \tag{7.64}$$

그러면 $\mathbf{Q}$가 상수인 경우에 식 (58)은 다음을 의미하게 된다.

$$\left(\mathbf{T} - \mathbf{Q}^{\mathrm{T}}\mathbf{T}^*\mathbf{Q}\right) : \mathbf{L} = 0. \tag{7.65}$$

이제 역학적으로 결정되는 속도장의 그래디언트 $\mathbf{L} = \operatorname{grad}\mathbf{v}$ 대신에 임의의 가상 속도장에 대한 속도 그래디언트 $\overline{\mathbf{L}} = \operatorname{grad}\overline{\mathbf{v}}$로 대체해 주어도 식 (65)는 성립되어야 하므로

$$\mathbf{T}^* = \mathbf{Q}\mathbf{T}\mathbf{Q}^{\mathrm{T}} \tag{7.66}$$

을 의미하게 된다. 가상 일률 원리가 코시 응력은 객관적 텐서라는 것을 재확인시켜 준다. 식 (66)이 상수가 아닌 $\mathbf{Q}(t)$에 대해서도 성립한다고 하자. 이제 식 (66)을 식 (62)를 통해서 식 (58)에 대입해 주면 다음의 결과가 얻어진다.

$$\mathbf{T}^* : \left(\dot{\mathbf{Q}}\mathbf{Q}^{\mathrm{T}}\right) = 0. \tag{7.67}$$

여기서 $\dot{\mathbf{Q}}\mathbf{Q}^{\mathrm{T}}$는 임의의 반대칭 텐서이므로 식 (67)은 $\mathbf{T}^*$는 대칭 텐서

라는 것을 의미하고 이는 바로 코시 응력이 대칭 텐서라는 것을 의미하게 된다. 최종적으로 가상 일률 원리는 응력의 모든 성질을 유도하는 결과를 얻었다.

7.3.2 응력의 분해

가상 일률 원리에 의하면 내부 일률은 식 (56)과 같이 코시 응력 $\mathbf{T}$와 속도 그래디언트 $\mathbf{L}$이 짝을 이룬다. 그러면 식 (46)과 같은 변형의 분해에 대해서 $\mathbf{L}_e$와 $\hat{\mathbf{L}}_p$와 짝을 이루는 응력이 있지 않을까 하는 질문을 하게 된다. 이 질문에 대해 대답하기 위해 Anand and Gurtin, 2003과 Anand *et al.*, 2009는 가상 일률 원리를 확장하여 적용하였다.

이들의 방법론의 핵심은 내부 일률을 어떻게 구성하느냐에 달려 있다. 상기의 두 논문은 모두 비정질 고분자 고체(glassy polymer solid)의 구성방정식을 개발하는 것인데 다른 내부 일률을 정의하고 있다. 첫 번째 논문의 경우에는

$$\dot{W}_i[B_t, \Upsilon_1] \equiv \int_{B_t} \left(\mathbf{T} : \overline{\mathbf{L}}_e + J^{-1}\mathbf{T}_p : \overline{\hat{\mathbf{L}}}_p\right) \mathrm{d}V \tag{7.68}$$

을, 두 번째 논문에서는

$$\dot{W}_i\left[\tilde{B}, \Upsilon_2\right] \equiv \int_{\tilde{B}} \left(\mathbf{P} : \dot{\mathbf{F}} + \mathbf{T}_e : \overline{\dot{\mathbf{F}}}_e + \mathbf{T}_p : \overline{\hat{\mathbf{L}}}_p\right) \mathrm{d}V \tag{7.69}$$

를 사용하고 있다. 여기서

$$\Upsilon_1 = \left(\overline{\mathbf{v}}, \overline{\mathbf{L}}_e, \overline{\mathbf{L}}_p\right), \quad \Upsilon_2 = \left(\overline{\mathbf{v}}, \overline{\dot{\mathbf{F}}}_e, \overline{\mathbf{L}}_p\right) \tag{7.70}$$

이다. 저자들은 식 (68)은 현재분포에 대한 적분으로 표현하였고 식 (69)는 기준분포에 대한 적분으로 표현하였다. 따라서 식 (68)의 $\mathbf{T}$는 코시 응력이고 같은 식에서의 $\mathbf{T}_p$는 중간분포에서의 응력인데 현재분포

에서의 적분으로 변환하면서 J^{-1}이 도입되었다. 식 (69)에서 $\mathbf{P}$는 제1종 피올라 응력이기에 $\dot{\mathbf{F}}$와 짝을 이루었고 탄성응력 $\mathbf{T}_e$는 $\dot{\overline{\mathbf{F}}}_e$와 짝을 이룬 것으로 보아 제1종 피올라 응력에 해당하는 탄성응력으로 보이며 $\mathbf{T}_p$는 식 (68)에서와 같은 의미인 것으로 생각된다.

관찰자 불변의 원리 등을 사용하여 미시적인 응력인 $\mathbf{T}_p$나 $\mathbf{T}_e$에 관한 어떤 정보를 얻건 간에 구성방정식이 완성되려면 이들이 어떤 변형률의 함수이어야 하는지를 가정해야만 한다. 여기에 클라우시우스-듀헴 부등식이나 관찰자 불변의 원리를 적용하더라도 가정해야만 하는 것들의 개수는 절대 줄지 않는다. 제12장에서 소개될 변분법적인 열역학을 이용하게 되면 가상 일률 원리에 사용되는 많은 가정이 필요 없게 된다.

7.4 등방성 물질

등방성 물질이란 물성이 방향에 의존하지 않는 물질을 의미한다. 물질에서 인장 시편을 떼어 내서 인장 강도나 인장 탄성률을 측정한다고 해 보자. 물질 덩어리에서 인장 시편을 동서 방향으로 나란하게 깎아서 만들었을 때의 물성과, 남북 방향으로 나란하게 깎아서 만들었을 때의 물성이 다르다면 이 물질은 동서 방향과 남북 방향으로 다른 물성을 가지므로 비등방성 물질(anisotropic material)이라고 한다. 하지만 임의의 방향으로 시편을 분리해도 똑같은 물성이 얻어진다면 그러한 물질을 등방성 물질(isotropic material)이라고 부른다.

물성 중에는 스칼라, 벡터, 2차 텐서 등 다양한 차수의 텐서양인 것들이 있으므로 등방성을 수학적으로 어떻게 표현하느냐에 관해서 공부할 필요가 있다. 물성을 조금 더 수학적인 측면에서 구체적으로 규정하면 벡터 또는 2차 텐서를 정의구역으로 해서 스칼라, 벡터, 2차 텐서 등을 공변역으로 하는 함수라고 할 수 있다.

7.4.1 등방성 스칼라 함수

정의구역이 스칼라인 경우는 등방성과 관계없으니 다루지 않는다. 먼저 정의구역이 벡터이고 공변역이 스칼라인 경우인 $f = \phi(\mathbf{v})$를 생각해 보자. 정의구역의 원소인 벡터 $\mathbf{v}$의 방향을 바꾸어도 함숫값 $\phi(\mathbf{v})$는 변하지 않아야 하므로 임의의 직교 텐서 $\mathbf{Q}$에 대해서 다음이 성립되어야 한다.

$$\phi(\mathbf{v}) = \phi(\mathbf{Q}\mathbf{v}). \tag{7.71}$$

식 (71)을 만족하게 되면

$$\phi(\mathbf{v}) = \overline{\phi}(\mathbf{v} \cdot \mathbf{v}) \tag{7.72}$$

가 된다는 것을 증명할 수 있다. 이 증명은 매우 번거로운 것이라서 생략하기로 한다. 하지만

$$(\mathbf{Q}\mathbf{v}) \cdot (\mathbf{Q}\mathbf{v}) = \mathbf{v} \cdot (\mathbf{Q}^{\mathrm{T}}\mathbf{Q}\mathbf{v}) = \mathbf{v} \cdot \mathbf{I}\mathbf{v} = \mathbf{v} \cdot \mathbf{v} \tag{7.73}$$

을 생각하면 식 (72)를 이해할 수 있다.

비슷한 방식으로 두 벡터에 의존하는 물리량 $\phi(\mathbf{u}, \mathbf{v})$가 등방성 함수라면 임의의 직교 텐서 $\mathbf{Q}$에 대해서 다음을 만족한다.

$$\phi(\mathbf{u}, \mathbf{v}) = \phi(\mathbf{Q}\mathbf{u}, \mathbf{Q}\mathbf{v}). \tag{7.74}$$

그런데 $(\mathbf{Q}\mathbf{v}) \cdot (\mathbf{Q}\mathbf{v}) = \mathbf{v} \cdot \mathbf{v}$, $(\mathbf{Q}\mathbf{u}) \cdot (\mathbf{Q}\mathbf{v}) = \mathbf{u} \cdot \mathbf{v}$이므로

$$\phi(\mathbf{u}, \mathbf{v}) = \overline{\phi}(\mathbf{u} \cdot \mathbf{u}, \mathbf{v} \cdot \mathbf{u}, \mathbf{v} \cdot \mathbf{v}) \tag{7.75}$$

가 된다.

정의구역이 2차 텐서인 스칼라 함수가 등방성 함수라고 한다면 임의의

의 직교 텐서 $\mathbf{Q}$에 대해서 다음이 성립되어야 한다.

$$\phi(\mathbf{A}) = \phi(\mathbf{Q}\mathbf{A}\mathbf{Q}^{\mathrm{T}}). \tag{7.76}$$

이 조건을 만족하는 함수가 어떤 형태인가를 알기 위해서 다음을 생각해 보자. 임의의 자연수 n에 대하여 다음이 성립된다.

$$\mathrm{tr}(\mathbf{Q}\mathbf{A}\mathbf{Q}^{\mathrm{T}})^n = \mathrm{tr}\mathbf{Q}\mathbf{A}^n\mathbf{Q}^{\mathrm{T}} = \mathrm{tr}\mathbf{A}^n\mathbf{Q}\mathbf{Q}^{\mathrm{T}} = \mathrm{tr}\mathbf{A}^n. \tag{7.77}$$

여기서 $\mathbf{A}^0 \equiv \mathbf{I}$, $\mathbf{A}^{-n} = \underbrace{\mathbf{A}^{-1}\mathbf{A}^{-1}\cdots\mathbf{A}^{-1}}_{n\times} = (\mathbf{A}^{-1})^n$로 정의하면 식 (77)은 임의의 정수 n에 대해서도 성립한다. 그러면

$$\phi(\mathbf{A}) = \overline{\phi}(\mathrm{tr}\mathbf{A}, \mathrm{tr}\mathbf{A}^2, \cdots) \tag{7.78}$$

은 등방성 함수가 될 것이다. 그런데 2차 텐서의 주요 불변량은 $\mathrm{tr}\mathbf{A}$, $\mathrm{tr}\mathbf{A}^2$, $\mathrm{tr}\mathbf{A}^3$을 이용하여 다음과 같이 표현할 수 있다.

$$\begin{aligned} I_{\mathrm{A}} &= \mathrm{tr}\mathbf{A}, \\ II_{\mathrm{A}} &= \frac{1}{2}[(\mathrm{tr}\mathbf{A})^2 - \mathrm{tr}\mathbf{A}^2], \\ III_{\mathrm{A}} &= \frac{1}{3}\left[\mathrm{tr}\mathbf{A}^3 - \frac{3}{2}\mathrm{tr}\mathbf{A}^2\mathrm{tr}\mathbf{A} + \frac{1}{2}(\mathrm{tr}\mathbf{A})^3\right] = \det\mathbf{A}. \end{aligned} \tag{7.79}$$

그리고 해밀턴-케일리 정리(Hamilton-Cayley theorem)를 사용하면 $\mathbf{A}^n$는

$$\mathbf{A}^n = a_{0,n}\mathbf{A}^0 + a_{1,n}\mathbf{A}^1 + a_{2,n}\mathbf{A}^2 \tag{7.80}$$

으로 표시할 수 있다. 여기서 $a_{k,n}$은 주요 불변량들의 함수이다. 따라서 식 (78)은 다음의 더 간단한 형태로 표현될 것이다.

$$\phi = \phi(I_{\mathrm{A}}, II_{\mathrm{A}}, III_{\mathrm{A}}). \tag{7.81}$$

식 (81)은 탄성체의 변형률 포텐셜 등 다양한 분야에서 사용될 것이다.

7.4.2 등방성 텐서 함수

임의의 직교 텐서 $\mathbf{Q}$에 대해서 2차 텐서 $\mathbf{A}$에서 2차 텐서 $\mathbf{T} = \overline{\mathbf{T}}(\mathbf{A})$

로의 다음과 같은 함수를 등방성 텐서 함수라고 한다.

$$\overline{\mathbf{T}}(\mathbf{Q}\mathbf{A}\mathbf{Q}^{\mathrm{T}})=\mathbf{Q}\overline{\mathbf{T}}(\mathbf{A})\mathbf{Q}^{\mathrm{T}}. \tag{7.82}$$

식 (82)를 만족하는 간단한 예 중의 하나는

$$\overline{\mathbf{T}}(\mathbf{A})=\sum_{n=0}^{N}\tau_n\mathbf{A}^n \tag{7.83}$$

이 된다. 여기서 계수 τ_n은 $\mathbf{A}$의 주요 불변량의 함수이다. 식 (83)의 함수가 등방성인 이유는

$$(\mathbf{Q}\mathbf{A}\mathbf{Q}^{\mathrm{T}})^n=\mathbf{Q}\mathbf{A}^n\mathbf{Q}^{\mathrm{T}} \tag{7.84}$$

이기 때문이다. 여기에 해밀턴-케일리 정리를 적용하면 식 (80)에 의해서 식 (83)은 다음과 같은 형태로 정리될 수 있다.

$$\overline{\mathbf{T}}(\mathbf{A})=\sigma_0\mathbf{I}+\sigma_1\mathbf{A}+\sigma_2\mathbf{A}^2. \tag{7.85}$$

물론 여기서 σ_k는 $\mathbf{A}$의 주요 불변량의 함수이며 식 (85)는 등방성 텐서 함수이다.

등방성 텐서 함수를 구하는 다른 방법은 식 (81)의 등방성 스칼라 함수를 독립변수인 텐서로 미분하는 것이다. 미분하면 다음이 얻어진다.

$$\begin{aligned}\frac{\partial\hat{\phi}}{\partial\mathbf{A}}&=\frac{\partial\hat{\phi}}{\partial I_{\mathrm{A}}}\frac{\partial I_{\mathrm{A}}}{\partial\mathbf{A}}+\frac{\partial\hat{\phi}}{\partial II_{\mathrm{A}}}\frac{\partial II_{\mathrm{A}}}{\partial\mathbf{A}}+\frac{\partial\hat{\phi}}{\partial III_{\mathrm{A}}}\frac{\partial III_{\mathrm{A}}}{\partial\mathbf{A}}\\&=\frac{\partial\hat{\phi}}{\partial I_{\mathrm{A}}}\mathbf{I}+\frac{\partial\hat{\phi}}{\partial II_{\mathrm{A}}}(I_{\mathrm{A}}\mathbf{I}-\mathbf{A}^{\mathrm{T}})+\frac{\partial\hat{\phi}}{\partial III_{\mathrm{A}}}III_{\mathrm{A}}\mathbf{A}^{-\mathrm{T}}.\end{aligned} \tag{7.86}$$

여기서

$$\frac{\partial I_{\mathrm{A}}}{\partial\mathbf{A}}=\mathbf{I},\quad \frac{\partial II_{\mathrm{A}}}{\partial\mathbf{A}}=I_{\mathrm{A}}\mathbf{I}-\mathbf{A}^{\mathrm{T}},\quad \frac{\partial III_{\mathrm{A}}}{\partial\mathbf{A}}=III_{\mathrm{A}}\mathbf{A}^{-\mathrm{T}} \tag{7.87}$$

을 이용하였다. 식 (86)을 정리하면 다음이 된다.

$$\frac{\partial\hat{\phi}}{\partial\mathbf{A}}=\left(\frac{\partial\hat{\phi}}{\partial I_{\mathrm{A}}}+I_{\mathrm{A}}\frac{\partial\hat{\phi}}{\partial II_{\mathrm{A}}}\right)\mathbf{I}-\frac{\partial\hat{\phi}}{\partial II_{\mathrm{A}}}\mathbf{A}^{\mathrm{T}}+III_{\mathrm{A}}\frac{\partial\hat{\phi}}{\partial III_{\mathrm{A}}}\mathbf{A}^{-\mathrm{T}}. \tag{7.88}$$

식 (88)로 정의되는 텐서 함수가 등방성이라는 것을 증명하는 것은 매우 간단하므로 생략하겠다.

7.4.3 등방성 텐서

2차 텐서 $\mathbf{A}$가 등방성 텐서라면 임의의 직교 텐서 $\mathbf{Q}$에 대해서 다음을 만족하여야 한다.

$$\mathbf{QAQ}^{\mathrm{T}} = \mathbf{A}. \tag{7.89}$$

식 (89)를 만족하는 2차 텐서는 임의의 실수 λ에 대해서 $\mathbf{A} = \lambda\mathbf{I}$인 경우이다. 식 (89)는 또한 좌표 변환에 대해서도 2차 텐서 $\mathbf{A}$의 성분 값이 변하지 않는다는 것을 의미한다.

식 (89)와 같은 기저를 나타내지 않는 표기법으로 등방성 3차 텐서와 등방성 4차 텐서를 표현하기는 어렵다. 이 경우 지표 표기법(index notation)을 사용하는 것이 편리하다. 임의의 직교 텐서 $\mathbf{Q}$의 성분을 Q_{ik}라고 하면 등방성 3차 텐서 U_{ijk}는 다음을 만족하여야 한다.

$$Q_{ip}Q_{jq}Q_{kr}U_{pqr} = U_{ijk}. \tag{7.90}$$

이 조건을 만족하는 3차 텐서는

$$U_{ijk} = \lambda\epsilon_{ijk} \tag{7.91}$$

이라는 것이 알려져 있다. 여기서 λ는 임의의 실수이고 ϵ_{ijk}는 레비-치비타 기호(Levi-Civita symbol)이다.

등방성 4차 텐서는 등방성 물질의 탄성률이나 점도를 나타내는 데 흔히 사용된다. 등방성 4차 텐서의 조건은

$$Q_{ip}Q_{jq}Q_{kr}Q_{ls}U_{pqrs} = U_{ijkl} \tag{7.92}$$

이다. 식 (92)를 만족하는 경우는

$$U_{ijkl} = a\delta_{ij}\delta_{kl} + b(\delta_{ik}\delta_{jl} + \delta_{il}\delta_{jk}) + c(\delta_{ik}\delta_{jl} - \delta_{il}\delta_{jk}) \tag{7.93}$$

으로 알려져 있다. 여기서 a, b, c는 임의의 실수이며 δ_{ik}는 크로네커 델타(Kronecker's delta)이다.

등방성 4차 텐서 $\mathbb{G}_{(4)} = U_{ikjl}\mathbf{e}_i \otimes \mathbf{e}_k \otimes \mathbf{e}_j \otimes \mathbf{e}_l$를 이용한 다음과 같은 선형 텐서 함수는 등방성 텐서 함수이다.

$$\mathbf{T}(\mathbf{A}) = \mathbb{G}_{(4)} : \mathbf{A} = a\mathrm{tr}\mathbf{A}\,\mathbf{I} + b(\mathbf{A} + \mathbf{A}^{\mathrm{T}}) + c(\mathbf{A} - \mathbf{A}^{\mathrm{T}}). \tag{7.94}$$

식 (94)에서 $\mathbf{A}$ 대신에 $\mathbf{QAQ}^{\mathrm{T}}$를 대입하면 다음이 된다.

$$\begin{aligned}
&\mathbf{T}(\mathbf{QAQ}^{\mathrm{T}}) \\
&= a\mathrm{tr}\mathbf{QAQ}^{\mathrm{T}}\,\mathbf{I} + b(\mathbf{QAQ}^{\mathrm{T}} + \mathbf{QA}^{\mathrm{T}}\mathbf{Q}^{\mathrm{T}}) + c(\mathbf{QAQ}^{\mathrm{T}} - \mathbf{QA}^{\mathrm{T}}\mathbf{Q}^{\mathrm{T}}) \\
&= \mathbf{Q}\left[a\mathrm{tr}\mathbf{A}\,\mathbf{I} + b(\mathbf{A} + \mathbf{A}^{\mathrm{T}}) + c(\mathbf{A} - \mathbf{A}^{\mathrm{T}})\right]\mathbf{Q}^{\mathrm{T}} \\
&= \mathbf{QT}(\mathbf{A})\mathbf{Q}^{\mathrm{T}}.
\end{aligned} \tag{7.95}$$

따라서 식 (95)의 선형 텐서 함수는 등방성 텐서 함수가 된다.

탄성학 이론 중에는 변형률 포텐셜이 변형률 텐서뿐만 아니라 변형률 텐서의 그래디언트에도 의존하는 비국부적 탄성학(nonlocal elastic theory)이 있다(Mindlin, 1964; Mindlin and Eshel, 1968; Lam *et al.*, 2003; Monchiet and Bonnet, 2011; Lim, Zhang and Reddy, 2015). 선형 비국부적 탄성학의 경우, 일반적으로 변형률 포텐셜은 변형률 텐서 그래디언트의 2차 형식으로 표현되므로, 등방성 물질을 다루기 위해서는 등방성 6차 텐서가 필요하게 된다. 제8장에서 2차 텐서인 내부변수의 일반적인 진화방정식을 다루게 될 것인데 여기에 2차 텐서에 대한 유속은 3차 텐서가 된다. 이와 관련된 소산함수(dissipation function)를 2차 텐서의 유속의 2차 형식으로 표현하려면 역시 등방성 가정에 의해서 등방성 6차 텐서가 필요하게 된다. 이러한 필요성 때문에, 등방성 6차 텐서의 일반적인 표현법이 필요하다.

등방성 1차 텐서(벡터)는 영 벡터뿐이므로 의미가 없다. 등방성 2차 텐서와 등방성 3차 텐서는 하나의 실수만이 포함되지만, 등방성 4차 텐서의 경우에는 식 (93)과 같이 3개의 실수가 필요하게 된다. 등방성 5차 텐서는 재료역학에서 필요성이 거의 없으므로 다루지 않는다. 등방성 6차 텐서는 다음과 같이 15개의 실수가 필요하게 된다(Mindlin, 1964; Monchiet and Bonnet, 2011).

$$U_{ijkpqr} = \sum_{n=1}^{15} c_n E_{ijkpqr}^{(n)}. \tag{7.96}$$

여기서 c_n은 임의의 실수이며

$$\begin{aligned}
&E_{ijkpqr}^{(1)} = \delta_{ip}\delta_{jq}\delta_{kr}, \quad E_{ijkpqr}^{(2)} = \delta_{ir}\delta_{jp}\delta_{kq}, \quad E_{ijkpqr}^{(3)} = \delta_{iq}\delta_{jr}\delta_{kp}, \\
&E_{ijkpqr}^{(4)} = \delta_{ir}\delta_{jq}\delta_{kp}, \quad E_{ijkpqr}^{(5)} = \delta_{ip}\delta_{jr}\delta_{kq}, \quad E_{ijkpqr}^{(6)} = \delta_{iq}\delta_{jp}\delta_{kr}, \\
&E_{ijkpqr}^{(7)} = \delta_{ij}\delta_{kr}\delta_{pq}, \quad E_{ijkpqr}^{(8)} = \delta_{ij}\delta_{kp}\delta_{qr}, \quad E_{ijkpqr}^{(9)} = \delta_{ij}\delta_{kq}\delta_{pr}, \\
&E_{ijkpqr}^{(10)} = \delta_{ik}\delta_{jr}\delta_{pq}, \quad E_{ijkpqr}^{(11)} = \delta_{ik}\delta_{jp}\delta_{qr}, \quad E_{ijkpqr}^{(12)} = \delta_{ik}\delta_{jq}\delta_{pr}, \\
&E_{ijkpqr}^{(13)} = \delta_{jk}\delta_{ir}\delta_{pq}, \quad E_{ijkpqr}^{(14)} = \delta_{jk}\delta_{ip}\delta_{qr}, \quad E_{ijkpqr}^{(15)} = \delta_{jk}\delta_{iq}\delta_{pr}
\end{aligned} \tag{7.97}$$

이다.

8 탄성체와 점성유체

여기서는 열역학을 사용하지 않은 구성방정식과 기존의 열역학을 사용한 구성방정식 몇 가지에 대해서 논의한다. 제8, 9, 10, 11장에서 소개하는 구성방정식 모형의 대부분은 열역학을 이용하지 않은 모형이다. 제12장에서 변분법적 열역학을 소개하고 제13장에서는 제12장의 열역학 이론을 이용하여 이러한 구성방정식들을 다시 유도할 것이다. 즉, 제12, 13장을 위해서 몇 가지 구성방정식 모형을 제8~11장에서 소개하는 것이다.

8.1 탄성체

탄성체란 응력이 변형률의 함수로 표현되는 물질을 말한다. 응력과 변형률의 함수관계가 비선형이건 선형이건 관계없이 현재의 변형으로 현재의 응력이 결정된다는 것을 의미한다. 따라서 응력 텐서의 한 성분을 변형률 텐서의 한 성분으로 그래프를 그리면 하중곡선과 제중곡선이 일치하게 된다. 탄성체는 응력-변형률 그래프에서 이력 고리(histeresis loop)를 절대 만들지 않는다.

금속은 항복응력 이내의 변형에 대해서는 탄성체로 간주할 수 있다.

고분자재료의 경우 플라스틱도 항복응력 이내에서 변형속도가 충분히 빠른 경우에는 탄성체에 가까운 거동을 보이며 고무의 경우 넓은 변형 범위에 대해서 탄성체처럼 간주할 수 있다. 고무는 비선형 탄성체 모형의 대표적인 대상이다.

8.1.1 선형 등방성 탄성체

먼저 변형이 매우 작은 경우로 식 (4.14)의 미소 변형률 텐서를 변형률 텐서로 사용할 수 있는 경우를 생각해 보자. 항복응력 이내의 금속과 플라스틱이 이에 해당한다. 응력과 변형률 사이의 관계식이 선형이라고 가정하면 다음이 된다.

$$\mathbf{T} = \mathrm{G}_{(4)} : \mathbf{E}, \quad \sigma_{ik} = G_{ikmn}\epsilon_{mn}. \tag{8.1}$$

여기서 $\mathrm{G}_{(4)}$는 4차 텐서로 탄성률(modulus)이고 σ_{ik}, G_{ikmn}, ϵ_{mn}은 각각 응력, 탄성률, 변형률의 성분이다.

응력과 변형률 모두가 대칭 텐서이기 때문에 탄성률의 81개 성분 중 오로지 21개만이 독립적인 상수들이다(Sadd, 2009). 하지만 물질이 등방성이라면 $\mathrm{G}_{(4)}$는 등방성 텐서(isotropic tensor)가 되어야 하므로

$$G_{ikpq} = \lambda\delta_{ik}\delta_{pq} + G(\delta_{ip}\delta_{kq} + \delta_{iq}\delta_{kp}) + \alpha(\delta_{ip}\delta_{kq} - \delta_{iq}\delta_{kp}) \tag{8.2}$$

가 되어야 한다. 응력과 탄성률 모두가 대칭 텐서이기 때문에 마지막 항은 관찰되지 않는 항이므로 $\alpha = 0$으로 두어도 무방하다. 그러면 선형 등방성 탄성체의 구성방정식은 다음과 같은 간단한 형태를 가지게 된다.

$$\mathbf{T} = K\mathrm{tr}\mathbf{E}\,\mathbf{I} + 2G\mathbf{E}'. \tag{8.3}$$

여기서 K는 부피 탄성률(bulk modulus)이고 G는 전단 탄성률(shear modulus), $\mathbf{E}'$은 $\mathbf{E}$의 편차 텐서(deviatoric tensor)이다.

식 (3)은 실험 결과로 알게 된 변형과 응력의 선형관계와 물질의 등방성을 수학적으로 표현한 것뿐이다. 변형률 $\mathbf{E}$ 자체가 기하학적 선형화를 이용한 것이기 때문에 즉, 기준분포와 현재분포 사이의 차이가 거의 없다고 보기 때문에 $(\mathbf{x} \approx \tilde{\mathbf{x}})$ $\dot{\mathbf{E}} \approx \mathbf{D}$라고 할 수 있다. 그러면 응력 일률은

$$\mathbf{T} : \mathbf{L} = \mathbf{T} : \mathbf{D} = \frac{\mathrm{d}}{\mathrm{d}t}\left[\frac{K}{2}(\mathrm{tr}\mathbf{E})^2 + G\mathbf{E}' : \mathbf{E}'\right] \tag{8.4}$$

가 얻어진다. 각진 괄호에 묶인 항들은 변형률 포텐셜(strain potential)이라고 부르고 다음과 같이 표시하자.

$$\Phi(\mathbf{E}) = \frac{K}{2}(\mathrm{tr}\mathbf{E})^2 + G\mathbf{E}' : \mathbf{E}'. \tag{8.5}$$

그러면 식 (3)이 다음과 같이 유도됨을 알 수 있다.

$$\mathbf{T} = \frac{\partial \Phi}{\partial \mathbf{E}} = K \mathrm{tr}\mathbf{E}\ \mathbf{I} + 2G\mathbf{E}' : \mathbf{E}'. \tag{8.6}$$

이 수학적 결과는 대변형 탄성체의 구성방정식을 개발하는 데 있어 중요한 실마리를 제공한다.

8.1.2 비선형 등방성 탄성체

비선형 등방성 탄성체의 대표적인 예가 고무이다. 물론 고무는 엄밀히 말해서 점탄성체이지만 이력 고리의 넓이가 비교적 작아서 탄성체로 간주한다. 특히 큰 변형 후에도 영구변형 없이 원래의 형상으로 돌아오기 때문에 탄성체의 대표적인 예로 간주하는 경향이 있다.

대변형의 경우 탄성체의 응력은 과연 어느 변형률 텐서의 함수라고 해야 하는가? 코시 응력 $\mathbf{T}$를 나타내려면 7.1절의 텐서에 대한 분류에 따라서 $\mathbf{V}$나 $\mathbf{B}$의 함수가 되어야 할 것이다. 그런데 $\mathbf{V}$는 식 (5.11)의

극분해를 통해서 구해야 하는 번거로움이 있으니 $\mathbf{B}$ 의 함수로 간주하는 것이 더 편리할 것이다. 그러면 마치 테일러 전개(Taylor expansion)처럼 다음과 같은 함수관계를 생각할 수 있다.

$$\mathbf{T} = \sum_{n=0}^{\infty} c_n \mathbf{B}^n, \quad \mathbf{B}^0 \equiv \mathbf{I}. \tag{8.7}$$

여기서 c_n은 $\mathbf{B}$ 의 주요 불변량(principal invariant)의 함수인 스칼라양이다. 그런데 해밀턴-케일리 정리(Hamilton-Cayley theorem)에 의해서 식 (7)은 다음으로 단순화될 수 있다.

$$\mathbf{T} = \sigma_0 \mathbf{I} + \sigma_1 \mathbf{B} + \sigma_2 \mathbf{B}^2. \tag{8.8}$$

역시 σ_k는 c_n과 같이 $\mathbf{B}$ 의 주요 불변량의 함수이다. 그런데 변형이 없으면 $\mathbf{B} = \mathbf{I}$가 되고 이때 응력은 0이 되어야 하므로 세 함수는 다음을 만족해야 한다.

$$\lim_{\mathbf{B} \to \mathbf{I}} (\sigma_0 + \sigma_1 + \sigma_2) = 0. \tag{8.9}$$

이러한 모형화는 매우 번거롭다. 일단 실험으로 σ_k의 함수구조를 규명하여야 할 뿐 아니라 식 (9)도 만족시켜야만 한다. 이보다는 식 (4), (5), (6)의 방법을 따라서 변형률 포텐셜을 모형화하는 것이 더 간단하다. 먼저 속도 그래디언트에 대한 다음의 항등식을 생각해 보자.

$$\begin{aligned} \mathbf{L} &= \dot{\mathbf{F}}\mathbf{F}^{-1} = (\dot{\mathbf{V}}\mathbf{R} + \mathbf{V}\dot{\mathbf{R}})\mathbf{R}^{\mathrm{T}}\mathbf{V}^{-1} \\ &= \dot{\mathbf{V}}\mathbf{V}^{-1} + \mathbf{V}\dot{\mathbf{R}}\mathbf{R}^{\mathrm{T}}\mathbf{V}^{-1}. \end{aligned} \tag{8.10}$$

여기서 식 (4.11)을 사용하였다. $\dot{\mathbf{R}}\mathbf{R}^{\mathrm{T}}$은 $\mathbf{R}$ 이 직교 텐서이기에 반대칭 텐서이다. 따라서 다음이 성립된다.

$$\mathbf{T} : (\mathbf{V}\dot{\mathbf{R}}\mathbf{R}^{\mathrm{T}}\mathbf{V}^{-1}) = \mathrm{tr}(\mathbf{V}\dot{\mathbf{R}}\mathbf{R}^{\mathrm{T}}\mathbf{V}^{-1}\mathbf{T}) = \mathrm{tr}(\dot{\mathbf{R}}\mathbf{R}^{\mathrm{T}}\mathbf{T})$$

$$= \mathbf{T} : \dot{\mathbf{R}}\mathbf{R}^{\mathrm{T}} = 0. \qquad (8.11)$$

여기서 응력 $\mathbf{T}$가 대칭이고 $\dot{\mathbf{R}}\mathbf{R}^{\mathrm{T}}$이 반대칭인 것을 이용하였다. 그러면 응력 일률은 다음이 된다.

$$\mathbf{T} : \mathbf{L} = \mathbf{T} : (\dot{\mathbf{V}}\mathbf{V}^{-1}) = (\mathbf{V}^{-1}\mathbf{T}) : \dot{\mathbf{V}}. \qquad (8.12)$$

이제 응력 일률이 변형률 포텐셜의 시간 미분 $\dot{\Phi} = (\partial\Phi/\partial\mathbf{V}) : \dot{\mathbf{V}}$이 되는 조건은 바로 $\mathbf{V}^{-1}\mathbf{T} = \partial\Phi/\partial\mathbf{V}$라는 것을 알 수 있다. 그러면 다음의 구성방정식이 얻어진다.

$$\mathbf{T} = \mathbf{V}\frac{\partial\Phi}{\partial\mathbf{V}}. \qquad (8.13)$$

그런데 $\mathbf{B} = \mathbf{V}^2$이므로 $\Phi(\mathbf{V}) = \overline{\Phi}(\mathbf{B})$라고 할 수 있다. 그러면

$$\frac{\partial\Phi}{\partial\mathbf{V}} = \frac{\partial\overline{\Phi}}{\partial\mathbf{B}} : \frac{\partial\mathbf{B}}{\partial\mathbf{V}} = 2\mathbf{V}\frac{\partial\overline{\Phi}}{\partial\mathbf{B}} \qquad (8.14)$$

가 된다. 그러면 식 (13)은 다음과 같이 다시 쓸 수 있다.

$$\mathbf{T} = 2\mathbf{B}\frac{\partial\overline{\Phi}}{\partial\mathbf{B}}. \qquad (8.15)$$

물질의 등방성을 고려하면 변형률 포텐셜 $\overline{\Phi}$는 $\mathbf{B}$의 주요 불변량의 함수이어야 한다. 즉, $\overline{\Phi}(I_{\mathbf{B}}, II_{\mathbf{B}}, III_{\mathbf{B}})$이어야 한다. 그러면 식 (15)는 다음과 같이 표현할 수 있게 된다.

$$\mathbf{T} = 2(III_{\mathbf{B}}\overline{\Phi}_3 + II_{\mathbf{B}}\overline{\Phi}_2)\mathbf{I} + 2\overline{\Phi}_1\mathbf{B} - 2III_{\mathbf{B}}\overline{\Phi}_2\mathbf{B}^{-1}. \qquad (8.16)$$

여기서 $\overline{\Phi}_k$는 $\mathbf{B}$의 k번째 불변량으로 변형률 포텐셜을 편미분한 것을 나타낸다. 고무는 부피 변화가 없는 변형을 하는 탄성체이므로 $III_{\mathbf{B}} = 1$이고 $\overline{\Phi}_3 = 0$이므로 응력은 다음과 같이 표현된다.

$$\mathbf{T} = -p\mathbf{I} + 2\left(\frac{\partial\overline{\Phi}}{\partial I_{\mathbf{B}}}\mathbf{B} - \frac{\partial\overline{\Phi}}{\partial I_{\mathbf{B}^{-1}}}\mathbf{B}^{-1}\right). \qquad (8.17)$$

여기서 p는 경계조건으로 구해지는 압력이고, $III_{\mathrm{B}} = 1$일 때 $II_{\mathrm{B}} = I_{\mathrm{B}^{-1}}$이 됨을 이용하였다.

식 (8)과 같이 변형률 포텐셜을 정의하지 않고 응력을 변형률 텐서의 텐서 함수로 표현하는 탄성학을 코시 탄성학(Cauchy elasticity)이라고 부르고 식 (15)와 같이 변형률 포텐셜로부터 응력을 표현하는 탄성학을 그린 탄성학(Green elasticity) 또는 초탄성학(hyperelasticity)이라고 부른다(Ogden, 1984). 코시 탄성체가 하는 일은 변형률 포텐셜이 없으므로 처음과 끝의 변형상태가 정해져 있더라도 변형 경로(deformation path)에 따라서 달라질 수 있다. 따라서 코시 탄성체는 보존적 구조를 가지지 않은 물질이라고 할 수 있는 반면에 초탄성체의 일은 변형 전과 후의 변형상태가 결정되면 변형 경로에 무관하게 된다. 제6장에서 고전 비가역 열역학을 소개할 때 유도한 식 (6.25)는 만약 $\eta_{\mathrm{B}} = 0$이고 $\eta_{\mathrm{S}} = 0$이면 식 (17)과 같은 결과가 나온다는 것을 쉽게 알 수 있다. 따라서 초탄성체는 열역학과 부합할 수 있지만 코시 탄성체는 일반적으로 그렇지 못하다는 것을 알 수 있다.

8.1.3 변형률 포텐셜 모형

식 (16)과 (17)은 하나의 스칼라, 변형률 포텐셜만 모형화하면 응력을 구할 수 있음을 보여 준다. 고무의 탄성에 대해서는 다양한 변형률 포텐셜이 개발되었다(Mooney, 1940; Rivlin, 1948; Valanis and Landel, 1967; Blatz, Sharda and Tschoegl, 1974; Rivlin, Sawyer, 1976; Ogden, 1984). 그중, 몇 가지만 소개하면 다음과 같다.

무니-리블린 모형(Mooney-Rivlin model)으로 부르는 변형률 포텐셜은 I_{B}와 II_{B}에 대해서 다음과 같은 테일러 전개를 한 것이다.

$$\Phi(I_{\mathrm{B}}, II_{\mathrm{B}}) = G_1^0(I_{\mathrm{B}} - 3) + G_0^1(II_{\mathrm{B}} - 3) + G_2^0(I_{\mathrm{B}} - 3)^2$$
$$+ G_1^1(I_{\mathrm{B}} - 3)(II_{\mathrm{B}} - 3) + \cdots . \tag{8.18}$$

여기서뿐만 아니라 앞으로도 간단한 표기를 위해 변형률 포텐셜에서 '-'를 소거한다. 식 (18)을 1차까지로 근사하게 되면 응력은 다음과 같이 된다.

$$\mathbf{T} = -p\mathbf{I} + 2G_1^0\mathbf{B} - 2G_0^1\mathbf{B}^{-1}. \tag{8.19}$$

Valanis and Landel, 1967은 변형률의 불변량 대신에 $\mathbf{B}$의 고유치를 이용하여 변형률 포텐셜을 구성하였다. 즉 $\mathbf{B}$의 고유치의 양의 제곱근을 λ_k라고 하면 변형률 포텐셜은 다음과 같이 표현된다고 가정하였다.

$$\Phi(I_{\mathrm{B}}, II_{\mathrm{B}}) = \sum_{n=1}^{3} w(\lambda_n). \tag{8.20}$$

실제 경계치 문제를 풀 때, 식 (20)은 단계마다 고유치와 고유 벡터를 구해야 하는 번거로움이 있지만 실험 결과로부터 $w(x)$를 구하는 것은 $\Phi(I_{\mathrm{B}}, II_{\mathrm{B}})$의 일반적인 함수 형태를 구하는 것보다 더 쉽다. Valanis and Landel, 1967은 실험 결과로부터

$$w'(x) \equiv \frac{dw}{dx} = 2G\log x \tag{8.21}$$

을 구하였다.

등방성 물질의 경우 변형률 포텐셜이 변형률 텐서의 주요 불변량들의 함수 $\Phi(I_{\mathrm{B}}, II_{\mathrm{B}}, III_{\mathrm{B}})$라는 것은 수학적으로 증명되는 것이다. 그런데 아무리 $III_{\mathrm{B}} = 1$라고 해도 식 (20)의 우변과 같이 변형률 포텐셜을 설정할 수 있는가? 이 질문에 대한 답은 Rivlin and Sawyer, 1976에서 찾을 수 있다. Rivlin and Sawyer, 1976은 식 (20)에 대한 필요-충분조

건이 다음이 됨을 증명하였다.

$$\frac{\partial}{\partial I_{\mathrm{B}}}\left(\frac{\partial^2 \Phi}{\partial I_{\mathrm{B}}^2}+I_{\mathrm{B}}\frac{\partial^2 \Phi}{\partial I_{\mathrm{B}}\partial II_{\mathrm{B}}}\right)=-\frac{\partial}{\partial II_{\mathrm{B}}}\left(\frac{\partial^2 \Phi}{\partial II_{\mathrm{B}}^2}+II_{\mathrm{B}}\frac{\partial^2 \Phi}{\partial I_{\mathrm{B}}\partial II_{\mathrm{B}}}\right). \quad (8.22)$$

식 (20)의 변형률 포텐셜의 수학적 형태를 더 발전시켜서 Ogden, 1972는 다음과 같은 변형률 포텐셜을 제안하였다.

$$\Phi=\sum_{k=1}^{n}\frac{\mu_k}{\alpha_k}\left(\lambda_1^{\alpha_k}+\lambda_2^{\alpha_k}+\lambda_3^{\alpha_k}-3\right),\quad \lambda_1\lambda_2\lambda_3=1. \quad (8.23)$$

이 모형은 $n=3$인 경우에 매우 넓은 변형범위에 대해서 실험 결과와 매우 높은 일치성을 보이는 정확한 모형으로 알려져 있다(Treloar, 1975; Cho, 2016). 하지만 $n=3$인 경우에, 물질 상수는 모두 6개가 된다. 식 (20)과 같은 모형으로부터 응력을 구하려면 먼저 변형률 $\mathbf{B}$의 고유 벡터를 아는 것이 필요하다. 변형률 $\mathbf{B}$의 고유 벡터를 $\mathbf{b}_i$라고 하면 다음과 같은 표현이 가능하다.

$$\mathbf{B}=\lambda_1^2\mathbf{b}_1\otimes\mathbf{b}_1+\lambda_2^2\mathbf{b}_2\otimes\mathbf{b}_2+\lambda_3^2\mathbf{b}_3\otimes\mathbf{b}_3,\quad \mathbf{b}_i\cdot\mathbf{b}_k=\delta_{ik}. \quad (8.24)$$

그러면 변형률 $\mathbf{B}$의 고유 벡터를 이용하여 응력을 다음과 같이 표현할 수 있다.

$$\mathbf{T}=-p\mathbf{I}+\sigma_1\mathbf{b}_1\otimes\mathbf{b}_1+\sigma_2\mathbf{b}_2\otimes\mathbf{b}_2+\sigma_3\mathbf{b}_3\otimes\mathbf{b}_3. \quad (8.25)$$

그리고 응력과 변형률 사이의 관계는 다음이 된다.

$$\sigma_i=-p+\lambda_i\frac{\partial\Phi}{\partial\lambda_i}=-p+\lambda_i w'(\lambda_i). \quad (8.26)$$

식 (26)에는 아인슈타인 합산규칙을 적용하지 않았음을 주의하기 바란다.

Blatz, Sharda and Tschoegl, 1974는 오그던 모형(Ogden model)만큼 실험 결과와 잘 일치하면서 더 적은 개수의 물질 상수를 가지는 변형률 포텐셜 모형을 개발하였다. 이 모형은 저자들의 이름을 따서 BST 모형

(BST model)이라고 부르며 단지 네 개의 물질 상수만을 가지고 있다.

$$\Phi = \frac{2G}{n}\text{tr}\mathbf{H} + \beta(\text{tr}\mathbf{H})^m, \quad \mathbf{H} \equiv \frac{1}{n}(\mathbf{B}^n - \mathbf{I}). \tag{8.27}$$

여기서 G, β, m, n은 양의 실수이다. 만약 n이 정수라면 식 BST 모형의 응력은 식 (15)를 이용하여 바로 구할 수 있지만 n이 정수가 아닌 실수라면 오그던 모형(Ogden model)에서와 같이 변형률 $\mathbf{B}$의 고유 벡터를 이용하여야 한다. 즉,

$$\mathbf{H} = \frac{\left(\lambda_1^{2n} - 1\right)}{n}\mathbf{b}_1 \otimes \mathbf{b}_1 + \frac{\left(\lambda_2^{2n} - 1\right)}{n}\mathbf{b}_2 \otimes \mathbf{b}_2 + \frac{\left(\lambda_3^{2n} - 1\right)}{n}\mathbf{b}_3 \otimes \mathbf{b}_3 \tag{8.28}$$

을 사용하여야 한다. 식 (28)을 이용하면 BST 모형의 변형률 포텐셜도 $\Phi(\lambda_1, \lambda_2, \lambda_3)$의 형식으로 표현할 수 있고 따라서 응력의 고유치들을 식 $(26)_1$로 구할 수 있게 된다.

8.2 점성유체

고체는 힘을 받지 않은 상태에서 일반적으로 그 형체를 계속 유지하지만, 유체는 부피가 크지 않을 때도 자중만으로 대변형을 하며 형체를 유지하지 못한다. 정지한 유체 내에는 정압력이 존재하지만, 속도 그래디언트가 0이 아니면 정압력 이외의 여분의 응력이 발생한다. 변형이 일어나는 동안 여분 응력은 0이 아니지만, 변형이 멈추어 버리면 여분 응력이 0이 된다. 유체의 역학적 거동에 대한 다양한 실험 결과를 수식화하면 유체의 응력은 변형속도의 함수라는 것이다. 즉 유체의 응력은 현재나 과거의 변형 이력이 어떠하건 상관없이 오로지 현재의 변형속도

에만 의존한다는 것이다.

이 관찰 결과로부터 유체의 구성방정식을 구하기 위해서는 먼저 변형의 속도를 정하여야 한다. 변형의 속도라면 변형률의 시간 미분이라고 할 수 있다. 그리고 코시 응력과 대응되는 변형률의 시간 미분은 코시 응력과 마찬가지로 객관 텐서이어야 할 것이다. 여기서 주의해야 하는 바는 변형률이 객관 텐서라고 해도 변형률의 미분이 객관 텐서는 아니라는 것이다. 예를 들어서 식 $(7.13)_2$에 나타낸 것과 같이 좌 코시-그린 변형률 텐서 $\mathbf{B}$는 객관 텐서이다. 하지만 $\mathbf{B}$의 물질 시간 미분은 다음과 같이 객관 텐서가 아니다.

$$
\begin{aligned}
\dot{\mathbf{B}}^* &= \mathbf{L}^*\mathbf{B}^* + \mathbf{B}^*\mathbf{L}^{\mathrm{T}*} \\
&= \mathbf{Q}(\mathbf{L}\mathbf{B}+\mathbf{B}\mathbf{L}^{\mathrm{T}})\mathbf{Q}^{\mathrm{T}} + \dot{\mathbf{Q}}\mathbf{B}\mathbf{Q}^{\mathrm{T}} + \mathbf{Q}\mathbf{B}\dot{\mathbf{Q}}^{\mathrm{T}}.
\end{aligned} \tag{8.29}
$$

따라서 $\dot{\mathbf{B}}$를 사용할 수는 없다. 그렇다고 $\mathbf{B}$의 위-흐름 시간 미분을 사용할 수도 없다. 왜냐하면 식 $(4.16)_1$로 알 수 있듯이 언제나 $\overset{\triangledown}{\mathbf{B}} = \mathbf{O}$이기 때문이다. 그러면 $\mathbf{B}$ 대신에 역시 객관 텐서인 $\mathbf{V}$의 물질 시간 미분은 어떨까? 식 $(4.11)_2$와 식 (4.15)로부터

$$
\dot{\mathbf{V}} = \mathbf{L}\mathbf{V} - \mathbf{V}\dot{\mathbf{R}}\mathbf{R}^{\mathrm{T}} \tag{8.30}
$$

인데 이는 대칭 텐서가 아니다. 변형률의 시간 미분과 같은 단위를 가지며 객관 텐서인 것은 오로지 변형률 속도 텐서 $\mathbf{D}$뿐이다.

따라서 점성유체의 구성방정식은

$$
\mathbf{T} = -p\mathbf{I} + \mathbf{T}_{\mathrm{ex}}(\mathbf{D}) \tag{8.31}
$$

로 표시할 수 있다. 식 (31)의 좌변이 등방성 객관 텐서이기 위해서는 임의의 직교 텐서 $\mathbf{Q}$에 대해서 항상 다음 조건을 만족하여야 한다.

$$
\mathbf{T}_{\mathrm{ex}}(\mathbf{Q}\mathbf{D}\mathbf{Q}^{\mathrm{T}}) = \mathbf{Q}\mathbf{T}_{\mathrm{ex}}(\mathbf{D})\mathbf{Q}^{\mathrm{T}}. \tag{8.32}
$$

그러면 등방성 탄성체에서와 같은 이유로 다음이 성립되어야 한다.

$$\mathbf{T}(\mathbf{D}) = -(p+\sigma_0)\mathbf{I} + 2\eta_1\mathbf{D} + 4\eta_2\mathbf{D}^2. \tag{8.33}$$

물론 여기서 σ_0, η_1, η_2 모두는 일반적으로 변형률 속도 텐서의 주요 불변량들의 함수이다.

뉴턴 유체는 응력이 변형률 속도 텐서의 선형함수인 경우이다. 변형률 속도 텐서의 주요 불변량 중에서 $\mathbf{D}$에 대해서 선형인 것은 $I_{\mathrm{D}} = \mathrm{tr}\mathbf{D}$뿐이다. 따라서 식 (33)이 $\mathbf{D}$에 대해서 선형함수가 되기 위해서는

$$\sigma_0 = -\eta_{\mathrm{B}}\mathrm{tr}\mathbf{D}, \quad \eta_1 \equiv \eta_{\mathrm{S}}, \quad \eta_2 = 0 \tag{8.34}$$

이어야 한다. 따라서 다음이 얻어진다.

$$\mathbf{T}(\mathbf{D}) = -(p-\eta_{\mathrm{B}}\mathrm{tr}\mathbf{D})\mathbf{I} + 2\eta_{\mathrm{S}}\mathbf{D}. \tag{8.35}$$

이는 압축성 뉴턴 유체의 구성방정식이다.

액체는 기체와 비교해서 압력에 따른 부피 변화가 거의 없다. 따라서 액체의 유동을 기술하기 위해서 압력 p를 평형 열역학과 일치하는 상태 방정식을 사용해서 표현하는 것보다는 스칼라 장으로 간주하는 것이 편리하다. 비압축성을 가정하게 되면 밀도는 위치와 시간의 함수가 아닌 상수로 간주해야 한다. 그러면 식 (5.9)로부터 속도장은 항상 다음을 만족해야 한다.

$$\nabla \cdot \mathbf{v} = \mathrm{tr}\mathbf{D} = I_{\mathrm{D}} = 0. \tag{8.36}$$

그러면 식 (33)은 다음이 된다.

$$\mathbf{T}(\mathbf{D}) = -p\mathbf{I} + 2\eta_1\mathbf{D} + 4\eta_2\mathbf{D}^2. \tag{8.37}$$

여기서 일반적으로는

$$\eta_1 = \hat{\eta}_1(II_{\mathrm{D}}, III_{\mathrm{D}}), \quad \eta_2 = \hat{\eta}_2(II_{\mathrm{D}}, III_{\mathrm{D}}) \tag{8.38}$$

이다. 점도의 독립변수 목록에서 I_{D}가 제외된 이유는 식 (36)의 가정 때문이다.

실험으로 어떻게 식 (38)의 두 물질 함수를 결정할 수 있는지를 논의하여 보자. 유체 실험에서 가장 많이 사용되는 변형 형태(deformation mode)는 다음과 같은 단순 전단 유동(simple shear flow)이다.

$$\mathbf{v} = v(x_2, t)\mathbf{e}_1. \tag{8.39}$$

이 속도장으로부터 속도 그래디언트와 변형률 속도 텐서는 다음이 된다.

$$\mathbf{L} = \frac{\partial v}{\partial x_2}\mathbf{e}_1 \otimes \mathbf{e}_2, \quad \mathbf{D} = \frac{1}{2}\frac{\partial v}{\partial x_2}(\mathbf{e}_1 \otimes \mathbf{e}_2 + \mathbf{e}_2 \otimes \mathbf{e}_1). \tag{8.40}$$

또한 $\mathbf{D}$의 주요 불변량은 다음이 된다.

$$I_{\mathrm{D}} = 0, \quad II_{\mathrm{D}} = -\frac{1}{4}\left(\frac{\partial v}{\partial x_2}\right)^2, \quad III_{\mathrm{D}} = 0. \tag{8.41}$$

그러면 전단 속도는

$$\dot{\gamma} \equiv \left|\frac{\partial v}{\partial x_2}\right| = \sqrt{-4II_{\mathrm{D}}} \tag{8.42}$$

가 됨을 알 수 있다. 현대의 유변측정기기(rheometer)로 단순 전단 유동에 대해서 측정할 수 있는 응력은 $\sigma \equiv T_{12}$, $N_1 \equiv T_{11} - T_{22}, N_2 \equiv T_{22} - T_{33}$이다(Tanner, 2000). 그런데 구성방정식 (37)은 세 응력에 대해서 다음의 관계식을 제공한다.

$$\sigma = \eta_1 \frac{\partial v}{\partial x_2}, \quad N_1 = N_2 = 0. \tag{8.43}$$

그러면 단순 전단 유동으로 알아낼 수 있는 것은

$$\hat{\eta}_1(\dot{\gamma}, 0) \equiv \eta(\dot{\gamma}) \tag{8.44}$$

가 된다. 따라서 단순 전단 유동으로 알아낼 수 있는 정보는 $III_{\mathrm{D}} = 0$일 때의 $\hat{\eta}_1$의 첫 번째 독립변수에 대한 함수관계뿐이다. 다르게 말하면 단순 전단 유동으로 완벽하게 규명할 수 있는 구성방정식은 다음과 같다.

$$\mathbf{T} = -p\mathbf{I} + 2\eta(II_{\mathbf{D}})\mathbf{D}. \tag{8.45}$$

구성방정식 (44)의 물질 함수인 전단 점도 $\eta(\dot{\gamma})$를 구하는 방법은 먼저 $\partial v/\partial x_2 > 0$인 조건으로 단순 전단 유동 실험을 통하여 정상상태에 도달한 σ를 $\dot{\gamma}$의 함수로 측정한 후에 $\sigma/\dot{\gamma}$를 $\dot{\gamma}$의 함수로 그린 그래프에 적당한 모형을 사용하여 회귀분석으로 전단 점도 $\eta(\dot{\gamma})$의 함수관계를 규명하는 것이다.

원통형의 시료로 인장 실험을 하면 원통의 길이 l과 반지름 r은 시간의 함수가 된다. 따라서 속도 그래디언트는 다음이 된다.

$$\mathbf{L} = \mathbf{D} = \dot{\epsilon}\mathbf{e}_1 \otimes \mathbf{e}_1 - \frac{\dot{\epsilon}}{2}(\mathbf{e}_2 \otimes \mathbf{e}_2 + \mathbf{e}_3 \otimes \mathbf{e}_3). \tag{8.46}$$

여기서

$$\dot{\epsilon} = \frac{\dot{l}}{l} = -2\frac{\dot{r}}{r} \tag{8.47}$$

이다. 그러면

$$I_{\mathbf{D}} = 0, \quad II_{\mathbf{D}} = -\frac{3}{4}\dot{\epsilon}^2, \quad III_{\mathbf{D}} = \frac{1}{4}\dot{\epsilon}^3 \tag{8.48}$$

이 된다. 구성방정식 (37)은 다음을 제공한다.

$$\sigma_1 = -p + 2\eta_1\dot{\epsilon} + 4\eta_2\dot{\epsilon}^2, \quad \sigma_2 = -p - \eta_1\dot{\epsilon} + \eta_2\dot{\epsilon}^2 = \sigma_3. \tag{8.49}$$

원통의 측면에서의 응력성분은 0이 될 것이므로 식 $(49)_2$로부터

$$p = -\eta_1\dot{\epsilon} + \eta_2\dot{\epsilon}^2 \tag{8.50}$$

이 됨을 알 수 있다. 그러면 식 (48)은 다음이 된다.

$$\sigma_1 = 3\eta_1\dot{\epsilon} + 3\eta_2\dot{\epsilon}^2, \quad \sigma_2 = \sigma_3 = 0. \tag{8.51}$$

따라서 실험으로 구할 수 있는 것은 다음과 같은 연신 속도 $\dot{\epsilon}$의 함수

$\phi(\dot{\epsilon})$이다.

$$\phi(\dot{\epsilon}) \equiv 3\hat{\eta}_1\left(-\frac{3}{4}\dot{\epsilon}^2, \frac{1}{4}\dot{\epsilon}^3\right)\dot{\epsilon} + 3\eta_2\left(-\frac{3}{4}\dot{\epsilon}^2, \frac{1}{4}\dot{\epsilon}^3\right)\dot{\epsilon}^2. \tag{8.52}$$

식 (37)의 구성방정식의 물질 함수 η_1과 η_2를 단순 전단 유동과 일축 연신 유동만으로 완전하게 구할 수 없게 된다. 하지만 식 (45)의 구성방정식의 경우 단순 전단 유동만으로 물질 함수 $\eta(II_{\mathrm{D}})$를 구할 수 있다.

9 선형 점탄성체

여기서 다루는 선형 점탄성체는 선형 등방성 점탄성체이다. 선형 등방성 점탄성과 마찬가지로 기하학적 선형화를 가정한다. 다르게 말하면 변형률의 크기가 크지 않아 미소 변형률 텐서를 사용할 수 있다고 가정한다.

9.1 볼츠만 중첩원리

9.1.1 단순 전단 변형

논의를 단순하게 하려고 전단변형을 생각한다. 이때 전단응력을 σ라고 하고 전단변형률을 γ라고 하자. 임의의 함수 $\gamma(t)$를 선형 점탄성체에 가하게 되면 그에 대응되는 시간의 함수 $\sigma(t)$를 측정할 수 있을 것이다. 이 두 시간의 함수들 사이의 관계를 다음과 같이 표현하자.

$$\sigma(t) = \Im[\gamma(t)]. \tag{9.1}$$

선형 점탄성체이기 때문에 사상(mapping) $\Im[\ ]$는 선형사상(linear mapping)이다.

임의의 두 함수 $\gamma_1(t)$와 $\gamma_2(t)$를 선형결합(linear combination)을 해서 변형률 $\gamma(t)$을 다음과 같이 만들 수 있을 것이다.

$$\gamma(t) = c_1\gamma_1(t) + c_2\gamma_2(t). \tag{9.2}$$

여기서 c_1과 c_2는 임의의 실수이다. 이 변형률에 대해서 선형 점탄성체의 응력은 다음이 된다.

$$\sigma(t) = c_1\Im[\gamma_1(t)] + c_2\Im[\gamma_2(t)]. \tag{9.3}$$

그러면 $\gamma(t) = \gamma_k(t)$로 주었을 때의 응력을 $\sigma_k(t)$라고 하면 식 (3)은 다음과 같이 다시 쓸 수 있다.

$$\sigma(t) = c_1\sigma_1(t) + c_2\sigma_2(t). \tag{9.4}$$

선형 점탄성체의 이러한 수학적 성질을 이용하여 선형사상 $\Im[\ ]$의 수학적 구조를 규명해 보자.

단위계단함수 $\Theta(t)$를 이용해서 임의의 변형률을 다음과 같이 쓸 수 있다.

$$\gamma(t) = \int_{-\infty}^{t} \frac{d\gamma(\tau)}{d\tau}\Theta(t-\tau)\mathrm{d}\tau. \tag{9.5}$$

여기서 τ에 대한 적분은 합산과 같고 선형사상 $\Im[\ ]$는 t의 함수들에 대한 사상이므로 선형사상 $\Im[\ ]$는 $d\gamma/d\tau$를 마치 c_1이나 c_2와 같은 계수로 다루게 된다. 그러면 식 (5)를 식 (1)의 변형률로 대입하게 되면 적분은 사상 $\Im[\ ]$의 밖으로 다음과 같이 나오게 된다.

$$\sigma(t) = \int_{-\infty}^{t} G(t-\tau)\frac{d\gamma}{d\tau}\mathrm{d}\tau, \quad G(t) \equiv \Im[\Theta(t)]. \tag{9.6}$$

이 식을 볼츠만 중첩원리(Boltzmann superposition principle)라고 한다. 볼츠만 중첩원리의 의미는 물질 함수인 $G(t)$를 실험으로 구하면 임의의 변형률에 대한 응력을 계산할 수 있다는 것이다. 물질 함수 $G(t)$를 완화탄성률(relaxation modulus)이라고 부른다. 식 $(6)_2$에서 알 수 있듯이 완화탄성률은 변형률이 단위계단함수인 $\Theta(t)$로 입력되었을 때의 응답인 응력이다.

물질에 가해지는 일은 변형률이 $\gamma(t) = \Theta(t)$이면 시각 $t \geq 0$일 때 변형률이 일정하다는 것을 의미한다. 변형률이 일정한데 응력이 시간에 따라 계속 증가하는 경우는 발견된 적이 없다. 따라서 $G(t)$는 절대 증가함수일 수가 없다. 즉, 다음이어야만 한다.

$$\frac{dG}{dt} \leq 0. \tag{9.7}$$

또한 응력의 방향과 변형률의 방향이 같아야만 한다. 즉 $\gamma(t) = \gamma_0 \Theta(t)$라면 식 (6)은 $\sigma(t) = \gamma_0 G(t)$를 의미한다. 그러면 γ_0의 부호와 σ_0의 부호는 같아야 하므로

$$G(t) \geq 0 \tag{9.8}$$

이어야 한다.

완화탄성률은 $t = 0^+$일 때 유한한 값을 가져야 한다. 이 값은 물론 완화탄성률의 최댓값이 될 것이다. 이 값을 G_0라고 하자. 유체의 경우 $t \to \infty$이면 응력이 0이 될 것이나 고체의 경우 유한한 양의 값을 가질 것이다. 이 극한값은 당연히 완화탄성률의 최솟값이 될 것이다. 이를 G_∞로 표시하자. 그러면 완화탄성률의 일반적인 함수 형태는 다음이 될 것이다.

$$G(t) = G_\infty + (G_0 - G_\infty)\phi_\sigma(t), \quad 0 \leq \phi_\sigma(t) \leq 1,$$

$$\frac{d\phi_\sigma}{dt} \leq 0, \quad \lim_{t \to \infty} \phi_\sigma(t) = 0. \tag{9.9}$$

여기서 $\phi_\sigma(t)$를 완화함수라고 부르며 이는 무차원 함수(dimensionless function)이다. 당연히 선형 점탄성 고체의 경우 $G_\infty > 0$이고 선형 점탄

성 유체의 경우 $G_\infty = 0$이다.

과거의 변형은 현재의 응력에 영향을 미칠 수 있지만, 미래의 변형이 현재의 응력에 영향을 미칠 수는 없다. 이는 너무나도 당연한 것으로 인과 원리(causality principle)라고 부른다. 이는 식 (6)에서 $t < \tau$에서는 $G(t-\tau) = 0$이어야 한다는 것을 의미한다. 그러면 식 (9)는 다음을 의미한다.

$$G(t) = \left[G_\infty + (G_0 - G_\infty)\phi_\sigma(t)\right]\Theta(t). \tag{9.10}$$

변형률 대신에 응력을 주고 물질의 응답을 변형률로 측정하는 경우를 생각해 보자. 임의의 두 응력 $\sigma_1(t)$와 $\sigma_2(t)$를 조합해서 $\sigma(t) = s_1\sigma_1(t) +$ $\sigma(t) = s_1\sigma_1(t) + s_2\sigma_2(t)$로 선형 점탄성 물질에 응력을 가하게 되면 물질의 변형률은

$$\begin{aligned}\gamma(t) &= \Im^{-1}\left[s_1\sigma_1(t) + s_2\sigma_2(t)\right] \\ &= s_1\Im^{-1}\left[\sigma_1(t)\right] + s_2\Im^{-1}\left[\sigma_2(t)\right]\end{aligned} \tag{9.11}$$

이 성립될 것이다. 물론 여기서 s_1과 s_2는 임의의 실수이고 $\Im^{-1}[\ \ ]$는 응력에서 변형률로 대응시키는 선형사상이다. 그러면 식 (6)을 유도한 것과 같은 과정을 통해서 다음과 같은 볼츠만 중첩원리를 다시 얻게 된다.

$$\gamma(t) = \int_{-\infty}^{t} J(t-\tau)\frac{d\sigma}{d\tau}\mathrm{d}\tau, \quad J(t) \equiv \Im^{-1}[\Theta(t)]. \tag{9.12}$$

여기서 $J(t)$를 크립 컴플라이언스(creep compliance)라고 부르며 물리적인 논의를 하면 $J(t)$는 다음을 만족하는 증가함수이다.

$$J(t) \geq 0, \quad \frac{dJ}{dt} \geq 0, \quad J(t) = 0 \text{ for } t < 0. \tag{9.13}$$

세 번째 조건은 역시 인과 원리에 의한 것이다.

선형 점탄성 고체의 경우 $t \to \infty$ 이면 크립 컴플라이언스는 일정한 값으로 수렴한다. 즉,

$$\lim_{t \to \infty} J(t) = J_e^o > 0 \tag{9.14}$$

이다. 하지만 선형 점탄성 유체의 $t \to \infty$ 에 대한 점근 거동(asymptotic behavior)은 상수가 아닌 $J(t) \sim t/\eta_o$ 이다. 여기서 η_o를 영전단 점도(zero-shear viscosity)라고 한다. 고체, 액체를 불문하고 $t \to 0$에 대한 점근 거동은 $J(t) \sim J_g$ 이다. 물질 상수 J_g는 대부분은, 매우 작아 무시하는 경향이 있는데 고분자 유체의 경우 $J_g \sim 10^{-9}\text{Pa}^{-1}$이다. 이는 $J_e^o \sim 10^{-6}\text{Pa}^{-1}$에 비해서 매우 작은 값이다. 그러면 크립 컴플라이언스에 대해서도 식 (9)와 같은 형식의 표현이 가능하다.

$$J(t) = J_g + \left(J_e^o - J_g\right)\left[1 - \phi_\gamma(t)\right] + \frac{t}{\eta_o}, \quad 0 \le \phi_\gamma(t) \le 1,$$

$$\frac{d\psi_\gamma}{dt} \le 0, \quad \lim_{t \to \infty} \phi_\gamma(t) = 0. \tag{9.15}$$

고체인 경우 t/η_o를 소거해야 한다. 수학적으로 보면 고체의 영전단 점도는 무한대라고 볼 수 있다.

인과 원리에 의해서 적분 구간을 $(0, \infty)$에서 $(-\infty, \infty)$로 바꿀 수 있으므로 식 (6)과 (12)는 다음과 같이 쓸 수 있다.

$$\sigma(t) = \int_{-\infty}^{\infty} G(t-\tau)\frac{d\gamma}{d\tau}\mathrm{d}\tau, \quad \gamma(t) = \int_{-\infty}^{\infty} J(t-\tau)\frac{d\sigma}{d\tau}\mathrm{d}\tau. \tag{9.16}$$

이 두 식의 적분은 후리에 변환(Fourier transform)에 대한 합성곱(convolution)이다. 따라서 양변에 후리에 변환을 취하면 다음이 된다.

$$\hat{\sigma}(\omega) = \mathrm{i}\omega\hat{G}(\omega)\hat{\gamma}(\omega), \quad \hat{\gamma}(\omega) = \mathrm{i}\omega\hat{J}(\omega)\hat{\sigma}(\omega). \tag{9.17}$$

여기서 $\mathrm{i} = \sqrt{-1}$ 이고, 후리에 변환은 다음과 같이 정의한다.

$$\hat{f}(\omega)=\int_{-\infty}^{\infty} f(t)e^{-\mathrm{i}\omega t}\mathrm{d}t, \quad f(t)=\frac{1}{2\pi}\int_{-\infty}^{\infty}\hat{f}(\omega)e^{\mathrm{i}\omega t}\mathrm{d}\omega. \tag{9.18}$$

고전적인 후리에 변환에 의하면 $G_\infty = 0$이 아니면 완화탄성률의 후리에 변환은 존재하지 않으며, 크립 컴플라이언스는 시간에 대해서 증가함수이기 때문에, 후리에 변환이 존재할 수 없다. 그런데 응답함수(response function)인 $G(t)$와 $J(t)$는 모두 $t<0$에서 0이므로 이들의 후리에 변환을 다음과 같이 확장하자.

$$\hat{G}(\omega)\equiv\lim_{\epsilon\to 0^+}\int_0^{\infty} G(t)e^{-(\epsilon+\mathrm{i}\omega)t}\mathrm{d}t. \tag{9.19}$$

그러면 라플라스 변환

$$\tilde{G}(s)=\int_0^{\infty} G(t)e^{-st}\mathrm{d}t \tag{9.20}$$

과 다음의 관계식을 만족하게 된다.

$$\hat{G}(\omega)=\tilde{G}(\mathrm{i}\omega). \tag{9.21}$$

선형 점탄성 함수들의 적분변환에 대한 더 많은 정보는 Tschoegl, 1989를 참조 바란다.

라플라스 변환은 증가함수에서도 정의될 수 있으므로 식 (10)의 후리에 변환은 다음이 된다.

$$\mathrm{i}\omega\hat{G}(\omega)=G_\infty+\mathrm{i}\omega(G_o-G_\infty)\hat{\phi}_\sigma(\omega). \tag{9.22}$$

크립 컴플라이언스에 관한 식 (15)에도 같은 방법을 적용하면

$$\mathrm{i}\omega\hat{J}(\omega)=J_e^o-\mathrm{i}\omega(J_e^o-J_g)\hat{\phi}_\gamma(\omega)-\frac{\mathrm{i}}{\eta_o\omega} \tag{9.23}$$

이 된다.

이제 응답함수들의 일반화된 후리에 변환을 사용할 수 있으므로 식 (17)에서 $\hat{\sigma}(\omega)$와 $\hat{\gamma}(\omega)$를 소거하면 다음이 얻어진다.

$$\mathrm{i}\omega\hat{G}(\omega)\,\mathrm{i}\omega\hat{J}(\omega)=1. \tag{9.24}$$

식 (21)은 크립 컴플라이언스에 대해서도 성립하므로 식 (24)의 후리에 변환을 다음과 같이 라플라스 변환으로 바꿀 수 있다.

$$\tilde{G}(s)\tilde{J}(s)=\frac{1}{s^2}. \tag{9.25}$$

라플라스 변환의 합성곱 정리(convolution theorem)를 이용하여 역변환을 취하면 다음이 된다.

$$\int_0^t G(t-\tau)J(\tau)\mathrm{d}\tau=\int_0^t G(t)J(t-\tau)\mathrm{d}\tau=t. \tag{9.26}$$

선형 탄성체에서 탄성률과 컴플라이언스는 역수 관계이지만 선형 점탄성에서는 탄성률과 컴플라이언스가 시간의 함수들이기 때문에 식 (26)과 같은 관계식을 만족하게 된다. 라플라스 변환은 유일하여서 식 (25)는 완화탄성률과 크립 컴플라이언스 중 하나를 알면 나머지를 유일하게 결정할 수 있다는 것을 의미한다.

9.1.2 3차원 볼츠만 중첩원리

3차원적 변형에 대한 볼츠만 중첩원리를 논의하기 위해서 먼저 미소 변형률 텐서의 물질 시간 미분은 변형률 속도 텐서로 근사할 수 있다는 것을 유의하기를 바란다. 즉, $\dot{\mathbf{E}}\simeq\mathbf{D}$이다. 그러면, 선형 점탄성체의 일반적인 구성방정식은 다음이 된다.

$$\mathbf{T}(t)=\int_{-\infty}^t K(t-\tau)\mathrm{tr}\mathbf{D}(\tau)\mathrm{d}\tau\,\mathbf{I}+2\int_{-\infty}^t G(t-\tau)\mathbf{D}'(\tau)\mathrm{d}\tau. \tag{9.27}$$

여기서 $K(t)$는 부피 완화탄성률(bulk relaxation modulus)이고 $G(t)$는 앞에서 다루었던 전단 완화탄성률이다. 두 개의 완화탄성률을 알면 선형 등방성 점탄성체의 모든 역학적 거동을 나타낼 수 있게 된다. 마찬가지로 변형률 텐서를 응력으로 다음과 같이 표현할 수 있다.

$$\mathbf{E}(t) = \int_{-\infty}^{t} J_B(t-\tau)\mathrm{tr}\dot{\mathbf{T}}(\tau)\mathrm{d}\tau\,\mathbf{I} + \int_{-\infty}^{t} J(t-\tau)\dot{\mathbf{T}}'(\tau)\mathrm{d}\tau. \quad (9.28)$$

여기서 $J_B(t)$는 부피 크립 컴플라이언스(bulk creep compliance)이고 $J(t)$는 앞에서 다루었던 전단 크립 컴플라이언스이다.

네 가지 응답함수 $K(t)$, $G(t)$, $J_B(t)$, $J(t)$는 모두 인과 원리에 따라서 $t < 0$일 때 0이 되므로 식 (27)과 (28) 모두는 후리에 변환의 합성곱 관계이다. 따라서 두 구성방정식의 후리에 변환 관계는 다음이 된다.

$$\hat{\mathbf{T}}(\omega) = \mathrm{i}\omega\hat{K}(\omega)\mathrm{tr}\hat{\mathbf{E}}(\omega)\,\mathbf{I} + 2\mathrm{i}\omega\hat{G}(\omega)\hat{\mathbf{E}}'(\omega),$$

$$\hat{\mathbf{E}}(\omega) = \mathrm{i}\omega\hat{J}_B(\omega)\mathrm{tr}\hat{\mathbf{T}}(\omega)\,\mathbf{I} + 2\mathrm{i}\omega\hat{J}(\omega)\hat{\mathbf{T}}'(\omega). \quad (9.29)$$

식 (29)의 양변에 대각합(trace)을 취하면 다음이 얻어진다.

$$\mathrm{tr}\hat{\mathbf{T}}(\omega) = 3\mathrm{i}\omega\hat{K}(\omega)\mathrm{tr}\hat{\mathbf{E}}(\omega), \quad \mathrm{tr}\hat{\mathbf{E}}(\omega) = 3\mathrm{i}\omega\hat{J}_B(\omega)\mathrm{tr}\hat{\mathbf{T}}(\omega). \quad (9.30)$$

따라서 두 식으로부터 다음이 얻어진다.

$$\mathrm{i}\omega\hat{K}(\omega)\mathrm{i}\omega\hat{J}_B(\omega) = \frac{1}{9}. \quad (9.31)$$

이를 라플라스 변환의 관계로 바꾸면 다음이 된다.

$$\tilde{K}(s)\tilde{J}_B(s) = \frac{1}{9s^2}. \quad (9.32)$$

등방 텐서는 편차 텐서와 서로 수직이기 때문에 식 (29)로부터 다음이 얻어진다.

$$\hat{\mathbf{T}}'(\omega) = 2\mathrm{i}\omega\hat{G}(\omega)\hat{\mathbf{E}}'(\omega), \quad \hat{\mathbf{E}}'(\omega) = 2\mathrm{i}\omega\hat{J}(\omega)\hat{\mathbf{T}}'(\omega). \quad (9.33)$$

여기서 편차응력과 편차 변형률의 후리에 변환을 소거하면 다음이 얻어진다.

$$i\omega\hat{G}(\omega)i\omega\hat{J}(\omega)=\frac{1}{4},\quad \tilde{G}(s)\tilde{J}(s)=\frac{1}{4s^2}. \tag{9.34}$$

3차원 모형이기 때문에 식 (34)는 식 (25)의 단순한 1차원 모형의 결과와 약간의 차이가 보인다. 이는 전단변형률의 정의에 의한 차이일 뿐이므로 중요한 것은 아니다.

선형 등방성 점탄성 고체와 선형 등방성 탄성체는 닮은 점이 매우 많다. 후리에 변환된 구성방정식은 선형 등방성 탄성체의 구성방정식과 동일한 수학적 형태를 가지기 때문이다.

9.2 측정 방법과 점탄성 함수

단지 두 개의 시간 함수, 즉 부피 완화탄성률과 전단 완화탄성률만 알면 선형 등방성 점탄성체의 구성방정식은 완벽히 기술된다. 게다가 식 $(6)_1$로 알 수 있듯이 단위계단함수의 입력을 주고 물질의 응답을 측정하면 완화탄성률을 구할 수 있다. 문제는 어떻게 단위계단함수를 만들 것인가에 있다. 관성 등의 문제로 변형률이나 응력을 완벽한 단위계단함수로 발생시키는 것은 불가능하다. 하지만 매우 짧은 시간 $\delta t > 0$에 대해서 $t > \delta t$이면 응력이나 변형률을 일정한 수준으로 유지할 수 있다. 이 말은 $0 \le t < \delta t$에서의 입력신호는 단위계단함수와 큰 차이를 보일 수 있다는 것이다. 보통 δt는 1ms 정도인 것으로 생각된다.

선형 점탄성 구성방정식을 이용하여 제품 설계를 위한 응력해석을 하는 설계 공학자의 관점에서 $\delta t \sim 10^{-3}$s는 매우 짧은 시간이므로 이 정도에 의해서 측정된 완화탄성률에 더해질 오차는 응력해석에 큰 문제를 유발하지 않을 것이다. 하지만 선형 점탄성 측정으로 물질의 구조를 파악하고자 하는 재료공학자의 관점에서 보면 단위계단함수의 불완전한 발생은 관찰범위를 제한시키므로 심각한 문제가 될 수도 있다. 물론 이러한 문제를 해결하기 위해서 시간-온도 중첩의 원리(time-temperature superposition)를 이용할 수는 있다. 시간-온도 중첩의 원리는 고분자에서 매우 유용한 도구이지만 여기서는 자세히 다루지 않을 것이다. 이에 대해서는 Rubinstein and Colby, 2003; Sperling, 2006; Cho, 2016 등을 참조 바란다.

완화탄성률과 크립 컴플라이언스의 측정은 입력신호로 단위계단함수를 이용하기 때문에 정적 실험(static test)이라고 부른다. 정적 실험은 뒤에 다룰 동적 실험(dynamic test)에 비해서 실험 시간이 짧은 장점이 있다. 하지만 평균화과정이 없는 실험이기 때문에 동적 실험보다 정확하지 않은 단점을 가진다(Cho *et al.*, 2017). 완화탄성률의 측정은 짧은 시간 범위($0 \leq t < \delta t$)의 부정확성만이 아니라 장시간에서 측정오차의 문제를 겪게 된다. 완화탄성률은 시간이 지날수록 작은 값을 가지기 때문에 긴 시간 후에 측정 신호의 크기 대비 잡음(noise)의 크기가 더 커질 수 있다. 따라서 시료에 따라 다르긴 하지만 믿을 수 있는 데이터를 얻는 최장 시간이 정해져 있다고 보아야 한다. 측정기기 제작사는 더 정밀한 응력 계측기를 만들어서 보완하려고 하겠지만 완화탄성률 데이터는 장시간 범위에서 지수함수적으로 감소하기에 정밀도의 개선으로 보완하기에는 무리가 많다. 반면에 크립 컴플라이언스는 시간에 대해서 증가함수이기 때문에 장시간 범위에서 정밀도 문제로부터 자유로운 편이다. 하지만 시료의 탄성이 높으면 측정 초기에 크립 공진(creep ringing)이라는 공진현상이 발생한다(Struik, 1967; Roscoe, 1969; Zölzer and Eicke, 1993; Baravian and Quemada, 1998; Baravian, Benbelkacem and

Caton, 2007; Ewoldt and McKinley, 2007; Benmouffok-Benbelkacem *et al.*, 2010; Jaishankar, Sharma and McKinley, 2011; Kim *et al.*, 2015). 공진현상의 주요 원인은 측정기의 관성(inertia) 때문인데 오랫동안 이 문제가 해결되지 못하다가 Kim *et al.*, 2015에 의해서 해결되었다. 측정기 관성의 문제는 동적 실험에서도 나타나는 것이지만 변형률과 응력이 모두 삼각함수 형태의 신호로 나타나기 때문에 해결이 쉽고 이미 상업화된 측정기기에는 해결방안이 탑재되어 있다. 따라서 Kim *et al.*, 2015의 방법을 사용하면 장시간의 선형 점탄성을 측정하는 가장 좋은 방법은 크립 시험이 된다. 시간-온도 중첩을 사용하여도 동적 시험으로 낮은 주파수 영역을 측정하지 못할 경우, 크립 시험으로 보완할 수 있다(He, Wood-Adams and Dealy, 2004).

9.2.1 동적 탄성률

동적 실험은 입력신호를 시간에 대해서 삼각함수로 주고 물질의 응답을 측정하는 것이다. 동적 실험의 결과는 주파수의 함수인 동적 탄성률(dynamic modulus)과 동적 컴플라이언스(dynamic compliance)이다. 이 응답함수들은 정적 실험의 응답함수들과 후리에 변환으로 연결되어 있다. 따라서 동적 탄성률은 완화탄성률의 후리에 변환이라고 볼 수 있으므로 데이터 획득에 적분 과정과 유사한 수치해석적 처리가 사용되므로 측정 오차가 상쇄되는 경향이 있다. 이에 대한 자세한 수학적 분석은 Cho *et al.*, 2017을 참조 바란다.

식 (6)의 변형률을 다음과 같은 삼각함수로 대체해 보자.

$$\gamma(t) = \gamma_0 \sin\omega t = \mathrm{Im}\left\{\gamma_0 e^{i\omega t}\right\}. \tag{9.35}$$

그러면 식 (6)은 다음이 된다.

$$\sigma(t)=\mathrm{Im}\left\{\int_{-\infty}^{t} G(t-\tau)\gamma_0 \mathrm{i}\omega e^{\mathrm{i}\omega\tau}\mathrm{d}\tau\right\}$$

$$=\mathrm{Im}\left\{\gamma_0 e^{\mathrm{i}\omega t}\mathrm{i}\omega\int_0^{\infty} G(\tau)e^{-\mathrm{i}\omega\tau}\mathrm{d}\tau\right\}$$

$$=G'(\omega)\gamma(t)+\frac{G''(\omega)}{\omega}\dot{\gamma}(t). \tag{9.36}$$

여기서

$$G'(\omega)=\omega\int_0^{\infty} G(t)\sin\omega t\mathrm{d}t,\quad G''(\omega)=\omega\int_0^{\infty} G(t)\cos\omega t\mathrm{d}t \tag{9.37}$$

이다. $G'(\omega)$는 저장탄성률(storage modulus), $G''(\omega)$는 손실탄성률(loss modulus)이라고 부른다. 식 (36)과 (37)에서 알 수 있듯이 다음이 성립된다.

$$\mathrm{i}\omega\tilde{G}(\mathrm{i}\omega)=G'(\omega)+\mathrm{i}G''(\omega)\equiv G^*(\omega). \tag{9.38}$$

여기서 $G^*(\omega)$를 복소 탄성률(complex modulus)이라고 부른다. 일반적으로 복소수로 정의되는 물리량은 측정할 수 없지만, 식 (38)의 경우에는 실수부와 허수부가 동적 실험으로 측정할 수 있는 양이다. 그런데도 식 (38)과 같이 측정할 수 있는 물리량들로 이루어진 복소수를 정의하는 이유는 동적 실험의 결과를 수학적으로 다루는 데 복소수를 이용하는 것이 편리하기 때문이다. 컴플라이언스에 대해서도 복소 컴플라이언스(complex compliance)를 $J^*(\omega)=1/G^*(\omega)$로 정의할 수 있고 점도에 대해서도 복소 점도(complex viscosity)를 $\eta^*(\omega)=G^*(\omega)/\mathrm{i}\omega$로 정의할 수 있다. 이러한 복소수의 이용은 전기-전자공학에서 선형 교류회로 이론(linear theory of alternative circuit)에서 흔히 사용하는 방법이다.

점탄성을 측정하는 측정기를 레오미터(rheometer)라고 부른다. 레오미터는 주파수 ω를 고정하고 식 (35)와 같은 변형률을 시료에 주고 응력을 시간의 함수로 측정한다. 그러면 식 (36)을 이용하여 중회귀분석을 하면 동적 탄성률을 계산해 낼 수 있다. 이와 같은 작업을 주파수를 바꾸어 가며 반복하게 되므로 정적 실험보다 오랜 측정시간이 필요하게 된다.

재료공학자 측면에서 보면 정적 실험은 하나의 물질 함수(완화탄성률)를 제공하는 반면 동적 실험은 탄성을 대표하는 저장탄성률 $G'(\omega)$과 점성을 대표하는 손실탄성률 $G''(\omega)$을 제공한다. Cho *et al.*, 2017은 비슷한 완화탄성률 데이터를 보여 주는 다른 두 물질이 손실탄성률에서는 큰 차이를 보여 주는 이유를 수학적으로 분석했다. 실험의 정밀도로 보나 물질을 구분하는 해상력(resolution)으로 보나 동적 실험이 정적 실험보다 훨씬 좋아 보인다. 하지만 설계공학자로서는 주어진 변형률로부터 응력을 구하는 경계조건 문제를 풀어야 하므로 동적 탄성률은 의미가 없고 필요한 것은 완화탄성률이다. 그러면 실험으로 구한 동적 탄성률로부터 완화탄성률을 구해야만 한다. 식 (37)에서 알 수 있듯이 완화탄성률과 동적 탄성률 사이에는 후리에 변환 관계가 성립된다. 따라서 동적 탄성률로부터 완화탄성률은 다음과 같이 구해진다.

$$\begin{aligned} G(t) &= G_\infty + \frac{2}{\pi}\int_0^\infty \frac{G'(\omega)-G_\infty}{\omega}\sin\omega t\,\mathrm{d}\omega \\ &= G_\infty + \frac{2}{\pi}\int_0^\infty \frac{G''(\omega)}{\omega}\cos\omega t\,\mathrm{d}\omega. \end{aligned} \tag{9.39}$$

이 식은 엄밀하지만 $[G'(\omega)-G_\infty]/\omega$와 $G''(\omega)/\omega$가 충분히 작아지는 높은 주파수까지를 포함하는 넓은 주파수 범위로 측정된 동적 탄성률 데이터가 없으면 유용하지 않다. 측정 주파수 범위는 유한하지만, 식 (39)를 수치 적분했을 때 오차가 최소화될 수 있을 정도로 충분히 넓은 범위의 주파수에 대한 데이터가 필요하다. 시간-온도 중첩의 원리를 사용하면 충분히 넓은 주파수 범위를 확보할 수 있겠지만 때에 따라서, 그런 데이터를 확보하지 못하거나 주파수 범위가 적당히 넓지 못할 때가 있다. 이를 해결하는 효과적인 방법은 완화시간 분포(relaxation time distribution)와 같은 점탄성 스펙트럼(viscoelastic spectrum)을 이용하는 것이다. 이에 대해서는 뒤에 다루기로 하자.

엄밀하지는 못하지만, 대략적인 계산이 필요한 경우에는 스프링-대시포트 모형(spring-dashpot model)을 사용하는 방법이 있다. 스프링-대시포트 모형을 포함한 다양한 현상학적 모형에 대해서는 9.4절에서 다루기로 한다.

9.2.2 크립 공진현상

응력 제어형 레오미터는 원하는 응력을 물질에 가하고 물질의 변형을 측정하는 측정장치이다. 시료를 붙잡는 고정쇠(fixture)는 에어 베어링이나 마그네틱 베어링을 사용한다고 해도 어쩔 수 없이 관성을 유발할 수밖에 없다. 레오미터가 제어하는 응력을 σ_m이라고 하고 물질이 발현하는 응력을 σ라고 하면 고정쇠의 관성 때문에 이 둘은 같을 수가 없고 다음과 같은 관계식을 만족하게 된다(Baravian and Quemada, 1998).

$$\mu \frac{d^2\gamma}{dt^2} + \sigma(t) = \sigma_m(t). \tag{9.40}$$

여기서 μ는 고정쇠의 관성 계수(inertia coefficient)로 그 수치를 레오미터 제작자가 제공하고 있다.

식 (40)의 σ에 맥스웰 모형(Maxwell model), 보이그트 모형(Voigt model), 제프리 모형(Jeffreys model) 등과 같은 현상학적 모형을 적용하면 해석적으로 $\gamma(t)$를 계산할 수 있다(Baravian and Quemada, 1998; Baravian,

Benbelkacem and Caton, 2007; Ewoldt and McKinley, 2007). 하지만 이런 모형은 지나치게 대략적인 것들이기 때문에, 일반적인 물질의 분석에는 적용하기 어렵다. 선형 점탄성에 대해서는 앞에서 언급한 볼츠만 중첩원리와 같은 일반적인 구성방정식이 있으므로, Kim *et al.*, 2015은 식 (6)에 다음과 같이 볼츠만 중첩원리를 적용하였다.

$$\mu\ddot{\gamma}(t)+\int_0^t G(t-\tau)\dot{\gamma}(\tau)\mathrm{d}\tau=\sigma_m(t). \tag{9.41}$$

여기서 초기조건의 효과를 알아보기 위해서 $t<0$에 대해서 $\gamma(t)=0$을 가정하였다.

식 (41)은 적분-미분 방정식(integro-differential equation)이지만 선형이기 때문에 그리고 적분 항이 라플라스 변환의 합성곱이기 때문에 라플라스 변환을 이용하여 쉽게 풀 수 있다. 변형률 $\gamma(t)$에 대한 초기조건은 식 (12)의 미분으로부터 결정할 수 있다.

$$\gamma(0)=\dot{\gamma}(0)=0. \tag{9.42}$$

라플라스 변환으로 다음을 얻는다.

$$s\tilde{G}(s)=\frac{\tilde{\sigma}_m(s)}{\tilde{\gamma}(s)}-\mu s^2. \tag{9.43}$$

여기서 $\tilde{\sigma}_m(s)$는 주어진 함수 $\sigma_m(t)$를 이용하여 해석적으로 구할 수 있으므로 실험 데이터 $\gamma(t)$로부터 $\tilde{\gamma}(s)$를 수치적으로 얻을 수 있다면 식 (43)으로부터 $s\tilde{G}(s)$를 구할 수 있다.

크립 실험으로 얻는 수치 데이터 $\gamma(t)$는 유한한 시간 범위에서 이산적으로 얻는 수치들의 집합 $\{t_n, \gamma_n=\gamma(t_n)\}_{n=1}^{n=N}$이다. 따라서 $\tilde{\gamma}(s)$를

$$\tilde{\gamma}(s)\approx\frac{1}{2}\sum_{n=1}^{N-1}\left(\gamma_{n+1}e^{-st_{n+1}}+\gamma_n e^{-st_n}\right)\left(t_{n+1}-t_n\right)$$

$$\approx \int_{t_1}^{t_N} \gamma(t) e^{-st} \mathrm{d}t \tag{9.44}$$

로 간주하면 상당한 오차가 있을 수 있다. Kim *et al.*, 2015는 $\sigma_m(t) = \sigma_o \Theta(t)$의 크립 실험에 대해서 식 (42)의 초기조건으로부터 시간영역 $0 \leq t < t_1$에 대해서는

$$\gamma(t) \approx \frac{\gamma_1}{t_1^2} t^2 \quad \text{for} \quad 0 \leq t < t_1 \tag{9.45}$$

의 근사를 사용하고 시간영역 $t_N < t$에 대해서는

$$\gamma(t) \approx \sigma_o \bar{J}_e^o + \frac{\sigma_o}{\bar{\eta}_o} t \tag{9.46}$$

의 근사를 사용하였다. 여기서 $\bar{J}_e^o$와 $\bar{\eta}_o$는 장시간에서의 데이터를 식 (46)으로 회귀분석해서 구한 값으로 정상상태 컴플라이언스(steady state compliance) J_e^o와 영전단 점도 η_o의 추정치에 해당한다. 만약 측정한 데이터가 장시간 영역에서 식 (46)과 같은 점근 거동을 명확히 보이지 않는다면 식 (46)의 근사를 사용할 수 없겠지만 대부분의 점탄성 유체에 대해서 충분히 긴 시간 동안 측정하면 식 (46)과 같은 점근 거동이 명확하게 관찰된다. 그러면 보완된 라플라스 변환은 다음이 된다.

$$\begin{aligned}\tilde{\gamma}(s) \approx & \frac{\gamma_1}{t_1^2} \frac{2 - e^{-st_1}\left(t_1^2 s^2 + 2t_1 s + 2\right)}{s^3} \\ & + \frac{1}{2} \sum_{n=1}^{N-1} \left(\gamma_{n+1} e^{-st_{n+1}} + \gamma_n e^{-st_n}\right)\left(t_{n+1} - t_n\right) \\ & + \sigma_o \frac{e^{-st_N}}{s^2} \left(\frac{1 + st_N}{\bar{\eta}_o} + \bar{J}_e^o s\right).\end{aligned} \tag{9.47}$$

그러면 최종적으로 완화탄성률의 라플라스 변환을 얻을 수 있고 수치적

으로 라플라스 역변환을 취하면 완화탄성률을 구할 수 있다. 물론 Kim *et al.*, 2015은 $s\tilde{G}(s)$로부터 동적 탄성률을 구하는 방법도 제시하였다.

9.2.3 점탄성 함수 사이의 관계

다음 단계의 문제는 식 (43)으로 구한 $s\tilde{G}(s)$를 어떻게 동적 탄성률이나 완화탄성률로 변환하느냐이다. 선형 점탄성 이론에서는 다양한 물질 함수들이 등장한다. 주요한 물질 함수로 완화탄성률 $G(t)$, 동적 탄성률 $G'(\omega)$와 $G''(\omega)$, 크립 컴플라이언스 $J(t)$, 동적 컴플라이언스 $J'(\omega)$와 $J''(\omega)$ 등이 있다. 이 모든 물질 함수는 다음과 같은 완벽한 수학적 관계를 가진다(Ferry, 1980; Pipkin, 1986; Riande *et al.*, 2000; Cho, 2016).

$$G'(\omega)=\omega\int_0^\infty G(t)\sin\omega t\,\mathrm{d}t,\quad G''(\omega)=\omega\int_0^\infty G(t)\cos\omega t\,\mathrm{d}t,$$

$$\begin{aligned}G(t)&=G_\infty+\frac{2}{\pi}\int_0^\infty\frac{G'(\omega)-G_\infty}{\omega}\sin\omega t\,\mathrm{d}\omega\\&=G_\infty+\frac{2}{\pi}\int_0^\infty\frac{G''(\omega)}{\omega}\cos\omega t\,\mathrm{d}\omega,\end{aligned}$$

$$\int_0^t J(t-\tau)G(\tau)\mathrm{d}\tau=\int_0^t J(\tau)G(t-\tau)\mathrm{d}\tau=t,$$

$$J'(\omega)=J_\mathrm{e}^\mathrm{o}-\omega\int_0^\infty\left[J_\mathrm{e}^\mathrm{o}-J(t)+\frac{t}{\eta_\mathrm{o}}\right]\sin\omega t\,\mathrm{d}t,$$

$$J''(\omega)=\frac{1}{\omega\eta_\mathrm{o}}+\omega\int_0^\infty\left[J_\mathrm{e}^\mathrm{o}-J(t)+\frac{t}{\eta_\mathrm{o}}\right]\cos\omega t\,\mathrm{d}t,$$

$$J(t)=J_g+\frac{t}{\eta_\mathrm{o}}+\frac{2}{\pi}\int_0^\infty\frac{J'(\omega)-J_g}{\omega}\sin\omega t\,\mathrm{d}\omega$$

$$= J_g + \frac{t}{\eta_0} + \frac{2}{\pi}\int_0^{\infty}\left[\frac{J''(\omega)}{\omega} - \frac{1}{\omega^2\eta_0}\right](1-\cos\omega t)\mathrm{d}\omega. \quad (9.48)$$

하지만 이 공식들은 주파수나 시간의 범위가 0에서 무한대이므로 유한한 구간에서 측정된 실험 데이터를 이 공식들에 바로 적용할 수 없다. 위에서 변형률의 라플라스 변환을 구할 때 사용한 것과 유사하지만 다양한 수치해석적 방법을 사용하여야 한다. 이를 소개하기 위해서는 선형 점탄성의 현상학적 모형과 점탄성 스펙트럼에 대한 지식이 필요하다.

9.3 현상학적 모형

물론 선형 점탄성의 가장 일반적인 현상학적 모형은 식 (6), (12)에 보인 볼츠만 중첩의 원리이다. 모형이라고 불렀지만, 볼츠만 중첩의 원리는 선형성을 가정할 때 응력과 변형률 사이의 유일한 관계라고 할 수 있다. 식 (6)의 경우, 물질의 구성방정식을 규명하는 것이 바로 완화탄성률의 함수구조를 밝히는 것이 된다. 하지만 대부분의 구성방정식 모형은 물질 함수를 결정하는 것이 아니고 물질 상수를 결정하는 형태를 가지고 있다. 여기서 현상학적 모형이란 함수의 형태는 정해져 있고 다만 모형의 몇 가지 매개변수가 물질의 특성을 나타내는 모형을 의미한다.

9.3.1 스프링과 대시포트 모형

구성방정식의 현상학적 모형을 만드는 가장 대표적인 방법의 하나는 스프링과 대시포트를 직렬 또는 병렬로 연결해서 모형을 구성하는 것이다. 스프링은 탄성을 대표하고 대시포트는 점성을 대표하는 역학 요소(mechanical element)들이다. 스프링의 변형률을 γ_e, 응력을 σ_e, 탄성률을

G_1라고 하면 스프링의 구성방정식은

$$\sigma_e = G_1 \gamma_e \tag{9.49}$$

가 된다. 반면에 대시포트의 변형률을 γ_v, 응력을 σ_v, 점도를 η_1라고 하면 대시포트의 구성방정식은

$$\sigma_v = \eta_1 \dot{\gamma}_v \tag{9.50}$$

이다.

맥스웰 모형은 스프링과 대시포트를 직렬로 연결한 모형이다. 직렬로 연결하면 두 역학 요소에 작용하는 응력은 같다고 가정하며 두 역학 요소의 변형률의 합이 물질의 변형률이라고 가정한다. 그러면

$$\sigma = \sigma_e = \sigma_v, \quad \gamma = \gamma_e + \gamma_v \tag{9.51}$$

이 된다. 식 (49), (50), (51)을 정리하여 물질의 응력 σ와 변형률 γ의 관계를 다음과 같이 얻게 된다.

$$\sigma + \frac{\eta_1}{G_1}\dot{\sigma} = \eta_1 \dot{\gamma}. \tag{9.52}$$

응력 완화실험에서 변형률이 $\gamma(t) = \gamma_o \Theta(t)$로 주어지므로 응력은 다음과 같이 계산된다.

$$\sigma(t) = G_1 e^{-t/\lambda} \gamma_o, \quad \lambda \equiv \frac{G_1}{\eta_1}. \tag{9.53}$$

따라서 완화탄성률은

$$G(t) = G_1 e^{-t/\lambda} \Theta(t) \tag{9.54}$$

이다. 여기서 $\Theta(t)$는 인과 원리에 의해서 도입된 것이다.

변형률이 $\gamma(t) = \gamma_o \sin\omega t$로 주어지는 동적 실험의 경우, 과도응답(transient response)이 충분히 사라지는 긴 시간 후의 응력은 다음이 된다.

$$\sigma(t) = G_1 \frac{(\lambda\omega)^2}{1+(\lambda\omega)^2}\gamma(t) + G_1 \frac{\lambda\omega}{1+(\lambda\omega)^2}\frac{\dot{\gamma}(t)}{\omega}. \tag{9.55}$$

따라서 맥스웰 모형의 동적 탄성률은 다음이 된다.

$$G'(\omega) = G_1 \frac{(\lambda\omega)^2}{1+(\lambda\omega)^2}, \quad G''(\omega) = G_1 \frac{\lambda\omega}{1+(\lambda\omega)^2}. \tag{9.56}$$

동적 탄성률은 변형률을 $\gamma(t) = \gamma_o \sin\omega t$로 하는 식 (52)의 미분 방정식을 직접 풀어서 구할 수도 있지만, 식 (54)에 라플라스 변환을 적용해서 $s\tilde{G}(s)$를 구한 후에 식 (38)을 이용하여 구할 수도 있다. 완화탄성률의 라플라스 변환이

$$s\tilde{G}(s) = G_1 \frac{\lambda s}{1+\lambda s} \tag{9.57}$$

이므로 식 (25)를 이용하여 크립 컴플라이언스의 라플라스 변환을 다음과 같이 구할 수 있다.

$$\tilde{J}(s) = \frac{1}{G_1 s} + \frac{1}{\eta_1 s^2}. \tag{9.58}$$

역(逆)라플라스 변환을 하면 맥스웰 모형의 크립 컴플라이언스는

$$J(t) = \left(\frac{1}{G_1} + \frac{t}{\eta_1}\right)\Theta(t) \tag{9.59}$$

가 된다.

식 (54)와 (59)로 알 수 있듯이 맥스웰 모형은 선형 점탄성 유체이다. 식 (51) 때문에, 일정한 응력이 주어지면 스프링의 변형률은 응력에 대응하는 일정한 값으로 고정되지만 대시포트의 변형률은 계속해서 증가하기 때문에 전체적인 변형률이 증가하게 된다.

선형 점탄성 고체 모형의 대표는 보이그트 모형(Voigt model)이다. 이는 스프링과 대시포트가 병렬로 연결된 모형이다. 따라서 응력은 스프링과 대시포트에 작용하는 응력들의 합이 되지만 변형률은 스프링과 대시포트 모두 같다고 가정한다.

$$\sigma = \sigma_e + \sigma_v, \quad \gamma = \gamma_e = \gamma_v. \tag{9.60}$$

식 $(60)_1$에 식 (49)와 (50)을 대입하면 구성방정식은 다음이 된다.

$$\sigma = G_1\gamma + \eta_1\dot{\gamma}. \tag{9.61}$$

응력 완화실험에서 변형률이 $\gamma(t) = \gamma_o\Theta(t)$로 주어지므로 식 (61)은

$$\sigma(t) = G_1\gamma_o\Theta(t) + \eta_1\gamma_o\delta(t) \tag{9.62}$$

가 된다. 여기서 $\delta(t)$는 디랙 델타 함수(Dirac delta function)이다. 따라서 완화탄성률은

$$G(t) = G_1\Theta(t) + \eta_1\delta(t) \tag{9.63}$$

이 된다.

크립 실험에서 응력이 $\sigma(t) = \sigma_o\Theta(t)$로 주어지므로 식 (61)로 계산하면 변형률은 다음이 된다.

$$\gamma(t) = \frac{\sigma_o}{G_1}(1 - e^{-t/\tau})\Theta(t), \quad \tau \equiv \frac{\eta_1}{G_1}. \tag{9.64}$$

따라서 크립 컴플라이언스는

$$J(t) = \frac{1}{G_1}(1 - e^{-t/\tau})\Theta(t) \tag{9.65}$$

가 된다.

식 (63)에 라플라스 변환을 취해서 $s\tilde{G}(s)$를 구하면

$$s\tilde{G}(s) = G_1 + \eta_1 s \tag{9.66}$$

이 얻어진다. 여기서 $s = \mathrm{i}\omega$를 대입하고 식 (38)을 이용하면

$$G'(\omega) = G_1, \quad G''(\omega) = \eta_1\omega \tag{9.67}$$

이 된다. 이는 $\gamma(t) = \gamma_o \sin\omega t$를 식 (61)에 대입하고 과도응답을 제거하였을 때 얻는 결과와 일치한다.

맥스웰 모형은 정성적으로 선형 점탄성 유체를 잘 기술하지만, 실험 결과와 정량적인 일치성을 보여 주기 어렵다. 보이그트 모형은 정성적으로 선형 점탄성 고체를 잘 기술하지만, 실험 결과와 정량적인 일치성을 보여 주기 어렵다. 따라서 다양한 탄성률을 가지는 스프링과 다양한 점도를 가지는 대시포트를 병렬과 직렬로 연결한 다양한 모형들을 구성할 수 있다. 이러한 모형의 점탄성 함수들에 대한 분석은 여기서는 생략하겠다. 이에 대해서는 Tschoegl, 1989를 참조 바란다.

N개의 역학 요소를 결합한 스프링-대시포트 모형을 구성하게 되면 N개의 물질 상수를 구해야 한다. 물론 N이 커질수록 실험 결과와의 정량적 일치성을 높일 수 있다. 다양한 모형 중에서 체계적인 두 모형을 소개한다. 첫 번째는 스프링 한 개와 N개의 맥스웰 모형을 병렬로 연결한 모형이다. 이를 일반화된 맥스웰 모형(generalized Maxwell model)이라고 부른다. 스프링의 탄성률을 0으로 놓으면(스프링을 제거하면) 이 모형은 점탄성 유체의 모형이 되고 탄성률을 유한한 양수로 두면 점탄성 고체의 모형이 된다. 두 번째 모형은 M개의 보이그트 모형과 한 개의 맥스웰 모형을 직렬로 연결한 모형이다. 맥스웰 모형의 대시포트를 제거하면 이 모형은 점탄성 고체의 모형이 되고 제거하지 않으면 점탄성 유체의 모형이 된다. 이 모형을 일반화된 보이그트 모형(generalized Voigt model)이라고 부르자.

일반화된 맥스웰 모형과 일반화된 보이그트 모형은 $M = N - 1$일 때 물질 상수의 개수가 같아짐은 물론이고 모든 점탄성 함수가 같은 수학적 구조를 가지게 된다(Baumgaertel and Winter, 1989). 일반화된 맥스웰 모형은 완화탄성률을 쉽게 구할 수 있는 모형이고 일반화된 보이그트 모형은 크립 컴플라이언스를 쉽게 구할 수 있는 모형이다. 따라서 계산의 목적에 따라서 어떤 모형을 선정할지 결정하면 된다.

일반화된 맥스웰 모형의 완화탄성률은 다음이 된다.

$$G(t) = G_{\infty} + \sum_{k=1}^{N} G_k e^{-t/\lambda_k}. \tag{9.68}$$

여기서 G_{∞}는 스프링의 탄성률로 $t \to \infty$에서의 완화탄성률의 값이 된다. 완화시간(relaxation time) λ_k는 k번째 맥스웰 요소의 완화시간으로 $\lambda_k \equiv \eta_k / G_k$이다. 일반화된 보이그트 모형의 크립 컴플라이언스는 다음과 같이 계산된다.

$$J(t) = J_g + \frac{t}{\eta_0} + \sum_{k=1}^{M} J_k \left(1 - e^{-t/\tau_k}\right). \tag{9.69}$$

여기서 J_g는 일반화된 보이그트 모형 안에 있는 맥스웰 요소의 탄성률의 역수이고 η_0는 맥스웰 요소의 점도이다. k번째 보이그트 요소의 탄성률은 G_k, 점도를 η_k라고 하면 $J_k = 1/G_k$이고 $\tau_k \equiv \eta_k / G_k$이다. τ_k를 k번째 보이그트 요소의 지연시간(retardation time)이라고 부른다.

식 (68)의 물질 상수들의 집합 $\{G_k, \lambda_k\}_{k=1}^{k=N}$을 이산 완화시간 분포(discrete relaxation time distribution or discrete relaxation spectrum)라고 부르고 식 (69)의 물질 상수들의 집합 $\{J_k, \tau_k\}_{k=1}^{k=M}$을 이산 지연시간 분포(discrete retardation time distribution or discrete retardation spectrum)라고 부른다. 이 두 시간 분포는 이후에 배울 연속 점탄성 스펙트럼(continuous viscoelastic spectrum)의 기원이 된다.

9.3.2 복소수를 이용한 현상학적 모형

일반화된 맥스웰 모형이나 일반화된 보이그트 모형은 물질 상수의 개수를 늘리면 늘릴수록 실험 결과를 더 정량적으로 잘 맞출 수 있다. 하지만 $M=2$인 경우에도 식 (69)는 6개의 물질 상수가 있어야 한다. 적은 개수의 물질 상수만으로도 점탄성을 잘 기술할 수 있는 모형을 개발하고자 하는 노력은 당연하다.

적은 개수의 물질 상수로 이루어진 모형의 개발은 유변학에서가 아니라 유전체 이론(theory of dielectrics)에서 시작되었다. 유전체에 교류를 가해 주었을 때 유전율(permitivity)은 복소 탄성률을 정의하는 방식으로 정의할 수 있다. Debye, 1929는 열운동에 의해서 회전이 가능한 영구 쌍극자(permanent dipole moment)를 가진 유전체의 복소 유전율을 다음과 같이 유도하였다.

$$\epsilon^*(\omega)=\epsilon_\infty+\frac{\epsilon_s-\epsilon_\infty}{1+\mathrm{i}\tau_D\omega}=\epsilon'(\omega)-\mathrm{i}\epsilon''(\omega). \tag{9.70}$$

여기서 ϵ_∞는 $\omega\to\infty$에 대한 유전율의 극한치이고 ϵ_s는 $\omega\to 0$에 대한 유전율의 극한치이며 τ_D는 드바이 완화시간(Debye relaxation time)이다. 이 모형은 3개의 물질 상수로 이루어졌지만, 매우 넓은 주파수 범위에서 실험 결과와 대체로 잘 일치하는 것으로 알려져 있다.

식 (69)에서 $\eta_0\to\infty$라고 하고 $M=1$인 경우를 생각하면 크립 컴플라이언스는 다음이 된다.

$$J(t)=J_g+\left(J_e^o-J_g\right)\left(1-e^{-t/\tau}\right). \tag{9.71}$$

그러면 식 (48)을 이용하여 복소 컴플라이언스는 다음이 된다.

$$J^*(\omega)=J'(\omega)-\mathrm{i}J''(\omega)=J_g+\frac{J_e^o-J_s}{1+\mathrm{i}\tau\omega}. \tag{9.72}$$

식 (70)과 (72)를 비교하면 놀라운 유사성을 발견할 수 있다.

Cole and Cole, 1942는 여러 물질의 유전율 데이터를 모아 가로축을 $\epsilon'(\omega)$ 세로축을 $\epsilon''(\omega)$로 그래프를 그렸다. 이 작도법을 콜-콜 작도

(Cole-Cole plot)라고 한다. 이들은 드바이 모형, 식 (70)을 콜-콜 작도로 그리면 지름이 $\epsilon_s - \epsilon_\infty$ 인 반원인데, 실험 데이터는 찌그러진 타원의 형태를 보인다는 것을 알게 되었다. 그래서 식 (70)을 다음과 같이 수정하였더니 실험 결과와 높은 일치성을 보이는 것을 알게 되었다.

$$\epsilon^*(\omega) = \epsilon_\infty + \frac{\epsilon_s - \epsilon_\infty}{1 + (\mathrm{i}\tau_C\omega)^\alpha}. \tag{9.73}$$

여기서 $0 < \alpha \le 1$이다.

유전율 모형은 선형 점탄성 고체의 복소 컴플라이언스와 높은 유사성을 가지므로 Marin and Graessley, 1977은 식 (73)의 콜-콜 모형을 단분산성 고분자 용융체(monodisperse polymer melt)에 다음과 같은 방식으로 적용하였다.

$$J^*(\omega) = J_g + \frac{1}{\mathrm{i}\eta_0\omega} + \frac{J_1}{1 + (\mathrm{i}\tau_1\omega)^{\alpha_1}} + \frac{J_2}{1 + (\mathrm{i}\tau_2\omega)^{\alpha_2}}. \tag{9.74}$$

두 개의 콜-콜 요소를 사용한 이유는 단분산성 고분자 용융체의 $J''(\omega) - 1/(\eta_0\omega)$를 $J'(\omega)$의 함수로 콜-콜 작도를 구하면 두 개의 찌그러진 타원이 얻어지기 때문이다. 이 모형은 단지 8개의 물질 상수를 가지고 있지만 매우 넓은 주파수 범위에서 실험 결과와 높은 정량적 일치성을 보여 준다(Marin and Graessley, 1977; Cho, 2016). 식 (68)이나 (69)로 이 정도로 높은 일치성을 얻기 위해서는 두 배 이상의 물질 상수가 필요하게 된다.

어떻게 콜-콜 모형은 적은 개수의 물질 상수로 실험 결과를 그렇게 잘 묘사할 수 있을까? 다음 절에서 지연시간 분포(retardation spectrum)에 대해서 배우면 알게 되겠지만 콜-콜 모형은 식 (68)의 보이그트 요소들의 복소 컴플라이언스를 대표한다. 즉,

$$\frac{J_c}{1+(\mathrm{i}\tau_c\omega)^\alpha}=\sum_{k=1}^{N}\frac{J_k}{1+\mathrm{i}\tau_k\omega} \tag{9.75}$$

가 성립된다. 이것은 $J_k = L(\tau_k)$를 만족시키는 어떤 함수관계 $L(\ )$가 있다는 것을 의미한다. 함수관계 $L(\ )$이 바로 지연시간 분포이다.

9.4 점탄성 스펙트럼

9.4.1 유일성과 후오스-커크우드 관계식

식 (68)의 일반화된 맥스웰 모형이 실험 결과와 높은 정량적 일치성을 보인다는 것을 알았다. N이 증가하면 증가할수록 일치성은 더 높아지므로 아예 식 (68)과 같은 이산적인 수식 대신에 다음과 같은 연속적인 수식을 적용하면 안 될까?

$$G(t)=G_\infty+\int_{-\infty}^{\infty}H(\lambda)e^{-t/\lambda}\mathrm{d}\log\lambda. \tag{9.76}$$

이 식은 $G(t)$와 G_∞를 알고 있으므로, 연속 완화시간 분포(continuous relaxation time distribution or continuous relaxation spectrum) $H(\lambda)$에 대한 적분방정식으로 후레드홀름 제1종 적분방정식(Fredholm integral equation of the first kind)이라고 분류된다(Hassani, 2013). 식 (76)은 단지 완화시간 분포의 정의일 뿐이기에 완화시간 분포는 직접 측정되는 물리량이 아니라 식 (76)의 적분방정식을 풀어서 측정이 가능한 완화탄성률로부터 계산되는 가상의 물리량이다.

가상의 물리량이 왜 중요할까? 중요성은 필요성의 문제이다. 중요성보다 먼저 해결해야 하는 것은 실제로 $H(\lambda)$가 존재하느냐이다. 이 질문을 다르게 말하면 주어진 $G(t)$와 G_∞에 대해서 적분방정식을 풀어서 얻는 $H(\lambda)$는 유일한가이다. 유일하다면 $H(\lambda)$는 완화탄성률의 다른 모습일 뿐이므로 $H(\lambda)$의 존재는 의미가 있다. $H(\lambda)$의 중요성은 $G(t)$보다 더 많은 정보를 줄 수 있는가와 $G(t)$가 할 수 없는 어떤 역할이 있는가에 있다. Cho *et al.*, 2017은 여러 점탄성 함수 중에 완화시간 분포가 가장 해상력이 높은 점탄성 함수라는 것을 수학적으로 보인 바 있다. 두 물질의 완화탄성률이 비슷해 보이더라도 완화시간 분포는 두 물질이 확연히 다르다는 것을 보여 줄 수 있다. 동적 탄성률 데이터로부터 완화탄성률을 구하는 것은 데이터가 유한한 주파수 범위에서 측정되었다는 이유로 정확하게 수행할 수 없는 문제이지만 동적 탄성률로부터 완화시간 분포를 구하면 매우 정확하게 완화탄성률을 얻을 수 있다.

먼저 완화시간 분포의 유일성을 보이고 나중에 주어진 실험 결과로부터 어떻게 완화시간 분포를 계산할 수 있는지를 소개하겠다. 식 (76)에서 λ^{-1}을 σ로 변환해 보자. 그러면 다음이 얻어진다.

$$G(t) - G_\infty = \int_0^\infty \frac{1}{\sigma} H\left(\frac{1}{\sigma}\right) e^{-\sigma t} \mathrm{d}\,\sigma. \tag{9.77}$$

이는 함수 $\sigma^{-1} H(\sigma^{-1})$의 라플라스 변환이 $G(t) - G_\infty$라는 것을 의미한다. 라플라스 변환의 두 함수는 유일하게 결정된다(Churchill, 1972). 따라서 주어진 완화탄성률에 대해서 유일한 완화시간 분포가 존재하게 된다. 좌변이 데이터로 주어졌을 때 역(逆)라플라스 변환을 수치해석적인 방법으로 구하면 완화시간 분포를 구할 수 있다는 것을 식 (77)로부터 알게 된다. 수치해석적인 라플라스 변환의 역전(inversion)에 대해서는 수백 가지의 알고리듬이 개발되었다. 라플라스 역변환의 다양한 수치해석적 방법에 대해서는 Cohen, 2007를 참조 바란다.

식 (37)에 식 (76)을 적용하면 다음의 관계식을 얻는다.

$$G'(\omega) = G_\infty + \int_{-\infty}^{\infty} H(\lambda) \frac{(\lambda\omega)^2}{1+(\lambda\omega)^2} \mathrm{d}\log\lambda,$$

$$G''(\omega) = \int_{-\infty}^{\infty} H(\lambda) \frac{\lambda\omega}{1+(\lambda\omega)^2} \mathrm{d}\log\lambda. \tag{9.78}$$

여기서 $\nu \equiv \log\omega$, $\tau \equiv -\log\lambda$로 변수변환을 취해 보자. 그러면 식 $(78)_2$는 다음이 된다.

$$G''(e^\nu) = \frac{1}{2}\int_{-\infty}^{\infty} H(e^{-\tau}) \mathrm{sech}(\nu-\tau) \mathrm{d}\tau. \tag{9.79}$$

식 $(78)_1$의 양변을 ω로 나누어 주고 $\nu \equiv \log\omega$, $\tau \equiv -\log\lambda$의 변수변환을 취하면 다음이 얻어진다.

$$e^{-\nu}\left[G'(e^\nu) - G_\infty\right] = \frac{1}{2}\int_{-\infty}^{\infty} e^{-\tau} H(e^{-\tau}) \mathrm{sech}(\nu-\tau) \mathrm{d}\tau. \tag{9.80}$$

식 (79)와 (80) 모두의 우변은 후리에 변환의 합성곱 형태를 가지고 있다. 따라서 양변에 후리에 변환을 해 주면 완화시간 분포의 후리에 변환을 동적 탄성률의 후리에 변환과 $\mathrm{sech}x$의 후리에 변환으로 표시할 수 있다. 후리에 변환 짝은 라플라스 변환에서와 마찬가지로 유일한 짝이므로 주어진 동적 탄성률로부터 유일한 완화시간 분포를 구할 수 있다는 것을 의미하게 된다.

Fuoss and Kirkwood, 1941는 식 (79)에 해당하는 손실 유전율 방정식에 후리에 변환을 취해서 손실 유전율, $\epsilon''(\omega)$로부터 완화시간 분포를 구하는 해석적인 관계를 처음으로 유도하였다. 따라서 이 방법으로 선형 점탄성의 완화시간 분포를 구할 수 있다. Davies and Anderssen, 1997은 이를 유변학적 용어로 다음과 같이 표현하였다.

$$H\left(\frac{1}{\omega}\right) = \pm\frac{2}{\pi}\mathrm{Im}\{G'(\pm \mathrm{i}\omega)\} = \frac{2}{\pi}\mathrm{Re}\{G''(\pm \mathrm{i}\omega)\}. \tag{9.81}$$

이 식을 후오스-커크우드 관계식(Fuoss-Kirkwood relation)이라고 부른다.

이제까지 점탄성 스펙트럼의 하나인 완화시간 분포에 대한 유일성에 대해서 논의하였다. 지금부터는 연속 지연시간 분포(continuous retardation time distribution or continuous retardation spectrum)에 대해서 논의한다. 식 (69)의 모형에서 정상상태 컴플라이언스를 다음의 극한식으로 구할 수 있다.

$$J_e^o = \lim_{t \to \infty}\left[J(t) - \frac{t}{\eta_o}\right] = J_g + \sum_{k=1}^{M} J_k. \tag{9.82}$$

따라서 식 (82)를 이용하면 식 (69)는 다음과 같이 다시 쓸 수 있다.

$$J(t) = J_e^o + \frac{t}{\eta_o} - \sum_{k=1}^{M} J_k e^{-t/\tau_k}. \tag{9.83}$$

그러면 식 (76)에서와 마찬가지로 지연시간 분포 $L(\tau)$를 다음과 같이 정의할 수 있다.

$$J(t) = J_e^o + \frac{t}{\eta_o} - \int_{-\infty}^{\infty} L(\tau) e^{-t/\tau} \mathrm{d}\log\tau,$$

$$J_e^o - J_g = \int_{-\infty}^{\infty} L(\tau) \mathrm{d}\log\tau. \tag{9.84}$$

여기서 점탄성 상수인 정상상태 컴플라이언스와 영전단 점도는 실험 데이터만으로 결정할 수 있으므로 실험으로 $J_s(t) \equiv J(t) - J_e^o - t/\eta_o$를 알 수 있다. 그러면 $J_s(t)$와 $-L(\tau)$ 사이의 관계는 역시 $\xi \equiv 1/\tau$의 변수 변환을 하면 라플라스 변환 관계라는 것을 바로 알 수 있다. 따라서 크립 컴플라이언스로부터 유일하게 지연시간 분포를 결정할 수 있다. 유변학자들이 더 애용하는 크립 컴플라이언스와 지연시간 분포 사이의 관계는

$$J(t) = J_g + \frac{t}{\eta_o} + \int_{-\infty}^{\infty} L(\tau)\left(1 - e^{-t/\tau}\right) \mathrm{d}\log\tau \tag{9.85}$$

이지만 식 (84)를 예시한 이유는 지연시간 분포의 유일성을 쉽게 설명하기 위함이었다.

식 (84)를 식 $(48)_7$에 적용하면 다음이 얻어진다.

$$J''(\omega)-\frac{1}{\eta_0\omega}=\int_{-\infty}^{\infty}L(\tau)\frac{\tau\omega}{1+(\tau\omega)^2}\mathrm{d}\log\tau. \tag{9.86}$$

이 식은 식 $(78)_2$와 동일한 형태를 가지고 있다. 따라서 후오스-커크우드 관계식을 바로 적용할 수 있으므로 다음이 얻어진다.

$$L\left(\frac{1}{\omega}\right)=\frac{2}{\pi}\mathrm{Re}\left\{J''(\mathrm{i}\omega)-\frac{1}{\mathrm{i}\eta_0\omega}\right\}=\frac{2}{\pi}\mathrm{Re}\{J''(\mathrm{i}\omega)\}. \tag{9.87}$$

저장 컴플라이언스 $J'(\omega)$로부터 지연시간 분포를 구하는 후오스-커크우드 관계식은 저장탄성률로부터 완화시간 분포를 구하는 후오스-커크우드 관계식을 유도했을 때와 유사한 방법으로 구할 수 있다.

$$L\left(\frac{1}{\omega}\right)=-\frac{2}{\pi}\mathrm{Im}\left\{J'(\mathrm{i}\omega)-\frac{1}{\mathrm{i}\eta_0\omega}\right\}. \tag{9.88}$$

9.4.2 오차 증폭과 해상력

따라서 식 (48)의 관계식들을 이용하여 한 점탄성 함수의 데이터로부터 다른 점탄성 함수로 변환하는 경우 데이터의 범위(주파수나 시간의 범위)에 제약을 많이 받는다. 하지만 식 (76), (78), (85), (86)과 같은 점탄성 스펙트럼과의 관계식을 이용하면 데이터의 범위에 크게 구속받지 않는다. 따라서 점탄성 스펙트럼은 매우 유용하다고 할 수 있다. 재료공학의 측면에서 보면 점탄성 스펙트럼은 다른 어떤 점탄성 함수보다 재료의 구조와 상관성이 높다. 이런 점탄성 스펙트럼의 장점 때문에 수많은 유변학자가 측정할 수 있는 점탄성 함수 데이터로부터 점탄성 스펙트럼을 구해 주는 방법을 개발했다(Ferry and Williams, 1952;

Tobolsky and Murakami, 1959; Tschoegl, 1971a; Tschoegl, 1971b; Wiff, 1978; Baumgaertel and Winter, 1989; Honerkamp and Weese, 1989; Elster and Honerkamp, 1991; Tschoegl and Emri, 1992; Emri and Tschoegl, 1993; Fulchiron et al., 1993; Honerkamp and Weese, 1993; Simhambhatla and Leonov, 1993; Davies and Anderssen, 1997; Davies and Anderssen, 1998; Malkin and Kuznetsov, 2000; Jensen, 2002; Renardy, 2008; Kaschta and Stadler, 2009; Stadler and Bailly, 2009; Davies and Goulding, 2012; Cho and Park, 2013; Cho, 2013; Bae and Cho, 2015b; Bae and Cho, 2016; Lee, Bae and Cho, 2017).

위의 알고리듬들은 이산 스펙트럼을 구해 주는 것과 연속 스펙트럼을 구해 주는 것으로 분류할 수 있는데 Malkin and Masalova, 2001의 연구에 의하면 이산 스펙트럼을 구하는 여러 알고리듬을 같은 데이터로 평가해 보니 다른 결과가 나왔고 그래서 스펙트럼의 유일성을 의심했다. 연속 스펙트럼은 앞에서 보여 준 바와 같이 유일성이 확실하지만 이산 스펙트럼은 연속 스펙트럼의 근사 중의 하나라고 할 수 있다. 따라서 이산 스펙트럼은 유일하지 않으므로 알고리듬마다 다른 스펙트럼을 계산할 수 있는 것이다(Bae and Cho, 2016).

점탄성 스펙트럼을 구해 주는 알고리듬 대부분은 후레드홀름 제1종 적분방정식이 타당치 않은 문제(ill-posed problem)를 가지고 있음을 인지하지 못한 것들이다. Wiff and Gehatia, 1975가 이 문제를 지적했고 Wiff, 1978이 정규화(regularization)를 이용한 알고리듬을 개발하였지만, 점탄성 스펙트럼의 수학적 문제를 많은 유변학자들이 인지하기 시작한 시점은 Honerkamp and Weese, 1989 이후인 것 같다. 게다가 1980

년 이전의 알고리듬들은 컴퓨터가 충분히 활용되지 못하던 시대이므로 수치해석적인 측면에서 볼 때 조악한 느낌이 든다. 아마도 메모리의 한계, CPU 속도 등으로 고등 수치해법을 사용하지 못한 것 같다.

적분방정식을 비롯한 선형연산자로 이루어진 타당치 않은 문제(ill-posed problem)는 공학자 대부분에게는 생소한 수학지식을 요구한다(Groetsch, 1984; Thamban Nair, 2009). 점탄성 스펙트럼을 구하는 데 관여되는 타당치 않은 문제는 측정 데이터에 포함된 오차가 해인 스펙트럼에서는 증폭된다는 것을 의미한다. 즉, 매우 유사해서 그래프로 볼 때 차이가 없어 보이는 점탄성 함수의 두 데이터로부터 스펙트럼을 구하면 매우 다른 결과가 나올 수 있다는 것이다. 반대로 그래프로 그렸을 때 매우 달라 보이는 스펙트럼으로 식 (78)과 같은 공식을 이용해서 점탄성 함수를 구하고 그래프로 그리면 완전히 같은 것처럼 보이게 된다.

두 개의 선형 점탄성 물질 1과의 2의 완화시간 분포와 손실탄성률을 각각 $H_i(\lambda)$와 $G_i''(\omega)$라고 하자. 그런데 $H_2(\lambda) = H_1(\lambda) + \delta H(\lambda)$라고 하고 $\delta H(\lambda) = \epsilon sin(k\log\lambda)$라 하자. 여기서 ϵ과 k는 양의 실수이다. 그러면 식 (78)로부터 알 수 있듯이 $G_2''(\omega) = G_1''(\omega) + \delta G''(\omega)$라고 하면

$$\delta G''(\omega) = \int_{-\infty}^{\infty} \delta H(\lambda) \frac{\lambda\omega}{1+(\lambda\omega)^2} \mathrm{d}\log\lambda \tag{9.89}$$

가 됨을 알 수 있다. 식 (89)에 $\delta H(\lambda) = \sin(k\log\lambda)$를 대입하고 계산하면 다음이 얻어진다.

$$\begin{aligned}\delta G''(\omega) &= -\frac{\pi}{2}\epsilon\,\mathrm{sech}\frac{\pi k}{2}\sin(k\log\omega)\\ &= -\frac{\pi}{2}\mathrm{sech}\frac{\pi k}{2}\delta H(\omega).\end{aligned} \tag{9.90}$$

그런데 $0 < \text{sech}x \leq 1$이고 $|\delta H(\lambda)| \leq \epsilon$이므로 식 (90)은 다음을 의미한다.

$$|\delta G''(\omega)| \leq \frac{\pi}{2}\epsilon. \tag{9.91}$$

즉, 완화시간 분포의 차이가 손실탄성률에서 증폭되지 않는다는 것을 보여 준다.

이번에는 두 물질의 손실탄성률에서 차이가 $\delta G''(\omega) = \epsilon \sin(k\log\omega)$일 때 완화시간 분포의 차이는 어떻게 나타나게 되는지를 살펴보자. 식 $(81)_2$를 이용하면 다음이 얻어진다.

$$\begin{aligned}\delta H\left(\frac{1}{\omega}\right) &= \frac{2\epsilon}{\pi}\text{Re}\{\sin(k\log i\omega)\} = \frac{2\epsilon}{\pi}\sin(k\log\omega)\cosh\frac{\pi k}{2} \\ &= \frac{2}{\pi}\cosh\frac{\pi k}{2}\delta G''(\omega).\end{aligned} \tag{9.92}$$

이는 k가 커지면 기하급수적으로 완화시간 분포이 차이가 증가한다는 것을 의미한다. 즉, 손실탄성률에서의 작은 차이가 완화시간 분포에서 크게 나타날 수 있으므로 손실탄성률 데이터로는 판단하면 비슷해 보이던 물질이 완화시간 분포로 보면 크게 다른 물질로 보이는 것이다. 따라서 물질의 점탄성이 물질의 구조에 의해서 발현되는 것이므로 완화시간 분포는 물질 구조의 차이를 더 명확하게 보여 줄 수 있는 해상도 높은 점탄성 함수라는 것을 알 수 있다.

여기서 k는 얼마나 빨리 손실탄성률의 변동이 분포하는지를 나타내는 척도이고 $\delta G''(\omega)$를 측정오차라고 하면 측정오차는 무작위적이기 때문에 측정오차의 최대 폭이 ϵ으로 적당히 작다고 해도 k가 매우 클 수 있으므로 손실탄성률 데이터의 오차가 완화시간 분포에서는 터무니없이 증폭될 수 있다는 것을 의미한다.

1990년 이후에 개발된 알고리듬들 대부분은 타당치 않은 문제(ill-posed problem)를 고려하여 데이터의 오차가 완화시간 분포에서 증폭되지 않도록 하는 수학적 장치를 포함하고 있다. 가장 대표적인 방법이 바로 정규화이다(Honerkamp and Weese, 1989; 1993).

9.4.3 급수 전개를 이용한 연속 스펙트럼의 추정

지연시간 분포를 구하는 알고리듬과 완화시간 분포를 구하는 알고리듬은 데이터가 다른 것뿐이므로 여기서 설명하는 스펙트럼을 구하는 알고리듬들은 모두 완화시간 분포를 구하는 것들로 한정한다. 표기를 간단히 하기 위해서 $G_\infty = 0$인 것으로 해도 일반성을 감소시키지는 않을 것이다.

스톤-바이에스트라스 정리(Stone-Weierstrass theorem)에 의하면 폐구간에서 정의되는 연속인 함수 $f(x)$는 다음과 같이 다항함수로 근사될 수 있다(Atkinson and Han, 2000).

$$f(x) = \lim_{N \to \infty} p_N(x), \quad p_N(x) \equiv \sum_{n=0}^{N} c_n x^n. \tag{9.93}$$

즉, 폐구간에서 정의되는 임의의 연속함수를 $f(x) \approx p_N(x)$로 근사할 수 있다. 다항식으로 근사하려면 계수 c_n을 구해야 하는데 이를 위해서는 최소 제곱법(least square method)을 사용하는 것이 편리하다.

실험 결과는 폐구간의 유한 개수의 x_n에 대해서 $y_n = f(x_n) + \hat{\epsilon}_n$을 측정한 것이다. 여기서 $\hat{\epsilon}_n$은 측정오차이다. 함수 $f(x)$를 알지 못하므로 y_n을 알아도 정확한 $\hat{\epsilon}_n$을 아는 것은 아니다. 만약 M개의 $x_{\min} \le x_\alpha \le x_{\max}$에 대해서 그에 대응되는 y_α를 측정하였다고 하면 계수 c_n은 다음과 같이 정의되는 χ^2을 최소화하는 것으로 간주한다.

$$\chi^2 \equiv \sum_{\alpha=1}^{M}\left(y_\alpha - \sum_{n=0}^{N} c_n x_\alpha^n\right)^2. \tag{9.94}$$

이는 다항함수 회귀분석인데 N이 커짐에 따라서 실험 결과와 더 잘 일치하는 다항함수를 얻을 수는 있지만 $f'(x)$의 근사는 어려울 수 있다. 따라서 구간별로 정의되는 3차 함수를 이용하여 근사하는 것이 미분까지 고려했을 때 효과적이다. 구간별로 정의되는 낮은 차수의 다항함수를 이용하는 회귀분석은 B-스플라인 회귀분석(B-spline regression)이다(Cho, 2016). 기저함수를 $B_n(x)$로 나타내면 B-스플라인 근사는 다음이 된다.

$$y_\alpha \approx \sum_{n=1}^{N} b_n B_n(x_\alpha). \tag{9.95}$$

점탄성 함수들은 모두 음이 아니다. 그리고 독립변수가 로그 스케일(logarithmic scale)로 변하기 때문에 $\tau = \log t$, $\nu = \log\omega$라고 할 때 다음과 같은 근사가 성립된다.

$$G(t) \approx \exp\left[\sum_{n=1}^{N} \gamma_n B_n(\tau)\right],\ J(t) \approx \exp\left[\sum_{n=1}^{N} \zeta_n B_n(\tau)\right],$$

$$G'(\omega) \approx \exp\left[\sum_{n=1}^{N} \gamma'_n B_n(\nu)\right],\ G''(\omega) \approx \exp\left[\sum_{n=1}^{N} \gamma''_n B_n(\nu)\right],$$

$$J'(\omega) \approx \exp\left[\sum_{n=1}^{N} \zeta'_n B_n(\nu)\right],\ J''(\omega) \approx \exp\left[\sum_{n=1}^{N} \zeta''_n B_n(\nu)\right]. \tag{9.96}$$

Lee and Cho, 2022에 의하면 식 (96)의 근사는 여러 번 미분하여도 원래 함수의 미분과 오차를 거의 보이지 않는다는 것을 보인 바 있다.

연속 스펙트럼의 유일성을 논의할 때 완화시간 분포와 완화탄성률은 라플라스 변환의 관계로 표현할 수 있다고 했다. 따라서 라플라스 역변환에 대한 포스트-위더 정리(Post-Widder theorem)를 이용하면 완화시간 분포는 완화탄성률을 이용하여 다음과 같이 표현된다.

$$H(\lambda)=\lim_{n\to\infty}\frac{(-1)^n}{(n-1)!}\left[t^n\frac{d^n G(t)}{dt^n}\right]_{t=n\lambda}. \tag{9.97}$$

식 (96)을 이용하려면 다음의 항등식을 이용하여야 한다.

$$t^n\frac{d^n}{dt^n}=\frac{d}{d\log t}\left(\frac{d}{d\log t}-1\right)\left(\frac{d}{d\log t}-2\right)\cdots\left(\frac{d}{d\log t}-(n-1)\right)$$
$$=\sum_{k=0}^{n}s_k^{(n)}\frac{d^k}{d(\log t)^k}. \tag{9.98}$$

여기서 $s_k^{(n)}$는 스털링 수(Stirling number)이다. 스털링 수는 다음의 재귀식(recurrence equation)으로 계산할 수 있다.

$$s_k^{(n+1)}=-ns_k^{(n)}+s_{k-1}^{(n)},\quad k=1,2,\cdots,$$
$$s_0^{(1)}=0,\quad s_1^{(1)}=1,\quad s_0^{(n)}=0,\quad s_n^{(n)}=1. \tag{9.99}$$

그러면 다음과 같은 근사가 가능하다.

$$H(\lambda)\approx\frac{(-1)^n}{(n-1)!}\sum_{k=0}^{n}s_k^{(n)}\left[\frac{d^k G(\log t)}{d(\log t)^k}\right]_{t=n\lambda}. \tag{9.100}$$

과거에는 실험 데이터로부터 $d^k G/d(\log t)^k$를 $k>2$에 대해서 구하는 것은 많은 오차를 포함하기 때문에, 매우 어려운 일이었다. 사실, 오차가 당연히 포함된 실험 데이터의 일차 미분을 구하는 것은 대표적인 타당치 않은 문제(ill-posed problem)이다(Cho, 2016). 그래서 1990년대 이전의 포스트-위더 정리를 이용하는 논문 대부분은 3차 이상의 미분을 거의 사용하지 않고 있다(Tschoegl, 1989). 하지만 Lee and Cho, 2022는 식 (96)과 같은 이중 로그 다항 급수 전개에 대한 고차 미분을 수치해석으로 구하는 방법을 개발하였다. Cho, Choi and Cho, 2023은

Lee and Cho, 2022의 미분 방법을 이용하여 완화탄성률로부터 완화시간 분포를 구하는 알고리듬을 테스트했다. 당연히 식 (100)에서 $n \le 2$인 근사식들보다 훨씬 정확한 결과들이 나온다.

Cho *et al.*, 2017이 보여 주었듯이 정적 실험의 점탄성 함수인 완화탄성률과 크립 컴플라이언스는 동적 탄성률이나 동적 컴플라이언스와 비교해서 상대적으로 측정오차에 취약하고 해상도도 낮은 점탄성 함수이다. 따라서 더 정확하게 점탄성 스펙트럼을 구하려면 완화탄성률 데이터를 사용하는 것보다는 동적 탄성률 데이터를 이용하는 것이 더 효과적이다. 따라서 동적 탄성률에 대해서 멱급수 전개를 하고 이를 후오스-커크우드 관계식을 이용하여 완화시간 분포를 계산하는 방법에 대해서 논의하자.

먼저 $g'(\nu) \equiv G'(e^{\nu})$와 $g''(\nu) = G''(e^{\nu})$로 정의되는 함수를 생각한다. 물론 여기서 $\nu = \log\omega$이다. 후오스-커크우드 관계식을 이용하려면 다음을 이용하여야 한다.

$$G'(\mathrm{i}\omega) = g'\left(\nu + \mathrm{i}\frac{\pi}{2}\right), \quad G''(\mathrm{i}\omega) = g''\left(\nu + \mathrm{i}\frac{\pi}{2}\right). \tag{9.101}$$

식 (101)의 우변을 급수 전개하기 위해서 다음을 생각해 보자.

$$g_N(\nu) = \sum_{n=0}^{N} g_n \nu^n, \quad g(\nu) \equiv \lim_{N \to \infty} g_N(\nu). \tag{9.102}$$

여기서 ν와 g_n은 실수이고 $g(\nu)$는 몇 번이고 미분 가능하고 식 (102)가 수렴하는 해석함수이다. 그러면 임의의 실수 θ를 이용하여 ν 대신 $\nu + \mathrm{i}\theta$를 식 (102)에 대입하여도 성립한다고 가정하자. 실수 축에서 해석함수인 함수가 항상 복소평면에서도 해석함수이지는 않지만, 다항함수인 경우는 해석성이 유지된다. 사실 점탄성 함수를 충분히 큰 N으로 급수 전개한 다항함수로 근사할 것이므로 $g(\nu)$를 사용할 수 있다고 가정한다. 그러면 다음이 얻어진다.

$$g(\nu+\mathrm{i}\theta)=\sum_{n=0}^{\infty} g_n(\nu+\mathrm{i}\theta)^n=\sum_{n=0}^{\infty}\left[\sum_{k=n}^{\infty} g_k \nu^{k-n}\right](\mathrm{i}\theta)^n. \tag{9.103}$$

식 (103)의 실수부와 허수부를 나누면 다음이 된다.

$$\mathrm{Re}\{g(\nu+\mathrm{i}\theta)\}=\sum_{n=0}^{\infty}\frac{(-1)^n}{(2n)!}\frac{d^{2n}g(\nu)}{d\nu^{2n}}\theta^{2n},$$

$$\mathrm{Im}\{g(\nu+\mathrm{i}\theta)\}=\sum_{n=0}^{\infty}\frac{(-1)^n}{(2n+1)!}\frac{d^{2n+1}g(\nu)}{d\nu^{2n+1}}\theta^{2n+1}. \tag{9.104}$$

Anderssen *et al.*, 2015는 몰리화이어(molifier)를 이용하여 식 (104)를 유도하고 이를 바탕으로 연속 완화시간 분포를 구하는 새로운 알고리듬을 제안하였다.

이제 식 (104)를 후오스-커크우드 관계식에 적용하면 다음이 얻어진다.

$$\begin{aligned} H\left(\frac{1}{\omega}\right)&=\frac{2}{\pi}\sum_{n=0}^{\infty}\frac{(-1)^n}{(2n+1)!}\left(\frac{\pi}{2}\right)^{2n+1}\frac{d^{2n+1}G'}{d(\log\omega)^{2n+1}} \\ &=\frac{2}{\pi}\sum_{n=0}^{\infty}\frac{(-1)^n}{(2n)!}\left(\frac{\pi}{2}\right)^{2n}\frac{d^{2n}G''}{d(\log\omega)^{2n}}. \end{aligned} \tag{9.105}$$

식 (105)를 구현하려면 실험 데이터의 고차 미분을 안정적으로 구하는 수치해법이 필요하다. Anderssen *et al.*, 2015는 구레예브 반복법(Gureyev iteration)을 적용하였지만, Lee and Cho, 2022는 더 직관적인 식 (96)의 해석적인 미분을 컴퓨터로 구현하는 방법을 선택하였다. B-spline 회귀분석을 통해서 식 (96)의 계수들을 구했으므로 해석적인 미분이 가능하지만, 고차까지 미분하려면 재귀적인 방법이 필요하다. Lee and Cho, 2022는 이를 위해서 라이프니츠 방법(Leibniz rule)을 이용한 재귀식을 구하였다. 자세한 내용은 Lee and Cho, 2022를 참조 바란다.

식 (96)의 기저함수 $B_n(x)$을 B-스플라인의 기저함수 대신에 제1 종 체비세프 직교 다항함수 $T_n(x)$(Chebyshev polynomial of the first kind)를 사용할 수도 있다. Lee, Bae and Cho, 2017은 $T_n(x)$를 사용하기 위해서 $\nu \equiv \log\omega$를 다음과 같이 변환하였다.

$$\xi \equiv \frac{2\nu - \nu_{\max} - \nu_{\min}}{\nu_{\max} - \nu_{\min}}, \quad \nu_{\min} \le \nu \le \nu_{\max}. \tag{9.106}$$

그러면 당연히 $-1 \le \xi \le 1$이 되고 식 (96)₄를 다음과 같이 표현할 수 있다.

$$G''(\omega) \approx \exp\left[\sum_{n=0}^{N} g''_n T_n(\xi)\right]. \tag{9.107}$$

식 (107)로 $G''(\mathrm{i}\omega)$를 구하기 위해서는 다음이 필요하다.

$$\xi\left(\nu + \mathrm{i}\frac{\pi}{2}\right) = \frac{2(\nu + \mathrm{i}\pi/2) - \nu_{\max} - \nu_{\min}}{\nu_{\max} - \nu_{\min}} = \xi + \mathrm{i}\phi,$$

$$\phi \equiv \frac{\pi}{\nu_{\max} - \nu_{\min}}, \tag{9.108}$$

$$T'_n(\xi) \equiv \mathrm{Re}\{T_n(\xi + \mathrm{i}\phi)\}, \quad T''_n(\xi) \equiv \mathrm{Im}\{T_n(\xi + \mathrm{i}\phi)\}, \tag{9.109}$$

$$T'_0(\xi) = 1, \quad T''_0(\xi) = 0, \quad T'_1(\xi) = \xi, \quad T''_1(\xi) = \phi,$$

$$T'_{n+1}(\xi) = 2\xi T'_n(\xi) - 2\phi T''_n(\xi) - T'_{n-1}(\xi),$$

$$T''_{n+1}(\xi) = 2\xi T''_n(\xi) + 2\phi T'_n(\xi) - T''_{n-1}(\xi). \tag{9.110}$$

위 식들은 $T_n(x)$의 재귀식

$$T_{n+1}(x) = 2x T_n(x) - T_{n-1}(x), \quad T_0(x) = 1, \quad T_1(x) = x \tag{9.111}$$

로부터 유도한 것들이다. 그러면 후오스-커크우드 관계식으로부터 다음이 얻어진다.

$$H\left(\frac{1}{\omega}\right)=\frac{2}{\pi}\exp\left[\sum_{n=0}^{N} g''_n T'_n(\xi)\right]\cos\left[\sum_{n=0}^{N} g''_n T''_n(\xi)\right]. \quad (9.112)$$

만약 저장탄성률을

$$G'(\omega)\approx \exp\left[\sum_{n=0}^{N} g'_n T_n(\xi)\right] \quad (9.113)$$

으로 회귀분석하였다고 하면 마찬가지의 방법으로서 완화시간 분포는 다음과 같이 근사된다.

$$H\left(\frac{1}{\omega}\right)=\frac{2}{\pi}\exp\left[\sum_{n=0}^{N} g'_n T'_n(\xi)\right]\sin\left[\sum_{n=0}^{N} g'_n T''_n(\xi)\right]. \quad (9.114)$$

지금까지의 방법은 데이터와 잘 일치할 수 있는 식 (96)이나 식 (107)과 같은 일반적인 근사함수를 회귀분석으로 특정하고 후오스-커크우드 관계식으로 점탄성 스펙트럼을 구하는 것이다. 회귀분석 과정에서 데이터에 포함된 측정오차의 효과를 배제하기 때문에 타당치 않은 문제(ill-posed problem)를 회피하는 것이다. 만약 콜-콜 모형과 같은 데이터의 개수와 무관하게 매개변수의 개수가 고정되는 근사함수를 사용한다면 식 (105), (112), (114)와 같은 급수 형태가 아닌 다른 결과 식이 나올 수 있다. 그런데 콜-콜 모형과 같은 근사함수는 단분산성 고분자 유체 이외의 다른 점탄성 물질에도 적용할 수 있는지는 확인해 보아야 할 것이다.

9.4.4 연속 스펙트럼의 수치해석 알고리듬

여기서는 데이터를 근사할 수 있는 함수를 가정하지 않고 데이터로부터 완화시간 분포를 구하는 방법에 대해서 다룬다. 가장 기초적인 방법은 최소 제곱법을 이용하는 것이다. 동적 점탄성 데이터가 다음과 같은 M개의 주파수에 대해서 측정되었다고 하자.

$$\omega_{\min} = \omega_1 < \omega_2 < \cdots < \omega_M = \omega_{\max}. \tag{9.115}$$

표기를 간단히 하기 위해서 주파수 ω_α에서 측정한 동적 탄성률을 $G'_\alpha = G'(\omega_\alpha)$, $G''_\alpha = G''(\omega_\alpha)$이라고 하자. 그러면 N개의 완화시간

$$\lambda_{\min} = \lambda_1 < \lambda_2 < \cdots < \lambda_N = \lambda_{\max} \tag{9.116}$$

에 대해서 완화시간 분포를 간단히 $H_k = H(\lambda_k)$라고 표시하자. 연속 완화시간 분포를 구해야 하므로

$$\log\lambda_n = \log\lambda_{\min} + \frac{\log(\lambda_{\max}/\lambda_{\min})}{N-1}(n-1),$$
$$n = 1,\ 2,\ 3,\ \cdots,\ N \tag{9.117}$$

로 선정하자. 그러면 식 (78)에 의해서 다음과 같은 근사식을 생각할 수 있다.

$$G'_{\alpha,\text{calc}} = \frac{1}{2}\sum_{k=1}^{N-1}\left(H_{k+1}\frac{(\lambda_{k+1}\omega_\alpha)^2}{1+(\lambda_{k+1}\omega_\alpha)^2} + H_k\frac{(\lambda_k\omega_\alpha)^2}{1+(\lambda_k\omega_\alpha)^2}\right)\Delta\log\lambda,$$

$$G''_{\alpha,\text{calc}} = \frac{1}{2}\sum_{k=1}^{N-1}\left(H_{k+1}\frac{\lambda_{k+1}\omega_\alpha}{1+(\lambda_{k+1}\omega_\alpha)^2} + H_k\frac{\lambda_k\omega_\alpha}{1+(\lambda_k\omega_\alpha)^2}\right)\Delta\log\lambda. \tag{9.118}$$

물론 여기서 $\Delta\log\lambda \equiv (N-1)^{-1}\log(\lambda_{\max}/\lambda_{\min})$이다. 식 (118)은 사다리꼴 규칙(trapezoidal rule)을 이용한 수치적분이다. 당연히 N이 커질수록 정확한 적분이 될 것이다. 식 (118)의 동적 탄성률과 동적 탄성률 데이터의 차이가 최소화되는 H_k를 완화시간 분포로 결정하는 것이 최소 제곱법 알고리듬의 핵심이다. 즉 다음을 최소화하는 과정이 필요하다.

$$\chi \equiv \sum_{\alpha=1}^{M}\left[\left(1-\frac{G'_{\alpha,\text{calc}}}{G'_\alpha}\right)^2 + \left(1-\frac{G''_{\alpha,\text{calc}}}{G''_\alpha}\right)^2\right]. \tag{9.119}$$

여기서 χ는 $\{H_k\}_{k=1}^{k=N}$의 이차함수이고 아래로 볼록인 함수이므로 유일한 최소 점을 가지게 된다. 따라서 N개의 선형방정식 $\partial\chi/\partial H_k = 0$을 풀면 완화시간 분포를 구하는 문제가 완료될 것만 같지만, 데이터에 담겨 있는 측정오차 때문에 몇 개의 H_k는 음의 값을 가질 수도 있다. 또한 충분히 크지만 서로 다른 N_1과 N_2로 구한 H_k를 λ_k의 함수로 그리게 되면 일치하지 않을 수가 있다. 이러한 현상이 나타나는 이유가 바로 완화시간 분포를 구하는 문제가 일종의 타당하지 않은 문제이기 때문이다.

완화시간의 개수 N에 따라서 다른 완화시간이 얻어지는 것을 방지하기 위해서 정규화법이 개발되었다. Honerkamp and Weese, 1989는 티크호노프 정규화(Tikhonov regularization)를 처음 완화시간 분포 문제에 적용한 것으로 생각되는데 χ를 최소화하는 것이 아니라 다음의 목적함수를 최소화하는 문제로 바꾼 것이다.

$$\chi_\rho \equiv \chi + \rho p, \quad p \equiv \Delta log\lambda \sum_{k=1}^{N} H_k^2. \tag{9.120}$$

여기서 ρ를 정규화 매개변수라고 하고 p를 벌칙함수(penalty function)라고 한다. 정규화 매개변수 ρ가 0이면 원래의 최소 제곱법이 되고 ρ가 커지면 식 (118)은 실험 데이터와 멀어지는 경향이 있다. 따라서 최적의 정규화 매개변수를 구하는 방법이 필요하다. 이에 관한 연구로는 Hansen, 1992; Shanbhag, 2020 등이 있다.

사실 $\Delta\log\lambda$가 매우 작고 벌칙함수를 도입하는 정규화 기법을 사용하게 된다면 식 (118)보다 다음과 같은 더 간단한 수치적분을 사용하는 것이 더 편리하다.

$$G'_{\alpha,\mathrm{calc}} = \Delta\log\lambda \sum_{k=1}^{N-1} H_k \frac{(\lambda_k\omega_\alpha)^2}{1+(\lambda_k\omega_\alpha)^2},$$

$$G''_{\alpha,\mathrm{calc}} = \Delta \log \lambda \sum_{k=1}^{N-1} H_k \frac{\lambda_k \omega_\alpha}{1 + (\lambda_k \omega_\alpha)^2}. \tag{9.121}$$

$H_k < 0$이 발생하는 문제를 없애기 위해 식 (121)의 H_k를 $H_k = e^{h_k}$로 대체하고 벌칙함수도 다음으로 대체하는 것이다.

$$p = \Delta \log \lambda \sum_{\mathrm{k}=1}^{\mathrm{N}} \left[\left(\frac{d^2 h}{d\lambda^2} \right)_k \right]^2. \tag{9.122}$$

이 방법을 비선형 정규화 방법(nonlinear regularization)이라고 하고 Honerkamp and Weese, 1993가 개발하였다. 이후 이 방법의 전통을 이은 다양한 알고리듬들이 개발되었다(Mead, 1994; Roths *et al.*, 2000; Takeh and Shandhag, 2013; Shanbhag, 2019; Shanbhag, 2020).

Cho and Park, 2013은 정규화 효과가 있지만 매우 간단한 고정점 반복법(fixed-point iteration, FPI)이라는 알고리듬을 개발하였다. 완화시간 분포의 값 중에 음이 발생하는 것을 방지하기 위해서 다음과 같은 반복식을 채택한다.

$$\frac{H_n^{(r+1)}}{H_n^{(r)}} = \frac{\Gamma_n}{\Gamma_n^{(r)}}. \tag{9.123}$$

여기서

$$\Gamma_n \equiv \sum_{\alpha=1}^{M} \frac{K_{n\alpha}}{G''_\alpha}, \quad K_{n\alpha} \equiv \frac{\lambda_n \omega_\alpha}{1 + (\lambda_n \omega_\alpha)^2}, \quad \Gamma_n^{(r)} \equiv \sum_{k=1}^{N} S_{nk} H_k^{(r)},$$

$$S_{nk} \equiv \sum_{\alpha=1}^{M} \frac{K_{n\alpha} K_{k\alpha}}{(G''_\alpha)^2} \tag{9.124}$$

이다. 초기 분포 $\{H_k^{(0)}\}_{k=1}^{k=N}$은 임의의 연속함수로부터 발생시키면 된다. 가장 간단한 것은 모든 k에 대해서 $H_k = 1$을 사용하는 것이다.

왜 이 방법이 효과적인지에 대한 자세한 수학적 분석이 Cho and

Park, 2013에 있으므로 여기서는 생략하기로 한다.

최소 제곱법에 기초한 다른 알고리듬으로 Stadler and Bailly, 2009가 있다. 이는 Kaschta and Stadler, 2009가 개발한 이산 완화시간 분포를 기준점으로 하는 3차 에르미트 스플라인 보간법(cubic Hermite spline interpolation)으로 연속 완화시간 분포를 생성하고 기준점들을 움직여 가며 χ를 최소화하는 방법이다.

Bae and Cho, 2015b는 완화시간 분포를 식 (96)과 같은 근사함수를 이용하여 구하는 방법이다. 즉,

$$H(\lambda) = \exp\left[\sum_{k=1}^{N} h_k B_k(\log\lambda)\right] \tag{9.125}$$

를 이용하는 방법이다. 식 (125)를 식 (118)에 적용하고 계수 h_k를 구하는 것이다. 이 방법은 비선형 회귀분석이므로 레벤버그-마콰드트 방법(Levenberg-Marquardt method)을 적용하였다. 정규화 과정을 도입하지 않았지만, 신기하게도 측정오차에 안정적인 완화시간 분포를 계산해 주며, 기존의 안정화 과정을 가지고 있는 알고리듬과 같은 데이터로 비교하면 거의 같은 결과를 준다. 이는 Stadler and Bailly, 2009의 방법도 마찬가지이다.

측정오차를 안정시키는 정규화 방법을 사용하는 알고리듬들은 완화시간 분포의 함수 형태를 정의하지 않고 측정한 데이터의 개수 M보다 많은 N개의 완화시간에 대한 완화시간 분포 값 H_k를 계산하는 방법인데 반해서 Bae and Cho, 2015b와 Stadler and Bailly, 2009의 방법은 훨씬 더 적은 개수의 매개변수가 χ를 최소화하므로 안정화 기구(stabilization mechanism)가 없더라도 측정오차의 증폭이 발생하지 않는 것으로 이해된다.

9.4.5 이산 스펙트럼의 수치해석 알고리듬

초기의 이산 스펙트럼을 구해 주는 알고리듬들은 식 (121)에서 $\varDelta \log\lambda = 1$로 두고 단지 $\log\lambda_k$의 간격이 일정하도록 고정하고 완화 강도인 H_k를 구하는 것이었다. 이미 주어진 범위에서 λ_k가 결정되어 있으므로 식 (119)의 χ를 최소화하는 것은 선형회귀와 같은 문제이다. 비교적 완화시간의 개수 N이 적을 때는 완화 강도가 음인 경우가 발생하지 않지만 N이 늘어나면 물리적으로 허락되지 않는 결과들이 나오기 쉽다. 게다가 $\log\lambda_k$의 간격이 일정할 필요는 없을 것이다. 이런 문제를 해결하기 위해서 Baumgaertel and Winter, 1989는 충분히 많은 완화시간을 고정하지 않고 비선형 회귀분석으로 일단 $\{\lambda_k, H_k\}_{k=1}^{k=N}$을 구한다. 이 중에 만약 $H_k < 0$인 결과가 있다면 그에 해당하는 λ_k를 제외한 $K < N$개의 완화시간들을 가지고 다시 비선형 회귀분석을 하여 $\{\lambda_k, H_k\}_{k=1}^{k=K}$을 구한다. 만약 여기서도 $H_k < 0$인 완화시간이 존재하면 위와 같은 반복을 계속하여 모든 완화 강도가 음이 아니게 한다. 비선형 회귀분석을 사용하기 때문에, 최종적으로 얻은 완화시간에 대해서 $\log\lambda_k$의 간격이 일정하지 않을 수 있다. 이 방법은 수학적인 측면보다 프로그래밍 기법이 강한 알고리듬이다.

Fulchiron *et al.*, 1993은 일반화된 맥스웰 모형의 라플라스 변환이 다음과 같은 분수식이 됨에 착안해서 Yeramian and Claverie, 1987이 개발한 파데-라플라스 방법(Padé-Laplace method)을 이산 완화시간 분포를 계산하는 데 응용하였다. 볼츠만 중첩원리에서 변형률이 $t < 0$에서 0으로 주어졌다고 하면 다음이 얻어진다.

$$\sigma(t) = \int_0^t G(t-\tau)\frac{d\gamma}{d\tau}d\tau. \tag{9.126}$$

양변에 라플라스 변환을 적용하고 정리하면 다음이 얻어진다.

$$s\tilde{G}(s)=\frac{\tilde{\sigma}(s)}{\tilde{\gamma}(s)}. \tag{9.127}$$

한편, 일반화된 맥스웰 모형의 라플라스 변환은 다음이 된다.

$$\begin{aligned} s\tilde{G}(s) &= \sum_{n=1}^{N} H_n \frac{\lambda_n s}{1+\lambda_n s} \\ &= \frac{g_0+g_1 s+\cdots+g_N s^N}{(1+\lambda_1 s)(1+\lambda_2 s)\cdots(1+\lambda_N s)}. \end{aligned} \tag{9.128}$$

변형률 제어 레오미터(strain-controlled rheometer)라면 $\gamma(t)$는 시간의 함수로 주어지므로 $\tilde{\gamma}(s)$를 알 수 있다. 반면에 $\sigma(t)$는 실험 데이터로 측정되므로 $\tilde{\sigma}(s)$도 알 수 있다. 그러면 $\tilde{\gamma}(s)$와 $\tilde{\sigma}(s)$를 다음의 식으로 회귀분석하여 계수들을 결정할 수 있다.

$$\tilde{\gamma}(s)\approx b_0+b_1 s+\cdots+b_M s^M,\ \ \tilde{\sigma}(s)\approx a_0+a_1 s+\cdots+a_M s^M. \tag{9.129}$$

그러면 식 (128)과 (129)를 식 (127)에 대입하고 계수를 비교하면 $\{\lambda_k, H_k\}_{k=1}^{k=N}$을 구할 수 있을 것이다.

$$\tilde{R}(s)\equiv\frac{\tilde{\sigma}(s)}{\tilde{\gamma}(s)}=\frac{\alpha_0+\alpha_1 s+\cdots+\alpha s^M}{1+\beta_1 s+\cdots+\beta_M s^M},\ \alpha_k=\frac{a_k}{b_0},\ \beta_k=\frac{b_k}{b_0} \tag{9.130}$$

은 측정으로 알 수 있게 되지만 식 (128)은 아직 모름을 유의하기를 바란다.

가령 $M>N$으로 설정하였더라도 식 (128)이 맞는다면 $\tilde{\sigma}(s)/\tilde{\gamma}(s)$에서 약분이 일어나서 결국 식 (128)이 될 것이므로 $\tilde{\gamma}(s)=0$이 되는 $s=s_i^*$ 들을 찾는다면 이는

$$s_k^*=-\frac{1}{\lambda_k} \tag{9.131}$$

이 될 것이다. 따라서 λ_k가 결정된다. 그러면 $\tilde{\Pi}_k(s) \equiv (1+\lambda_k s)\tilde{R}(s)$를 정의하고 $\tilde{\Pi}_k(s_k^*)$를 구하면

$$\tilde{\Pi}_k\left(-\frac{1}{\lambda_k}\right) = -H_k\lambda_k \tag{9.132}$$

가 되므로 완화 강도 H_k를 구할 수 있게 된다.

이 방법은 $\gamma(t)$를 어떤 함수로 주느냐에 따라서 좋은 결과를 줄 수도 있고 아닐 수도 있을 것 같다. 왜냐하면 얼핏 $\tilde{\gamma}(s)$에 의해서 완화시간이 결정되기 때문이다. 그보다는 $R(t) \equiv \sigma(t)/\gamma(t)$를 라플라스 변환을 하고 식 (130) 대신

$$\tilde{R}(s) = \frac{\alpha_0 + \alpha_1 s + \cdots + \alpha s^K}{1 + \beta_1 s + \cdots + \beta_M s^M} \tag{9.133}$$

으로 회귀분석을 하여 $\{\alpha_k\}_{k=0}^{k=K}$와 $\{\beta_i\}_{i=1}^{i=M}$을 결정한 뒤에 분모 다항식의 해로 위와 같은 방식으로 완화시간을 구하고 완화 강도까지 구해야 할 것이다. 그런데 회귀분석은 모든 계수가 양인 조건으로 수행해야 할 것이므로 매우 번거로울 것이며 운이 없다면 좋은 결과가 나오지 않을 수도 있을 것이다.

임의의 변형률 함수에 대해서 응력을 시간의 함수로 측정할 수 있는 레오미터는 매우 한정적이다. 하지만 판매되고 있는 대부분의 레오미터는 동적 탄성률을 주파수의 함수로 제공할 수 있다. 따라서 Simhambhatla and Leonov, 1993는 파데-라플라스 방법을 동적 탄성률 데이터에 적용하는 방법을 개발하였다.

어떤 함수 $f(t)$의 라플라스 변환을 s_0를 중심으로 테일러 전개를 다음과 같이 하게 되면

$$\tilde{f}(s) = \sum_{k=0}^{\infty} c_k (s - s_0)^k \tag{9.134}$$

계수는 다음이 된다.

$$c_k = \frac{1}{k!}\left(\frac{d^k \tilde{f}}{ds^k}\right)_{s=s_0} = \frac{1}{k!}\int_0^{\infty} (-t)^k f(t) e^{-s_0 t} \mathrm{d}t. \tag{9.135}$$

식 (134)에서 $f(t)$를 $G(t)$로 바꾸어 보자. 이를 위해서 식 (39)를 이용하면 계수 c_k는 다음이 된다.

$$\begin{aligned} c_k &= \frac{2}{\pi}\int_{-\infty}^{\infty} \frac{(-1)^k G'(\omega)}{\left(s_0^2+\omega^2\right)^{(k+1)/2}} \sin\left[(k+1)\arctan\frac{\omega}{s_0}\right] \mathrm{d}\log\omega \\ &= \frac{2}{\pi}\int_{-\infty}^{\infty} \frac{(-1)^k G''(\omega)}{\left(s_0^2+\omega^2\right)^{(k+1)/2}} \cos\left[(k+1)\arctan\frac{\omega}{s_0}\right] \mathrm{d}\log\omega. \end{aligned} \tag{9.136}$$

식 (136)의 피적분함수는 매우 좁은 로그 주파수 영역에서는 0이 아닌 파형을 보이지만 그 주파수 영역 이외에서는 거의 0인 함수이다. 따라서 동적 탄성률의 주파수 범위에서 식 (136)의 적분은 수치적분으로 대체해도 오차를 걱정할 필요가 없을 것이다.

테일러 다항식을 분모는 M차 다항식, 분자는 N차 다항식으로 이루어진 분수함수로 변환하는 수식과 알고리듬에 대해서 대부분의 수치해석 교과서가 다루고 있다(Press *et al.*, 2002).

$$\sum_{k=0}^{\infty} c_k (s-s_0)^k = \frac{\sum_{n=0}^{N} a_n (s-s_0)^n}{\sum_{m=0}^{M} b_m (s-s_0)^m} + O(s-s_0)^{N+M+1}. \tag{9.137}$$

즉, c_k를 알면 $N+1$개의 a_n과 $M+1$개의 b_m을 일의적으로 구할 수 있다. 따라서 앞에서의 방법을 이용하여 λ_k와 H_k를 구할 수 있게 된다.

일반적으로 선형 점탄성의 점탄성 함수들은 로그-로그 작도에서 국부적으로 직선인 그래프를 보이는 경우가 많다. 즉 국부적으로 x^{μ}인 거동을 보이는데 지수 μ가 정수가 아닌 경우가 많다. 이런 함수는 테일러 전개를 해도 수렴범위가 넓지 않은 경우가 많다(Bae and Cho, 2015a, Fig. 17). 따라서 식 (137)의 우변이 효과적인 범위는 낮은 주파수 영역으로 한정될 가능성이 크다. 넓은 주파수 범위의 데이터로부터 효과적으로 이산 완화시간 분포를 얻고 싶다면 파데-라플라스 방법(Padé-Laplace method)에 기초한 알고리듬은 추천하고 싶지 않다. 오히려 Baumgaertel and Winter, 1989의 알고리듬이 더 효율적일 것이다.

이산 스펙트럼은 연속 스펙트럼의 근사라고 할 수 있다. 따라서 유일하지 않을 수 있다. 그러면 연속 스펙트럼을 구해 주는 알고리듬이 많으므로 이로부터 효과적으로 이산 스펙트럼을 구하는 것이 더 좋을 것 같다. Bae and Cho, 2016은 이 아이디어에 기초한 것으로 Baumgaertel and Wintcr, 1989의 결과와 잘 일치하는 것을 알 수 있다.

식 (68)의 일반화된 맥스웰 모형을 생각해 보자. 여기서 $G_{\infty}=0$으로 두고 동적 탄성률을 계산하면

$$G'(\omega)=\sum_{k=1}^{N} G_k \frac{(\lambda_k\omega)^2}{1+(\lambda_k\omega)^2}, \quad G''(\omega)=\sum_{k=1}^{N} G_k \frac{\lambda_k\omega}{1+(\lambda_k\omega)^2} \tag{9.138}$$

이 된다. 이를 $G_{\infty}=0$인 식 (78)과 비교하면 $H(\lambda_k)\neq G_k$라는 것을 알 수 있다. 이미 연속 완화시간 분포 $H(\lambda)$를 알고 있을 때, 이산 완화시간 분포를 가로축을 λ_k 세로축을 G_k로 그래프를 그리면 $H(\lambda)$의 그래프와 같은 모양일 것이다. 그러면

$$G_k = hH(\lambda_k), \quad k=1,2,\cdots,N \tag{9.139}$$

인 축척 인자(scale factor) $h>0$이 존재할 것이다. 이 축척 인자를 구하는 방법을 생각해 보자.

동적 탄성률 데이터의 주파수 범위가 $\omega_{\min} \le \omega_\alpha \le \omega_{\max}$라면 완화시간 분포를 $-\infty < \lambda < \infty$로 적분하여 동적 탄성률을 계산할 수 없으므로 데이터와 정량적으로 일치할 수 있는 유한한 완화시간의 범위가 필요하다. 즉

$$G'_\alpha = \int_{\lambda_{\min}}^{\lambda_{\max}} H(\lambda) \frac{(\lambda\omega_\alpha)^2}{1+(\lambda\omega_\alpha)^2} \mathrm{d}\log\lambda,$$

$$G''_\alpha = \int_{\lambda_{\min}}^{\lambda_{\max}} H(\lambda) \frac{\lambda\omega_\alpha}{1+(\lambda\omega_\alpha)^2} \mathrm{d}\log\lambda \tag{9.140}$$

이다. 저자의 경험상 완화시간의 범위는

$$\lambda_{\min} \approx \frac{1}{10\omega_{\max}}, \quad \lambda_{\max} \approx \frac{10}{\omega_{\min}} \tag{9.141}$$

로 설정하면 충분하다고 본다. 축척 인자를 다음의 조건으로 결정한다.

$$\int_{\lambda_{\min}}^{\lambda_{\max}} H(\lambda)\mathrm{d}\lambda = \sum_{k=1}^{N} G_k. \tag{9.142}$$

그러면

$$h = \frac{\int_{\lambda_{\min}}^{\lambda_{\max}} H(\lambda)\mathrm{d}\lambda}{\sum_{k=1}^{N} H(\lambda_k)} \tag{9.143}$$

이 된다. 식 (143)의 우변은 연속 완화시간 분포를 이미 알고 있으므로 계산할 수 있다. 그러면 동적 탄성률 실험 데이터에 대한 오차 제곱의 합은 다음과 같이 표현된다.

$$\chi^2 = \sum_{\alpha=1}^{M} \left[1 - \frac{h}{G'_\alpha} \sum_{k=1}^{N} H(\lambda_k) \frac{(\lambda_k\omega_\alpha)^2}{1+(\lambda_k\omega_\alpha)^2} \right]^2$$

$$+\sum_{\alpha=1}^{M}\left[1-\frac{h}{G''_{\alpha}}\sum_{k=1}^{N}H(\lambda_k)\frac{\lambda_k\omega_\alpha}{1+(\lambda_k\omega_\alpha)^2}\right]^2. \tag{9.144}$$

오차 제곱의 합 χ^2의 최소화를 위해서 완화시간의 범위 $\lambda_{\min} \le \lambda \le \lambda_{\max}$를 N개의 구역으로 나누고 각각의 구역 안에서 λ_k에 대한 비선형 회귀분석을 사용하면 항상 $G_k > 0$인 결과가 나오게 된다. Bae and Cho, 2016은 비선형 회귀분석을 위해서 레벤버그-마콰드트 방법을 사용하였지만, Kim *et al.*, 2018의 몬테 카를로 방법(Monte Carlo method)을 사용하면 더 간단한 프로그램으로 같은 결과를 얻을 수 있다.

9.5 점탄성 스펙트럼의 응용

9.5.1 크립 데이터의 변환

그립 실험은 그립 공진현상만 없다면 장시간에서의 선형 점탄성을 파악할 수 있는 가장 좋은 실험이다. 크립 공진 때문에 측정된 변형률을 응력의 크기로 바로 나누어 크립 컴플라이언스를 얻지 못하기에 Kim *et al.*, 2015는 공진의 원인인 관성을 데이터에서 제거하는 방법을 개발하였다. 하지만 식 (43)은 완화탄성률의 라플라스 변환일 뿐이다. 물론 $\tilde{G}(s)$를 알면 라플라스 역변환의 수치 해석적인 방법(Cohen, 2007)을 이용하여 완화탄성률 $G(t)$를 구할 수 있다. 하지만 대부분의 수치 해석적인 방법은 로그 스케일로 변화하는 점탄성 데이터를 기술하기에는 적절하지 않을 수 있다. 여기서는 $\tilde{G}(s)$로부터 완화시간 분포를 구하는 방법을 소개한다. 완화시간 분포를 알면 데이터의 유한성에 크게 구애받지 않고 완화탄성률과 동적 탄성률을 구할 수 있고 동적 탄성률을 구하면 동적 컴플라이언스는 아무런 수학적 어려움 없이 구할 수 있다. 동적 컴플라이언스를 알면 다시 지연시간 분포를 구할 수 있으며 이로부터 크립 컴플라이언스를 구할 수도 있다.

논의를 간단히 하기 위해서 식 (76)에서 $G_\infty = 0$으로 놓자. 이 식에 라플라스 변환을 취하면 다음이 얻어진다.

$$s\tilde{G}(s) = \int_{-\infty}^{\infty} H(\lambda)\frac{\lambda s}{1+\lambda s}\mathrm{d}\log\lambda. \tag{9.145}$$

양변에 $\sqrt{s}$를 나누어 주면 식 (145)는 다음과 같이 정리할 수 있다.

$$\sqrt{s}\,\tilde{G}(s) = \int_{-\infty}^{\infty} \sqrt{\lambda}\,H(\lambda)\frac{\sqrt{\lambda s}}{1+\lambda s}\mathrm{d}\log\lambda. \tag{9.146}$$

여기서 핵함수(kernel) $k(\lambda s) \equiv \sqrt{\lambda s}/(1+\lambda s)$는 식 $(78)_2$의 핵함수 $K''(\lambda\omega) \equiv \lambda\omega/(1+\lambda^2\omega^2)$과 유사한 함수 형태를 가진다. 이는 고정점 반복법을 적용할 수 있는 특징이다(Cho and Park, 2013). 따라서 고정점 반복법의 입력으로 $\sqrt{s}\,\tilde{G}(s)$를 사용하면 출력으로 $\sqrt{\lambda}\,H(\lambda)$를 얻게 되고 당연히 완화시간 분포 $H(\lambda)$를 얻게 된다.

크립 데이터로부터 동적 탄성률을 점탄성 스펙트럼을 구하지 않고 직접 얻으려는 많은 노력이 있었다(Evans *et al.*, 2009; Kwon *et al.*, 2016). 하지만 이런 방법은 데이터의 측정오차가 안정화되지 않거나(Evans *et al.*, 2009) 낮은 주파수 영역에서 인공적인 요동이 발생하는 등의 문제가 있다(Kwon *et al.*, 2016). 하지만 완화시간 분포를 구해서 사용하면 이런 문제가 모두 사라진다.

9.5.2 상 분리가 있는 선형 점탄성 유체

상용성이 없는 두 뉴턴 유체를 혼합하면 상 분리가 생겨 연속상과 분산상으로 나뉘어져 있게 된다. 연속상과 분산상은 모두 뉴턴 유체이지만 이들 사이의 계면은 유동에서 변형하며 탄성적인 응력을 발생시킨다. 즉, 두 뉴턴 유체의 혼합물은 계면에 의해서 점탄성 거동을 보인다.

이에 관한 최초의 연구는 Choi and Schowalter, 1975로 생각된다. Gramespacher and Meissner, 1992는 Choi and Schowalter, 1975의 뉴턴 유체 혼합물의 이론을 선형 점탄성 혼합물로 확장하였다. Palierne, 1990은 선형 점탄성 혼합물에 대해서 보다 엄밀한 미세역학적 계산으로 동적 탄성률을 계면장력과 혼합비의 함수로 유도하였다. 이 이론들은 희박 서스펜션에 관한 것은 아니지만 연속상과 분산상이 명확한 경우를 가정한 이론들이다. 반면에 Doi and Ohta, 1991은 연속상과 분산상이 명확하지 않은 경우에도 적용할 수 있는 이론을 개발하였다. 이 이론은 얼핏 열역학적 이론 같아 보이지만 열역학으로 유도한 모형은 아니다. 하지만 Wagner, Öttinger, Edwards, 1999는 도이-오타 모형(Doi Ohta model)을 GENERIC을 이용하여 유도한 바 있으며 Lee *et al.*, 2023은 나중에 논의할 변분법적 내부변수 이론을 이용하여 유도한 바 있다.

비상용성 혼합물의 선형 점탄성을 동적 탄성률로 관찰하게 되면 계면효과를 확실하게 보기 어렵다. 특히 손실탄성률은 혼합비에 따라서 수직이동을 한 것 같은 그래프만 얻어지고 저장탄성률만 낮은 주파수 영역에서 약하게 나타나는 어깨 모양의 변화만 보일 뿐이다. Shaayegan, Wood-Adams, Demarquette, 2012에 의하면 크립 데이터도 확실하게 계면 효과를 보여 주지는 못하지만, 가중 완화시간 분포 $\lambda H(\lambda)$는 피크 형태의 그래프를 보여 주며 긴 완화시간 영역에서 계면 효과에 의한 피크를 보여 준다. 이에 Kwon and Cho, 2016은 빨리앙 모형(Palierne model)과 그람스파처-마이스너 모형(Gramespacher-Meissner model)에 대해서 가중 완화시간 분포를 구하고 계면장력과 조성비에 따른 계면 피크의 폭과 높이의 변화를 고찰하였다. 두 모형은 매우 다른 수식으로 이루어졌지만, 계면 피크의 거동은 매우 유사했다. Jang *et al.*, 2021은 생분해성 고분자인 PLA와 PBAT 혼합물의 선형 점탄성을 가중 완화시간 분포를 이용하여 분석하였다.

9.6 고분자 점탄성의 눈금 맞춤 이론

유체역학을 비롯한 많은 물리학 분야에서 무차원화를 이용하면 여러 변수의 함수인 물성을 하나 또는 두 개의 무차원 변수의 함수로 표현할 수 있다(Middleman, 1998; Barenblatt, 1996). 무차원화는 일종의 눈금을 새로 맞추는 과정(scaling process)으로 볼 수 있다. 그런데 고분자에는 무차원화 이외에 두 가지 다른 눈금 맞춤 이론(scaling theory)이 적용된다. 하나는 시간-온도 중첩의 원리(time-temperature superposition)로, 이는 경험적인 눈금 맞춤 이론이며 완화탄성률의 경우

$$G(t,\theta)=b_\theta G\left(\frac{t}{a_\theta},\theta_{ref}\right) \tag{9.147}$$

로 표현할 수 있다. 여기서 a_θ와 b_θ는 온도에 대한 무차원 함수이고 θ_{ref}는 기준이 되는 어떤 온도이다. 나머지 하나는 자기 상사성과 관련된 눈금 맞춤 이론이다. 고분자물질의 물성 중에는 자기 상사성 변환에 대해서 불변인 것들이 있다(de Gennes, 1979). 고분자 사슬을 이루는 단량체를 여러 개 묶어서 하나의 단량체로 보아도 물성이 바뀌지 않는다는 것이다.

9.6.1 무차원화와 역학적 상사성

유체역학에서 내비어-스토크스 방정식(Navier-Stokes equation)에 무차원화를 이용하여 레이놀즈 수(Reynolds number)와 같은 무차원수를 정의하고 무차원수의 크기에 따른 근사 방정식을 이용하여 근사해를 구하는 것과 같은 무차원화의 눈금 맞춤 이론은 여기서 다루지 않을 것이다. 이에 대해서는 Middleman, 1998을 참조 바란다.

어떤 물리량 P가 물리량 X_1, X_2, $\cdots$, X_n의 함수라고 할 때, 즉

$$P = P(X_1, X_2, \cdots, X_n) \tag{9.148}$$

이라면 X_i들의 멱급수로 P와 같은 차원의 물리량 $P_c \equiv X_1^{b_1} X_2^{b_2} \cdots X_n^{b_n}$을 만들 수 있다. 그런데 질량, 길이, 시간 같은 차원의 개수가 m이고 $n-m=0$이라면

$$\frac{P}{P_c} = \text{constant} \equiv c \tag{9.149}$$

가 된다. 그러면 물리량 P에 대한 함수 $P(\ )$는 식 (149)로부터

$$P \equiv c X_1^{b_1} X_2^{b_2} \cdots X_n^{b_n} \tag{9.150}$$

이 된다. 만약 $n-m=1$이면 $\xi \equiv X_1^{c_1} X_2^{c_2} \cdots X_n^{c_n}$이 무차원량이 되도록 적당히 지수 c_k를 선정하면

$$\frac{P}{P_c} = \Pi(\xi) \tag{9.151}$$

이 된다. 여기서 $\Pi(\ )$은 무차원 함수이다. 만약 $n-m=2$라면 $\xi_1 \equiv X_1^{c_1} X_2^{c_2} \cdots X_n^{c_n}$과 $\xi_2 \equiv X_1^{d_1} X_2^{d_2} \cdots X_n^{d_n}$를 선정하여

$$\frac{P}{P_c} = \Pi_2(\xi_1, \xi_2) \tag{9.152}$$

를 성립시킬 수 있다. 이를 버킹엄의 파이 정리(Buckingham's Pi theorem)

라고 한다.

$n-m=1$이나 $n-m=2$인 경우 무차원 함수 $\Pi(\ )$나 $\Pi_2(\ )$는 실험으로 결정하여야 할 것이다. 물론 $n-m=0$일 경우의 상수 c도 실험으로 구해야 할 것이다. 버킹엄 파이 정리를 이용하여 구성방정식과 관련된 몇 가지 계산을 소개한다.

평형 유체의 $p-V-\theta$ 데이터는 압축인자 $z^*=p\overline{V}/R\theta$를 이용하여 다음과 같은 급수 전개로 표현할 수 있다.

$$\begin{aligned} z^* &= 1+B'_2(\theta)p+B'_3(\theta)p^2+\cdots \\ &= 1+\frac{B_2(\theta)}{\overline{V}}+\frac{B_3(\theta)}{\overline{V}^2}+\cdots . \end{aligned} \tag{9.153}$$

첫 번째 등식은 압축인자를 온도와 압력의 함수로 보고 압력에 대해서 테일러 전개를 취한 것이다. 압력이 0으로 가는 극한은 이상기체 조건이므로 $z^*=1$이기 때문에 첫 번째 등식이 성립되는 것이다. 두 번째 등식은 압축인자를 온도와 수 밀도(number density), $\rho_n\equiv 1/\overline{V}$의 함수로 보고 수 밀도에 대해서 테일러 전개를 한 것이다. 물론 $\rho_n\to 0$는 이상기체 조건이므로 $z^*=1$이다. 기체의 압력을 임계 압력(pressure at critical point)으로 온도를 임계 온도(temperature at critical point)로 무차원화하면 많은 기체의 데이터가 하나의 마스터 곡선으로 중첩됨을 알게 된다(Su, 1946). 이를 대응상태 원리(principle of corresponding states)라고 한다. 대응상태 원리가 성립되는 이유는 통계역학을 이용하여 증명할 수 있다(McQuarrie, 1976; Prausnitz, Lichtenthaler, Azevedo, 1986). 여기서는 차원해석을 이용하여 간단하게 대응상태 원리를 유도하겠다.

기체 분자들은 레나드-존스 포텐셜(Lennard-Jones potential)로 상호작용을 하고 있다고 가정하자. 레나드-존스 포텐셜은 다음과 같다.

$$u(r)=\epsilon\left[\left(\frac{d}{r}\right)^{12}-2\left(\frac{d}{r}\right)^{6}\right]. \tag{9.154}$$

여기서 r은 두 분자 사이의 거리이고 d는 포텐셜 u가 최소가 되는 분자 간 거리이고 ϵ은 $|u_{\min}|$이다. 따라서 $u(d)=-\epsilon$이다. 분자 간 상호작용을 고려하면 압축인자는 다음과 같이 표현할 수 있을 것이다.

$$z^{*}=Z(p, k_{\mathrm{B}}\theta, m, \epsilon, d). \tag{9.155}$$

여기서 k_{B}는 볼츠만 상수(Boltzmann constant)로 기체 상수를 아보가드로 수로 나눈 값이고 m은 기체 한 분자의 질량이다. 식 (155)에는 5개의 독립변수가 있고 이들의 차원은 길이, 질량, 그리고 시간의 조합으로 이루어졌으므로 $n-m=2$가 된다. 그러면 버킹엄 파이 정리로 다음이 된다.

$$z^{*}=\Pi\left(\frac{k_{\mathrm{B}}\theta}{\epsilon}, \frac{pd^{3}}{\epsilon}\right). \tag{9.156}$$

임계 온도 θ_c와 p_c는 분자 간 상호작용 포텐셜의 매개변수에 대해서 다음과 같이 표현된다고 가정하자.

$$\theta_c \propto \frac{\epsilon}{k_{\mathrm{B}}}, \quad p_c \propto \frac{\epsilon}{d^{3}}. \tag{9.157}$$

그러면 식 (156)은 다음과 같이 쓸 수 있다.

$$z^{*}=\Pi(\theta^{*}, p^{*}), \quad \theta^{*}\equiv\frac{\theta}{\theta_c}, \quad p^{*}\equiv\frac{p}{p_c}. \tag{9.158}$$

그런데 z^{*}를 p^{*}에 대해서 테일러 전개를 하면 다음이 된다.

$$z^{*}=1+\sum_{k=1}^{\infty} b_k^{*}(\theta^{*})(p^{*})^{k}=1+\sum_{k=1}^{\infty} B'_k(\theta)p^{k}. \tag{9.159}$$

여기서

$$B'(\theta) \equiv \frac{b_k^*(\theta^*)}{p_c^k} \tag{9.160}$$

이다.

분자의 종류에 따라서 m, ϵ, d가 다를 수 있다. 하지만 이런 미시적인 물질 상수들은 무차원화로 거시적인 관계식에서 사라진 것처럼 보이게 된다. 따라서 무차원화된 온도와 압력으로 압축인자를 그리게 되면 여러 분자 종류의 모든 데이터가 하나의 곡선을 이루게 되는 것이다. 이러한 무차원화에 의한 마스터 곡선의 예는 고분자 점탄성에서도 찾아볼 수 있다.

Cho, Ahn and Lee, 2004는 단분산성 고분자 용융체의 동적 점탄성 데이터를 다음과 같이 무차원화를 시킬 때 고분자의 종류, 온도, 분자량에 무관하게 하나의 곡선을 이룬다는 것을 보인 바가 있다.

$$g' = f(g''), \quad g' \equiv \left(\frac{M}{M_e}\right)^{-1.56} \frac{G'(\omega, \theta)}{J_e^o \eta_o^2 \omega^2},$$
$$g'' \equiv \left(\frac{M}{M_e}\right)^{-1} \frac{G''(\omega, \theta)}{\eta_o \omega}. \tag{9.161}$$

Cho, Song and Chang, 2010은 대진폭 전단 유동(Large Amplitude Oscillatory Shear flow, LAOS)에서의 탄성응력의 진폭과 점성 응력의 진폭을 선형 점탄성의 동적 탄성률로 다음과 같이 무차원화하자.

$$\sigma_E^* \equiv \frac{\sigma_E(\gamma_o, \omega)}{G'(\omega)\gamma_o}, \quad \sigma_V^* \equiv \frac{\sigma_V(\gamma_o, \omega)}{G''(\omega)\gamma_o}. \tag{9.162}$$

그러면 분자량과 농도에 무관하게 이들은 모두는 $\zeta \equiv \gamma_o \cos\delta(\omega)$의 함수로 표현된다는 것을 발견하였다. 여기서 $\tan\delta(\omega) \equiv G''(\omega)/G'(\omega)$이고 σ_E와 σ_V는 각각 Cho *et al.*, 2005가 개발한 LAOS의 응력 분해

(stress decomposition)로 정의되는 탄성 응력의 진폭과 점성 응력의 진폭이며 γ_0는 변형률 진폭이다. 물론 σ_E, σ_V, $G'(\omega)$, $G''(\omega)$는 모두 농도와 분자량의 함수이기도 하다.

9.6.2 시간-온도 중첩의 원리

1950년대 이전부터 고분자의 완화탄성률의 많은 데이터가 식 (140)을 만족한다는 것이 알려졌다. 식 (140)이 성립된다면 식 (48)을 이용해서 다음이 성립되는 것을 알 수 있다.

$$
\begin{aligned}
&G'(\omega,\theta)=b_\theta G'\left(a_\theta\omega,\theta_{ref}\right),\quad G''(\omega,\theta)=b_\theta G''\left(a_\theta\omega,\theta_{ref}\right),\\
&J(t,\theta)=\frac{1}{b_\theta}J\left(\frac{t}{a_\theta},\theta_{ref}\right),\quad H(\lambda,\theta)=b_\theta H\left(\frac{t}{a_\theta},\theta_{ref}\right),\\
&J'(\omega,\theta)=\frac{1}{b_\theta}J'\left(a_\theta\omega,\theta_{ref}\right),\ J''(\omega,\theta)=\frac{1}{b_\theta}J''\left(a_\theta\omega,\theta_{ref}\right).
\end{aligned}
\tag{9.163}
$$

많은 실험 결과가 식 (163)을 따른다는 것을 보여 주고 있다(Sperling, 2006; Rubinstein and Colby, 2003). 그러면 수직 이동인자 b_θ와 수평 이동인자 a_θ가 온도에 대해서 어떤 함수인지를 알아야 한다. 대부분의 순수한 고분자 용융체의 경우 $b_\theta \approx 1$로 둘 수 있지만, 더 정확하게는 다음이 된다는 것이 알려져 있다(Ferry, 1980).

$$
b_\theta = \frac{\rho_{ref}\theta_{ref}}{\rho\theta}. \tag{9.164}
$$

여기서 ρ_{ref}와 ρ는 각각 온도 θ_{ref}와 온도 θ에서의 질량 밀도이다.

Williams, Landel, Ferry, 1955는 $b_\theta \approx 1$로 생각하고 Doolittle, 1951의 현상학적 점도 모형을 이용하여

$$
\log a_\theta = -\frac{c_1(\theta-\theta_{ref})}{c_2+\theta-\theta_{ref}} \tag{9.165}
$$

가 된다는 것을 보인 바가 있다. 여기서 $c_1 > 0$과 $c_2 > 0$는 물질 상수로 기준온도 θ_{ref}를 무엇으로 선정하느냐에 따라 달라질 수 있다. 영전단 점도 η_o는 완화탄성률로부터 다음과 같이 계산될 수 있다(Cho, 2016).

$$\eta_o(\theta) = \int_0^\infty G(t,\theta)\mathrm{d}t = b_\theta \int_0^\infty G\left(\frac{t}{a_\theta}, \theta_{ref}\right)\mathrm{d}t$$
$$= b_\theta a_\theta \eta_o(\theta_{ref}). \tag{9.166}$$

따라서 $b_\theta \approx 1$이라면

$$a_\theta = \frac{\eta_o(\theta)}{\eta_o(\theta_{ref})} \tag{9.167}$$

이라는 것을 알 수 있다.

선형 점탄성에 대해서는 두 가지 상수가 중요한 역할을 한다. 하나는 식 (166)의 영전단 점도이고 다른 하나는 정상상태 컴플라이언스 J_e^o이다. 정상상태 컴플라이언스는 완화탄성률로부터 다음과 같이 계산될 수 있다.

$$J_e^o(\theta) = \frac{1}{\eta_o^2(\theta)} \int_0^\infty t\,G(t,\theta)\mathrm{d}t = \frac{1}{b_\theta} J_e^o(\theta_{ref}). \tag{9.168}$$

이는

$$b_\theta = \frac{J_e^o(\theta_{ref})}{J_e^o(\theta)} \tag{9.169}$$

를 의미한다.

시간-온도 중첩의 원리는 처음에는 차원해석과 관련 없이 측정온도가 다른 실험 데이터의 작도들을 비교하면서 우연히 발견한 것이었다. 하지만 이제 $b_\theta \approx 1$의 가정을 배제하고 생각해 보자. 식 (166)과 (169)로부터 평균 완화시간(mean relaxation time) λ_m과 평균 탄성률(mean modulus)

G_m을 다음과 같이 정의해 보자.

$$\lambda_m(\theta) \equiv J_e^o(\theta)\eta_o(\theta), \quad G_m(\theta) \equiv \frac{1}{J_e^o(\theta)}. \tag{9.170}$$

그러면

$$\lambda_m(\theta) = a_\theta \lambda_m(\theta_{ref}), \quad G_m(\theta) = b_\theta G_m(\theta_{ref}) \tag{9.171}$$

이 됨을 알 수 있다. 그러면 식 (163)은 다음과 같이 다시 쓸 수 있다.

$$\frac{G'(\omega,\theta)}{G_m(\theta)} = G_E^*(\lambda_m(\theta)\omega), \quad \frac{G''(\omega,\theta)}{G_m(\theta)} = G_V^*(\lambda_m(\theta)\omega),$$

$$\frac{J(t,\theta)}{J_e^o(\theta)} = J^*\left(\frac{t}{\lambda_m(\theta)}\right), \quad \frac{H(\lambda,\theta)}{G_m(\theta)} = H^*\left(\frac{\lambda}{\lambda_m(\theta)}\right),$$

$$\frac{J'(\omega,\theta)}{J_e^o(\theta)} = J_E^*(\lambda_m(\theta)\omega), \quad \frac{J''(\omega,\theta)}{J_e^o(\theta)} = J_V^*(\lambda_m(\theta)\omega). \tag{9.172}$$

즉, 무차원 함수 $G_E^*(\omega^*)$, $G_V^*(\omega^*)$, $J^*(t^*)$, $H^*(\lambda^*)$, $J_E^*(\omega^*)$, $J_V^*(\omega^*)$가 존재한다는 것을 의미한다. 여기서 $t^* \equiv t/\lambda_m$, $\omega^* \equiv \lambda_m \omega$, $\lambda^* \equiv \lambda/\lambda_m$은 각각, 무차원 시간, 무차원 주파수, 무차원 완화시간을 의미한다. 따라서 식 (147)의 완화탄성률에 대해서도

$$\frac{G(t,\theta)}{G_m(\theta)} = G^*(t^*) \tag{9.173}$$

을 만족하는 무차원 함수 $G^*(t^*)$가 존재한다는 것을 의미한다. 결국 시간-온도 중첩의 원리도 적정한 축척 인자(scale factor)를 선정한 무차원화에 의한 중첩원리라고 할 수 있다.

사실 G_m과 λ_m은 분자량과 분자량 분포에도 의존한다. 만약에 식 (172)와 식 (173)이 고분자의 종류, 분자량, 분자량 분포 및 온도에 무관하게 하나의 곡선으로 중첩이 된다면 무차원 함수의 분석만으로 모든

고분자의 선형 점탄성 거동을 통합된 관점에서 기술할 수 있다는 것을 의미한다. 이를 위해서 물론 많은 실험 데이터를 모아야 한다.

9.6.3 고분자의 자기 상사성과 점탄성

고분자의 자기 상사성(self-similarity)을 다루기 전에 먼저 상호작용을 하지 않는 브라운 입자(Brownian particle)의 확산에 대해서 생각해 보자. 고분자 사슬의 배좌(conformation)는 확산과정과 유사성을 가지기 때문에, 브라운 입자의 무작위 운동에 대한 통계적 고찰은 자기 상사성을 이해하는 데 도움이 될 것이다.

분자를 브라운 입자로 간주한다. 분자가 시간 τ 동안에 거리 b를 임의의 방향으로 움직인다고 가정한다. 시간 $t+\tau$에 위치 $\mathbf{r}$에 분자가 존재할 확률밀도 함수를 $\psi(\mathbf{r}, t+\tau)$라고 표현하자. 그러면 시각 t에 그 분자는 위치 $\mathbf{r}-b\hat{\mathbf{n}}$에 있었을 것이다. 여기서 $\hat{\mathbf{n}}$은 단위 벡터이다. 이에 대한 확률밀도는 $\psi(\mathbf{r}-b\hat{\mathbf{n}}, t)$로 표시할 수 있다. 방향 $\hat{\mathbf{n}}$에 대한 확률밀도 함수를 $T(\hat{\mathbf{n}})$이라고 하면 두 확률밀도 함수 $\psi(\mathbf{r}, t+\tau)$와 $\psi(\mathbf{r}-b\hat{\mathbf{n}}, t)$ 사이에는 다음의 관계가 성립될 것이다.

$$\psi(\mathbf{r}, t+\tau) = \int \psi(\mathbf{r}-b\hat{\mathbf{n}}, t)\, T(\hat{\mathbf{n}})\mathrm{d}\hat{\mathbf{n}} = \langle \psi(\mathbf{r}-b\hat{\mathbf{n}}, t) \rangle_{\hat{\mathbf{n}}}. \quad (9.174)$$

여기서 전이확률 $T(\hat{\mathbf{n}})$에 대한 평균을 $\langle \cdots \rangle_{\hat{\mathbf{n}}}$으로 표시하였다. 그러면 전이확률에 대한 평균은 다음을 만족해야 할 것이다.

$$\langle 1 \rangle_{\hat{\mathbf{n}}} = 1, \quad \langle \hat{\mathbf{n}} \rangle_{\hat{\mathbf{n}}} = \mathbf{0}, \quad \langle \hat{\mathbf{n}} \otimes \hat{\mathbf{n}} \rangle_{\hat{\mathbf{n}}} = \mathbf{I}. \quad (9.175)$$

식 (175)는 이동 방향은 모든 방향에 대해서 동등한 가능성을 가진다는 것을 의미한다. 식 (174)에 테일러 전개를 취하면 다음이 된다.

$$\psi(\mathbf{r}, t+\tau) = \psi(\mathbf{r}, t) + \frac{\partial\psi}{\partial t}\tau$$

$$= \langle \psi(\mathbf{r} - b\hat{\mathbf{n}}, t) \rangle_{\hat{\mathbf{n}}}$$

$$= \left\langle \psi(\mathbf{r}, t) - b\hat{\mathbf{n}} \cdot \frac{\partial\psi}{\partial\mathbf{r}} + \frac{1}{2} b\hat{\mathbf{n}} \cdot \frac{\partial^2\psi}{\partial\mathbf{r}\partial\mathbf{r}} b\hat{\mathbf{n}} \right\rangle_{\hat{\mathbf{n}}}$$

$$= \psi(\mathbf{r}, t) + \frac{b^2}{2} \frac{\partial}{\partial\mathbf{r}} \cdot \frac{\partial\psi}{\partial\mathbf{r}}.$$

$$= \psi(\mathbf{r}, t) + \frac{b^2}{2} \frac{\partial}{\partial\mathbf{r}} \cdot \frac{\partial\psi}{\partial\mathbf{r}}. \tag{9.176}$$

물론 식 (175)를 적용하였다. 이 식을 정리하면 다음이 된다.

$$\frac{\partial\psi}{\partial t} = \frac{b^2}{2\tau} \nabla^2 \psi. \tag{9.177}$$

분자들이 독립적으로 운동을 한다고 하면 분자의 농도 $c(\mathbf{r}, t)$는 단위 부피당 분자의 개수를 ρ_n이라고 하면 $c = \rho_n \psi$이 된다. 그러면 확산 방정식은

$$\frac{\partial c}{\partial t} = D\nabla^2 c, \quad D = \frac{b^2}{2\tau} \tag{9.178}$$

이 된다.

특성 길이 b와 특성 시간 τ는 임의로 설정한 것인데 식 (178)을 보면 거시적으로 측정되는 확산계수 D가 식 $(178)_2$와 같이 정해진다는 것이다. 거시적인 관점에서 보면 $b \ll 1$, $\tau \ll 1$라고 할 수 있다. 만약

$$b \to \alpha b, \ \ \tau \to \beta\tau \tag{9.179}$$

로 변환한다면 확산계수는

$$D \to \frac{\alpha^2 b^2}{2\beta\tau} = \frac{\alpha^2}{\beta} D \tag{9.180}$$

이 되어야 한다. 그런데 거시적인 물성은 이러한 눈금 변환에 대해서 불

변이어야 할 것이다. 그러면

$$\beta = \alpha^2 \tag{9.181}$$

이 되어야 한다.

식 (178)의 해는 $c(\mathbf{r}, t, b, \tau)$가 되어야 할 것이다. 독립변수의 개수가 $n = 4$이고, 사용되는 차원은 길이와 시간, 둘뿐이므로 $n - m = 2$가 되어, 해는 $c(b^{-1}\mathbf{r}, \tau^{-1}t)$가 되어야 한다. 그런데 농도는 거시적인 물리량이므로 이 해의 형태는 식 (178)의 변환에 대해서 불변이어야 할 것이다.

$$c\left(\frac{1}{\alpha b}\mathbf{r}, \frac{t}{\alpha^2 \tau}\right) = c(\mathbf{r}, t). \tag{9.182}$$

여기서 식 (181)을 사용하였다. 즉, 식 (182)는 임의의 실수 α에 대해서 항상 성립되어야 한다. 이를 자기 상사성(self-similarity)이라고 부른다. 그러면

$$\alpha = \sqrt{\frac{t}{2\tau}} \tag{9.183}$$

일 때도 성립되어야 한다. 최종적으로

$$c(\mathbf{r}, t) = \bar{c}\left(\frac{\mathbf{r}}{\sqrt{Dt}}, 1\right) = \hat{c}\left(\frac{\mathbf{r}}{\sqrt{Dt}}\right) \tag{9.184}$$

가 된다. 간단히 $c = c(\mathbf{r}/\sqrt{Dt})$라고 할 수 있다. 이 결과는 차원해석만으로는 얻을 수 없는 것이다. 식 (184)를 식 (178)에 대입하여 확산 방정식의 점근적인 해(asymptotic solution)를 구할 수 있다(Barenblatt, 1996).

고분자 사슬의 크기는 양 말단 사이 거리(end-to-end distance)의 제곱평균의 제곱근을 R로 표시한다. 단량체의 개수를 N, 단량체의 길이를 b_0라고 하면 다음의 관계가 성립함이 통계역학 이론으로 밝혀진 바가 있다(Rubinstein and Colby, 2003).

$$R = C_N b_o N^{\nu}. \tag{9.185}$$

여기서 C_N는 특성 비율(characteristic ratio)이라고 부르는 무차원 상수로 N이 충분히 크면 N에 대한 의존성이 거의 없어지는 특징을 가진다. 계산의 편의상 C_N 대신, C_∞를 사용하기로 하자. 지수 ν는 배제 부피(excluded volume) 효과가 없는 경우 1/2이고 배제부피 효과가 있는 경우 $\nu \approx 3/5$인 무차원수이다. 순차적으로 이어진 단량체 n개를 묶은 부분 사슬(sub chain)의 크기는 식 (185)로부터 $R_n \approx C_\infty b_o n^{\nu}$가 될 것이다. 이 부분 사슬을 가상의 단량체로 간주하고 그 단량체의 길이를 $b_e = C_\infty b_o n^{\nu}$이라고 하면 고분자 사슬은 $N_e \equiv N/n$개의 가상 단량체로 이루어지게 된다. 그러면 이 고분자 사슬을 등가 사슬(equivalent chain)이라고 부르자. 그러면 다음의 항등식이 성립된다.

$$b_e N_e^{\nu} = C_\infty b_o n^{\nu} \left(\frac{N}{n} \right)^{\nu} = C_\infty b_o N^{\nu} = R. \tag{9.186}$$

여기서 단량체의 길이를 $b \to n^{\nu} b$, 단량체의 개수를 $N \to N/n$으로 변환시켰음에도 사슬이 크기 R은 불변이다. N개의 단량체로 이루어진 고분자 사슬의 양 말단 거리 벡터의 확률밀도 함수를 유도하는 과정은 흥미롭게도 앞에서 다루었던 확산 방정식의 유도와 일치한다(Doi, 1995). 물론 n은 자연수이지만 임의의 양의 실수로 확장하면 확산 문제와 같이 다음과 같은 자기 상사성 변환을 생각할 수 있다.

$$N \to \alpha^{-1} N, \quad b \to \alpha^{\nu} b. \tag{9.187}$$

고분자 용액에서 고분자의 부피분율은 용액의 부피로 고분자의 부피를 나눈 값이다. 고분자의 부피는 고분자 사슬의 개수를 n_p라 하고 사슬 하나당 단량체의 개수를 N이라고 하며 단량체의 크기를 b라고 하면 단량체 하나의 부피는 b^3으로 근사할 수 있을 것이고 그러면 고분자의 부피분율 ϕ는 다음이 된다.

$$\phi = \frac{n_p b^3 N}{V}. \tag{9.188}$$

여기서 V는 용액의 부피이다. 그러면 식 (186)의 자기 상사성 변환에 대해서 고분자의 부피분율은 다음과 같이 변환된다.

$$\phi \to \alpha^{3\nu - 1}\phi. \tag{9.189}$$

식 (172)를 도출할 때, 완화시간과 탄성률의 특성치를 잘 선정하면 고분자의 점탄성함수를 시간-온도 중첩이 일어나는 수학적 형태로 표현할 수 있음을 배웠다. 고분자 용융체나 고체인 경우, 시간(또는 주파수) 이외에 온도, 분자량에 의해서 점탄성 함수가 지배되지만, 고분자 용액에서는 시간, 온도, 분자량 이외에 농도가 점탄성에 어떤 영향을 미치는지 연구하여야 한다. 따라서 고분자 용액에서 축척 인자의 자기 상사성 변환에 대한 특성을 고찰하고자 한다.

용액에서 고분자의 특성 탄성률은 고분자 사슬의 열운동에 주로 기인하므로 분자량(N), 농도(ϕ), 단량체의 크기(b) 이외에 열운동 에너지인 $k_{\mathrm{B}}\theta$의 함수가 될 것이다. 즉

$$G_c = \hat{G}_c(k_{\mathrm{B}}\theta, N, b, \phi) \tag{9.190}$$

이라고 할 수 있다. 독립변수의 개수는 4개이고 관련된 차원은 질량, 길이, 시간이므로 차원해석을 하면 다음이 얻어진다.

$$G_c = \frac{k_{\mathrm{B}}\theta}{b^3}\Pi_G\left(\frac{\phi}{N}\right). \tag{9.191}$$

물론 여기서 $\Pi_G(\ )$는 무차원 함수이다. 특성 탄성률 G_c는 거시적인 물리량이므로 자기 상사성 변환에 대해서 불변이어야 할 것이다. 그러면

임의의 양의 실수 α에 대해서 다음이 성립된다.

$$\frac{k_B\theta}{b^3}\Pi_G\left(\frac{\phi}{N}\right)=\alpha^{-3\nu}\frac{k_B\theta}{b^3}\Pi_G\left(\alpha^{3\nu}\frac{\phi}{N}\right). \tag{9.192}$$

이 식의 양변을 α에 대해서 미분하고 정리하면 다음이 얻어진다.

$$\mathrm{d}\log\left(\alpha^{3\nu}\frac{\phi}{N}\right)=\mathrm{d}\log(\Pi_G). \tag{9.193}$$

그러면 식 (191)은 다음이 된다.

$$G_c=\frac{k_B\theta}{b^3}\frac{\phi}{N}. \tag{9.194}$$

식 (194)는 자기 상사성 변환에 대해서 불변이 된다.

고분자의 점탄성은 고분자 사슬의 배좌 변화에 기인하고 배좌 변화는 확산과정과 유사성을 가지므로 고분자 사슬의 확산거리를 R_d라고 하고 확산계수를 D_c라고 하면 최대 완화시간은

$$\lambda_{\max}=\frac{R_d^2}{D_c} \tag{9.195}$$

라고 할 수 있을 것이다. 그런데 확산계수 D_c는 스토크스-아인슈타인 관계식(Stokes-Einstein relation)을 이용하면 다음이 된다(Rubinstein and Colby, 2003).

$$D_c=\frac{k_B\theta}{\zeta},\quad \zeta\approx\eta_s R_\zeta. \tag{9.196}$$

여기서 ζ는 마찰계수이고 η_s는 용제의 점도이고 R_ζ는 용액 안에 있는 입자의 크기이다. 여기서는 스토크스의 유체역학 계산의 $\zeta=6\pi R_\zeta\eta_s$에서 계수 6π를 생략했다. 스토크스의 결과를 고분자 용액으로 확장하기 위해서 R_ζ를 결정하는 여러 가지 방법이 있을 수 있다.

고분자 용액의 선형 점탄성은 세 개의 농도 구간에 따라서 다른 완화

거동을 보인다(Rubinstein and Colby, 2003). 겹침 농도(overlap concentration, ϕ^*) 이하인 농도 구간을 구간 I이라고 하고 농도가 겹침 농도와 엉킴 농도(entanglement concentration, ϕ_e) 사이인 농도 구간을 구간 II라고 하며 엉킴 농도 이상인 농도 구간을 구간 III이라고 하자. 실험 결과에 의하면 구간 I에서는 이웃한 고분자 사슬 사이의 거리가 고분자 사슬의 회전반경(radius of gyration)의 두 배보다 매우 크기에 사슬 사이의 상호작용(hydrodynamic interaction)은 오로지 수력학적 상호작용(hydrodynamic interaction)뿐이다. 농도가 구간 II에 해당하면 가장 가까운 두 고분자 사슬 사이의 거리가 회전반경의 두 배보다 작게 되고 고분자 사슬을 감쌀 수 있는 최소의 구가 서로 겹치게 된다. 그래서 구간 I에서 의미 있던 수력학적 상호작용은 상쇄된다. 하지만 농도가 엉킴 농도보다 작기에 고분자 사슬의 운동은 엉킴 효과의 영향을 받지 않게 된다. 구간 III의 농도는 엉킴 농도보다 크기 때문에 고분자 사슬의 운동은 엉킴 효과의 영향을 받게 된다. 따라서 세 구간에 대한 R_ζ, R_d, D_c 뿐만 아니라 G_c도 다른 분자량 의존성과 농도 의존성을 가지게 된다. 그 결과 농도 구간에 따라서 다른 특성 완화시간과 특성 탄성률을 가지게 된다.

앞에서 여러 점탄성 함수 중에서 완화시간 분포가 가장 중심적인 역할을 한다는 것을 논의한 바 있다. Choi, Cho and Kwon, 2022는 완화시간 분포 $H(\lambda)$에 자기 상사성 원리를 적용했다. 즉, 식 (194)의 특성 탄성률을 사용하여

$$H(\lambda) = G_c\left(\frac{\lambda}{\lambda_{\max}}\right)^{-\mu} \tag{9.197}$$

의 형태를 가진다고 가정한 것이다. 이들은 구간 I과 II에 대해서 위의

계산 방법으로 G_c와 λ_{max}를 계산했다. 계산 결과는 이 두 구간에 대해서 G_c와 λ_{max} 모두는 자기 상사성 변환에 대해서 불변인 것이 확인되었다. 그러면 $H(\lambda)$도 역시 자기 상사성 변환에 대해서 불변이 되면 이는 완화시간 분포가 거시적인 물성인 점과 일관성이 성립된다. 그러면 식 (76)과 식 (78)에 의해서 완화탄성률과 동적 탄성률도 역시 자기 상사성 변환에 대해서 불변인 거시적 물리량이 된다. 식 (76)과 식 (78)의 적분값이 유한하기 위해서는 식 (197)의 지수 μ는 양수이어야 한다. 식 (197)을 이용하여 측정할 수 있는 점탄성 함수인 완화탄성률과 동적 탄성률의 실험 결과와 비교하면 지수 μ를 결정할 수 있다. 그 결과를 보면 구간 I은 짐 모형(Zimm model)을 그리고 구간 II는 라우즈 모형(Rouse model)을 따른다는 것을 알 수 있다.

구간 III에서는 엉킴 효과가 지배적이기 때문에 식 (194)로 특성 탄성률을 정할 수 없다. 엉킴이 있는 경우 특성 탄성률은 고원 탄성률(plateau modulus) G_N^0이 되어야 하는데 Rubinstein and Colby, 2003에 의하면 G_N^0는 $\phi^{2.3}$에 비례하며 분자량 의존성이 없다. 여기에 자기 상사성 변환을 적용하면 G_N^0는 불변량이 아니다. 게다가 엉킴이 있는 경우의 λ_{max}에 대해서 분석해 보아도 자기 상사성 변환에 대한 불변성을 찾을 수 없다. 자기 상사성 변환에 대한 불변성이 없더라도 식 (197)의 G_c를 G_N^0로 대체한 후에 자기 상사성 변환의 불변성을 조건으로 지수 μ를 구할 수 있는데 불행하게도 계산된 μ가 실험 결과와는 상당한 괴리를 보이는 값이 된다. 사실 도이-에드워즈 모형도 식 (197)의 수학적 형태를 가지는 완화시간 분포를 제공하는데 이 경우 μ는 음수 값을 가진다. 그러면 식 (76)과 (78)의 계산에서 적분 구간을 $0 \le \lambda \le \lambda_{max}$로 바꾸어야 하는데 엉킴이 있는 경우 λ_{max}가 자기 상사성 변환에 대한 불변량이 아니기에 완화탄성률과 동적 탄성률의 자기 상사성 변환에 대한 불변성을 보장할 수 없게 된다. 따라서 여러 가지를 고려하여도 구간 III에 대한 자기 상사성에 대한 해석을 허락하는 완화시간 분포를 구하기는 어렵다는 것을 알 수 있다. 이는 구간 I과 구간 II의 점탄성은 고분자 사슬 하나의 완화 거동으로 설명되지만 구간 III의 점탄성은 여러 고분자 사슬의 운동이 상호작용을 하기 때문으로 보인다.

10 비선형 점탄성 이론

선형 점탄성 이론으로 일정한 변형률에서 어떻게 응력이 감소하게 되는지, 일정한 응력에서 어떻게 변형률이 증가하는지를 설명할 수 있을 뿐만 아니라 변형의 크기가 충분히 작을 때, 임의의 변형 이력으로부터 현재의 응력을 계산하거나 응력 이력으로부터 현재의 변형률을 예측할 수 있게 되었다. 하지만 단순 전단 유동에서도 발생하는 수직 응력의 차이(difference in normal stresses)는 설명하기 어렵다.

비선형 점탄성 유체는 점성유체에서는 발견되기 어려운 여러 가지 특이한 현상을 보여 준다(Bird, Armstrong, Hassager, 1987; Larson, 1988). 대표적인 몇 가지를 들면, 와이젠버그 효과(Weissenberg effect)로 알려진 전단 유동에서 회전축을 따라 점탄성 유체가 올라오는 현상(Weissenberg, 1947), 금형을 통해서 압출되는 유체의 지름이 금형의 지름보다 커지는 팽윤 현상(extrudate swell), 관(tube)이 없어도 발생하는 사이펀 현상(tubeless siphon), 수축 흐름(contraction flow)의 출구 주변에 형성되는 와류(vortex) 등이 있다.

이 장에서는 앞에서 언급한 점탄성 흐름 현상을 기술할 수 있는 구성방정식을 개발하는 과정에서 나타나는 여러 구성방정식 모형을 소개한다. 이 중의 대부분은 적은 가정을 사용하고도 제12장에서 소개하는 변분법적 내부변수 이론으로 유도할 수 있다.

10.1 선형 점탄성 모형의 일반화

선형 점탄성 모형은 볼츠만 중첩원리인 식 (9.6)과 같은 적분형 구성방정식과 스프링-대시포트를 이용한 식 (9.52)와 같은 미분형 구성방정식이 있다. 이 모형은 모두 1차원 모형이며 미소 변형을 가정한 것들이다. 이 두 가지 구속조건을 풀어서 비선형 점탄성 구성방정식 개발에 대해서 논의하겠다.

10.1.1 미분형 구성방정식

점탄성 유체가 비압축성이라고 가정하자. Oldroyd, 1950은 제프리 모형(Jeffreys model)에 객관적 미분을 적용하여 점탄성 유체의 3차원 구성방정식을 개발하였다. 이 모형을 올드로이드 B 모형(Oldroyd B model)이라고 부른다. 이 모형이 고분자 유체의 점탄성 실험 결과와 정량적으로 일치하였다면 좋았겠지만, 상당한 정성적 차이도 보이므로, 여기서는 수학적으로 더 간단한 맥스웰 모형의 3차원화에 대해서 다루겠다. 이러한 구성방정식은 완전한 비선형 구성방정식이 아니기 때문에, 후속 연구들이 활발히 진행되었다. 그런데 이 구성방정식들의 대부분은 맥스웰 모형의 형태를 가지기 때문에 Oldroyd, 1950이 고려했던 제프리 모형의 일반화에 대해서는 다루지 않는다.

먼저 식 (9.52)의 맥스웰 모형을 생각해 보자. 1차원 응력인 σ를 3차원 응력인 코시 응력으로 다음과 같이 바꿀 수 있으며 변형률 속도 $\dot{\gamma}$는 변형률 속도 텐서로 바꿀 수 있다.

$$\mathbf{T} = -p\mathbf{I} + \mathbf{S}, \quad \mathbf{S} + \lambda\dot{\mathbf{S}} = 2\eta_1\mathbf{D}, \quad \lambda \equiv \frac{\eta_1}{G_1}. \tag{10.1}$$

여기서 S는 정압력을 제외한 잉여 응력(extra stress)이다. 식 $(1)_2$에 사용한 응력의 시간 미분은 물질 시간 미분이다. 하지만 이는 관찰자 불변의 원리를 만족시키지 못하는 구성방정식이다. 코시 응력과 변형률 속도 텐서는 객관 텐서이지만 코시 응력의 물질 시간 미분은 객관 텐서가 아니다(7.1절 참조). 따라서 물질 시간 미분을 객관적 시간 미분으로 바꾸어야 할 것이다. 위-흐름 시간 미분으로 바꾼 모형을 위-흐름 맥스웰 모형(upper-convected Maxwell model, UCM), 아래-흐름 시간 미분으로 바꾼 모형을 아래-흐름 맥스웰 모형(lower-convected Maxwell model, LCM), 자우만 시간 미분으로 바꾼 모형을 동회전 맥스웰 모형(co-rotational Maxwell model, CRM)이라고 부른다. 이러한 세 가지 맥스웰 모형의 구성방정식은 각각

$$\mathbf{S} + \lambda\overset{\nabla}{\mathbf{S}} = 2\eta_1\mathbf{D}, \quad \mathbf{S} + \lambda\overset{\Delta}{\mathbf{S}} = 2\eta_1\mathbf{D}, \quad \mathbf{S} + \lambda\overset{\diamond}{\mathbf{S}} = 2\eta_1\mathbf{D} \tag{10.2}$$

이다.

세 가지 객관적 시간 미분을 통합하여 하나의 공식으로 표현할 수 있다. 다음과 같이 정의되는 텐서의 시간 미분은 객관적 시간 미분임을 보이는 것은 어렵지 않다.

$$\mathbf{S}_{[\xi]} \equiv \dot{\mathbf{S}} - \mathbf{L}_\xi\mathbf{S} - \mathbf{S}\mathbf{L}_\xi^{\mathrm{T}}, \quad \mathbf{L}_\xi \equiv \mathbf{L} - \xi\mathbf{D}. \tag{10.3}$$

이 객관적 시간 미분은 Gordon and Schowalter, 1972가 희박 고분자 용액의 덤벨 이론(dumbbell theory)에 비등방성 효과를 도입하기 위해서 처음 고안한 것이다. 여기서 매개변수 ξ는 미끄러짐 변수(slip parameter)라고 부르며 $\xi = 0$이면 식 (3)은 위-흐름 시간 미분이 되고 $\xi = 1$이면

자우만 시간 미분이 되고 $\xi=2$이면 아래-흐름 시간 미분이 된다. 따라서 다음 식은 식 (2)를 하나로 통합한 것이 된다.

$$\mathbf{S}_{[\xi]}+\frac{1}{\lambda}\mathbf{S}=2G_1\mathbf{D}. \tag{10.4}$$

이 모형이 고분자 유체의 점탄성 거동을 잘 표현할 수 있는지를 알아보기 위해서 다음과 같은 단순 전단 유동(simple shear flow)을 고려해 보자.

$$\mathbf{L}=\dot{\gamma}\mathbf{E}_{12},\quad \mathbf{D}=\frac{\dot{\gamma}}{2}(\mathbf{E}_{12}+\mathbf{E}_{21}),\quad \mathbf{W}=\frac{\dot{\gamma}}{2}(\mathbf{E}_{12}-\mathbf{E}_{21}). \tag{10.5}$$

여기서 $\dot{\gamma}$는 전단 속도(shear rate)이고 $\mathbf{E}_{ik}\equiv\mathbf{e}_i\otimes\mathbf{e}_k$이다. 단순 전단 유동에서 응력은 위치에 무관한 균일 응력이라고 가정하자. 그러면 응력의 물질 시간 미분은 단순한 시간 미분이 된다. 잉여 응력을 $\mathbf{S}=\sigma_{ik}\mathbf{E}_{ik}$로 표현하면 식 (4)를 다음과 같이 성분별로 쓸 수 있다.

$$\frac{d\sigma_{11}}{dt}=\dot{\gamma}(2-\xi)\sigma_{12}-\frac{\sigma_{11}}{\lambda},\quad \frac{d\sigma_{22}}{dt}=-\dot{\gamma}\xi\sigma_{12}-\frac{\sigma_{22}}{\lambda}$$
$$\frac{d\sigma_{12}}{dt}=-\frac{\dot{\gamma}\xi\sigma_{11}}{2}+\dot{\gamma}\left(1-\frac{\xi}{2}\right)\sigma_{22}-\frac{\sigma_{12}}{\lambda}+G_1\dot{\gamma}. \tag{10.6}$$

여기서 단순 전단 유동의 기하학적 대칭성을 이용하면 $\sigma_{23}(t)=\sigma_{31}(t)=\sigma_{33}(t)=0$이 됨을 알 수 있다(Cho, 2016).

전단 속도 $\dot{\gamma}$가 상수인 경우, 식 (6)은 라플라스 변환을 이용하여 해를 구할 수 있다. 초기조건은 $\sigma_{ik}(0)=0$이므로 식 (6)의 라플라스 변환은 다음이 된다.

$$\tilde{\sigma}_{11}(s)=\dot{\gamma}(2-\xi)\frac{\tilde{\sigma}_{12}(s)}{s+\lambda^{-1}},\quad \tilde{\sigma}_{22}(s)=-\dot{\gamma}\xi\frac{\tilde{\sigma}_{12}(s)}{s+\lambda^{-1}},$$
$$(s+\lambda^{-1})\tilde{\sigma}_{12}(s)=-\frac{\dot{\gamma}\xi}{2}\tilde{\sigma}_{11}(s)+\frac{\dot{\gamma}}{2}(2-\xi)\tilde{\sigma}_{22}(s)+\frac{G_1\dot{\gamma}}{s}. \tag{10.7}$$

이를 정리하면 다음이 얻어진다.

$$\tilde{\sigma}_{12}(s)=\frac{G_1\dot{\gamma}(s+\lambda^{-1})}{s\left[(s+\lambda^{-1})^2+\dot{\gamma}^2\xi(2-\xi)\right]}. \tag{10.8}$$

역(逆)라플라스 변환을 하면

$$\sigma_{12}(t)=G_1\dot{\gamma}\int_0^t e^{-\tau/\lambda}\cos(b\dot{\gamma}\tau)\mathrm{d}\tau \tag{10.9}$$

가 된다. 여기서

$$b\equiv\sqrt{\xi(2-\xi)} \tag{10.10}$$

이다.

실험 결과와 비교하기 위해서 정상상태 값에 더 관심이 있으므로 식 (8)에 라플라스 변환의 최종값 정리(final value theorem)

$$\lim_{t\to\infty}f(t)=\lim_{s\to 0}s\tilde{f}(s) \tag{10.11}$$

을 이용하는 것이 편리하다. 그러면 다음이 얻어진다.

$$\lim_{t\to\infty}\sigma_{12}(t)=\frac{G_1\lambda\dot{\gamma}}{1+(b\lambda\dot{\gamma})^2}. \tag{10.12}$$

정상상태 전단 점도는

$$\eta(\dot{\gamma})\equiv\frac{1}{\dot{\gamma}}\lim_{t\to\infty}\sigma_{12}(t) \tag{10.13}$$

으로 정의되므로 다음이 얻어진다.

$$\eta(\dot{\gamma})=\frac{G_1\lambda}{1+(b\lambda\dot{\gamma})^2}. \tag{10.14}$$

고분자 유체의 정상상태 전단 점도(steady-state shear viscosity)는 전단 속도가 작을 때는 거의 일정한 값을 가지지만 높은 전단 속도에서는 $\eta\propto\dot{\gamma}^{-n}$의 거동을 보인다. 여기서 $0<n<1$이다. 이러한 거동을 전단 박화(shear thining)라고 한다. 그런데 식 (14)는 높은 전단 속도인

$\dot{\gamma} \gg 1/(b\lambda)$에서 $\eta \propto \dot{\gamma}^{-2}$가 됨을 보여 준다. 게다가 UCM $(\xi=0)$과 LCM $(\xi=2)$에 대해서는 $b=0$이 되므로 전단 박화를 보여 주지 못한다.

식 (8)을 식 $(7)_1$과 $(7)_2$에 대입하면 수직 응력(normal stress)의 라플라스 변환은 다음이 된다.

$$\tilde{\sigma}_{11}(s) = \frac{G_1 \dot{\gamma}^2 (2-\xi)}{s\left[(s+\lambda^{-1})^2 + b^2 \dot{\gamma}^2\right]},$$
$$\tilde{\sigma}_{22}(s) = -\frac{G_1 \dot{\gamma}^2 \xi}{s\left[(s+\lambda^{-1})^2 + b^2 \dot{\gamma}^2\right]}. \tag{10.15}$$

여기에 라플라스 변환의 최종값 정리를 사용하면 정상상태에서의 수직 응력 값을 구할 수 있게 된다.

$$\sigma_{11}(\infty) = \frac{G_1 \lambda^2 \dot{\gamma}^2 (2-\xi)}{1+(b\lambda\dot{\gamma})^2}, \quad \sigma_{22}(\infty) = -\frac{G_1 \lambda^2 \dot{\gamma}^2 \xi}{1+(b\lambda\dot{\gamma})^2}. \tag{10.16}$$

점성유체 모형으로는 예측할 수 없는 점탄성 유체의 특성은 제1 수직 응력 차와 제2 수직 응력 차이다. 이들을 전단 속도의 제곱으로 나눈 것을 수직 응력 차 계수(coefficient of normal stress difference)라고 하며 다음과 같이 두 가지를 정의할 수 있다.

$$\psi_1(\dot{\gamma}) \equiv \frac{\sigma_{11}(\infty) - \sigma_{22}(\infty)}{\dot{\gamma}^2}, \quad \psi_2(\dot{\gamma}) \equiv \frac{\sigma_{22}(\infty) - \sigma_{33}(\infty)}{\dot{\gamma}^2}. \tag{10.17}$$

그러면 식 (16)으로부터 다음이 얻어진다.

$$\psi_1(\dot{\gamma}) = \frac{2G_1\lambda^2}{1+(b\lambda\dot{\gamma})^2}, \quad \psi_2(\dot{\gamma}) = -\frac{G_1\lambda^2\xi}{1+(b\lambda\dot{\gamma})^2}. \tag{10.18}$$

식 (17)의 부호는 실험 결과와 일치한다. 하지만 UCM의 경우, $\xi=0$이므로 제1 수직 응력 차 계수가 전단 박화를 보여 주지 못할 뿐만 아니라 제2 수직 응력 차 계수는 0이 된다. LCM의 경우 $\xi=2$이므로

$b=0$이므로 ψ_1과 ψ_2는 부호는 반대지만 절댓값은 같게 된다. 따라서 Laun, 1978의 폴리 에틸렌 용융체(Melt I)에 대한 실험 결과와 정량적으로 일치하지 않는다. 일반적으로 고분자 용융체의 ψ_1과 ψ_2 모두는 전단 박화를 보이며 전단 박화 지수의 절댓값은 2보다 작게 나오고 $|\psi_2| \approx 0.1|\psi_1|$인 경향을 보인다. CRM의 경우 $\xi=1$이므로 전단 박화를 보여 주지만 전단 박화 지수의 절댓값이 2이다. 즉, $\psi_1 \propto \dot{\gamma}^{-2}$이고 $\psi_2 \propto \dot{\gamma}^{-2}$이다. 게다가 $|\psi_2|=0.5|\psi_1|$이다.

세 가지 맥스웰 모형 중에서 CRM이 정성적인 측면에서는 가장 우수하지만 역시 정량적인 측면에서 보았을 때, 일반적인 고분자 용융체의 점탄성 거동과 멀다. 객관적 시간 미분으로 대체된 3차원화된 제프리 모형이나 이보다 더 복잡한 올드로이드(Oldroyd)의 모형들도 역시 정량적으로 실험 데이터와 일치할 수 있는 결과를 보여 주지 못한다. 더 자세한 분석은 Bird, Armstrong and Hassager, 1987과 Larson, 1988을 참조 바란다. 스프링-대시포트로 이루어진 선형 점탄성 모형을 객관적 시간 미분으로 일반화시켜도 실험 결과와 정량적 비교를 할 수 있지는 못하다고 결론지을 수 있다. 이를 바탕으로 개선하려는 노력이 있었지만 역시 충분히 좋은 결과를 얻지는 못했다(Bird, Armstrong and Hassager, 1987).

10.1.2 적분형 구성방정식

선형 점탄성에서 가장 일반적인 구성방정식은 볼츠만 중첩원리이다. 식 (9.6)의 의미는 과거에서 현재까지의 변형 이력으로 현재의 응력을 계산할 수 있다는 것이다. 이 식을 3차원으로 그리고 비선형 변형까지로 확장하기 위해서 다음의 항등식을 생각해 보자.

$$\frac{d}{d\tau}\left[G(t-\tau)\gamma(\tau)\right]=G(t-\tau)\frac{d\gamma}{d\tau}-\dot{G}(t-\tau)\gamma(\tau). \qquad (10.19)$$

여기서 $\dot{G}(t)=dG/dt$ 이다. 식 (19)를 식 (9.6)에 대입하면 다음이 얻어진다.

$$\int_{-\infty}^{t} G(t-\tau)\frac{d\gamma}{d\tau}\mathrm{d}\tau$$

$$=G(0^+)\gamma(t)-G(\infty)\gamma(-\infty)+\int_{-\infty}^{t}\dot{G}(t-\tau)\gamma(\tau)\mathrm{d}\tau. \qquad (10.20)$$

여기서 먼 과거의 변형은 없었다고 가정하면 $\gamma(-\infty)=0$ 이라고 할 수 있다. 게다가, 점탄성 유체라고 하면 $G(\infty)=0$ 이므로 식 (20)은 다음과 같이 다시 쓸 수 있다.

$$\sigma(t)=\int_{-\infty}^{t} M(t-\tau)\gamma(\tau)\mathrm{d}\tau. \qquad (10.21)$$

여기서

$$M(t-\tau)\equiv G(0^+)\delta(t-\tau)+\dot{G}(t-\tau) \qquad (10.22)$$

이고 이를 기억함수(memory function)라고 부른다. 식 (21)은 과거 시간 τ에서의 변형률 $\gamma(\tau)$의 현재 응력에 대한 기여를 적분한다는 것을 의미한다. 즉, 기억함수는 과거의 변형에 대한 기억을 대변하고 있다.

1차원 모형인 식 (21)을 3차원으로 확장하면 식 (9.27)과 유사한 다음이 될 것이다.

$$\mathbf{T}(t)=\int_{-\infty}^{t} M_B(t-\tau)\mathrm{tr}\mathbf{E}(\tau)\mathrm{d}\tau\mathbf{I}+2\int_{-\infty}^{t} M(t-\tau)\mathbf{E}'(\tau)\mathrm{d}\tau. \qquad (10.23)$$

3차원화를 했지만, 이 식은 선형 점탄성일 뿐이다. 비선형화를 위해서 탄성체에서의 방법을 사용하려 한다. 식 (8.5)와 (8.6)을 보면 식 (23)을

$$\mathbf{T}(t)=\int_{-\infty}^{t}\frac{\partial}{\partial\mathbf{E}}\Phi(\tau,\mathbf{E}(\tau))\mathrm{d}\tau \qquad (10.24)$$

로 대체할 수 있을 것이다. 미소 변형률을 사용하고 있으니 여전히 완전한 비선형 점탄성 모형이라고 하기 어려워 보인다. 따라서 식 (24)의 피적분함수를 식 (8.17)로 대체해 보면

$$\mathbf{T}(t) = -p\mathbf{I} + 2\int_{-\infty}^{t}\left(\frac{\partial \Phi}{\partial I_{\mathbf{B}}}\mathbf{B} - \frac{\partial \Phi}{\partial I_{\mathbf{B}^{-1}}}\mathbf{B}^{-1}\right)d\tau \tag{10.25}$$

가 얻어진다. 물론 여기서 변형률 포텐셜 Φ는 $I_{\mathbf{B}}$, $I_{\mathbf{B}^{-1}}$, τ의 함수이다. 하지만 과거 변형을 더 할 때 식 (25)에 좌 코시-그린 변형률을 사용하여도 될까? 좌 코시-그린 변형률은 시간만의 함수가 아니라 질점 위치의 함수이기도 하다. 그런데 식 (25)에 사용하려면 시간을 현재 시각에서 과거 시각으로 바꾸는 것뿐만 아니라 질점의 위치도 과거 질점의 위치로 바꾸어 주어야 할 것이다. 따라서 과거의 변형 이력을 정보의 손실 없이 나타낼 수 있는 새로운 변형률 텐서가 필요하게 된다.

현재 시각 t에서 질점의 위치를 $\mathbf{x}$라고 하고 과거 시각 τ에서의 질점의 위치는 $\hat{\mathbf{x}}$라고 표시하자. 이 두 위치 사이의 관계를 다음과 같이 표시하자.

$$\hat{\mathbf{x}} = \boldsymbol{\chi}_t(\mathbf{x}, \tau). \tag{10.26}$$

그러면 $\tau \to t$가 되면 식 (28)은 다음이 되어야 할 것이다.

$$\mathbf{x} = \boldsymbol{\chi}_t(\mathbf{x}, t). \tag{10.27}$$

사상 $\boldsymbol{\chi}_t(\mathbf{x}, \tau)$는 당연히 가역인 사상이므로 식 (27)은 또한 다음과 같이 표현할 수 있을 것이다.

$$\mathbf{x} = \boldsymbol{\chi}_t^{-1}(\mathbf{x}, t). \tag{10.28}$$

식 (26)의 사상은 결국 변형 분포를 기준 분포로 삼고 그로부터 과거의 분포를 대응시키는 사상이라고 할 수 있다.

그러면 다음과 같이 상대적인 변형 그래디언트(relative deformation gradient)를 정의할 수 있다.

$$d\hat{\mathbf{x}} = \mathbf{F}_t(\tau)d\mathbf{x}, \quad \mathbf{F}_t(\tau) = \frac{\partial \hat{x}_i}{\partial x_k}\mathbf{e}_i \otimes \mathbf{e}_k = (\nabla \hat{\mathbf{x}})^{\mathrm{T}}. \tag{10.29}$$

절대적인 기준분포를 가정하게 되면 다음이 성립된다.

$$d\hat{\mathbf{x}} = \mathbf{F}(\tau)d\tilde{\mathbf{x}}, \quad d\mathbf{x} = \mathbf{F}(t)d\tilde{\mathbf{x}}. \tag{10.30}$$

식 (30)을 식 (29)에 적용하면 다음이 얻어진다.

$$\mathbf{F}_t(\tau) = \mathbf{F}(\tau)\mathbf{F}^{-1}(t), \quad \mathbf{F}(t) = \mathbf{F}_t^{-1}(\tau)\mathbf{F}(\tau). \tag{10.31}$$

상대적 변형 그래디언트를 이용하여 다음과 같은 두 가지 변형률 텐서를 정의할 수 있다.

$$\mathbf{B}_t(\tau) \equiv \mathbf{F}_t(\tau)\mathbf{F}_t^{\mathrm{T}}(\tau), \quad \mathbf{C}_t(\tau) \equiv \mathbf{F}_t^{\mathrm{T}}(\tau)\mathbf{F}_t(\tau). \tag{10.32}$$

그러면 이 변형률 텐서들은 관찰자의 변경에 따라서 어떻게 거동하는지를 알 필요가 있다. 관찰자의 변경에 따라서 변형 그래디언트에 대해서는 이미 아는 바대로 다음과 같은 변환이 성립된다.

$$\mathbf{F}(t) \to \mathbf{Q}(t)\mathbf{F}(t), \quad \mathbf{F}(\tau) \to \mathbf{Q}(\tau)\mathbf{F}(\tau). \tag{10.33}$$

식 (33)을 이용하여 식 (32)의 변형률 텐서에 적용하면 다음이 얻어진다.

$$\mathbf{B}_t(\tau) \to \mathbf{Q}(\tau)\mathbf{B}_t(\tau)\mathbf{Q}^{\mathrm{T}}(\tau), \quad \mathbf{C}_t(\tau) \to \mathbf{Q}(t)\mathbf{C}_t(\tau)\mathbf{Q}^{\mathrm{T}}(t). \tag{10.34}$$

상대적 변형 그래디언트로 정의되는 좌 코시-그린 변형률은 객관적 텐서가 아니지만, 오히려 상대적 변형 그래디언트로 정의되는 우 코시-그린 변형률은 객관적 텐서가 된다. 따라서 변형 이력을 적분으로 표현하는 구성방정식을 위해서는 $\mathbf{C}_t(\tau)$를 사용하여야 할 것이다. 같은 방식으로 관찰자 변경에 대해서 $\mathbf{C}_t^{-1}(\tau)$는 다음을 만족한다.

$$\mathbf{C}_t^{-1}(\tau) \to \mathbf{Q}(t)\mathbf{C}_t^{-1}(\tau)\mathbf{Q}^{\mathrm{T}}(t). \tag{10.35}$$

따라서 $\mathbf{C}_t^{-1}(\tau)$도 객관적 텐서이다.

그런데 $\mathbf{C}_t(\tau)$와 $\mathbf{C}_t^{-1}(\tau)$를 물질 시간 미분을 하면 다음이 성립됨을 알 수 있다.

$$\overset{\triangle}{\mathbf{C}_t}(\tau)=\mathbf{O}, \quad \overset{\triangledown}{\mathbf{C}_t^{-1}}(\tau)=\mathbf{O}. \tag{10.36}$$

흥미롭게도 좌 코시-그린 변형률에 대해서도 다음이 성립된다.

$$\overset{\triangle}{\mathbf{B}^{-1}}=\mathbf{O}, \quad \overset{\triangledown}{\mathbf{B}}=\mathbf{O}. \tag{10.37}$$

따라서 $\mathbf{B}$는 $\mathbf{C}_t^{-1}(\tau)$에 대응되고 $\mathbf{B}^{-1}$는 $\mathbf{C}_t(\tau)$에 대응된다고 할 수 있으므로 식 (26)을 다음과 같이 쓰게 된다.

$$\mathbf{T}(t)=-p\mathbf{I}+2\int_{-\infty}^{t}\left[\frac{\partial\Phi}{\partial I_{-1}}\mathbf{C}_t^{-1}(\tau)-\frac{\partial\Phi}{\partial I_1}\mathbf{C}_t(\tau)\right]d\tau. \tag{10.38}$$

여기서 $I_1 \equiv \mathrm{tr}\mathbf{C}_t(\tau)$이고 $I_{-1} \equiv \mathrm{tr}\mathbf{C}_t^{-1}(\tau)$이다. 식 (36)은 Kaye, 1962와 Bernstein, Kearsley and Zapas, 1963에 의해서 독립적으로 제안된 비선형 점탄성의 적분형 구성방정식이다. 이 구성방정식을 K-BKZ 모형(K-BKZ model)이라고 부른다.

K-KBZ 모형이 개발되기 전에 Green and Rivlin, 1957은 코시 응력은 상대적 변형률 $\mathbf{C}_t(\tau)$의 범함수로 가정하고 범함수의 테일러 전개를 이용하여 응력을 다음과 같이 표시하는 일반적인 구성방정식을 제안하였다.

$$\begin{aligned}\mathbf{T}=&-p\mathbf{I}+\int_{-\infty}^{t}M_1(t-t_1)[\mathbf{C}_t(t_1)-\mathbf{I}]dt_1\\&+\int_{-\infty}^{t}\int_{-\infty}^{t}M_2(t-t_1,t-t_2)[\mathbf{C}_t(t_1)-\mathbf{I}][\mathbf{C}_t(t_2)-\mathbf{I}]dt_1dt_2+\cdots.\end{aligned} \tag{10.39}$$

첫 번째 기억함수 $M_1(t-\tau)$는 실험으로 구할 수 있지만, 고차의 기억함수 $M_n(t-t_1, \cdots, t-t_n)$를 실험으로 규명하기는 매우 어려운 일이다. 처음의 두 적분식만을 고려한다고 해도 비선형성을 충분히 표현하기는 어렵다. 이 때문에 K-BKZ 구성방정식이 매우 효율적인 표현이라고 할 수 있다.

식 (39)의 그린-리블린 전개(Green-Rivlin expansion)에서 첫 번째 항만을 사용하는 경우를 생각해 보자. 단순 전단 유동에서 상대적 변형률 텐서 $\mathbf{C}_t(\tau)$와 $\mathbf{C}_t^{-1}(\tau)$는 다음이 된다.

$$\mathbf{C}_t(\tau) = \mathbf{I} - [\gamma(t) - \gamma(\tau)](\mathbf{E}_{12} + \mathbf{E}_{21}) + [\gamma(t) - \gamma(\tau)]^2\mathbf{E}_{22},$$
$$\mathbf{C}_t^{-1}(\tau) = \mathbf{I} + [\gamma(t) - \gamma(\tau)](\mathbf{E}_{12} + \mathbf{E}_{21}) + [\gamma(t) - \gamma(\tau)]^2\mathbf{E}_{11}. \quad (10.40)$$

그러면 다음이 얻어진다.

$$T_{12} = -\dot{\gamma}\int_0^\infty \tau M_1(\tau)\mathrm{d}\tau = \dot{\gamma}\int_0^\infty G(\tau)\mathrm{d}\tau = \eta_o\dot{\gamma}, \quad (10.41)$$

$$N_1 \equiv T_{11} - T_{22} = -\dot{\gamma}^2\int_0^\infty \tau^2 M_1(\tau)\mathrm{d}\tau$$
$$= 2\dot{\gamma}^2\int_0^\infty \tau G(\tau)\mathrm{d}\tau = 2J_e^o\eta_o^2\dot{\gamma}^2, \quad (10.42)$$

$$N_2 \equiv T_{22} - T_{33} = -N_1. \quad (10.43)$$

실험 데이터는 $N_2 \approx -0.1N_1$, $N_1 > 0$를 보여 준다. 식 (40)과 (41)은 정성적으로는 실험 결과와 일치하지만, 정량적으로는 그렇지 못하다. 이 결과를 식 (14), (18)과 비교하면 아래-흐름 맥스웰 모형의 결과와 일치한다는 것을 알 수 있다.

재미있는 점은 $M_1(t)$을 맥스웰 모형의 기억함수로 사용하면 1차 그린-리블린 전개로부터 아래-흐름 맥스웰 모형을 유도할 수 있다. 게다가 1차 그린-리블린 전개의 $\mathbf{C}_t(\tau)$를 $\mathbf{C}_t^{-1}(\tau)$로 바꾸면 위-흐름 맥스웰 모형이 유도된다. 이러한 일치가 일어나는 이유는 식 (36) 때문으로 판단된다.

식 (39)의 그린-리블린 전개가 식 (38)의 K-BKZ 모형보다 더 일반적인 구성방정식이지만 전혀 실용적이지 않다. 구성방정식이 실용적으로 되기 위해서는 실험으로 물질함수를 결정할 수 있어야만 한다. 이제 K-BKZ 모형의 물질 함수는 변형률 포텐셜 $\Phi(I_1, I_{-1}, t)$이다. 초탄성체의 경우, 변형률 포텐셜이 시간에 대한 양함수적 의존성이 없는데도 실험으로 변형률 포텐셜의 함수구조를 밝히기가 결코 쉬운 일이 아니었는데 K-BKZ 모형의 변형률 포텐셜을 실험만으로 구하기는 매우 어려운 일이다. 따라서 Wagner, 1976는 식 (38)의 변형률 포텐셜을 다음과 같이 간단히 할 것을 제안하였다.

$$\Phi(I_1, I_{-1}, \tau) = M(\tau)\overline{\Phi}(I_1, I_{-1}). \tag{10.44}$$

여기서 $M(t)$는 선형 점탄성의 기억함수이고 $\overline{\Phi}(I_1, I_{-1})$는 상대 변형률 $C_t(\tau)$의 불변량만의 함수이다. 식 (44)의 시간과 변형의 분리(time-strain separability)가 나당한시를 알아보려면 단순 진단 유동에서 완회실험을 해 보면 된다. Laun, 1978의 실험 결과를 보면 식 (44)는 타당한 것으로 판단되지만, Osaki *et al.*, 1982에 의하면 여러 변형률에 대해서 완화실험을 한 결과는 물질의 특정한 시간 λ_c이 있어 $t > \lambda_c$인 데이터에 대해서만 성립된다. 따라서 매우 빠르게 일어나는 변형에는 적용할 수 없겠지만 식 (44)의 가정은 적당한 변형속도에 대해서는 매우 유용한 근사가 될 것이다.

식 (44)를 가정한 시간-변형률 분리 K-BKZ 모형을 전단 유동의 해석에 적용해 보자. 그러면 식 (40)에 의해서

$$I_1 = I_{-1} = 3 + [\gamma(t) - \gamma(\tau)]^2 \tag{10.45}$$

가 된다. 따라서 단순 전단 유동에 대해서

$$\frac{\partial \Phi}{\partial I_{-1}} = M(\tau) h_1\left(\gamma_{t,\tau}^2\right), \quad \frac{\partial \Phi}{\partial I_1} = M(\tau) h_2\left(\gamma_{t,\tau}^2\right),$$

$$\gamma_{t,\tau} \equiv \gamma(t) - \gamma(\tau) \tag{10.46}$$

이라고 할 때 식 (38)을 성분별로 써 보면 다음이 된다.

$$T_{11} = -p + 2\int_{-\infty}^{t} M(t-\tau)\left[\left(1+\gamma_{t,\tau}^2\right)h_1\left(\gamma_{t,\tau}^2\right) - h_2\left(\gamma_{t,\tau}^2\right)\right]\mathrm{d}\tau,$$

$$T_{22} = -p + 2\int_{-\infty}^{t} M(t-\tau)\left[h_1\left(\gamma_{t,\tau}^2\right) - \left(1+\gamma_{t,\tau}^2\right)h_2\left(\gamma_{t,\tau}^2\right)\right]\mathrm{d}\tau,$$

$$T_{12} = 2\int_{-\infty}^{t} M(t-\tau)\left[h_1\left(\gamma_{t,\tau}^2\right) + h_2\left(\gamma_{t,\tau}^2\right)\right]\gamma_{t,\tau}\mathrm{d}\tau,$$

$$T_{33} = -p, \quad T_{23} = T_{31} = 0. \tag{10.47}$$

여기서 감쇠함수(damping function) $h(x)$을

$$h(x) \equiv 2\left[h_1(x) + h_2(x)\right] \tag{10.48}$$

로 정의하면 전단응력 T_{12}와 제1 수직 응력 차 N_1은 다음이 된다.

$$T_{12} = \int_{-\infty}^{t} M(t-\tau)\gamma_{t,\tau} h\left(\gamma_{t,\tau}^2\right)\mathrm{d}\tau,$$

$$N_1 = \int_{-\infty}^{t} M(t-\tau)\gamma_{t,\tau}^2 h\left(\gamma_{t,\tau}^2\right)\mathrm{d}\tau. \tag{10.49}$$

응력 완화실험은 전단변형률을 $\gamma(t) = \gamma_o \Theta(t)$로 가하는 실험이다. 따라서

$$\gamma_{t,\tau} = \gamma_o[\Theta(t) - \Theta(\tau)] \tag{10.50}$$

이 된다. 측정 결과는 $t \geq 0$에 대해서 기록될 것이고 적분변수 τ는 항상 $\tau \leq t$이어야 한다. 이 조건에서 $\Theta(t)$는 항상 1로 남아 있으므로 $0 \leq \tau \leq t$가 되면 $\gamma_{t,\tau} = 0$이 되고 $\tau < 0$일 때만 $\gamma_{t,\tau} = \gamma_o$가 된다. 그러면 전단응력은 다음이 된다.

$$T_{12} = \gamma_o h(\gamma_o^2)\int_{-\infty}^{0} M(t-\tau)\mathrm{d}\tau. \tag{10.51}$$

그런데 $M(t) = -dG/dt$이므로 $x = t - \tau$로 변수 변환하여 계산하면

$$T_{12} = \gamma_o h(\gamma_o^2) G(t) \tag{10.52}$$

가 된다. 비선형 완화탄성률을

$$G_{NL}(t, \gamma_o) \equiv \frac{T_{12}}{\gamma_o} \tag{10.53}$$

으로 정의하면 비선형 완화탄성률은 다음이 된다.

$$G_{NL}(t, \gamma_o) \equiv h(\gamma_o^2) G(t). \tag{10.54}$$

따라서 여러 변형률 크기 γ_o에 대해서 비선형 완화탄성률을 측정하여 선형 완화탄성률로 나누면 감쇠함수 $h(\gamma_o^2)$을 구할 수 있게 된다.

실험 데이터와 일치할 수 있는 감쇠함수의 모형을 구해야 하는데, 선형 조건에서 완화실험을 하면 식 (54)의 양변이 모두 $G(t)$가 되어야 하므로

$$\lim_{\gamma_o \to 0} h(\gamma_o^2) = 1 \tag{10.55}$$

가 성립되어야 한다. 이를 이용하면 다음과 같은 모형들을 제안할 수 있다.

$$h(\gamma^2) = \frac{1}{1 + (\gamma/\gamma_c)^2}, \quad h(\gamma^2) = e^{-n|\gamma|},$$

$$h(\gamma^2) = ae^{-n_1|\gamma|} + (1-a)e^{-n_2|\gamma|}. \tag{10.56}$$

여기서 $0 < a < 1$이다. 첫 번째 모형은 도이-에드워즈 모형으로부터 유도된 것이고(Doi and Edwards, 1985), 두 번째 모형은 Wagner, 1976에 의해서 제안된 경험식이며 세 번째 모형은 오사키(Osaki)가 1976년 International Congress on Rheology VII(Gothenburg, Sweden)에서 제안한 모형이다.

Laun, 1978은 세 번째 감쇠함수 모형을 사용하여 LDPE 용융체(Melt I)의 실험 결과와 K-BKZ 모형을 비교하였고 매우 잘 일치함을 알게 되었다. 하지만 단순 전단 유동의 경우 식 (45)가 보여 주듯, $I_1 = I_{-1}$이기 때문에 단순 전단 유동에서 실험 결과와 매우 높은 정량적 일치성을 보인다고 해서 $\overline{\Phi}(I_1, I_{-1})$의 함수구조를 알게 되었다고 할 수는 없다. 일축 연신 유동에 대해서는 식 (48)과는 다른 방식으로 감소함수를 정의하게 된다. 따라서 식 (56)의 모형보다 더 일반적인 $\overline{\Phi}(I_1, I_{-1})$의 모형을 제시하고 실험 결과와 비교하여야 할 것이다.

10.2 미시구조를 가정한 모형

점탄성을 보이는 물질의 대표적인 예가 고분자물질이기 때문에, 고분자의 구조를 단순화하고 이를 수식화하여 구성방정식을 개발하려는 노력이 있었다. 고분자물질 중에 가장 간단한 것이 고분자 희박용액이라고 할 수 있다. 희박용액에서 고분자 사슬들은 서로 상당히 멀리 떨어져 있게 되므로 고분자 사슬끼리의 접촉에 의한 상호작용은 없고 다만 고분자 사슬의 운동으로 유발된 용매의 유동이 다른 고분자 사슬의 운동에 영향을 주는 수력학적 상호작용(hydrodynamic interaction)이 있을 수 있다(Doi and Edwards, 1986). 유동으로 고분자 사슬의 형태가 변하게 되고 이는 용매의 유동에 의한 응력 이외의 부가적인 응력을 유발하게 된다. 고분자 사슬의 형태 변화는 사슬 배좌(conformation)의 변화에 의한 것이고 사슬 하나의 양 말단 거리의 변화에 따른 힘을 통계역학으로 계산할 수 있으므로 이를 응력으로 환산하는 방법을 만들면 유동에 따른 배좌 변화의 방정식과 결합해서 고분자 희박용액 구성방정식을 만들 수 있다. 이와 관련된 구성방정식 이론이 스프링-덤벨 모형(spring-dumbbell model)과 FENE-P 모형이다(Bird *et al.*, 1987).

고분자 용액의 농도가 높은 경우나, 고분자 용융체의 경우에는 고분자 사슬과 사슬 사이의 상호작용이 응력에 크게 이바지하게 된다. 여기에서 상호작용은 분자 간 포텐셜에 의한 에너지적인 상호작용이 아니라 주변의 고분자 사슬에 의한 운동영역의 제한과 같은 엔트로피적인 상호작용이다. 이를 고분자 사슬로 이루어진 그물 구조로 비유한 최초의 이론은 Green and Tobolsky, 1946이다. 화학결합으로 가교가 된 그물 구조가 아니기 때문에 이를 임시 그물 이론(temporary network theory)이라고 부른다. Yamamoto, 1956은 그물 구조의 변형에 따른 진화를 구체적으로 발전시켰고 Phan Thien and Tanner, 1977은 이를 바탕으로 비선형 점탄성 구성방정식을 완성했다.

사실 그물 구조는 가상의 구조이기 때문에, 임시 그물 이론은 현상학적 연속체 이론으로 보아야 할 것이다. 반면에 라우즈 모형(Rouse, 1953)과 도이-에드워즈 모형(Doi and Edwards, 1978a; 1978b; 1978c; 1979)은 구체적인 분자운동으로부터 구성방정식을 유도하였기 때문에 분자모형으로 구분할 것이다. 물론 이 두 모형은 완벽한 분자모형이라고 하기 어려운 면이 있다. 왜냐하면 분자운동을 스몰루호프스키 방정식(Smoluchowski equation)으로 기술하기 때문에 운동량 수지식을 만족시킬 수 없어 이론 자체로 응력을 정의할 수 없기 때문이다. 따라서 응력을 표현할 수 있는 가정이 필요하다. 라우즈 모형과 도이-에드워즈 모형에 대해서는 10.4절에서 다루기로 하고 여기서는 스프링-덤벨 모형과 임시 그물 모형을 논의하겠다.

10.2.1 스프링-덤벨 모형

고분자 사슬을 두 덤벨이 스프링으로 연결된 구조체로 간주한다. 두 덤벨은 같은 질량을 가지고 덤벨 1의 위치를 $\mathbf{r}_1$, 덤벨 2의 위치를 $\mathbf{r}_2$로 표시하자. 고분자 용액의 용매는 뉴턴 유체로 간주한다. 덤벨에 작용하는 힘은 용매에 의한 저항력, 두 덤벨 사이의 상호작용력, 그리고 덤벨을 브라운 입자(Brownian particle)로 간주하므로 필요한 무작위 힘이다.

용매에 의한 저항력은 입자의 속도와 관련되지만, 입자의 속도 자체에 의해서만 결정되지 않는다. 왜냐하면 용매도 역시 흐르고 있으므로 입자와 용매가 같이 움직이면 저항력이 발생하지 않을 것이다. 입자에는 아무런 힘이 작용하지 않을 때 용매의 유동만으로 입자가 움직이게 되는 경우의 입자의 속도는 아핀 변형(affine deformation)을 가정하면 $\mathbf{L}\mathbf{r}_i$로 근사할 수 있을 것이다. 그러면 입자가 힘을 받아 운동하게 되면 용매에 의해서 입자가 받게 되는 저항력은 용매와 입자의 상대속도인 $\mathbf{v}_i^{(d)} \equiv d\mathbf{r}_i/dt - \mathbf{L}\mathbf{r}_i$에 의해서 결정될 것이다. 유체 안에서 입자가 운동하게 되면 주변에 물결을 일으키듯 유체의 속도장에 변화를 주게 되고 이 변화가 다른 입자의 운동에 영향을 주게 된다. 이를 수력학적 상호작용이라고 한다. 따라서 다른 덤벨의 운동 때문에 발생하는 수력학적 힘도 고려해야 할 것이다.

그러면 덤벨의 운동방정식은 다음이 된다.

$$m\frac{d\mathbf{v}_1}{dt} = -\mathbf{F}_{11}\mathbf{v}_1^{(d)} - \mathbf{F}_{12}\mathbf{v}_2^{(d)} + \mathbf{f}_{12} + \mathbf{f}_R^{(1)},$$
$$m\frac{d\mathbf{v}_2}{dt} = -\mathbf{F}_{21}\mathbf{v}_1^{(d)} - \mathbf{F}_{22}\mathbf{v}_2^{(d)} + \mathbf{f}_{21} + \mathbf{f}_R^{(2)}. \tag{10.57}$$

여기서 $\mathbf{v}_i$는 i번째 입자의 속도이고 $\mathbf{F}_{ik}$는 수력학적 상호작용을 포함하는 마찰 텐서(friction tensor)로 부록 3을 참조 바란다. 마찰 텐서에 대

해서 식 (57)을 정리하면

$$\mathbf{F}_{11}\mathbf{v}_1^{(d)}+\mathbf{F}_{12}\mathbf{v}_2^{(d)}=\mathbf{f}_1\equiv -m\frac{d\mathbf{v}_1}{dt}+\mathbf{f}_{12}+\mathbf{f}_R^{(1)},$$
$$\mathbf{F}_{21}\mathbf{v}_1^{(d)}+\mathbf{F}_{22}\mathbf{v}_2^{(d)}=\mathbf{f}_2\equiv -m\frac{d\mathbf{v}_2}{dt}+\mathbf{f}_{21}+\mathbf{f}_R^{(2)} \tag{10.58}$$

이라고 쓸 수 있다. 부록 3에 의하면 $\mathbf{F}_{ik}$는 상대속도와 무관하므로 식 (58)은 상대속도에 대한 선형 연립방정식이다. 예를 들어 $\mathbf{F}_{ik}\mathbf{v}_k^{(d)}$에서 합산 규칙을 사용하지 않을 때, 이는 상대속도 $\mathbf{v}_k^{(d)}$에 의해서 매질의 속도장이 영향을 받고 그로 인해 입자 i에 힘이 가해지게 됨을 나타낸 것이다. 이를 상대속도에 대해서 풀면 다음이 된다.

$$\mathbf{v}_1^{(d)}=\mathbf{M}_{11}\mathbf{f}_1+\mathbf{M}_{12}\mathbf{f}_2,\quad \mathbf{v}_2^{(d)}=\mathbf{M}_{21}\mathbf{f}_1+\mathbf{M}_{22}\mathbf{f}_2. \tag{10.59}$$

여기서 $\mathbf{M}_{ik}$는 이동도 텐서(mobility tensor)이다. 물론 이동도 텐서는 마찰 텐서로부터 구할 수 있다.

식 (57)의 세 번째 항인 $\mathbf{f}_{12}$는 덤벨 2가 넘벨 1에 작용하는 스프링 힘을 나타낸다. 작용-반작용 법칙을 따르는 힘이므로

$$\mathbf{f}_{12}=-\mathbf{f}_{21}=-\varkappa(\|\mathbf{r}_1-\mathbf{r}_2\|)(\mathbf{r}_1-\mathbf{r}_2)$$
$$=-\frac{\partial}{\partial \mathbf{r}_1}\phi(\|\mathbf{r}_1-\mathbf{r}_2\|) \tag{10.60}$$

을 가정할 수 있다. 여기서 $\phi(r)$은 스프링에 대한 포텐셜이다. 즉, 덤벨 사이의 상호작용력은 중심력(central force)으로 가정한다. 가장 간단한 경우는 스프링 상수 $\varkappa(\|\mathbf{r}_1-\mathbf{r}_2\|)$가 상수인 경우이다($\phi(r)=\varkappa r^2/2$). 덤벨 사이의 상호작용력의 함수를 정하기 위해서는 고분자 사슬 하나에 걸리는 힘을 알아야 한다. 이에 대해서는 3.7절을 참조하라.

마지막 항인 $\mathbf{f}_R^{(1)}$과 $\mathbf{f}_R^{(2)}$는 덤벨 1과 2에 작용하는 무작위 힘(random force)이다. 식 (57)에서 무작위 힘을 제외하면 이는 일반적인 뉴턴 운동

방정식이다. 뉴턴 운동방정식은 시간반전 변환에 대해서 불변이다. 하지만 무작위 힘으로 식 (57)은 비가역적인 거동을 기술할 수 있게 해 준다. 뉴턴 운동방정식에 무작위 힘이 더해진 운동방정식을 랑주뱅 방정식(Langevin equation)이라고 한다(McQuarrie, 1976; Zwanzig, 2001).

무작위 힘의 기원은 용매 분자의 무작위적인 열운동이다. 덤벨에 무작위적으로 동시에 충돌하는 용매 분자는 덤벨의 크기가 클수록 많아질 것이지만 덤벨의 크기가 작다면 동시에 충돌하는 입자의 수는 적을 것이다. 한 번의 충돌로 힘 $\delta f \mathbf{n}$이 덤벨에 작용한다고 하자. 여기서 δf는 힘의 크기이고 $\mathbf{n}$은 임의의 방향을 가지는 단위 벡터이다. 그리고 매우 짧은 시간 간격 δt 동안에 덤벨에 충돌하는 용매 분자의 개수를 δn이라고 하자. 그러면 δt 동안에 덤벨에 작용하는 힘은

$$\mathbf{f}_{\delta t} = \delta f \sum_{k=1}^{\delta n} \mathbf{n}_k \tag{10.61}$$

이 된다. 그런데 $\mathbf{n}_k$의 방향이 제각각이므로 δn이 커질수록 $\mathbf{n}_k$의 합은 0 벡터에 가까워질 것이다. 그런데 덤벨의 크기가 작으면 작을수록 δn은 작아질 것이다. 덤벨의 크기가 크면 그에 비례해서 덤벨의 질량은 커질 것이므로 식 (61)의 힘으로 발생하는 가속도는

$$\mathbf{a}_{\delta t} = \frac{\delta f}{m} \sum_{k=1}^{\delta n} \mathbf{n}_k \tag{10.62}$$

가 된다. 즉, 덤벨의 크기가 크면 m이 커지고 게다가 $\mathbf{n}_k$의 합은 0 벡터에 가까워지므로 용매 분자의 충돌로 덤벨은 거의 움직이지 않게 된다. 반면에 덤벨의 크기가 작아지게 되면 m이 작아지고 $\mathbf{n}_k$의 합은 0 벡터가 아니게 된다. 따라서 식 (57)에 무작위 힘이 작용하려면 덤벨의 크기는 용매 분자 정도의 크기를 가져야 할 것이다.

무작위 힘의 특성을 파악하기 위해서 모든 용매 분자의 운동을 생각하는 것은 매우 어려운 일이므로 무작위 힘을 확률변수로 가정하는 것이 필요하다. 그러면 무작위 힘의 확률분포는 무작위 힘이 다음과 같은 평균값을 가지게 할 것이다.

$$\langle \mathbf{f}_R(t) \rangle = \mathbf{0}, \quad \langle \mathbf{f}_R(t) \otimes \mathbf{f}_R(\tau) \rangle = \mathbf{N}\delta(t-\tau). \tag{10.63}$$

여기서 $\langle \cdots \rangle$는 확률분포에 대한 평균, 모둠 평균이다. 그리고 $\mathbf{f}_R(t)$는 $\mathbf{f}_R^{(1)}(t)$ 또는 $\mathbf{f}_R^{(2)}(t)$를 뜻한다. 두 무작위 힘은 서로 통계적으로 독립이라고 가정할 수 있으므로 다음이 성립된다.

$$\langle \mathbf{f}_R^{(1)}(t) \otimes \mathbf{f}_R^{(2)}(\tau) \rangle = \mathbf{O}. \tag{10.64}$$

여기서 t와 τ는 임의의 실수이다.

식 (63)은 오로지 확률분포의 1차 및 2차 모멘트(moment)만을 기술하고 있다. 이보다 고차의 모멘트에 대한 정보를 물리적으로 알기 어렵기 때문이기도 하지만 이 두 모멘트만 알아도 브라운 입자의 운동의 많은 현상을 설명할 수 있기 때문이다. 2차 텐서 $\mathbf{N}$는 식 (63)으로부터 대칭이라는 것을 알 수 있다. 용매 분자로 이루어진 매질은 등방성이라고 가정할 수 있으므로 이 텐서는 $\mathbf{N} = \beta\mathbf{I}$가 되어야 할 것이다. 그러면 β를 결정해야 한다.

식 (63)에 디랙 델타 함수(Dirac delta function), $\delta(t-\tau)$를 도입한 것을 설명해야 한다. 용매 분자의 충돌이 δt 동안에 일어난 것이 아니면 그로 인한 무작위 힘들은 서로 상관성이 없을 것이기 때문에 $|t-\tau| > \delta t$이면 $\langle \mathbf{f}_R(t) \otimes \mathbf{f}_R(\tau) \rangle = \mathbf{O}$이어야 할 것이고 $|t-\tau| < \delta t$ 이면 $\langle \mathbf{f}_R(t) \otimes \mathbf{f}_R(\tau) \rangle = \beta\delta(t-\tau)\mathbf{I}$가 될 것이다. 덤벨의 운동에 대한 특성 시간이 δt보다 매우 크면 $\delta t \approx 0$으로 볼 수 있어서 $\delta(t-\tau)$를 도입한 것이다.

양의 실수 β를 구하기 위해서는 등분배 정리(equi-partition theorem)를 이용하여야 한다(McQuarrie, 1976). 등분배 정리를 이용하면

$$\beta = 2\zeta k_{\mathrm{B}} \theta \tag{10.65}$$

가 된다. 여기서 ζ 는 부록 3에서 다루게 되는 마찰계수(friction coefficient)이다.

브라운 입자가 매우 작으므로 차원해석을 해 보면 식 (57)과 (58)에서 관성력을 무시할 수 있다. 그러면 식 (59)는 다음이 된다.

$$\frac{d\mathbf{r}_1}{dt} = \mathbf{L}\mathbf{r}_1 + \mathbf{M}_{11}\left(\mathbf{f}_{12} + \mathbf{f}_{\mathrm{R}}^{(1)}\right) + \mathbf{M}_{12}\left(\mathbf{f}_{21} + \mathbf{f}_{\mathrm{R}}^{(2)}\right),$$

$$\frac{d\mathbf{r}_2}{dt} = \mathbf{L}\mathbf{r}_2 + \mathbf{M}_{21}\left(\mathbf{f}_{12} + \mathbf{f}_{\mathrm{R}}^{(1)}\right) + \mathbf{M}_{22}\left(\mathbf{f}_{21} + \mathbf{f}_{\mathrm{R}}^{(2)}\right). \tag{10.66}$$

부록 3의 결과를 이용하면

$$\mathbf{M}_{11} = \mathbf{M}_{22} = \frac{1}{\zeta}\mathbf{I}, \quad \mathbf{M}_{12} = \mathbf{M}_{21} = \frac{1}{8\pi\eta_s h}\left(\mathbf{I} + \hat{\mathbf{h}} \otimes \hat{\mathbf{h}}\right) \tag{10.67}$$

임을 알 수가 있다. 여기서 $\mathbf{h} \equiv \mathbf{r}_1 - \mathbf{r}_2$이고 $h = \|\mathbf{h}\|$이며 $\hat{\mathbf{h}} \equiv \mathbf{h}/h$이다. 이와 같은 이체 문제(two-body problem)를 쉽게 풀기 위한 전통적인 방법은 식 (66)을 질량중심과 상대 위치에 관한 운동방정식으로 변환하는 것이다. 두 덤벨의 질량이 같으므로 무게중심과 상대 위치는 다음과 같이 정의할 수 있다.

$$\mathbf{r}_c \equiv \frac{1}{2}(\mathbf{r}_1 + \mathbf{r}_2), \quad \mathbf{h} \equiv \mathbf{r}_1 - \mathbf{r}_2. \tag{10.68}$$

그러면 식 (66)에 식 (67)을 적용하면 다음과 같이 $\mathbf{r}_c$와 $\mathbf{h}$에 관한 운동방정식을 얻을 수 있다.

$$\dot{\mathbf{r}}_c = \mathbf{L}\mathbf{r}_c + \left(\frac{1}{\zeta}\mathbf{I} + \mathbf{M}_{12}\right)\mathbf{f}_{\mathrm{R}}^{(c)}, \quad \dot{\mathbf{h}} = \mathbf{L}\mathbf{h} + 2\mathbf{M}\mathbf{f}_{12} + \mathbf{M}\mathbf{f}_{\mathrm{R}}^{(h)},$$

$$\mathbf{M} \equiv \frac{1}{\zeta}\mathbf{I} - \mathbf{M}_{12}. \tag{10.69}$$

여기서 무작위 힘들은 다음과 같이 정의된다.

$$\mathbf{f}_R^{(c)} \equiv \frac{1}{2}\left(\mathbf{f}_R^{(1)} + \mathbf{f}_R^{(2)}\right), \quad \mathbf{f}_R^{(h)} \equiv \mathbf{f}_R^{(1)} - \mathbf{f}_R^{(2)}. \tag{10.70}$$

그러면 식 (63), (64), (70)에 의해서 새로운 두 무작위 힘에 대해서 다음이 성립한다.

$$\begin{aligned}
&\left\langle \mathbf{f}_R^{(c)}(t) \right\rangle = \frac{1}{2}\left[\left\langle \mathbf{f}_R^{(1)}(t) \right\rangle + \left\langle \mathbf{f}_R^{(2)}(t) \right\rangle\right] = \mathbf{0}, \\
&\left\langle \mathbf{f}_R^{(h)}(t) \right\rangle = \left\langle \mathbf{f}_R^{(1)}(t) \right\rangle - \left\langle \mathbf{f}_R^{(2)}(t) \right\rangle = \mathbf{0}, \\
&\left\langle \mathbf{f}_R^{(c)}(t) \otimes \mathbf{f}_R^{(c)}(\tau) \right\rangle \\
&\quad = \frac{1}{4}\left[\left\langle \mathbf{f}_R^{(1)}(t) \otimes \mathbf{f}_R^{(1)}(\tau) \right\rangle + \left\langle \mathbf{f}_R^{(2)}(t) \otimes \mathbf{f}_R^{(2)}(\tau) \right\rangle\right] \\
&\quad = \zeta k_{\mathrm{B}} \theta \delta(t \quad \tau)\mathbf{I}, \\
&\left\langle \mathbf{f}_R^{(h)}(t) \otimes \mathbf{f}_R^{(h)}(\tau) \right\rangle \\
&\quad = \left\langle \mathbf{f}_R^{(1)}(t) \otimes \mathbf{f}_R^{(1)}(\tau) \right\rangle + \left\langle \mathbf{f}_R^{(2)}(t) \otimes \mathbf{f}_R^{(2)}(\tau) \right\rangle \\
&\quad = 4\zeta k_{\mathrm{B}} \theta \delta(t - \tau)\mathbf{I}.
\end{aligned} \tag{10.71}$$

식 (69)를 과도하게 감쇠된 랑주뱅 방정식(over-damped Langevin equation)이라고 한다. 식 (69)를 보면 스프링-덤벨의 질량중심은 유체 전체의 유동에 따라서 움직일 뿐이며 응력에는 영향을 주지 못할 것으로 예상된다. 하지만 덤벨 사이의 상대 위치 $\mathbf{h}$는 스프링의 변형을 나타내므로 응력과 관련될 것이다. 따라서 식 $(69)_2$에만 집중할 것이다.

구성방정식을 얻으려면 응력이 어떻게 $\mathbf{h}$와 관련되는지를 알아야 한다. Doi and Edwards, 1986은 여러 개의 스프링-덤벨이 떠 있는 가상의 상자를 가정하고 상자의 중간 단면에 걸쳐 있는 스프링에 작용하는 힘들의 총합을 단면의 면적으로 나누는 방식으로 스프링-덤벨에 의한 유체의 응력을 계산하는 방법을 제안하였다. 이 방법을 사용하면 다음과 같은 결과가 얻어진다.

$$\mathbf{T} = p\mathbf{I} + 2\eta_s\mathbf{D} + \rho_N(\langle \varkappa(h)\mathbf{h}\otimes\mathbf{h}\rangle - \langle \varkappa(h)\mathbf{h}\otimes\mathbf{h}\rangle_{eq}). \qquad (10.72)$$

여기서 η_s는 용매의 점도이고 ρ_N은 단위부피당 스프링-덤벨의 개수이며 $\langle \cdots \rangle_{eq}$는 평형상태에서의 앙상블 평균을 의미한다. 우변의 첫 번째 항은 정압력이고 두 번째 항은 용매를 비압축성 뉴턴 유체로 가정하여 도입된 것이고 세 번째가 상자를 이용한 방법으로 구한 고분자에 의한 응력 기여분이다.

식 (72)의 앙상블 평균을 알려면 확률변수 벡터인 $\mathbf{h}$의 확률분포를 알아야 한다. 확률분포를 $P(\mathbf{h}, t)$라고 한다면 임의의 시간에 대해서 항상

$$\int_{R^3} P(\mathbf{h}, \mathrm{t})\mathrm{d}^3\mathbf{h} = 1 \qquad (10.73)$$

을 만족해야 한다. 여기서 R^3은 벡터 $\mathbf{h}$가 이루는 3차원 유클리드 공간 전체를 의미한다. 식 (73)을 정규화 조건(normalization condition)이라고 한다. 이 조건이 성립되려면 반드시

$$\lim_{\|\mathbf{h}\|\to\infty} P(\mathbf{h}, t) = 0 \qquad (10.74)$$

를 만족해야만 한다. 식 (73)은 확률의 보존식이라고 할 수 있다. 따라서 질량 수지식과 유사성을 가지고 있으므로 항상 다음을 만족해야만 한다.

$$\frac{\partial P}{\partial t} + \frac{\partial}{\partial \mathbf{h}} \cdot \left(\frac{d\mathbf{h}}{dt}P\right) = 0. \qquad (10.75)$$

확률분포의 진화방정식이 이러한 형태로 주어지는 것은 이미 3.1절에서

리우빌 방정식을 유도할 때 사용되었음을 기억하기를 바란다.

이 미분방정식은 $\mathbf{h}$의 시간 미분이 무엇인지 알면 확률분포의 진화방정식(evolution equation)을 알 수 있다는 것을 알려 준다. 식 $(69)_2$로 $\dot{\mathbf{h}}$가 무엇인지 알 수 있다. 이 계산을 하기 위해서 먼저 유념해야 하는 것은 스프링 상수 $\varkappa(h)$와 이동도 텐서 $\mathbf{M}$이 모두 $\mathbf{h}$의 함수일 수 있다는 것이다.

덤벨 사이의 거리 $\mathbf{h}$가 확률변수가 되는 이유는 식 $(69)_2$에 확률변수인 무작위 힘 $\mathbf{f}_R^{(h)}$이 있기 때문이다. 따라서 구하려 하는 확률분포 $P(\mathbf{h}, t)$는 무작위 힘 $\mathbf{f}_R^{(h)}$의 확률분포에 대한 평균이라고 할 수 있다. 주어진 무작위 힘에 대해서 확률분포를 구하는 방법은 여러 가지가 있다. Schwabl, 2006은 범함수 미분을 이용하는 방법을 사용하였는데 물리적인 의미를 명확하게 이해하게 해 주는 방법이지만 여기서는 비교적 간단하고 다른 계산에도 응용할 수 있는 수학적 방법을 사용한 Zwanzig, 2001의 방법을 적용한다.

식 $(69)_2$를 이용하면 식 (75)는 다음과 같이 표현된다.

$$\frac{\partial P}{\partial t} = -\frac{\partial}{\partial \mathbf{h}} \cdot (\mathbf{K}\mathbf{h}P) - \frac{\partial}{\partial \mathbf{h}} \cdot \left(\mathbf{M}\mathbf{f}_R^{(h)} P\right). \tag{10.76}$$

여기서

$$\mathbf{K} \equiv \mathbf{L} - 2\varkappa\mathbf{M} \tag{10.77}$$

이다. 식 (76)은 선형 편미분 방정식이다. 따라서 선형 미분연산자 $\mathfrak{I}$를 다음과 같이 정의해 보자.

$$\mathfrak{I}P \equiv \frac{\partial}{\partial \mathbf{h}} \cdot (\mathbf{K}\mathbf{h}P). \tag{10.78}$$

이 선형연산자에 대해서

$$e^{-t\mathfrak{I}}P \equiv \sum_{n=0}^{\infty} \frac{(-t)^n}{n!} \mathfrak{I}^n P \tag{10.79}$$

를 정의하자. 여기서

$$\Im^0 P \equiv IP = P, \quad \Im^n P \equiv \underbrace{\Im\Im\cdots\Im}_{n-time}P \tag{10.80}$$

이다. 물론 I는 항등 연산자를 의미한다. 즉 I는 임의의 함수를 그 함수 그대로에 대응시키는 일종의 사상(mapping)이라고 할 수 있다. 그러면 다음의 항등식이 성립된다.

$$e^{t\Im}e^{-t\Im} = I, \quad \frac{\partial}{\partial t}\left(e^{t\Im}P\right) = e^{t\Im}\left(\frac{\partial P}{\partial t} + \Im P\right). \tag{10.81}$$

그러면 식 (76)의 양변에 $e^{t\Im}$를 작용시키고 적분하면 다음을 얻을 수 있다.

$$P(\mathbf{h}, t) = e^{-t\Im}P(\mathbf{h}, 0) - \int_0^t e^{-(t-s)\Im}\frac{\partial}{\partial \mathbf{h}} \cdot \left(\mathbf{M}\mathbf{f}_R^{(h)}P\right)\mathrm{d}s. \tag{10.82}$$

이를 식 (76)의 우변의 두 번째 항에 대입하면 다음이 얻어진다.

$$\begin{aligned}\frac{\partial P}{\partial t} = \Im P - \frac{\partial}{\partial \mathbf{h}} \cdot \left[\mathbf{M}\mathbf{f}_R^{(h)}e^{-t\Im}P(\mathbf{h}, 0)\right] \\ + \frac{\partial}{\partial \mathbf{h}} \cdot \left[\mathbf{M}\mathbf{f}_R^{(h)}(t)\int_0^t e^{-(t-s)\Im}\frac{\partial}{\partial \mathbf{h}} \cdot \left(\mathbf{M}\mathbf{f}_R^{(h)}(s)P\right)\mathrm{d}s\right].\end{aligned} \tag{10.83}$$

식 (83)에 $\mathbf{f}_R^{(h)}$의 앙상블 평균을 적용하면 다음이 된다.

$$\begin{aligned}\frac{\partial P}{\partial t} = \Im P - \frac{\partial}{\partial \mathbf{h}} \cdot \left[\mathbf{M}\left\langle \mathbf{f}_R^{(h)}(t)\right\rangle e^{-t\Im}P(\mathbf{h}, 0)\right] \\ + \frac{\partial}{\partial \mathbf{h}} \cdot \left[\mathbf{M}\int_0^t e^{-(t-s)\Im}\left\langle \mathbf{f}_R^{(h)}(t) \otimes \mathbf{f}_R^{(h)}(s)\right\rangle \frac{\partial}{\partial \mathbf{h}} \cdot (\mathbf{M}P)\mathrm{d}s\right].\end{aligned} \tag{10.84}$$

여기에 식 (71)을 적용하면 다시 다음이 된다.

$$\frac{\partial P}{\partial t} = \Im P + 2\zeta k_{\mathrm{B}}\theta\frac{\partial}{\partial \mathbf{h}} \cdot \left\{\mathbf{M}\left[\frac{\partial}{\partial \mathbf{h}} \cdot (\mathbf{M}P)\right]\right\}. \tag{10.85}$$

여기서 $t > 0$일 때

$$\int_{0^+}^t f(s)\delta(t-s)\mathrm{d}s = \frac{1}{2}f(t) \tag{10.86}$$

이 됨을 이용하였다. 최종적으로 확률분포 $P(\mathbf{h},t)$의 진화방정식은

$$\frac{\partial P}{\partial t}=-\frac{\partial}{\partial h_i}[(L_{im}-2\varkappa M_{im})h_m P]+2\zeta k_B\theta\frac{\partial}{\partial h_i}\left[M_{im}\frac{\partial}{\partial h_k}(M_{km}P)\right] \quad (10.87)$$

또는

$$\frac{\partial P}{\partial t}=-\frac{\partial}{\partial \mathbf{h}}\cdot[(\mathbf{L}\mathbf{h}-2\varkappa\mathbf{M}\mathbf{h})P]+2\zeta k_B\theta\frac{\partial}{\partial \mathbf{h}}\cdot\left[\mathbf{M}\frac{\partial}{\partial \mathbf{h}}\cdot(\mathbf{M}P)\right] \quad (10.88)$$

이 된다. 이 진화방정식을 스몰루호프스키 방정식(Smoluchowski equation)이라고 부른다. 식 $(69)_3$으로 정의한 이동도 텐서 $\mathbf{M}$은 다음과 같은 성질을 가지고 있다.

$$\frac{\partial}{\partial \mathbf{h}}\cdot\mathbf{M}=\mathbf{0}. \quad (10.89)$$

그러면 이를 이용해서 식 (88)의 우변의 두 항을 합쳐 쓰면 스몰루호프스키 방정식은 다음과 같이 다시 쓸 수도 있다.

$$\frac{\partial P}{\partial t}=\quad\frac{\partial}{\partial \mathbf{h}}\cdot\left[\left(\mathbf{L}\mathbf{h}+2\mathbf{M}\mathbf{f}_{12}-2\zeta k_B\theta\mathbf{M}^2\frac{\partial\log P}{\partial \mathbf{h}}\right)P\right],$$

$$\frac{d\mathbf{h}}{dt}=\mathbf{L}\mathbf{h}+2\mathbf{M}\mathbf{f}_{12}-2\zeta k_B\theta\mathbf{M}^2\frac{\partial\log P}{\partial \mathbf{h}}. \quad (10.90)$$

이를 식 (76)과 비교하면

$$\mathbf{f}_R^{(h)}=-2\zeta k_B\theta\mathbf{M}^2\frac{\partial\log P}{\partial \mathbf{h}} \quad (10.91)$$

로 간주할 수 있을 것이다.

평형에 도달하게 되면 $\partial P/\partial t=0$이고 $\mathbf{L}=\mathbf{O}$가 된다. 이때의 확률분포를 P_{eq}로 표시하자. 식 (87)은 다음을 의미한다.

$$\mathbf{M}\left[\varkappa\mathbf{h}P_{eq}+\zeta k_B\theta\frac{\partial}{\partial \mathbf{h}}\cdot(\mathbf{M}P_{eq})\right]=\mathbf{0}. \quad (10.92)$$

여기서 이동도 텐서 $\mathbf{M}$은 대칭이고 양의 정치이므로 식 (92)는 다음을 의미한다.

$$\varkappa\mathbf{h}P_{eq} = -\zeta k_{\mathrm{B}}\theta\frac{\partial}{\partial\mathbf{h}}\cdot(\mathbf{M}P_{eq}). \tag{10.93}$$

그런데 식 (60)에 의해서 $\varkappa\mathbf{h} = \partial\phi/\partial\mathbf{h}$이고 $\partial/\partial\mathbf{h}\cdot\mathbf{M} = \mathbf{0}$이므로 식 (93)은 다음이 된다.

$$\frac{\partial\log P_{eq}}{\partial\mathbf{h}} = -\frac{1}{\zeta k_{\mathrm{B}}\theta}\mathbf{M}^{-1}\frac{\partial\phi}{\partial\mathbf{h}}. \tag{10.94}$$

만약에

$$\frac{\partial\Xi}{\partial\mathbf{h}} = \frac{1}{\zeta}\mathbf{M}^{-1}\frac{\partial\phi}{\partial\mathbf{h}} \tag{10.95}$$

를 만족시키는 함수 $\Xi(\mathbf{h})$를 찾을 수 있으면 식 (94)는 다음을 의미하게 된다.

$$P_{eq} = A\exp\left[-\frac{\Xi(\mathbf{h})}{k_{\mathrm{B}}\theta}\right],\ A^{-1} = \int_{\mathrm{R}^3}\exp\left[-\frac{\Xi(\mathbf{h})}{k_{\mathrm{B}}\theta}\right]\mathrm{d}^3\mathbf{h}. \tag{10.96}$$

그런데 식 (95)를 만족하는 함수 $\Xi(\mathbf{h})$를 찾기는 결코 쉬운 일이 아니다. 하지만 만약에 수력학적 상호작용을 무시하게 되면 $\mathbf{M} = \zeta^{-1}\mathbf{I}$가 되므로 $\Xi = \phi$라고 할 수 있다.

이제 확률분포의 진화방정식을 얻었으니 식 (72)의 $\langle\varkappa(h)\mathbf{h}\otimes\mathbf{h}\rangle$와 $\langle\varkappa(h)\mathbf{h}\otimes\mathbf{h}\rangle_{eq}$를 구해야 한다. 식 (87)을 직접 적분해서 $P(\mathbf{h}, t)$를 구하고 $\varkappa(h)\mathbf{h}\otimes\mathbf{h}$의 평균을 구하는 방법이 있지만, 이 방법은 매우 복잡하고 간단한 실험 결과와 비교하기도 매우 어려운 일이 된다. 구성방정식을 만드는 이유는 운동량 수지식, 질량 수지식, 에너지 수지식과 연결해서 경계치 문제를 풀기 위함이다. 그런데 확률분포를 구해서 응력을 구하는 방식은 경계치 문제를 풀기에 너무 복잡한 방법이다. 따라서 식 (87)의 확률분포의 진화방정식으로부터 $\langle\varkappa(h)\mathbf{h}\otimes\mathbf{h}\rangle$의 진화방정식을 유도하는 것이 더 편리하다.

확률 벡터 $\mathbf{h}$의 함수인 이차 텐서 $\hat{\mathbf{C}} \equiv \hat{C}_{ik}(\mathbf{h})\mathbf{e}_i \otimes \mathbf{e}_k$의 앙상블 평균과 그 미분을 고려해 보자.

$$\frac{d}{dt}\mathbf{C} = \int \hat{\mathbf{C}} \frac{\partial P}{\partial t} \mathrm{d}^3\mathbf{h}, \quad \mathbf{C} \equiv \langle \hat{\mathbf{C}} \rangle. \tag{10.97}$$

여기에 식 (75)를 적용하면 식 (97)은 다음이 된다.

$$\begin{aligned}\frac{dC_{ik}}{dt} &= -\int \hat{C}_{ik} \frac{\partial}{\partial h_m}\left(\frac{dh_m}{dt}P\right)\mathrm{d}^3\mathbf{h} \\ &= -\int \frac{\partial}{\partial h_m}\left(\hat{C}_{ik}\frac{dh_m}{dt}P\right)\mathrm{d}^3\mathbf{h} + \left\langle \frac{dh_m}{dt}\frac{\partial \hat{C}_{ik}}{\partial h_m}\right\rangle. \end{aligned} \tag{10.98}$$

여기서 발산정리를 이용하여 두 번째 등식의 첫 번째 적분을 면적분으로 바꾸고 식 (74)를 활용하면 식 (98)은 다음과 같이 간단하게 된다.

$$\frac{d}{dt}\mathbf{C} = \left\langle \frac{d\mathbf{h}}{dt} \cdot \frac{\partial}{\partial \mathbf{h}}\hat{\mathbf{C}} \right\rangle. \tag{10.99}$$

이제 $\hat{\mathbf{C}} \equiv \varkappa(h)\mathbf{h} \otimes \mathbf{h}$로 하고 식 (99)에 식 $(90)_2$를 적용하고 식 (89)와 발산정리를 적절히 사용하면 다음이 얻어진다.

$$\begin{aligned}\frac{d}{dt}\mathbf{C} = {} & \mathbf{LC} + \mathbf{CL}^{\mathrm{T}} - 2\langle \varkappa^2[\mathbf{M}^2(\mathbf{h}\otimes\mathbf{h}) + (\mathbf{h}\otimes\mathbf{h})\mathbf{M}^2]\rangle \\ & + \left\langle \mathbf{L}\colon\left(\mathbf{h}\otimes\frac{\partial\varkappa}{\partial\mathbf{h}}\right)\mathbf{h}\otimes\mathbf{h}\right\rangle - \left\langle \mathbf{M}\colon\left(\mathbf{h}\otimes\frac{\partial\varkappa^2}{\partial\mathbf{h}}\right)\mathbf{h}\otimes\mathbf{h}\right\rangle \\ & + 2\zeta k_{\mathrm{B}}\theta\left[\left\langle\left(\varkappa\mathbf{M}\colon\frac{\partial\mathbf{M}}{\partial\mathbf{h}}\right)\otimes\mathbf{h}\right\rangle + \left\langle \varkappa\mathbf{h}\otimes\left(\mathbf{M}\colon\frac{\partial\mathbf{M}}{\partial\mathbf{h}}\right)\right\rangle\right] \\ & + 4\zeta k_{\mathrm{B}}\theta\langle\varkappa\mathbf{M}^2\rangle + 2\zeta k_{\mathrm{B}}\theta\left\langle\frac{\partial\varkappa}{\partial\mathbf{h}}\cdot\left(\mathbf{M}\colon\frac{\partial\mathbf{M}}{\partial\mathbf{h}}\right)(\mathbf{h}\otimes\mathbf{h})\right\rangle \\ & + 2\zeta k_{\mathrm{B}}\theta\left\langle\left(\mathbf{M}^2 : \frac{\partial^2\varkappa}{\partial\mathbf{h}\partial\mathbf{h}}\right)(\mathbf{h}\otimes\mathbf{h})\right\rangle \\ & + 2\zeta k_{\mathrm{B}}\theta\left[\left\langle\mathbf{M}^2\left(\frac{\partial\varkappa}{\partial\mathbf{h}}\otimes\mathbf{h}\right)\right\rangle + \left\langle\left(\mathbf{h}\otimes\frac{\partial\varkappa}{\partial\mathbf{h}}\right)\mathbf{M}^2\right\rangle\right]. \end{aligned} \tag{10.100}$$

식 (100)은 지루한 계산을 한 결과이지만 닫힌 형태의 미분방정식(closed differential equation)이 아니다. 만약에 덤벨 사이의 수력학적 상호작용을

무시하게 되면

$$\mathbf{M} = \frac{1}{\zeta}\mathbf{I} \tag{10.101}$$

이 되므로 식 (100)은 다음이 된다.

$$\begin{aligned}\frac{d}{dt}\mathbf{C} = \mathbf{LC} + \mathbf{CL}^{\mathrm{T}} - \frac{4}{\zeta}\langle \varkappa^2 \mathbf{h}\otimes\mathbf{h}\rangle \\ + \left\langle \mathbf{L}\colon \left(\mathbf{h}\otimes\frac{\partial\varkappa}{\partial\mathbf{h}}\right)\mathbf{h}\otimes\mathbf{h}\right\rangle - \frac{1}{\zeta}\left\langle\left(\mathbf{h}\cdot\frac{\partial\varkappa^2}{\partial\mathbf{h}}\right)\mathbf{h}\otimes\mathbf{h}\right\rangle \\ + 4\frac{k_{\mathrm{B}}\theta}{\zeta}\langle\varkappa\rangle\mathbf{I} + 2\frac{k_{\mathrm{B}}\theta}{\zeta}\left\langle\left(\frac{\partial}{\partial\mathbf{h}}\cdot\frac{\partial\varkappa}{\partial\mathbf{h}}\right)\mathbf{h}\otimes\mathbf{h}\right\rangle \\ + 2\frac{k_{\mathrm{B}}\theta}{\zeta}\left[\left\langle\frac{\partial\varkappa}{\partial\mathbf{h}}\otimes\mathbf{h}\right\rangle + \left\langle\mathbf{h}\otimes\frac{\partial\varkappa}{\partial\mathbf{h}}\right\rangle\right].\end{aligned} \tag{10.102}$$

그런데 스프링 계수 $\varkappa$는 벡터 $\mathbf{h}$의 크기 h만의 함수이므로

$$\frac{\partial\varkappa}{\partial\mathbf{h}} = \frac{1}{h}\frac{d\varkappa}{dh}\mathbf{h} \tag{10.103}$$

이 된다. 그러므로 식 (102)는 다시 다음과 같이 간단하게 된다.

$$\begin{aligned}\frac{d}{dt}\mathbf{C} = \mathbf{LC} + \mathbf{CL}^{\mathrm{T}} - \frac{4}{\zeta}\langle \varkappa^2 \mathbf{h}\otimes\mathbf{h}\rangle \\ + \mathbf{L}\colon\left\langle\frac{1}{h}\frac{d\varkappa}{dh}\mathbf{h}\otimes\mathbf{h}\otimes\mathbf{h}\otimes\mathbf{h}\right\rangle - \frac{2}{\zeta}\left\langle h\varkappa\frac{d\varkappa}{dh}\mathbf{h}\otimes\mathbf{h}\right\rangle \\ + 4\frac{k_{\mathrm{B}}\theta}{\zeta}\langle\varkappa\rangle\mathbf{I} + 2\frac{k_{\mathrm{B}}\theta}{\zeta}\left\langle\frac{d^2\varkappa}{dh^2}\mathbf{h}\otimes\mathbf{h}\right\rangle \\ + 8\frac{k_{\mathrm{B}}\theta}{\zeta}\left\langle\frac{1}{h}\frac{d\varkappa}{dh}\mathbf{h}\otimes\mathbf{h}\right\rangle.\end{aligned} \tag{10.104}$$

이 역시 닫힌 형태의 미분방정식이 아니다. 하지만 몇 가지 가정을 하게 되면 닫힌 형태의 미분방정식으로 바꿀 수 있다. 이에 대해서는 10.2.2절에서 다루기로 하자.

스프링 계수 $\varkappa$를 상수로 간주해 보자. 그러면 식 (104)는 다음이 된다.

$$\frac{d}{dt}\mathbf{C} = \mathbf{LC} + \mathbf{CL}^{\mathrm{T}} - \frac{4\varkappa}{\zeta}\mathbf{C} + 4\frac{\varkappa k_{\mathrm{B}}\theta}{\zeta}\mathbf{I}. \tag{10.105}$$

이 미분방정식은 닫힌 형태(closed form)이며 속도 그래디언트와 $\mathbf{L}$과 초기조건이 주어지면 풀릴 수 있는 미분방정식이다. 이 경우에는 $\mathbf{C} = \varkappa\langle \mathbf{h}\otimes\mathbf{h}\rangle$이므로 $\langle \mathbf{h}\otimes\mathbf{h}\rangle_{eq}$를 계산하게 되면 식 (72)와 (105)로 구성방정식이 완성된다. 그러면 평형 확률분포를 구하기 위해서 식 (101)을 식 (94)에 대입해 보자.

$$\frac{\partial \log P_{eq}}{\partial \mathbf{h}} = -\frac{1}{k_{\mathrm{B}}\theta}\frac{\partial \phi}{\partial \mathbf{h}} \tag{10.106}$$

이 얻어지므로 양변을 적분하면

$$P_{eq}(\mathbf{h}) = \left(\frac{\varkappa}{2\pi k_{\mathrm{B}}\theta}\right)^{3/2}\exp\left(-\frac{\varkappa\mathbf{h}\cdot\mathbf{h}}{2k_{\mathrm{B}}\theta}\right) \tag{10.107}$$

이 얻어진다. 따라서 당연히 $\langle \mathbf{h}\rangle_{eq} = \mathbf{0}$이고

$$\langle \mathbf{h}\otimes\mathbf{h}\rangle_{eq} = \frac{\langle \mathbf{h}\cdot\mathbf{h}\rangle_{eq}}{3}\mathbf{I} \tag{10.108}$$

이 된다. 식 (107)의 평형 확률분포를 이용하면 $\langle \mathbf{h}\cdot\mathbf{h}\rangle_{eq} = \langle h^2\rangle_{eq}$는 다음이 된다.

$$\begin{aligned}\langle h^2\rangle_{eq} &= \int_{\mathrm{R}^3} h^2 P_{eq}(\mathbf{h})\mathrm{d}^3\mathbf{h} \\ &= 4\pi\left(\frac{\varkappa}{2\pi k_{\mathrm{B}}\theta}\right)^{3/2}\int_0^\infty h^4 e^{-\varkappa h^2/(2k_B\theta)}\mathrm{d}h = \frac{3k_{\mathrm{B}}\theta}{\varkappa}.\end{aligned} \tag{10.109}$$

3.7절의 고분자 사슬의 통계역학 결과를 이용하면 식 (3.109)에 의해서

$$\varkappa = \frac{3k_{\mathrm{B}}\theta}{Nb^2} \tag{10.110}$$

이라고 할 수 있다. 그러면

$$\langle h^2 \rangle_{eq} = Nb^2 \tag{10.111}$$

이 된다. 식 (72)에 의해서 응력은

$$\mathbf{T} = -p\mathbf{I} + 2\eta_s\mathbf{D} + \frac{3k_B\theta}{Nb^2}\rho_N\left(\langle \mathbf{h}\otimes\mathbf{h} \rangle - \frac{Nb^2}{3}\mathbf{I}\right) \tag{10.112}$$

가 된다.

여기서 관련된 물리량들의 차원을 고찰할 필요가 있다. 먼저 $\langle \mathbf{h}\otimes\mathbf{h} \rangle$는 길이 제곱의 차원을 가지고 있으며 $\langle h^2 \rangle_{eq} = Nb^2$도 역시 길이 제곱의 차원을 가지고 있다. 그런데 변형률 텐서는 무차원량이므로 다음과 같은 내부구조(덤벨)에 대한 변형률 텐서를 정의할 수 있다.

$$\mathbf{B}_h \equiv \frac{3}{\langle h^2 \rangle_{eq}}\langle \mathbf{h}\otimes\mathbf{h} \rangle = \frac{3}{Nb^2}\langle \mathbf{h}\otimes\mathbf{h} \rangle. \tag{10.113}$$

이 텐서는 변형이 없는 평형상태에서는 항등 텐서 $\mathbf{I}$가 된다. 그러면 식 (112)를 다음과 같이 다시 쓸 수 있다.

$$\mathbf{T} = -p\mathbf{I} + 2\eta_s\mathbf{D} + k_B\theta\rho_N(\mathbf{B}_h - \mathbf{I}). \tag{10.114}$$

그리고 식 (113)과 $\mathbf{C}$의 정의로부터 $\mathbf{C} = k_B\theta\mathbf{B}_h$이므로 식 (105)로부터 다음과 같은 $\mathbf{B}_h$의 진화방정식이 얻어진다.

$$\frac{d}{dt}\mathbf{B}_h = \mathbf{L}\mathbf{B}_h + \mathbf{B}_h\mathbf{L}^T - \frac{1}{\lambda}(\mathbf{B}_h - \mathbf{I}). \tag{10.115}$$

여기서

$$\lambda \equiv \frac{\zeta}{4x} = \frac{\zeta Nb^2}{12k_B\theta} \tag{10.116}$$

으로 완화시간에 해당한다. 식 (115)의 좌변의 시간 미분을 물질 시간 미분으로 변경할 수 있을 것이다. 왜냐하면 스프링-덤벨의 구조체는 매우 작은 고분자 사슬 하나를 대표하는 것이므로 질점에 해당하는 것으로 간주할 수 있고 구조체의 운동방정식으로부터 나온 시간 미분은 질점의 운동에 따라가며 수행한 시간 미분으로 간주할 수 있기 때문이다. 그러면 식 (115)는 $\overset{\nabla}{\mathbf{B}}_{\mathrm{h}} = -\lambda^{-1}(\mathbf{B}_{\mathrm{h}} - \mathbf{I})$라고 할 수 있다. 좌 코시-그린 변형률 텐서가 $\overset{\nabla}{\mathbf{B}} = \mathbf{O}$를 따르는 것과 비교하면 식 (115)의 우변의 마지막 항은 $\mathbf{B}_{\mathrm{h}}$가 평형 값인 $\mathbf{I}$에 도달할 때까지 위-흐름 시간 미분이 0이 되지 않는다는 것을 의미한다. 게다가 우변의 마지막 항은 식 (91)의 무작위 힘에 기원하는 점은 흥미롭다. 비평형 상태에서 외부 조건이 일정하게 되면 그에 대응되는 평형으로 계는 진화할 것으로 본다. 평형으로의 진화를 유발하는 원동력은 분자들의 무작위적인 운동이라고 해석한다면 식 (115)는 이러한 견해와 일치하는 결과라고 할 수 있다.

그러면 스프링-덤벨에 의한 응력은 고분자의 응력에 대한 기여라고 할 수 있으며 다음과 같이 표현할 수 있다.

$$\mathbf{S} \equiv G_p(\mathbf{B}_{\mathrm{h}} - \mathbf{I}), \quad G_p \equiv k_{\mathrm{B}}\theta\rho_{\mathrm{N}}. \tag{10.117}$$

식 (115)의 시간 미분을 물질 시간 미분으로 대체하면 식 (115)로부터 $\mathbf{S}$의 진화방정식을 다음과 같이 얻을 수 있다.

$$\mathbf{S} + \lambda\overset{\nabla}{\mathbf{S}} = 2\eta_p\mathbf{D}, \quad \eta_p \equiv G_p\lambda. \tag{10.118}$$

식 (118)은 바로 위-흐름 맥스웰 모형인 식 $(2)_2$와 같다.

10.2.2 FENE-P 모형

수력학적 상호작용을 배제하고 스프링 힘을 선형화하는 단순화는 겨우 위-흐름 맥스웰 모형과 뉴턴 유체의 결합인 구성방정식을 제공할 뿐이라는 것은 허탈하기까지 하다. 그러면 계산을 편하게 하기 위한 두 가정 중에서 스프링 힘의 선형화를 배제하면 어떤 결과가 얻어질까? 식 (3.109) 대신에 식 (3.114)를 3차원화한 다음 식을 사용하면 어떨까? 3

차원화한 힘과 변위의 관계는

$$\mathbf{f}_{12} = \frac{3k_{\mathrm{B}}\theta}{Nb^2}\frac{\mathbf{h}}{1-h^2/(Nb)^2} \tag{10.119}$$

가 된다. 그러면 스프링 상수는

$$\varkappa = \frac{3k_{\mathrm{B}}\theta}{Nb^2}\frac{1}{1-h^2/(Nb)^2} \tag{10.120}$$

이 된다. 하지만 식 (120)을 식 (104)에 적용하여도 닫힌 미분방정식을 얻기는 매우 어렵다. $\mathbf{C} = \langle \varkappa \mathbf{h} \otimes \mathbf{h} \rangle$ 대신에 $\langle \mathbf{h} \otimes \mathbf{h} \rangle$의 진화방정식을 $\mathbf{M} = \zeta^{-1}\mathbf{I}$를 이용하여 유도해 보자. 그러면 다음이 얻어진다.

$$\begin{aligned}\frac{d}{dt}\langle \mathbf{h}\otimes\mathbf{h}\rangle &= \mathbf{L}\langle \mathbf{h}\otimes\mathbf{h}\rangle + \langle \mathbf{h}\otimes\mathbf{h}\rangle\mathbf{L}^{\mathrm{T}} \\ &\quad - \frac{4}{\zeta}\langle \varkappa(h)\mathbf{h}\otimes\mathbf{h}\rangle \\ &\quad - 2\frac{k_{\mathrm{B}}\theta}{\zeta}\left(\left\langle \frac{\partial \log P}{\partial \mathbf{h}}\otimes\mathbf{h}\right\rangle + \left\langle \mathbf{h}\otimes\frac{\partial \log P}{\partial \mathbf{h}}\right\rangle\right).\end{aligned} \tag{10.121}$$

그런데

$$\begin{aligned}\left\langle \frac{\partial \log P}{\partial \mathbf{h}}\otimes\mathbf{h}\right\rangle &= \int h_k \frac{\partial P}{\partial h_i}\mathrm{d}^3\mathbf{h}(\mathbf{e}_i\otimes\mathbf{e}_k) \\ &= \int\left[\frac{\partial}{\partial h_i}(h_k P) - \delta_{ik}P\right]\mathrm{d}^3\mathbf{h}(\mathbf{e}_i\otimes\mathbf{e}_k) = -\mathbf{I}\end{aligned} \tag{10.122}$$

가 되므로 식 (121)를 다음과 같이 간단하게 표현할 수 있다.

$$\begin{aligned}\frac{d}{dt}\langle \mathbf{h}\otimes\mathbf{h}\rangle &= \mathbf{L}\langle \mathbf{h}\otimes\mathbf{h}\rangle + \langle \mathbf{h}\otimes\mathbf{h}\rangle\mathbf{L}^{\mathrm{T}} \\ &\quad - \frac{4}{\zeta}\langle \varkappa(h)\mathbf{h}\otimes\mathbf{h}\rangle + \frac{4k_{\mathrm{B}}\theta}{\zeta}\mathbf{I}.\end{aligned} \tag{10.123}$$

그리고 식 (72)로부터 스프링-덤벨에 의한 응력은

$$\mathbf{S} = \rho_{\mathrm{N}}\left(\langle \varkappa(h)\mathbf{h}\otimes\mathbf{h}\rangle - \langle \varkappa(h)\mathbf{h}\otimes\mathbf{h}\rangle_{eq}\right) \tag{10.124}$$

이다.

식 (123)은 매우 단순화되었지만 닫힌 형태의 미분방정식이 아니다. 닫힌 형태의 미분방정식이 되도록 다음과 같은 근사를 사용한다.

$$\langle \varkappa(h)\mathbf{h}\otimes\mathbf{h}\rangle \approx \frac{3k_{\mathrm{B}}\theta}{Nb^2}\frac{\langle \mathbf{h}\otimes\mathbf{h}\rangle}{1-\mathrm{tr}\langle \mathbf{h}\otimes\mathbf{h}\rangle/(Nb)^2}. \tag{10.125}$$

그러면 식 (113)을 이용하여 식 (123)을 다음과 같이 바꿀 수 있다.

$$\overset{\nabla}{\mathbf{B}}_{\mathrm{h}} = -\frac{1}{\lambda}\left[\frac{\mathbf{B}_{\mathrm{h}}}{1-\mathrm{tr}\mathbf{B}_{\mathrm{h}}/(3N)}-\mathbf{I}\right]. \tag{10.126}$$

식 (124)의 $\langle \varkappa(h)\mathbf{h}\otimes\mathbf{h}\rangle_{eq}$도 유사한 방법으로 근사하면 다음이 된다.

$$\begin{aligned}\langle \varkappa(h)\mathbf{h}\otimes\mathbf{h}\rangle_{eq} &\approx \frac{3k_{\mathrm{B}}\theta}{Nb^2}\frac{\langle \mathbf{h}\otimes\mathbf{h}\rangle_{eq}}{1-\langle h^2\rangle_{eq}/(Nb)^2} \\ &= \frac{3k_{\mathrm{B}}\theta}{Nb^2}\frac{1}{1-N^{-1}}\frac{Nb^2}{3}\mathbf{I} \approx k_{\mathrm{B}}\theta\mathbf{I}. \end{aligned} \tag{10.127}$$

그러면 식 (124)는 식 (125)와 (127)에 의해서 다음이 된다.

$$\mathbf{S} = G_p\left[\frac{\mathbf{B}_{\mathrm{h}}}{1-\mathrm{tr}\mathbf{B}_{\mathrm{h}}/(3N)}-\mathbf{I}\right]. \tag{10.128}$$

식 (126)과 (128)로 구성되는 구성방정식을 FENE-P 모형(Finite Extensible Nonlinear Elastic-PreAverage model)이라고 한다(Bird et al., 1987; Cho, 2016). 만약 $\mathrm{tr}\langle \mathbf{B}_{\mathrm{h}}\rangle/(3N) \ll 1$이라면 식 (126)과 (128)은 식 (118)이 된다. FENE-P 모형과 이전의 선형 스프링-덤벨 모형의 차이는 식 (126) 우변의 완화항(relaxation term)이 $\mathbf{B}_{\mathrm{h}}$의 비선형 함수라는 것이다. 뒤에 소개할 PTT 모형과 레오노프 모형(Leonov model)도 식 (126)과 같은 수학적 형태를 가지나 완화항이 다른 비선형 함수일 뿐이다. 위-흐름 맥스웰 모형은 정상상태의 전단 점도가 전단 박화를 보이지 못하지만, 비선형 완화항을 가지는 모형들은 실험 결과와 정량적 비교가 가능한 정도의 전단 박화를 보여 준다.

10.2.3 임시 그물 모형

Green and Tobolsky, 1946 이후 Lodge, 1956과 Yamamoto, 1956 등에 의해서 임시 그물 이론이 발전하게 되었다. 하지만 이 이론들을 바탕으로 실험 결과와 정량적인 비교가 가능한 구성방정식을 개발한 것은 Phan Thien and Tanner, 1977이다. 이 구성방정식을 PTT 모형이라고 한다.

고무의 그물은 가교점이 공유결합이므로 변형이 가교점을 파괴할 정도 크지 않다면 변형에 따라서 가교점의 개수는 늘거나 줄지 않는다. 하지만 임시 그물 이론은 변형에 따라서 가교점 사이의 부분 사슬의 개수가 늘기도 하고 줄기도 한다는 가정을 한다. 가교점 사이의 부분 사슬의 양 말단 벡터를 스프링-덤벨 이론에서와 마찬가지로 $\mathbf{h}$로 표시하자. 벡터 $\mathbf{h}$의 개수와 관련된 확률분포를 $P(\mathbf{h},t)$라고 표시하자. Yamamoto, 1956는 다음과 같은 확률분포의 진화방정식 형태를 가정하였다.

$$\frac{\partial P}{\partial t}+\frac{d\mathbf{h}}{dt}\cdot\frac{\partial P}{\partial \mathbf{h}}=c(h)-a(h)P(\mathbf{h},t). \tag{10.129}$$

좌변은 $P(\mathbf{h},t)$의 시간에 대한 전미분에 해당하고 우변의 $c(h)$는 벡터 $\mathbf{h}$의 생성 속도이고 $a(h)P(\mathbf{h},t)$는 소멸 속도이다.

Phan Thien and Tanner, 1977는 Gordon and Schowalter, 1972의 비-아핀(non-affine) 방법을 채택해서 다음과 같은 관계식을 사용하였다.

$$\frac{d\mathbf{h}}{dt}=\left(\mathbf{L}-\xi\mathbf{D}-\frac{1}{\lambda}\mathbf{I}\right)\mathbf{h}. \tag{10.130}$$

스프링-덤벨 모형에서의 식 $(90)_2$와 비교하면 무작위 힘이 생략되어 있다는 것을 알 수 있다. 그런데 확률분포가 $P(\mathbf{h}, t)$라면 $d\mathbf{h}/dt$를 어떻게 모형화하건 상관없이 식 (75)를 만족하여야 할 것이다. 그러면

$$c(h) - a(h)P(\mathbf{h}, t) = -\left(\frac{\partial}{\partial \mathbf{h}} \cdot \frac{d\mathbf{h}}{dt}\right)P(\mathbf{h}, t) \tag{10.131}$$

을 만족하여야 한다. 식 (130)을 식 (131)에 대입하면 다음이 된다.

$$c(h) - a(h)P(\mathbf{h}, t) = -\left(\mathrm{tr}\mathbf{L} - \xi\mathrm{tr}\mathbf{D} - \frac{3}{\lambda}\right)P(\mathbf{h}, t). \tag{10.132}$$

비압축성을 고려하면 $\mathrm{tr}\mathbf{L} = 0$이고 $\mathrm{tr}\mathbf{D} = 0$이므로

$$c(h) = \left[a(h) + \frac{3}{\lambda}\right]P(\mathbf{h}, t) \tag{10.133}$$

이 된다. 비평형에서 확률분포는 반드시 시간에 대해서 양함수적으로 의존해야 하는데 식 (133)의 좌변은 시간과 무관한 함수이다. 따라서 식 (129)와 (130)을 이용한 모형은 모순이 된다.

이러한 모순의 원인은 식 (130)의 미시역학(microscopic mechanics)에 기인한다. 부분 사슬의 양 말단 벡터의 진화방정식을 역학원리에 의해서 유도한 것이 아니라 직관으로 구성하였기 때문이다. 물론 이상기체에 대한 볼츠만의 속도이론(Boltzmann kinetic theory)도 이와 유사한 접근법을 사용하지만 거기서의 확률분포의 전미분은 뉴턴 역학에 따라서 얻어지는 것인 반면 식 (130)은 그렇지 않다. 부분 사슬의 운동에 대한 완전한 미시역학을 알지 못해서이다. 물론 볼츠만 이론에서도 완벽한 미시역학을 알 수 없으므로, 볼츠만 이론에서의 우변을 분자 간 충돌로 단위 시간당 공간상의 제어부피에 유입되는 분자의 개수와 유출되는 분자 개수의 차이로 모형화하였다. 따라서 Yamamoto, 1956의 접근법은 볼츠만의 접근법과 같다고 할 수는 있다. 이런 부류의 접근법이 식 (75)의

접근법과 일치성을 가지기 위해서는 식 (130)에 보정 항을 추가하여야 한다.

식 (130)에서 우변의 첫 두 항은 아핀 변형을 약간 개선한 것이므로 식 (130)에서 완화항 $-\lambda^{-1}\mathbf{h}$를 제외하면 이 진화방정식은 시간반전 변환에 대해서 불변인 방정식이 된다. 즉, 식 (130)에서 우변의 첫 두 항은 가역적인 운동을 나타내고 완화항은 비가역적인 운동을 나타낸다고 할 수 있다. 불완전한 미시역학인 식 (130)에 $\mathbf{u}(\mathbf{h}, t)$를 다음과 같이 추가해 보자. 즉,

$$\frac{d\mathbf{h}}{dt}=\left(\mathbf{L}-\xi\mathbf{D}-\frac{1}{\lambda}\mathbf{I}\right)\mathbf{h}+\mathbf{u} \tag{10.134}$$

라고 하면 이를 식 (75)에 적용하여 정리하고 원래의 진화방정식과 비교하면 다음이 얻어진다.

$$c(h)-a(h)P(\mathbf{h}, t)=-\mathbf{u}\cdot\frac{\partial P}{\partial\mathbf{h}}+\left(\frac{3}{\lambda}-\frac{\partial}{\partial\mathbf{h}}\cdot\mathbf{u}\right)P(\mathbf{h}, t). \tag{10.135}$$

만약 완전한 미시역학을 알고 있다면 보정 항 $\mathbf{u}$를 알게 되고 이로부터 $c(h)$와 $a(h)$를 확정할 수 있을 것이다. 그런데 완전한 미시역학을 모르기 때문에 오로지 상상력만으로 식 (135)의 좌변을 구성한 것이다. 따라서 식 (129)와 식 (130)으로 이루어진 확률분포의 진화방정식은 임시방편적이 아니라고 절대 말할 수 없다.

확률분포의 진화방정식이 주어졌으므로 응력을 $\mathbf{h}$와 연관시키는 관계식이 필요하다. Phan Thien and Tanner, 1977는 식 (117)을 사용하였다. 그러면 식 (129)로부터 $\mathbf{B}_{\mathrm{h}}\equiv(3/Nb^2)\langle\mathbf{h}\otimes\mathbf{h}\rangle$의 진화방정식을 유도하여야 할 것이다. 이전과 같은 방식을 이용하면 다음이 얻어진다.

$$\overset{\nabla}{\mathbf{B}}_{\mathrm{h}}=-\xi(\mathbf{D}\mathbf{B}_{\mathrm{h}}+\mathbf{B}_{\mathrm{h}}\mathbf{D})-\frac{1}{\lambda}\mathbf{B}_{\mathrm{h}}+\frac{3}{Nb^2}\int c(h)\mathbf{h}\otimes\mathbf{h}\,\mathrm{d}^3\mathbf{h}$$

$$-\frac{3}{Nb^2}\langle a(h)\mathbf{h}\otimes\mathbf{h}\rangle. \qquad (10.136)$$

우변의 세 번째 항의 적분은 $c(h)$를 알지 못하면 계산할 수 없다. 하지만 $c(h)$가 $\mathbf{h}$의 등방성 함수이므로 다음과 같이 모형화를 할 수 있다.

$$\frac{3}{Nb^2}\int c(h)\mathbf{h}\otimes\mathbf{h}\,d^3\mathbf{h}=\frac{\chi_c(\mathrm{tr}\mathbf{B}_{\mathrm{h}})}{\lambda}\mathbf{I}. \qquad (10.137)$$

식 (136)의 우변의 마지막 항은 다음과 같이 근사한다.

$$\langle a(h)\mathbf{h}\otimes\mathbf{h}\rangle\approx a(\langle h\rangle)\langle\mathbf{h}\otimes\mathbf{h}\rangle\equiv\frac{\chi_a(\mathrm{tr}\mathbf{B}_{\mathrm{h}})}{\lambda}\langle\mathbf{h}\otimes\mathbf{h}\rangle. \qquad (10.138)$$

그러면 식 (136)은 다음과 같은 닫힌 형태의 미분방정식이 된다.

$$\overset{\nabla}{\mathbf{B}}_{\mathrm{h}}=-\xi(\mathbf{D}\mathbf{B}_{\mathrm{h}}+\mathbf{B}_{\mathrm{h}}\mathbf{D})-\frac{1}{\lambda}\left[1+\chi_a(\mathrm{tr}\mathbf{B}_{\mathrm{h}})\right]\mathbf{B}_{\mathrm{h}}$$
$$+\frac{\chi_c(\mathrm{tr}\mathbf{B}_{\mathrm{h}})}{\lambda}\mathbf{I}. \qquad (10.139)$$

평형상태는 $\mathbf{D}=\mathbf{L}=\mathbf{O}$일 때 도달할 수 있으며 $\mathbf{B}_{\mathrm{h}}$는 $\mathbf{I}$가 되고 근접하게 되므로 식 (139)로부터 다음의 식을 얻게 된다.

$$1+\chi_a(\mathrm{tr}\mathbf{B}_{\mathrm{h}})=\chi_c(\mathrm{tr}\mathbf{B}_{\mathrm{h}}). \qquad (10.140)$$

그러면 식 (139)를 다음과 같이 다시 쓸 수 있다.

$$\overset{\nabla}{\mathbf{B}}_{\mathrm{h}}=-\xi(\mathbf{D}\mathbf{B}_{\mathrm{h}}+\mathbf{B}_{\mathrm{h}}\mathbf{D})-\frac{\chi_c(\mathrm{tr}\mathbf{B}_{\mathrm{h}})}{\lambda}(\mathbf{B}_{\mathrm{h}}-\mathbf{I}). \qquad (10.141)$$

고분자 용융체를 고려하면 식 (72)에서 용매의 응력 기여도를 제거해야 하므로 식 (117)을 상정하여 다음이 된다.

$$\mathbf{T}=-p\mathbf{I}+\mathbf{S},\quad \mathbf{S}\equiv G(\mathbf{B}_{\mathrm{h}}-\mathbf{I}). \qquad (10.142)$$

최종적으로 PTT 모형은 식 (141)과 (142)로 이루어진다.

PTT 모형의 물질 함수 $\chi_c(\mathrm{tr}\mathbf{B}_{\mathrm{h}})$에 대해서 여러 후보 함수가 제안되었지만 가장 보편적으로 사용되는 것은

$$\chi_c(\mathrm{tr}\mathbf{B}_{\mathrm{h}}) = \exp\left[\epsilon(\mathrm{tr}\mathbf{B}_{\mathrm{h}} - 3)\right] \tag{10.143}$$

이다(Phan Thien, 1978).

Khan and Larson, 1987은 화이트-메츠너 모형(White and Metzner, 1963), 마루치 모형(Marrucci model)(Acierno *et al.*, 1976), PTT 모형(Phan Thien and Tanner, 1977), 기제쿠스 모형(Giesekus, 1982), 라슨 모형(Larson, 1987) 등에 대해서 전단 유동, 이축 연신 유동, 일축 연신 유동의 실험 데이터와 비교를 하였다. 세 가지 변형 실험에 대해서 모두 좋은 정량적 일치성을 보이는 모형은 라슨 모형(Larson model)과 PTT 모형뿐이었지만 하나의 변형 실험의 결과로 회귀 분석한 물질 상수를 가지고 다른 변형 실험의 결과를 예측해 보면 좋은 정량적 일치성을 보이지 못했다. 두 모형은 각각의 실험 결과에 한 최적의 물질 상수들이 다른 문제를 안고 있다. 사실 완전한 구성방정식이라면 하나의 실험 결과로 결정한 최적의 물질 상수들로 다른 독립적인 실험 결과를 예측할 수 있어야 한다. 불행하게도 대부분의 구성방정식은 이런 예측력이 부족하다. 저자가 알기로 이러한 구성방정식의 조건을 만족할 수 있는 것은 레오노프 모형이 유일하다(Simhambhatla and Leonov, 1995).

끝으로 구조를 추측한 모형들이 완전한 구성방정식이 되기 어려운 이유에 대해서 생각해 보자. 스프링-덤벨 모형은 희박용액의 고분자 사슬을 단순화한 것이지만 단순화한 구조체의 운동방정식으로 유도된 확률 분포의 진화방정식이 연속체 열역학의 네 가지 수지식인 질량 수지식, 운동량 수지식, 에너지 수지식 및 엔트로피 수지식을 모두 만족하는 것이 아니다. 따라서 구조체의 평균적인 진화방정식이 구조체를 대표하는 물리량과 응력을 연결하는 공식을 제공하지 못할 뿐만 아니라 관련된 물리적 과정들을 모두 설명하지 못한다. 임시 그물 이론의 경우 구조체인 부분 사슬의 동역학이 기초적인 물리 원리에 기반하지 못한 엉성한 것이기 때문에, 사실 PTT 모형의 성공이 신기하기까지 하다.

10.3 분자모형

이 절에서 다루는 분자모형은 역시 스프링-덤벨 모형과 마찬가지로 스몰루호프스키 방정식에 기초한 것들이다. 따라서 분자의 동력학이 응력에 관한 공식을 제공하지 못한다. 다만 스프링-덤벨 모형보다 더 자세한 분자운동을 다룰 수 있으며 완화시간 분포를 제공할 수 있는 장점이 있다.

10.3.1 라우즈 모형

Rouse, 1953는 고분자 사슬을 질량이 m으로 동일한 입자들이 식 (3.109)의 스프링으로 연결된 사슬로 단순화했다. 입자들은 실제 고분자의 단량체에 해당하고 단량체를 연결하는 스프링은 실제 단량체들이 공유결합으로 연결된 효과를 단순화한 것이라고 할 수 있다. 스프링-덤벨 모형은 오로지 하나의 스프링만을 사용하지만, 리우즈 모형은 N개의 스프링을 고려하는 더 자세한 모형이다. 스프링의 개수가 N이므로 입자의 개수는 $N+1$이 된다. 입자를 $0 \le n \le N$의 정수에 대응시키면 각 입자에 대한 운동방정식은 다음이 될 것이다.

$$m\frac{d^2\mathbf{r}_0}{dt^2} = -\zeta\left(\frac{d\mathbf{r}_0}{dt} - \mathbf{L}\mathbf{r}_0\right) + \mathbf{f}_0^1 + \mathbf{f}_{\mathrm{R}}^{(0)},$$

$$m\frac{d^2\mathbf{r}_n}{dt^2} = -\zeta\left(\frac{d\mathbf{r}_n}{dt} - \mathbf{L}\mathbf{r}_n\right) + \mathbf{f}_n^{n-1} + \mathbf{f}_n^{n+1} + \mathbf{f}_{\mathrm{R}}^{(n)}$$

$$\text{for } 1 \le n \le N-1,$$

$$m\frac{d^2\mathbf{r}_N}{dt^2}=-\zeta\left(\frac{d\mathbf{r}_N}{dt}-\mathbf{L}\mathbf{r}_N\right)+\mathbf{f}_N^{N-1}+\mathbf{f}_{\mathrm{R}}^{(N)}. \tag{10.144}$$

여기서 $\mathbf{f}_n^m$은 m번째 입자에 의해서 n번째 입자에 작용하는 힘을 의미하므로 식 (3.109)에 의해서

$$\mathbf{f}_n^m=-\varkappa_{|n-m|}(\mathbf{r}_n-\mathbf{r}_m),\quad \varkappa_{|n-m|}\equiv\frac{3k_{\mathrm{B}}\theta}{|n-m|b^2} \tag{10.145}$$

가 된다. 물론 $m=n\pm1$인 경우만을 생각할 것이므로 $\varkappa_{|m-n|}$ 대신에 $\varkappa\equiv 3k_{\mathrm{B}}\theta/b^2$만 사용하게 될 것이다.

이전과 마찬가지로 관성력이 무시할 만큼 작다고 가정하면 식 (144)는 다음과 같은 과도 감쇠 랑주뱅 방정식이 된다.

$$\frac{d\mathbf{r}_0}{dt}=\mathbf{L}\mathbf{r}_0-\frac{\varkappa}{\zeta}(\mathbf{r}_0-\mathbf{r}_1)+\frac{1}{\zeta}\mathbf{f}_{\mathrm{R}}^{(0)},$$

$$\frac{d\mathbf{r}_n}{dt}=\mathbf{L}\mathbf{r}_n+\frac{\varkappa}{\zeta}(\mathbf{r}_{n+1}-2\mathbf{r}_n+\mathbf{r}_{n-1})+\frac{1}{\zeta}\mathbf{f}_{\mathrm{R}}^{(n)}$$

$$\text{for } 1\le n\le N-1,$$

$$\frac{d\mathbf{r}_N}{dt}=\mathbf{L}\mathbf{r}_N-\frac{\varkappa}{\zeta}(\mathbf{r}_N-\mathbf{r}_{N-1})+\frac{1}{\zeta}\mathbf{f}_{\mathrm{R}}^{(N)}. \tag{10.146}$$

수식을 간단히 하기 위해서 -1번째 입자와 $N+1$번째 입자가 다음과 같이 존재한다고 가정해 보자.

$$\mathbf{r}_{-1}=\mathbf{r}_0,\quad \mathbf{r}_{N+1}=\mathbf{r}_N. \tag{10.147}$$

그러면 식 (145)에 의해서 당연히 $\mathbf{f}_0^{-1}=\mathbf{f}_N^{N+1}=\mathbf{0}$이 된다. 게다가 식 $(146)_1$과 식 $(146)_3$은 모두 식 $(146)_2$로 흡수된다. 즉, $0\le n\le N$에 대해서 식 $(146)_2$이 성립되게 된다.

$$\frac{d\mathbf{r}_n}{dt}=\mathbf{L}\mathbf{r}_n+\frac{\varkappa}{\zeta}\sum_{m=0}^{N}R_{nm}\boldsymbol{r}_m+\frac{1}{\zeta}\mathbf{f}_{\mathrm{R}}^{(n)}\quad \text{for } 0\le n\le N. \tag{10.148}$$

여기서 R_{nm}은 라우즈 행렬(Rouse matrix)로 다음과 같이 정의된다.

$$R_{nm} = 2\delta_{nm} - \delta_{n,\,m+1} - \delta_{n,\,m-1}. \tag{10.149}$$

식 (148)의 해석해를 구하는 것은 결국 라우즈 행렬의 대각화를 이용하여야 할 것이다. 이 작업은 매우 번거로우므로 여기서는 다른 근사적인 방법을 사용할 것이다. 라우즈 행렬의 대각화를 이용하는 방법에 관심이 있는 독자는 Lin, 2003을 참조 바란다.

단량체를 나타내는 지수 n은 정수인데 이를 실수로 확장하려고 한다. 따라서 n번째 단량체의 위치를 $\mathbf{r}_n(t)$대신에 $\mathbf{r}(t,n)$로 표현한다. 즉, 이산적인 사슬(discrete chain model)을 연속적인 실과 같은 대상(continuous chain model)으로 간주하는 것이다. 이러한 사슬 모형을 에드워즈 연속 사슬 모형(Edwards' continuous chain model)이라고 부른다(Edwards, 1965). 그러면 연속 사슬 모형에 대해서 다음과 같은 근사를 사용할 수 있다.

$$\mathbf{r}_n - \mathbf{r}_{n-1} \approx \frac{\partial \mathbf{r}}{\partial n}, \quad \mathbf{r}_{n+1} - 2\mathbf{r}_n + \mathbf{r}_{n-1} \approx \frac{\partial^2 \mathbf{r}}{\partial n^2},$$
$$\sum_{n=0}^{N} \mathbf{r}_n \approx \int_0^N \mathbf{r}(t,n)\mathrm{d}n. \tag{10.150}$$

그러면 식 (148) 대신에 다음을 사용할 수 있게 된다.

$$\frac{\partial \mathbf{r}}{\partial t} = \mathbf{L}\mathbf{r} + \frac{\varkappa}{\zeta}\frac{\partial^2 \mathbf{r}}{\partial n^2} + \frac{1}{\zeta}\mathbf{f}_{\mathrm{R}}(t,n). \tag{10.151}$$

앞에서 식 (146)을 식 (148)로 통합하는 과정에서 사용했던 식 (147)은 다음과 같은 경계조건이 된다.

$$\left(\frac{\partial \mathbf{r}}{\partial n}\right)_{n=0} = \left(\frac{\partial \mathbf{r}}{\partial n}\right)_{n=N} = \mathbf{0}. \tag{10.152}$$

무작위 힘 $\mathbf{f}_{\mathrm{R}}(t,n)$에 대해서는 식 (63)과 (64)를 확장해서 다음과 같이

정의할 수 있다.

$$\langle \mathbf{f}_{\mathrm{R}}(t, n) \rangle = \mathbf{0},$$

$$\langle \mathbf{f}_{\mathrm{R}}(t, n) \otimes \mathbf{f}_{\mathrm{R}}(\tau, m) \rangle = 2\zeta k_{\mathrm{B}} \theta \delta(t-\tau) \delta(n-m) \mathbf{I}. \tag{10.153}$$

식 (151)을 해석적으로 풀기 위해서 다음과 같은 변수분리법을 사용하자. 즉 $\mathbf{r}(t, n)$을 다음과 같이 가정한다.

$$\mathbf{r}(t, n) = \sum_{p=0}^{\infty} \phi_p(n) \mathbf{x}_p(t). \tag{10.154}$$

여기서 스칼라 함수 $\phi_p(n)$는 부록 4에 의해서

$$\phi_p(n) = \sqrt{\frac{2}{N}} \cos \frac{p \pi n}{N} \tag{10.155}$$

로 선정할 수 있다. 당연히 식 (155)는 연산자 $\partial^2/\partial n^2$의 단위 수직(orthonormal)인 고유함수이며 경계조건 (152)를 만족시킬 수 있다. 여기서 내적은 가중 함수를 $w(n) = 1$로 한 0에서 N까지인 적분이므로 수직좌표(normal coordinate) $\mathbf{x}_p(t)$는 다음이 된다.

$$\mathbf{x}_p(t) = \langle \phi_p, \mathbf{r} \rangle = \int_0^N \phi_p(n) \mathbf{r}(t, n) \mathrm{d}n. \tag{10.156}$$

그러면 식 (151)의 양변에 $\phi_p(n)$를 곱해 주고 $0 \le n \le N$에 대해서 적분해 주면 다음이 얻어진다.

$$\frac{d\mathbf{x}_p}{dt} = \left(\mathbf{L} - \frac{1}{\bar{\lambda}_p} \mathbf{I} \right) \mathbf{x}_p(t) + \frac{1}{\zeta} \hat{\mathbf{f}}_{\mathrm{R}}^{(p)}(t),$$

$$\hat{\mathbf{f}}_{\mathrm{R}}^{(p)}(t) \equiv \int_0^N \phi_p(n) \mathbf{f}_{\mathrm{R}}(t, n) \mathrm{d}n. \tag{10.157}$$

여기서

$$\bar{\lambda}_p \equiv \frac{\zeta N^2}{\varkappa (p\pi)^2} \tag{10.158}$$

이다. 구성방정식을 유도하기 위해 식 (157)의 해석해를 지금 구할 필요는 없다. 식 (72)를 응력 공식으로 채택하게 되면 먼저 $\mathbf{h}$를 $\mathbf{r}(t, n)$으로 표현하여야 한다. 양 말단 벡터 $\mathbf{h}$는 식 (150)을 이용하여 다음과 같이 표현할 수 있다.

$$\mathbf{h}(t)=\int_0^N \frac{\partial \mathbf{r}}{\partial n}\mathrm{d}n. \tag{10.159}$$

그러면 식 (72)를 다음과 같이 표현할 수 있게 된다.

$$\mathrm{T}=-p\mathrm{I}+\mathrm{S},$$

$$\mathrm{S}\equiv \varkappa\rho_{\mathrm{N}}\int_0^N\left[\left\langle \frac{\partial \mathbf{r}}{\partial n}\otimes\frac{\partial \mathbf{r}}{\partial n}\right\rangle-\left\langle \frac{\partial \mathbf{r}}{\partial n}\otimes\frac{\partial \mathbf{r}}{\partial n}\right\rangle_{eq}\right]\mathrm{d}n \tag{10.160}$$

이 된다. 그런데 식 (154)로부터

$$\left\langle\int_0^N \frac{\partial \mathbf{r}}{\partial n}\otimes\frac{\partial \mathbf{r}}{\partial n}\mathrm{d}n\right\rangle$$

$$=\left\langle\int_0^N\left[\sum_{p=0}^{\infty}\sum_{q=0}^{\infty}\frac{d\phi_p}{dn}\frac{d\phi_q}{dn}\mathbf{x}_p(t)\otimes\mathbf{x}_q(t)\right]\mathrm{d}n\right\rangle$$

$$=\sum_{p=0}^{\infty}\sum_{q=0}^{\infty}\left(\int_0^N\frac{d\phi_p}{dn}\frac{d\phi_q}{dn}\mathrm{d}n\right)\langle\mathbf{x}_p(t)\otimes\mathbf{x}_q(t)\rangle \tag{10.161}$$

이 된다. 그런데 식 (161)의 n에 대한 적분은 다음이 된다.

$$\int_0^N\frac{d\phi_p}{dn}\frac{d\phi_q}{dn}\mathrm{d}n=\frac{p^2\pi^2}{N^2}\delta_{pq} \tag{10.162}$$

가 된다. 이를 식 (161)에 대입하면 다음이 얻어진다.

$$\left\langle\int_0^N \frac{\partial \mathbf{r}}{\partial n}\otimes\frac{\partial \mathbf{r}}{\partial n}\mathrm{d}n\right\rangle=\frac{\pi^2}{N^2}\sum_{p=1}^{\infty}p^2\langle\mathbf{x}_p(t)\otimes\mathbf{x}_p(t)\rangle. \tag{10.163}$$

여기서 $p=0$이면 식 (162)가 사라지므로 식 (163)의 합산을 $p=1$부터 했음을 유의하기 바란다. 식 (163)을 식 $(160)_2$에 대입하면 잉여 응력은 다음이 된다.

$$\mathrm{S}= \varkappa \rho_{\mathrm{N}} \sum_{p=1}^{\infty} \frac{\pi^2 p^2}{N^2} \left(\langle \mathbf{x}_p \otimes \mathbf{x}_p \rangle - \langle \mathbf{x}_p \otimes \mathbf{x}_p \rangle_{eq} \right). \tag{10.164}$$

식 (151)의 구조를 보면 $\mathbf{r}(t, n)$의 운동방정식으로부터 $\mathbf{r}(t, n)$의 확률분포의 진화방정식을 유도하기 어렵다. 왜냐하면 $\mathbf{r}(t, n)$이 시간 t와 단량체의 지표 n 모두의 함수이고 n에 대한 이차 미분 항도 포함하기 때문이다. 하지만 $\mathbf{x}_p(t)$의 운동방정식, 식 (157)은 스프링-덤벨 이론에서와 유사한 운동방정식이기 때문에 확률분포의 진화방정식, 즉 스몰루호프스키 방정식을 유도하기 쉽다. 식 (157)을 보면 $\mathbf{x}_p(t)$의 운동방정식에는 다른 수직 좌표가 존재하지 않는다는 것이다. 만약 무작위 힘 $\mathbf{f}_{\mathrm{R}}^{(p)}(t)$마저 다른 수직 좌표의 무작위 힘과 통계적으로 독립이라면 각각의 수직 좌표에 대한 확률분포를 구성할 수 있게 된다. 따라서 먼저 무작위 힘들의 독립성을 분석해 보자.

식 (153)과 식 $(157)_2$로부터 다음을 계산할 수 있다.

$$\begin{aligned}
&\langle \mathbf{f}_{\mathrm{R}}^{(p)}(t) \otimes \mathbf{f}_{\mathrm{R}}^{(q)}(\tau) \rangle \\
&= \int_0^N \int_0^N \phi_p(m) \phi_q(n) \langle \mathbf{f}_{\mathrm{R}}(t, m) \otimes \mathbf{f}_{\mathrm{R}}(\tau, n) \rangle \mathrm{d}m \mathrm{d}n \\
&= 2\zeta k_{\mathrm{B}} \theta \left[\int_0^N \int_0^N \phi_p(m) \phi_q(n) \delta(m-n) \mathrm{d}m \mathrm{d}n \right] \delta(t-\tau) \mathbf{I} \\
&= 2\zeta k_{\mathrm{B}} \theta \left[\int_0^N \phi_p(n) \phi_q(n) \mathrm{d}n \right] \delta(t-\tau) \mathbf{I} \\
&= 2\zeta k_{\mathrm{B}} \theta \delta_{pq} \delta(t-\tau) \mathbf{I}.
\end{aligned} \tag{10.165}$$

여기서 $\phi_p(n)$의 직교성을 이용하였다. 지표 p가 다른 무작위 힘들 사이의 통계적인 상관성이 없으므로, $\{\mathbf{x}_p\}$에 대한 확률분포 $P(t, \{\mathbf{x}_p\})$의 진화방정식

$$\frac{\partial P}{\partial t} = -\sum_{p=0}^{\infty} \frac{\partial}{\partial \mathbf{x}_p} \cdot \left(\frac{d\mathbf{x}_p}{dt} P \right) \tag{10.166}$$

의 양변을 $\mathbf{x}_q$를 제외한 모든 수직 좌표에 대해서 적분을 하게 되면

$$\frac{\partial \Pi_q}{\partial t} = -\frac{\partial}{\partial \mathbf{x}_q} \cdot \left(\frac{d\mathbf{x}_q}{dt} \Pi_q \right),$$

$$\Pi_q(t, \mathbf{x}_q) \equiv \prod_{p=0,\, p \neq q}^{\infty} \int_{\mathrm{R}^3} \mathrm{d}^3 \mathbf{x}_p P(t, \{\mathbf{x}_{qp}\}) \tag{10.167}$$

이 얻어진다. 여기서 $d\mathbf{x}_q/dt$가 $p \neq q$인 $\mathbf{x}_p$에 대한 적분과 무관하기 때문이며 식 (166)의 우변은 해당 좌표에 대해서 적분하면 발산정리 때문에 면적분으로 바뀌어 사라지고 오로지 적분하지 않은 $\mathbf{x}_q$에 대한 항만이 남기 때문이다. 그러면 $\langle \mathbf{x}_p(t) \otimes \mathbf{x}_p(t) \rangle$를 구하기 위해서는 오로지 Π_p만을 알면 된다. 식 $(167)_1$에 식 $(157)_1$을 대입하여 모드(mode) p의 스몰루호프스키 방정식을 유도해 보자.

식 $(69)_2$와 식 $(157)_1$을 비교하면 매우 유사하다는 것을 알 수 있다. 따라서 스프링-덤벨에서 사용한 방법을 그대로 사용하게 되면 확률분포 Π_p의 진화방정식은 다음이 얻어진다.

$$\frac{\partial \Pi_p}{\partial t} = -\frac{\partial}{\partial \mathbf{x}_p} \cdot \left[\left(\mathbf{L} - \frac{1}{\bar{\lambda}_p} \mathbf{I} \right) \mathbf{x}_p \Pi_p \right] + \frac{k_\mathrm{B}\theta}{\zeta} \frac{\partial}{\partial \mathbf{x}_p} \cdot \frac{\partial \Pi_p}{\partial \mathbf{x}_p}. \tag{10.168}$$

평형일 때는 $\mathbf{L} = \mathbf{O}$이고 $\partial \Pi_p / \partial t = 0$이므로 식 (168)로부터 평형에서의 확률분포는 다음이 됨을 알 수 있다.

$$\frac{\partial \log \Pi_p^{(eq)}}{\partial \mathbf{x}_p} = -\frac{\zeta}{k_\mathrm{B}\theta \bar{\lambda}_p} \mathbf{x}_p = -3\left(\frac{p\pi}{Nb} \right)^2 \mathbf{x}_p. \tag{10.169}$$

이를 적분하고 정규화 조건을 적용하면 평형에서의 확률분포는 다음과 같은 정규분포가 된다.

$$\varPi_p^{(eq)} = \left(\sqrt{\frac{3}{2\pi}}\frac{p}{Nb}\right)^3 \exp\left(-\frac{3p^2\pi^2}{2N^2b^2}\mathbf{x}_p \cdot \mathbf{x}_p\right). \tag{10.170}$$

따라서

$$\langle \mathbf{x}_p \otimes \mathbf{x}_p \rangle_{eq} = \sigma^2 \mathbf{I}, \quad \sigma^2 = \frac{N^2b^2}{3p^2\pi^2} \tag{10.171}$$

이 된다.

이제 $\langle \mathbf{x}_p \otimes \mathbf{x}_p \rangle$의 진화방정식을 구해 보자. 이전과 마찬가지의 방법을 사용하면 다음이 얻어진다.

$$\begin{aligned} \frac{d}{dt}\langle \mathbf{x}_p \otimes \mathbf{x}_p \rangle = \mathbf{L}\langle \mathbf{x}_p \otimes \mathbf{x}_p \rangle + \langle \mathbf{x}_p \otimes \mathbf{x}_p \rangle \mathbf{L}^{\mathrm{T}} \\ - \frac{2}{\bar{\lambda}_p}\left(\langle \mathbf{x}_p \otimes \mathbf{x}_p \rangle - \sigma^2 \mathbf{I}\right). \end{aligned} \tag{10.172}$$

여기서 $\langle \mathbf{x}_p \otimes \mathbf{x}_p \rangle_{eq} = \sigma^2 \mathbf{I}$로 상수 텐서인 점을 고려하면 모드 p의 변형률 같은 텐서를 다음과 같이 정의할 수 있다.

$$\mathbf{B}_p \equiv \frac{3p^2\pi^2}{N^2b^2}\langle \mathbf{x}_p \otimes \mathbf{x}_p \rangle. \tag{10.173}$$

그러면 $\varkappa = 3k_{\mathrm{B}}\theta/b^2$이므로 식 (164)의 잉여 응력은

$$\mathbf{S} = G_o \sum_{p=1}^{\infty} (\mathbf{B}_p - \mathbf{I}), \quad G_o \equiv k_{\mathrm{B}}\theta\rho_{\mathrm{N}} \tag{10.174}$$

가 되고 식 (172)의 진화방정식은 다음이 된다.

$$\overset{\triangledown}{\mathbf{B}}_p = -\frac{1}{\lambda_p}(\mathbf{B}_p - \mathbf{I}), \quad \lambda_p = \frac{\bar{\lambda}_p}{2}. \tag{10.175}$$

여기서 d/dt를 물질 시간 미분으로 대체했다. 평형으로 가면 앞에서와 마찬가지로 $\mathbf{B}_p$는 $\mathbf{I}$가 됨을 유의하기를 바란다.

식 (174)와 식 (175)는 결과적으로 10.2.1절의 스프링-덤벨 이론과 일치한다. 다만 스프링-덤벨 이론의 경우 하나의 완화시간과 그에 해당하는 하나의 변형률 텐서 $\mathbf{B}_h$가 있지만 라우즈 모형에서는 무한히 많은 완화시간 $\{\lambda_p\}$와 그에 해당하는 변형률 텐서 $\{\mathbf{B}_p\}$로 되어 있을 뿐이다. 단순 전단 유동

$$\mathbf{L} = \dot{\gamma}\mathbf{e}_1 \otimes \mathbf{e}_2, \quad \dot{\gamma} \equiv \gamma_o \delta(t) \tag{10.176}$$

을 라우즈 모형의 구성방정식에 대입하고 응력을 구하면 완화탄성률을 계산할 수 있다.

$$G(t) = G_o \sum_{p=1}^{\infty} \exp\left(-\frac{t}{\lambda_p}\right), \quad \lambda_p \equiv \frac{\zeta b^2}{6\pi k_B \theta} \frac{N^2}{p^2}. \tag{10.177}$$

라우즈 모형은 이산 완화시간 분포를 제공하지만, 이 완화시간 분포는 엉킴이 없는 고분자 유체에 대해서 실험 결과와 상당히 높은 일치성을 보여 주는 반면 엉킴이 있는 경우에는 큰 차이를 보인다. 게다가 라우즈 모형은 식 (174)와 (175)에서 알 수 있듯이 여러 완화시간의 UCM으로 이루어져 있다. 따라서 고분자 유체의 비선형 점탄성 흐름을 제대로 기술할 수 없다. 이러한 결과가 나오는 이유는 식 (151)에서 알 수 있듯이 사슬의 운동에 주변 사슬과의 상호작용이 고려되지 않아서라고 할 수 있다. 즉, 식 (151)은 고립된 하나의 고분자 사슬의 운동을 묘사할 뿐이다.

10.3.2 도이-에드워즈 모형

엉킴이 있는 고분자 유체의 구성방정식을 분자론적으로 개발하려 한다면 고분자 사슬 사이의 상호작용을 포함하는 운동방정식이 필요하게 된다. 유동 상태뿐만 아니라 평형상태에서도 고분자 사슬은 끊임없는

열운동을 하므로 고분자 사슬 사이의 상호작용을 수학적으로 모사하기는 매우 어려운 일이다. 주변에 다른 사슬들이 있으면 고분자 사슬은 3차원적으로 개방된 공간에서 운동할 수 없다. 튜브 모형이란 고분자 사슬이 주변 사슬과의 평균적인 거리를 반지름으로 하는 구부러진 원통관에서 운동하는 것으로 주변 사슬의 영향을 평균화한 모형이다. 한 고분자 사슬이 어떤 순간에 어떤 배좌를 가지고 있다고 하자. 이 배좌는 관찰하는 고분자 사슬의 운동 에너지와 그 고분자 사슬 내부의 단량체 사이의 포텐셜 및 주변 고분자 사슬과의 상호작용 포텐셜의 결과이다. 사슬 내부 단량체들 사이의 포텐셜은 단량체 사이의 화학결합을 의미하고 그 효과는 고분자 사슬의 배좌로 대변할 수 있다. 주변 고분자 사슬과의 상호작용 포텐셜은 유리 전이온도 이상의 고온에서는 운동 에너지가 매우 높기 때문에 인력으로 작용하는 영향은 미미하고 다만 척력으로 작용하는 영향만 강하게 나타난다. 이 척력에 의한 영향은 두 사슬이 서로 교차되는 것을 방지하는 일종의 배제 부피 효과로 수식화하기 매우 어렵다. 이 배제 부피 효과는 고분자 사슬의 배좌가 변할 수 있는 즉, 사슬의 운동을 하는 공간에 제약을 두는 엉킴 효과이다. 엉킴 효과를 효율적으로 표현하는 방법이 필요하다.

배제 부피에 대한 포텐셜의 국소(local minimum)는 공간상의 한 곡선을 이루고 고분자 사슬은 이 곡선을 중심으로 운동한다고 생각할 수 있다. 이 곡선을 기본경로(primitive path)라고 부르자. 기본경로에서 다른 사슬까지의 평균적인 거리를 a라고 하면 관찰하는 고분자 사슬은 지름 a에 중심선이 기본경로인 원통관 안에서 운동하는 것으로 간주할 수 있을 것이다. 이러한 방법은 여러 사슬의 운동을 한 사슬의 운동으로 대표하는 전형적인 평균장 근사방법(mean field method)이 된다.

기본경로를 중심으로 형성한 원통관 안에서의 고분자 사슬 운동은 제한된 공간에서의 라우즈 모형으로 기술하여야 할 것이지만 그보다는 기본경로를 따라 일어나는 1차원 확산과정을 사용하는 것이 더 편리하다. 기본경로를 연속 고분자 사슬로 간주하는 사슬 모형을 기본 사슬(primitive chain)이라고 부르자. 기본 사슬은 따라서 원통관의 지름을 단량체의 크기로 간주하는 가상의 고분자 사슬이라고도 할 수 있다. 이러한 기본 사슬의 운동은 뱀이 구부러진 원통관 안에서 움직이는 것과 유사하여서, 고분자 사슬의 사동(蛇動, reptational motion)이라고 부른다. 도이와 에드워즈는(Doi and Edwards, 1978a; 1978b; 1978c; 1979; 1986) 앞에서 라우즈 모형에 사용한 연속 사슬 모형을 이용하였는데 단량체의 위치가 아니라 기본경로의 단위 접선 벡터 $\mathbf{u}(t, m)$에 초점을 맞추었다. 기본경로의 위치를 $\mathbf{r}(t, m)$이라고 표시하면 단위 접선 벡터(unit tangent vcctor)는 다음과 같이 표시된다.

$$\mathbf{u}(t, m) = \left\| \frac{\partial \mathbf{r}}{\partial m} \right\|^{-1} \frac{\partial \mathbf{r}}{\partial m}. \tag{10.178}$$

10.3.1절의 라우즈 연속 사슬은 단량체의 지표 n이 0에서 N까지 허락되고 사슬의 펼쳐진 길이는

$$\int_0^N \sqrt{\frac{\partial \mathbf{r}}{\partial n} \cdot \frac{\partial \mathbf{r}}{\partial n}}\, \mathrm{d}n = Nb \tag{10.179}$$

를 만족한다. 이 식이 임의의 $N \gg 1$에 대해서도 성립하기 위해서는

$$\frac{\partial \mathbf{r}}{\partial n} \cdot \frac{\partial \mathbf{r}}{\partial n} = b^2 \tag{10.180}$$

이 되어야 한다. 따라서 라우즈 연속 사슬에 대해서

$$\frac{\partial \mathbf{r}}{\partial n} = b\hat{\mathbf{u}}(t, n) \tag{10.181}$$

인 단위 벡터 $\hat{\mathbf{u}}(t, n)$을 정의할 수 있다. 이를 라우즈 연속 사슬의 단위 접선 벡터라고 부르면 이 벡터는 크기는 1이지만 방향은 무작위이므로

$$\langle \mathbf{r}'(t,n) \otimes \mathbf{r}'(t,m) \rangle_{eq} = b^2 \langle \hat{\mathbf{u}}(t,n) \otimes \hat{\mathbf{u}}(t,m) \rangle_{eq}$$
$$= \frac{b^2 \delta_{mn}}{3} \mathbf{I},$$
$$\boldsymbol{r}'(t,n) \equiv \frac{\partial \mathbf{r}}{\partial n} \tag{10.182}$$

라고 할 수 있다. 여기서 $\langle \cdots \rangle_{eq}$는 평형에서의 앙상블 평균이다. 평형에서 등방성이 성립되어야 하므로 식 (184)가 얻어지는 것은 당연하다. 그러면 양 말단 거리의 제곱평균은

$$\langle \| \mathbf{r}(t,N) - \mathbf{r}(t,0) \|^2 \rangle_{eq}$$
$$= b^2 \int_0^N \int_0^N \langle \hat{\mathbf{u}}(t,n) \cdot \hat{\mathbf{u}}(t,m) \rangle_{eq} \mathrm{d}n \mathrm{d}m = Nb^2 \tag{10.183}$$

이 된다. 그런데 기본 사슬은 원통관의 지름 a를 단량체의 크기로 간주하는 연속 사슬 모형이므로 식 (181), (182) 대신에 다음을 사용하게 된다.

$$\frac{\partial \mathbf{r}}{\partial n} = a \mathbf{u}(t, n), \tag{10.184}$$
$$\langle \mathbf{r}'(t,n) \otimes \mathbf{r}'(t,m) \rangle_{eq} = a^2 \langle \mathbf{u}(t,n) \otimes \mathbf{u}(t,m) \rangle_{eq}$$
$$= \frac{a^2 \delta_{mn}}{3} \mathbf{I}. \tag{10.185}$$

그런데 라우즈 연속 사슬이나 기본 사슬 모두는 같은 사슬을 다른 축척으로 바라본 것이므로 결국 같은 양 말단 거리의 제곱 평균을 가져야 할 것이다. 즉

$$Za^2 = Nb^2 \tag{10.186}$$

이 되어야 할 것이다. 여기서 Z는 기본 사슬을 이루고 있는 단량체의 개수로 간주할 수 있다. 하지만 라우즈 사슬의 전체 길이는 Nb이지만

기본 사슬의 전체 길이는 기본 사슬을 감싸는 원통관의 길이 L에 해당하므로 Nb일 수 없다. 기본 사슬은 크기가 a인 단량체로 이루어진 자유 결합 사슬이라고 볼 수 있으므로 원통관의 길이를 Za라고 할 수 있을 것이다. 하지만 기본 사슬은 크기가 b인 단량체 N개가 연결된 라우즈 사슬을 간략화한 것이므로 원통관의 길이는 평균적으로 $\langle L \rangle \equiv Za$라고 할 수 있고 L은 확률변수로 간주할 수 있어서 다음이 성립된다 (Doi and Edwards, 1986).

$$\sigma_L^2 \equiv \langle L^2 \rangle - \langle L \rangle^2 = \frac{Nb^2}{3}, \quad \frac{\sigma_L}{\langle L \rangle} = \frac{1}{\sqrt{3Z}}. \tag{10.187}$$

여기서 식 (186)을 사용하였다.

도이-에드워즈 모형에서는 고분자 사슬을 공간상의 곡선으로 간주하므로 단량체의 지표로 사용했던 n보다는 곡선의 호 길이(arc length) 매개변수 s를 사용하는 것이 편리하다. 단량체의 지표는 $0 \leq n \leq Z$의 범위를 가지지만 호 길이는 $0 \leq s \leq L$의 범위를 가진다. 그러면

$$\mathrm{d}s = \frac{L}{Z}\mathrm{d}n \tag{10.188}$$

의 관계가 성립된다. 그러면

$$\frac{\partial \mathbf{r}}{\partial n} = \frac{L}{Z}\frac{\partial \mathbf{r}}{\partial s} = \frac{L}{Z}\mathbf{u}(t, s) \tag{10.189}$$

가 된다.

응력과 관련된 고분자의 구조변수를 찾기 위해서 식 $(158)_2$를 호 길이 매개변수 s를 이용하여 표현하면 다음이 된다.

$$\mathbf{S} = \rho_{\mathrm{N}} \left\langle \int_0^L f(t) \left[\mathbf{u}(t,s) \otimes \mathbf{u}(t,s) - \frac{1}{3}\mathbf{I} \right] \mathrm{d}s \right\rangle. \tag{10.190}$$

여기서 식 (185)를 이용하였으며, $f(t)$는 사슬에 작용하는 힘으로 라우즈 사슬의 경우 $\varkappa b$로 일정하지만, 기본 사슬의 경우 식 (3.109)를 이용하여

$$f(t)=\frac{3k_{\mathrm{B}}\theta}{Nb^2}L(t) \tag{10.191}$$

이 된다. 식 (190)은 $\mathbf{u}(t,s)$를 알고 있다고 해도 원통관의 길이 $L(t)$도 시간에 의존하는 확률변수이기 때문에 계산하기 여간 어려운 것이 아니다. 따라서 변형이 일어나도 원통관의 길이는 늘어나거나 줄어들지 않는다고 가정해 보자. 즉, $L=Za$로 고정된다고 하자. 그러면 식 (190)은 다음과 같이 간단하게 근사된다.

$$\mathbf{S}=\frac{\rho_N k_{\mathrm{B}}\theta L^2}{Nb^2}\frac{1}{L}\int_0^L[3\langle\mathbf{u}(t,s)\otimes\mathbf{u}(t,s)\rangle-\mathbf{I}]\,\mathrm{d}s. \tag{10.192}$$

그런데

$$\frac{\rho_{\mathrm{N}}k_{\mathrm{B}}\theta L^2}{Nb^2}=\frac{N\rho_{\mathrm{N}}k_{\mathrm{B}}\theta}{N_e} \tag{10.193}$$

으로 쓸 수 있다. 여기서

$$N_e\equiv\frac{N}{Z} \tag{10.194}$$

이다. 식 (194)는 원통관의 지름 a는 라우즈 사슬의 단량체 N_e개로 이루어진 부분 사슬의 양 말단 거리의 제곱 평균의 제곱근이라는 것을 의미한다.

$$a^2=b^2N_e. \tag{10.195}$$

그리고 $N\rho_{\mathrm{N}}$은 단위 부피당 라우즈 사슬의 단량체의 개수이다. 라우즈 사슬의 단량체의 분자량을 M_0라고 하면 유체의 질량 밀도 ρ는

$$\rho = \frac{M_0}{N_A} N\rho_\mathrm{N} \tag{10.196}$$

이 된다. 여기서 N_A는 아보가드로 수이다. 따라서 엉킴 분자량(entanglement molecular weight)을 $M_e \equiv M_0 N_e$로 정의하면 식 (193)을 다음과 같이 다시 쓸 수 있다.

$$\frac{N\rho_\mathrm{N} k_\mathrm{B}\theta}{N_e} = \frac{\rho R\theta}{M_e} \equiv G_e. \tag{10.197}$$

물론 $R \equiv N_A k_\mathrm{B}$는 기체상수이다. 그러면 식 (192)는 다음이 된다.

$$\mathrm{S} = G_e \frac{1}{L}\int_0^L \widehat{\mathrm{B}}_e(t, s)\mathrm{d}s,$$

$$\widehat{\mathrm{B}}_e(t, s) \equiv 3\langle \mathbf{u}(t, s) \otimes \mathbf{u}(t, s) \rangle - \mathbf{I}. \tag{10.198}$$

이제 $\widehat{\mathrm{B}}_e$의 진화방정식을 얻으면 구성방정식이 완성된다. 논의를 간단하게 하도록 다음을 정의한다.

$$\mathrm{B}_e \equiv \frac{1}{L}\int_0^L \widehat{\mathrm{B}}_e(t, s)\mathrm{d}s. \tag{10.199}$$

유동이 없는 조건에서 기본 사슬의 운동은 원통관을 따라 움직이는 1차원적 확산 운동이므로 다음을 만족하여야 한다.

$$\mathbf{r}(t + \Delta t, s) = \mathbf{r}(t, s + \Delta\xi(t)). \tag{10.200}$$

여기서 $\Delta\xi(t)$는 다음을 만족하는 확률변수이다.

$$\langle \Delta\xi(t) \rangle = 0, \quad \langle \Delta\xi(t)^2 \rangle = 2D_c \Delta t. \tag{10.201}$$

식 (198)의 양변을 s에 대해서 편미분하면 $\partial\mathbf{r}/\partial s = \mathbf{u}(t, s)$이므로

$$\mathbf{u}(t + \Delta t, s) = \mathbf{u}(t, s + \Delta\xi(t)) \tag{10.202}$$

가 얻어진다. 그러면

$$\mathbf{u}(t + \Delta t, s) \otimes \mathbf{u}(t + \Delta t, s) = \mathbf{u}(t, s + \Delta\xi(t)) \otimes \mathbf{u}(t, s + \Delta\xi(t))$$

$$= \left[\mathbf{u}(t,s) + \Delta\xi \frac{\partial \mathbf{u}}{\partial s} + \frac{(\Delta\xi)^2}{2}\frac{\partial^2 \mathbf{u}}{\partial s^2}\right] \otimes \left[\mathbf{u}(t,s) + \Delta\xi \frac{\partial \mathbf{u}}{\partial s} + \frac{(\Delta\xi)^2}{2}\frac{\partial^2 \mathbf{u}}{\partial s^2}\right]$$

$$= \mathbf{u}\otimes\mathbf{u} + \Delta\xi\frac{\partial}{\partial s}(\mathbf{u}\otimes\mathbf{u}) + \frac{(\Delta\xi)^2}{2}\frac{\partial^2}{\partial s^2}(\mathbf{u}\otimes\mathbf{u}) \tag{10.203}$$

이므로 정리하고 확률변수 $\Delta\xi(t)$에 대해서 평균화하고 $\Delta t \to 0$의 극한을 취하면 다음이 얻어진다.

$$\frac{\partial}{\partial t}\hat{\mathbf{B}}_e = D_c \frac{\partial^2}{\partial s^2}\hat{\mathbf{B}}_e. \tag{10.204}$$

여기서 D_c는 라우즈 모형에서의 확산계수로 다음과 같다.

$$D_c = \frac{k_{\mathrm{B}}\theta}{N\zeta}. \tag{10.205}$$

원통관의 양 말단에 있는 단량체는 임의의 방향으로 운동을 할 것이므로 $s=0$과 $s=L$에서 $\hat{\mathbf{B}}_e = \mathbf{O}$가 되어야 한다.

변형이 있는 경우에는 식 (202)를 사용할 수 없다. 이 경우 상대적 변형 그래디언트(relative deformation gradient)를 $\mathbf{F}(t,\tau)$라고 하면 식 (202) 대신에 다음을 사용하여야 한다(Doi and Edwards, 1986).

$$\mathbf{u}(t+\Delta t, s) = \frac{\mathbf{F}(t+\Delta t, t)\mathbf{u}(t, s+\Delta\xi)}{\| \mathbf{F}(t+\Delta t, t)\mathbf{u}(t, s+\Delta\xi) \|}. \tag{10.206}$$

상대적 변형 그래디언트에 대해서는 Lai, Rubin and Kremple, 2009와 Cho, 2016을 참조 바란다. 여기서는 다만 상대적 변형 그래디언트는 기준분포를 현재분포로 선정한 변형 그래디언트라고만 정의하고 다음의 성질을 가진다는 것만 소개하겠다.

$$\mathbf{F}(t,t) = \mathbf{I}, \quad \left(\frac{\partial}{\partial \tau}\mathbf{F}(\tau, t)\right)_{\tau = t} = \mathbf{L}(t). \tag{10.207}$$

식 (207)의 테일러 전개를 식 (203)과 같이 수행하여 $\Delta\xi$에 대한 평균으로 $\hat{\mathbf{B}}_e$의 진화방정식을 얻어 내기는 매우 어려운 일이다. 하지만 단량체의 지표 s와 방향 $\mathbf{u}$에 대한 확률분포 $\phi(\mathbf{u}, s, t)$의 진화방정식을 유도하고 그 해를 구해서

$$\langle \mathbf{u}(t,s) \otimes \mathbf{u}(t,s) \rangle \equiv \int \mathbf{u} \otimes \mathbf{u}\, \phi(\mathbf{u}, s, t) d\mathbf{u} \tag{10.208}$$

을 계산해서 $\hat{\mathbf{B}}_e$를 구하기가 더 쉽다. Doi and Edwards, 1986에 의하면 확률분포 $\phi(\mathbf{u}, s, t)$의 해는 다음이 된다.

$$\phi(\mathbf{u}, s, t) = \frac{1}{4\pi} \int_{-\infty}^{t} \frac{\partial}{\partial \tau} \psi(s, t-\tau) \int \delta\left(\mathbf{u} - \frac{\mathbf{F}(t,\tau)\mathbf{v}}{\| \mathbf{F}(t,\tau)\mathbf{v} \|}\right) d\mathbf{v}\, d\tau. \tag{10.209}$$

여기서

$$\psi(s, t) = \sum_{p=odd}^{\infty} \frac{4}{p\pi} \sin\frac{p\pi s}{L} \exp\left(-\frac{p^2 t}{\lambda_d}\right),$$

$$\lambda_d \equiv \frac{\zeta b^4 N^3}{\pi^2 a^2 k_B \theta} \tag{10.210}$$

이다. 그러면 $\hat{\mathbf{B}}_e$는 다음이 된다.

$$\hat{\mathbf{B}}_e = \int_{-\infty}^{t} \mathbf{Q}_{IA}(\mathbf{F}(t,\tau)) \frac{\partial}{\partial \tau} \psi(s, t-\tau) d\tau. \tag{10.211}$$

여기서

$$\mathbf{Q}_{IA}(\mathbf{F}) \equiv \frac{1}{4\pi} \int \left[3 \frac{(\mathbf{F}\mathbf{u}) \otimes (\mathbf{F}\mathbf{u})}{\| \mathbf{F}\mathbf{u} \|^2} - \mathbf{I} \right] d\mathbf{u}$$

$$= \frac{1}{4\pi} \int 3 \frac{(\mathbf{F}\mathbf{u}) \otimes (\mathbf{F}\mathbf{u})}{\| \mathbf{F}\mathbf{u} \|^2} d\mathbf{u} - \mathbf{I} \tag{10.212}$$

이다. 식 (212)의 적분은 단위 벡터 $\mathbf{u}$의 모든 방향에 대한 적분임을 유의하기 바란다. 식 (212)를 식 (198)에 대입하면 다음과 같은 K-BKZ 모형과 같은 구성방정식이 얻어진다.

$$\mathbf{S} = G_e \int_{-\infty}^{t} \frac{\partial \overline{\psi}(t-\tau)}{\partial \tau} \mathbf{Q}_{\mathrm{IA}}(\mathbf{F}(t,\tau))\mathrm{d}\tau,$$

$$\overline{\psi}(t) = \sum_{p=odd}^{\infty} \frac{8}{\pi^2 p^2} \exp\left(-\frac{p^2 t}{\lambda_d}\right). \tag{10.213}$$

여기서 첨자 IA는 사슬들이 독립적으로 정렬되어 있다는 가정하였기에 사용된 것이다. 응력 완화실험을 하는 경우 상대적 변형 그래디언트 $\mathbf{F}(t,\tau)$는 $t>0$이고 $\tau<0$일 때만 일정한 값 $\mathbf{F}_c$가 되고 그 외에는 0이 된다. 그러면

$$\mathbf{S}(t,\mathbf{F}_c) = G_e \overline{\psi}(t) \mathbf{Q}_{\mathrm{IA}}(\mathbf{F}_c) \tag{10.214}$$

가 된다는 것을 쉽게 유도할 수 있다. 단순 전단 변형일 경우 $\mathbf{F}_c = \mathbf{I} + \gamma(\mathbf{e}_1 \otimes \mathbf{e}_2)$가 되고 따라서 $\gamma \ll 1$이라면

$$\mathbf{e}_1 \cdot \mathbf{Q}_{\mathrm{IA}} \mathbf{e}_2 \approx \frac{4}{5}\gamma \tag{10.215}$$

가 되므로 전단 완화탄성률은

$$G(t) = \frac{4}{5} G_e \overline{\psi}(t) \tag{10.216}$$

이 된다.

물론 간단한 유동을 실험한 결과와 비교할 때, 적분형 구성방정식이 더 편리한 경우가 많지만, 일반적인 점탄성 유동을 유한요소법(Finite Element Method, FEM)이나 유한체적법(Finite Volume Method, FVM) 등을 이용해서 전산모사를 할 경우, 적분형 구성방정식보다는 미분형 구성방정식이 더 편리하다. Larson, 1984와 Marrucci, 1984는 독립적으로 유사한 결과를 얻었다. 기본 사슬의 사동을 무시하면 접선 벡터 $\mathbf{u}$의 아핀 변형에 대한 변환식은 식 (4.26)에 해당한다. 이로부터 얻어지는 진화방정식은 식 (4.29)에 해당하므로 다음이 얻어진다.

$$\frac{\mathrm{d}}{\mathrm{d}t}\langle \mathbf{u}\otimes\mathbf{u}\rangle = \mathbf{L}\langle \mathbf{u}\otimes\mathbf{u}\rangle + \langle \mathbf{u}\otimes\mathbf{u}\rangle\mathbf{L}^{\mathrm{T}} - 2\mathbf{D}:\langle \mathbf{u}\otimes\mathbf{u}\otimes\mathbf{u}\otimes\mathbf{u}\rangle. \tag{10.217}$$

이 방정식은 닫힌 형태(closed form)가 아니기 때문에 다음과 같은 가정을 할 수 있다.

$$\langle \mathbf{u}\otimes\mathbf{u}\otimes\mathbf{u}\otimes\mathbf{u}\rangle \approx \langle \mathbf{u}\otimes\mathbf{u}\rangle\otimes\langle \mathbf{u}\otimes\mathbf{u}\rangle. \tag{10.218}$$

그런데 식 (218)을 적용하고 $\mathbf{S}$가 $\langle \mathbf{u}\otimes\mathbf{u}\rangle$에 비례한다는 것을 이용하여 Larson, 1984와 Marrucci, 1984는 완화항까지 추가하여 다음과 같은 구성방정식을 제안한 바 있다.

$$\overset{\nabla}{\mathbf{S}} + \frac{2}{3G}(\mathbf{D}:\mathbf{S})\mathbf{S} + \frac{1}{\lambda}\mathbf{S} = \mathbf{O}. \tag{10.219}$$

여기서 $\mathbf{S}$는 평형에서 0이 됨을 유의하기를 바란다. 이 방정식은 응력완화실험을 하면 맥스웰 모형의 완화탄성률을 제공한다. 반면에 도이-에드워즈 모형은 완화시간 분포를 가진 완화탄성률을 제공한다.

원래의 도이-에드워즈 모형에 더 가까운 미분형 구성방정식을 위해서 식 (204)의 우변에 4.4절에서 다루었던 미시구조체의 시간 미분을 추가하여 보자.

$$\dot{\hat{\mathbf{B}}}_e = \mathbf{L}\hat{\mathbf{B}}_e + \hat{\mathbf{B}}_e\mathbf{L}^{\mathrm{T}} - 2\left(\hat{\mathbf{B}}_e : \mathbf{D}\right)\hat{\mathbf{B}}_e + D_c\frac{\partial^2}{\partial s^2}\hat{\mathbf{B}}_e. \tag{10.220}$$

여기서 식 (4.29)로부터 얻어진 식 (4.37)을 사용하여 변형의 효과를 부여하였다.

원통관의 양 말단 $s=0$와 $s=L$에서 기본 사슬의 $\mathbf{u}$의 방향 분포는 등방성이라고 가정할 수 있으므로

$$\hat{\mathbf{B}}_e = \mathbf{O}, \quad s=0 \text{ and } s=L \tag{10.221}$$

이라고 할 수 있다. 이 경계조건에 대한 연산자 $\partial^2/\partial s^2$의 고유함수는

$\sin(sp\pi/L)$이므로 다음을 정의한다.

$$\hat{\mathbf{B}}_e \equiv \sum_{p=1}^{\infty} \frac{16}{5\pi p} \sin\frac{p\pi s}{L} \mathbf{X}_p(\mathbf{F}). \tag{10.222}$$

그러면 식 (199)로부터

$$\mathbf{B}_e = \sum_{p=1}^{\infty} \frac{32}{5\pi^2 p^2} \mathbf{B}_p \tag{10.223}$$

이 된다. 식 (222)를 식 (220)에 대입하고 정리하면 다음이 얻어진다.

$$\sum_{p=odd}^{\infty} \frac{2}{p^2\pi^2}\left(\dot{\mathbf{B}}_p - \mathbf{L}\mathbf{B}_p - \mathbf{B}_p\mathbf{L}^{\mathrm{T}} - \frac{1}{\lambda_p}\mathbf{B}_p\right)$$

$$=-\sum_{p=1}^{\infty} \frac{1}{p^2\pi^2}(\mathbf{D}:\mathbf{B}_p)\mathbf{B}_p. \tag{10.224}$$

여기서

$$\lambda_p \equiv \left(\frac{L}{p\pi}\right)^2 \frac{1}{D_c} = \frac{1}{p^2\pi^2} \frac{\zeta b^4}{k_{\mathrm{B}}\theta a^2} N^3 = \frac{\lambda_d}{p^2} \tag{10.225}$$

이다. 식 (224)의 필요 조건은 다음이 된다.

$$\overset{\nabla}{\mathbf{B}}_p = -\frac{1}{\lambda_p}\mathbf{B}_p - \frac{1}{2}(\mathbf{D}:\mathbf{B}_p)\mathbf{B}_p, \quad p = 1, 3, 5, \cdots, \tag{10.226}$$

$$\mathbf{B}_p = \mathbf{O}, \quad p = 2, 4, 6, \cdots. \tag{10.227}$$

응력 완화실험을 하면

$$\mathbf{S}(t) = \frac{4}{5} G_e \sum_{p=odd}^{\infty} \frac{8}{\pi^2 p^2} \mathbf{B}_p(0^+) \exp\left(-\frac{p^2 t}{\lambda_d}\right) \tag{10.228}$$

이 된다. 만약 $\gamma \ll 1$에 대해서 $t = 0^+$에서의 $\mathbf{B}_p$의 값이

$$\mathbf{e}_1 \cdot \mathbf{B}_p(0^+)\mathbf{e}_2 \approx \gamma \tag{10.229}$$

를 만족한다면 완화탄성률은 식 (216)과 같게 된다. 모든 p에 대해서

$\mathbf{B}_p(0^+)$가 같다는 가정은 식 (228)의 구성방정식이 일반화된 맥스웰 모형과 일치하기 때문이다. 사실 $\mathbf{B}_p$는 좌 코시-그린 변형률 텐서와 유사하므로 식 (229)는 합당한 가정이다. 모든 p의 맥스웰 모형에 같은 변형률이 작용하지만 완화하는 속도는 다르다.

10.4 열역학을 이용한 모형

10.4.1 점탄성 유체

레오노프는 크립 회복 실험의 회복 변형률에 해당하는 내부변수를 가정하고 비선형 점탄성 유체 모형을 제안하였다(Leonov, 1976; Leonov, 1987). 이 내부변수를 열역학적으로 이용하기 위해서는 내부변수의 진화방정식이 필요하다. 레오노프의 첫 번째 논문(Leonov, 1976)에서는 7.2절에서 논의한 크뢰너-리 분해를 사용하지 않았지만, 궁극적으로는 같은 결과를 주며 두 번째 논문(Leonov, 1987)에서는 크뢰너-리 분해를 이용한 설명을 추가했다. 크뢰너-리 분해를 이용하는 것이 더 간단하므로 여기서는 이를 채택한 설명을 하겠다.

식 (7.43)에서와 같이 변형 그래디언트를 탄성부와 소성부의 곱으로 표시하게 되면 속도 그래디언트는 식 (7.46)과 같이 되고 따라서 다음과 같이 표시할 수 있다.

$$\mathbf{L} = \mathbf{L}_e + \mathbf{L}_p. \tag{10.230}$$

속도 그래디언트의 탄성부 $\mathbf{L}_e$는 식 $(7.47)_1$에 나타냈었고 소성부 $\mathbf{L}_p$는 식 (7.48)에 정의되었다. 그러면 $\mathbf{L}_e = \mathbf{L} - \mathbf{L}_p$이고 식 $(7.49)_1$의 $\mathbf{B}_e$의 정의로부터 식 (7.50)이 얻어지는 것은 명확하다. 식 (7.50)은 완전한 구성방정식의 일부가 될 수 없다. 왜냐하면 $\mathbf{L}_p$를 상태변수로 표현하지 못했기 때문이다. 레오노프는 다음과 같은 가정을 하였다.

[1] 소성 속도 그래디언트는 대칭인 텐서이다. 즉, 비가역적 변형은 무회전 유동(irrotational flow)으로 가정한다. 비가역적 변형의 변형률 속도를 $\mathbf{D}_p = \mathbf{L}_p$로 표시하자.

[2] 비압축성 유체를 가정한다. 따라서 $\mathrm{tr}\mathbf{L} = \mathrm{tr}\mathbf{D}_p = \mathrm{tr}\mathbf{L}_e = 0$이다.

[3] 자유 에너지는 온도 θ와 내부변수 $\mathbf{B}_e$만의 함수이다.

[4] 응력은 다음과 같이 주어진다고 가정한다.

$$\mathbf{T} = -p\mathbf{I} + 2\rho\mathbf{B}_e\frac{\partial f}{\partial \mathbf{B}_e}. \tag{10.231}$$

식 (231)은 비압축성 등방성 탄성체의 구성방정식인데, $\mathbf{B}_e$를 탄성 변형률로 간주하였기에 채택한 것으로 추정된다. 식 (7.50)을 풀어쓰면

$$\dot{\mathbf{B}}_e = \mathbf{L}\mathbf{B}_e + \mathbf{B}_e\mathbf{L}^{\mathrm{T}} - \mathbf{D}_p\mathbf{B}_e - \mathbf{B}_e\mathbf{D}_p \tag{10.232}$$

이므로 클라우시우스-듀헴 부등식은 다음이 된다.

$$\begin{aligned}\mathbf{T}:\mathbf{L} - \rho\frac{\partial f}{\partial \mathbf{B}_e}:\dot{\mathbf{B}}_e &= \mathbf{T}:\mathbf{L} - 2\rho\mathbf{B}_e\frac{\partial f}{\partial \mathbf{B}_e}:\mathbf{L} + 2\rho\mathbf{B}_e\frac{\partial f}{\partial \mathbf{B}_e}:\mathbf{D}_p \\ &= \mathbf{T}:\mathbf{D}_p \geq 0.\end{aligned} \tag{10.233}$$

여기서 $p\mathbf{I}:\mathbf{L} = p\mathrm{tr}\mathbf{L} = 0$, $p\mathbf{I}:\mathbf{D}_p = p\mathrm{tr}\mathbf{D}_p = 0$를 이용하였다. 결국 식 (233)은 소성 변형 속도 텐서 $\mathbf{D}_p$가 다음을 만족하여야 한다는 것을 의미한다.

$$\begin{aligned}&\mathbf{S}:\mathbf{D}_p \geq 0, \\ &\mathbf{S} \equiv \mathbf{T} - \frac{\mathrm{tr}\mathbf{T}}{3}\mathbf{I} = 2\rho\mathbf{B}_e\frac{\partial f}{\partial \mathbf{B}_e} - \frac{2\rho}{3}\mathbf{B}_e:\frac{\partial f}{\partial \mathbf{B}_e}\mathbf{I}.\end{aligned} \tag{10.234}$$

식 (234)$_1$의 부등식이 성립되게 $\mathbf{D}_p$를 모형화해야 한다. 간단한 방법의 하나는 양의 정치인 4차 텐서 $\mathbf{M}^{(4)}(\theta, \mathbf{B}_e)$를 다음과 같이 도입하는 것이다.

$$\mathbf{D}_p = \mathbf{M}^{(4)} : \mathbf{S}. \tag{10.235}$$

점탄성 유체가 등방성이라고 하면 $\mathbf{M}^{(4)}$는 4차 등방 텐서여야 하고 그 성분은 다음과 같다.

$$M^{(4)}_{ikpq} = m_1\delta_{ik}\delta_{pq} + m_2\delta_{ip}\delta_{kq} + m_3\delta_{iq}\delta_{kp}. \tag{10.236}$$

여기서 m_j는 모두 θ와 $\mathbf{B}_e$의 함수이다. 식 (235)를 성분 식으로 쓰면 다음이 된다.

$$D^{(p)}_{ik} = m_1 S_{pp}\delta_{ik} + m_2 S_{ik} + m_3 S_{ki} = m_2 S_{ik} + m_3 S_{ki}. \tag{10.237}$$

여기서 $\mathbf{S}$가 편차 텐서인 점을 이용하였다. 그런데 $D^{(p)}_{ik} = D^{(p)}_{ki}$이므로 $m_2 = m_3 \equiv \eta^{-1}(\theta, \mathbf{B}_e)$가 되어야 한다. 물론 $\mathbf{M}^{(4)}$이 양의 정치이므로 당연히 $\eta > 0$이어야 한다. 그러면 결국

$$\mathbf{D}_p = \frac{1}{\eta}\mathbf{S} \tag{10.238}$$

이라고 할 수 있다. 이 식은 마치 뉴턴의 점도 법칙과 유사한 형태이다.

등방성 비압축성 유체를 가정하면 식 (231)의 응력은 식 (8.17)을 이용하여 다음과 같이 표현된다.

$$\mathbf{T} = -p\mathbf{I} + 2\rho\left(\frac{\partial f}{\partial I_{\mathbf{B}_e}}\mathbf{B}_e - \frac{\partial f}{\partial I_{\mathbf{B}_e^{-1}}}\mathbf{B}_e^{-1}\right). \tag{10.239}$$

그러면 편차응력은 다음이 된다.

$$\mathbf{S} = 2\rho\left[\frac{\partial f}{\partial I_{\mathbf{B}_e}}\left(\mathbf{B}_e - \frac{I_{\mathbf{B}_e}}{3}\mathbf{I}\right) - \frac{\partial f}{\partial I_{\mathbf{B}_e^{-1}}}\left(\mathbf{B}_e^{-1} - \frac{I_{\mathbf{B}_e^{-1}}}{3}\mathbf{I}\right)\right]. \tag{10.240}$$

탄성 변형률 $\mathbf{B}_e$는 평형에서 항등 텐서 $\mathbf{I}$가 되므로 식 (240)의 편차 응력은 $\mathbf{B}_e \to \mathbf{I}$에 따라서 $\mathbf{S} \to \mathbf{O}$가 됨을 쉽게 알 수 있다. 그러면 식 (238)로부터 $\mathbf{D}_p \to \mathbf{O}$도 성립됨을 알 수 있다. 편차응력이 $\mathbf{I}$, $\mathbf{B}_e$, $\mathbf{B}_e^{-1}$로 이루어졌기 때문에 $\mathbf{B}_e\mathbf{S} = \mathbf{S}\mathbf{B}_e$의 교환법칙이 성립됨을 알 수 있다. 따라서 $\mathbf{B}_e\mathbf{D}_p = \mathbf{D}_p\mathbf{B}_e$도 성립된다. 이를 이용하면 식 (232)의 진화방정식은 다음과 같이 단순해진다.

$$\dot{\mathbf{B}}_e = \mathbf{L}\mathbf{B}_e + \mathbf{B}_e\mathbf{L}^{\mathrm{T}} - 2\mathbf{D}_p\mathbf{B}_e. \tag{10.241}$$

우변의 첫 두 항은 탄성 변형률 $\mathbf{B}_e$가 변형으로 어떻게 평형에서 벗어나게 되는지를 기술하고 있고, 마지막 항은 완화를 유발한다고 해석할 수 있다. 평형으로 가면 $\mathbf{D}_p \to \mathbf{O}$가 되므로 변형이 멈추게 되어도 평형에 도달할 때까지 $\mathbf{B}_e$는 $\mathbf{I}$로 진화하게 된다.

식 (238)의 η는 상태변수 θ와 내부변수 $\mathbf{B}_e$의 함수이고 점도의 단위를 가지지만 점탄성 유체의 전단 점도(shear viscosity)나 연신 점도(elongational viscosity)가 아닌 점을 유의하기 바란다. 왜냐하면 전단 점도는 전단 속도(shear rate)의 함수이고 연신 점도는 연신 속도(elongational rate)의 함수이기 때문이다. 식 (238)의 η는 단지 소성 변형 속도 $\mathbf{D}_p$와 편차응력 $\mathbf{S}$ 사이의 비례계수일 뿐이다. 전단 점도는 속도 그래디언트를 $\mathbf{L} = \dot{\gamma}\mathbf{e}_1 \otimes \mathbf{e}_2$로 주고 식 (241)을 풀어서 $\mathbf{B}_e$의 정상상태 값을 구한 후에 식 (231)에 대입해서 전단응력을 구하고 이것을 전단 속도 $\dot{\gamma}$로 나누어 준 것이다.

10.4.2 점탄성 고체

고분자 고체에 일축 연신 실험이나 단순 전단 실험으로 변형을 주게 되면 변형률이 일정 수준 이하일 때 거의 탄성체와 유사한 거동을 보인

다. 단순 전단을 예로 들어 전단변형률 γ를 $\gamma(t)=\gamma_{o}\sin\omega t$로 주면 $\gamma_{o}\ll 1$일 때 ω가 어떤 특정한 값보다 매우 크면 전단응력 τ는 거의 $\tau=G\gamma(t)$처럼 거동한다. 하지만 ω가 어떤 특정한 값에 필적하거나 작으면 τ를 γ의 함수로 그릴 때 이력 고리(hysteresis loop)가 관찰된다. 게다가 ω가 어떤 특정한 값보다 매우 클 때도 ω가 증가하면 G도 증가하는 경향을 보인다. 이력 고리가 관찰되지 않는 ω에서 주파수를 고정하고 진폭 γ_{o}를 크게 했을 때는 $|\gamma|$의 크기가 어떤 특정한 수치 $\gamma_{Y}>0$을 넘어서게 되면 τ와 γ의 함수관계는 선형에서 벗어나게 된다. 선형성에서 벗어나게 되는 전단변형률 γ_{Y}와 그때의 응력을 τ_{Y}라고 하면 이 두 값은 주파수에도 의존한다는 것이 관찰된다.

만약 식 (241)에서 완화항인 $2\mathbf{D}_{p}\mathbf{B}_{e}$의 크기가 매우 작다면 $\mathbf{B}_{e}$는 좌코시-그린 변형률 텐서와 같게 된다. 이때 식 (231)의 응력은 탄성체의 응력과 마찬가지가 된다. 하지만 $2\mathbf{D}_{p}\mathbf{B}_{e}$의 크기가 유의미한 변화를 유발하게 되면 비로소 식 (231)과 (241)의 구성방정식은 점탄성을 보여 주게 된다. 따라서 작은 크기의 $\mathbf{B}_{e}$에 대해서는 $\mathbf{D}_{p}$의 크기가 작고, 큰 크기의 $\mathbf{B}_{e}$에 대해서는 $\mathbf{D}_{p}$의 크기가 크게 되도록 모형화한다면 적어도 정성적으로는 실험 결과와 잘 맞는 고분자 고체의 구성방정식을 얻을 수 있을 것이다. 즉 식 (238)에 있는 η를 적절하게 모형화할 필요가 있다. 여기서는 절대 반응속도(absolute reaction rate) 개념을 이용한 Eyring, 1936의 점도와 항복응력에 대한 이론으로 η를 선정하는 것에 대해서 논의하겠다.

논의를 단순하게 하도록 비정질 고분자(glassy polymer)만을 생각하겠다. 결정성 고분자는 탄성체로 간주할 수 있는 결정과 점탄성체로 간주할 수 있는 비정질의 혼합체이다. 따라서 이러한 물질의 점탄성 특성을 모형화하는 것은 물리적으로나 수학적으로 매우 복잡하다.

비정질 고분자의 변형은 고분자 사슬 사이의 상대적인 운동인 분자 간 운동(inter-molecular motion)과 고분자 사슬 내부의 단량체의 전에 의한 분자 내 운동(intra-molecular motion)의 조합으로 일어난다고 생각할 수 있다. 아이링은 이러한 운동을 대표할 수 있는 구조체를 상정하고 이 구조체가 이동하는 단위 시간당 빈도수는 볼츠만 인자에 비례한다고 가정한다. 이 구조체가 자신의 크기와 같은 크기의 거리를 한 방향으로 이동하는데 에너지 장벽 E_+를 극복해야 한다고 하고 되돌아갈 때는 에너지 장벽 E_-을 넘어가야 한다고 가정하자. 전자의 단위 시간당 빈도수를 $\nu_+ = \nu_0 e^{-E_+/k_B\theta}$라고 하면 후자의 단위 시간당 빈도수를 $\nu_- = \nu_0 e^{-E_-/k_B\theta}$로 표시할 수 있다. 시간 Δt 동안 거리 Δl을 이동한다고 하고 구조체 사이의 평균적인 거리를 l_o라고 할 때 변형률 속도를 다음과 같이 정의한다.

$$\dot{e} \equiv \frac{\Delta l}{l_o \Delta t} = \nu_+ - \nu_- = \nu_0 \left(e^{-E_+/k_B\theta} - e^{-E_-/k_B\theta} \right). \qquad (10.242)$$

평형상태라고 하면 $E_+ = E_- \equiv E_{eq}$일 것이므로 당연히 $\dot{e} = 0$이 된다. 하지만 흐름을 유발할 수 있는 응력 τ가 작용하게 되면 응력이 $\Delta l > 0$이 되게 하는 방향이라면

$$\nu_\pm = \nu_0 \exp\left(-\frac{E_{eq} \mp \tau v}{k_B\theta} \right) \qquad (10.243)$$

이 된다. 여기서 v는 구조체의 부피라고 할 수 있다. 즉, $E_+ = E_{eq} - \tau v$가 되어 평형의 에너지 장벽보다 τv만큼 에너지 장벽이 낮아져 응력 방향으로의 흐름이 더 많이 일어나고 $E_- = E_{eq} + \tau v$가 되어 역방향의 흐름의 빈도수는 더 작아지게 되는 것이다. 그러면 식 (242)는 다음이 된다.

$$\dot{e} = 2\nu_0 e^{-E_{eq}/k_B\theta} \sinh \frac{\tau v}{k_B\theta}. \qquad (10.244)$$

여기서 $\tau v/k_{\mathrm{B}}\theta \ll 1$이라고 가정하면 식 (244)는 다음과 같이 근사된다.

$$\tau \approx \frac{k_{\mathrm{B}}\theta}{2\nu_0 v} e^{E_{eq}/k_{\mathrm{B}}\theta} \dot{e}. \tag{10.245}$$

이 식은 뉴턴 유체의 1차원 모형이라고 할 수 있으므로 유체의 점도는

$$\eta_{Eyring} = \frac{\tau}{\dot{e}} \approx \frac{k_{\mathrm{B}}\theta}{2\nu_0 v} e^{E_{eq}/k_{\mathrm{B}}\theta} \tag{10.246}$$

이 된다. 하지만 큰 응력까지를 고려하면

$$\tau = \frac{k_{\mathrm{B}}\theta}{v} \sinh^{-1}\left(\frac{e^{E_{eq}/k_{\mathrm{B}}\theta}}{2\nu_0}\dot{e}\right) \tag{10.247}$$

이 된다. 그러면 아이링 모형의 점도는

$$\eta_{Eyring} = \frac{\tau}{\dot{e}} = \frac{k_{\mathrm{B}}\theta}{v\dot{e}} \sinh^{-1}\left(\frac{e^{E_{eq}/k_{\mathrm{B}}\theta}}{2\nu_0}\dot{e}\right) \tag{10.248}$$

이 된다. 식 (248)은 매우 복잡해 보이지만

$$\frac{\sinh^{-1}x}{x} \approx \frac{1}{\left[1+(x/x_0)^a\right]^b},$$
$$x_0 = 1.872, \quad a = 1.669, \quad b = 0.4265 \tag{10.249}$$

의 근사를 생각하면 식 (248)은 카루-야수다 모형(Careau-Yasuda model)과 매우 유사하다는 것을 알 수 있다.

Tervoort, Klompen and Govaert, 1996은 고체 고분자의 비선형 점탄성 구성방정식을 개발하기 위해서 점탄성 유체의 구성방정식인 레오노프 모델을 바탕으로 아이링의 점도 이론을 도입하였다. 식 (244)로부터 아이링 점도를 응력의 함수

$$\eta_{Eyring} = \frac{e^{E_{eq}/k_{\mathrm{B}}\theta}\tau}{2\nu_0 \sinh(\tau v/k_{\mathrm{B}}\theta)} \tag{10.250}$$

으로 표현되는 점을 이용하여 식 (238)을 다음과 같이 모형화하였다.

$$\eta = 2A\tau_0 \frac{\tau/\tau_0}{\sinh(\tau/\tau_0)}, \quad \tau \equiv \sqrt{\frac{\mathbf{S}:\mathbf{S}}{2}}. \tag{10.251}$$

여기서 물질 계수 A와 τ_0는 응력과는 무관한 온도만의 함수이다.

$$A = A_0 e^{E_a/R\theta}, \quad \tau_0 = \frac{R\theta}{v_a}. \tag{10.252}$$

물론 A_0는 양의 상수이고 E_a는 1몰당 활성화 에너지에 해당하고 R은 기체상수이며 v_a는 1몰당 부피에 해당하는 물질 상수이다. 사실 $\tau < \tau_0$이면 식 (251)은 다음과 같이 거의 응력에 무관하게 된다.

$$\eta \approx A\tau_0. \tag{10.253}$$

하지만 $\tau > \tau_0$이면 η는 급격하게 감소하게 되므로 식 (238)에 의해서 $\mathbf{D}_p$의 크기가 급격히 커질 수 있다. 즉, τ_0는 제11장에서 소개할 소성역학의 항복응력과 유사한 역할을 한다고 할 수 있다.

고분자 유체에 대해서는 비압축성이 매우 적절한 가정이지만 고분자 고체에서 작은 변형을 주면 선형 탄성체와 유사하게 부피 변화가 발생하며 변형이 일정 수준 이상이 되면 소성체와 같이 부피 변화가 더 이상 일어나지 않게 된다. 그래서 Tervoort, Klompen and Govaert, 1996은 식 (239) 대신에 다음을 사용하였다.

$$\mathbf{T} = K(J-1)\mathbf{I} + G\mathbf{B}'_e. \tag{10.254}$$

여기서 K는 부피 탄성률, G는 전단 탄성률, $\mathbf{B}'_e$는 $\mathbf{B}_e$의 편차 텐서이고 J는 부피 변형률에 해당하며 다음과 같은 진화방정식으로 J를 구할 수 있다고 가정했다.

$$\dot{J} = J\operatorname{tr}\mathbf{L}, \quad J_{eq} = 1. \tag{10.255}$$

여기서 J_{eq}는 평형에서의 J의 값으로 기준분포가 평형에 해당한다고 하고 그때의 시각을 $t=0$이라고 하면 $J_{eq}=1$은 $J(0)=1$의 초기조건으로 간주할 수 있다. 사실 식 (255)는 식 (6.6)의 단위 질량당 부피의 진화방정식과 같다. 다만 평형에서의 값이 1로 다를 뿐이다.

Tervoort, Klompen and Govaert, 1996의 모형은 비교적 간단한 구성방정식이지만 바우싱거 효과(Bauschinger effect)를 나타낼 수 있는 이론적인 장치뿐만 아니라 항복 이후 급격하게 응력이 증가하는 경화거동(hardening behavior)을 기술할 수 있는 이론적인 장치도 없어 보인다. 물론 이러한 이론적 장치를 갖춘 여러 이론이 있다(Boyce, Parks and Argon, 1988; Anand *et al.*, 2009). 하지만 이런 현상에 대한 이론적인 장치는 소성역학에서 오래전부터 개발되어 왔기 때문에 제11장의 소성 이론을 공부한 후에 다시 다루는 것이 독자들의 이해에 도움이 될 것이다.

10.5 종합적 고찰

고분자 분자모형을 보면 현상학적 연속체 모형과 닮은 점과 다른 점이 있다. 분자모형에서 응력을 구성하는 분자구조와 관련된 여러 텐서가 유사한 진화방정식으로 표현되는데 이는 마치 일반화된 맥스웰 모형과 닮았다. 현상학적 모형에서는 응력이 하나의 완화시간을 가지는 변형률을 가지지만, 분자모형에서는 수학적인 이유로 여러 완화시간을 가지는 변형률로 이루어져 있다. 따라서 현상학적인 모형에 대해서도 가상적으로 여러 완화시간을 가지는 변형률을 상정하면 분자모형과 거의 같은 결과를 줄 것으로 기대된다. 따라서 제10장에서 다루었던 미분형의 모든 비선형 점탄성 구성방정식은 다음과 같은 형태로 표현될 수 있다.

$$\mathbf{S} = \sum_{n=1}^{N} G_n(\mathbf{B}_n - \mathbf{I}), \tag{10.256}$$

$$\dot{\mathbf{B}}_n = (\mathbf{L} - \zeta_n \mathbf{D})\mathbf{B}_n + \mathbf{B}_n(\mathbf{L} - \zeta_n \mathbf{D})^{\mathrm{T}} - \frac{1}{\lambda_n}\mathbf{H}(\mathbf{B}_n),$$

$$n = 1, 2, \cdots, N. \tag{10.257}$$

여기서 변형률 $\mathbf{B}_n$은 좌 코시-그린 변형률과 마찬가지로 대칭이고 양의 정치이며 객관 텐서라고 가정한다. 하지만 변형률 $\mathbf{B}_n$은 운동학(kinematics)에서 정의하는 진정한 변형률은 아니고 물질의 미세구조의 변형을 대표한다고 보는 가상의 2차 텐서이다. 이러한 물리량을 내부변수라고 한다(Maugin, 1999). 미끄러짐 계수 ζ_n은 Gordon and Schowalter, 1972가 도입한 것으로 일반적으로 모드에 상관없이 같은 값을 가지는 것으로 가정하는데, 이 값에 따라서 내부변수 $\mathbf{B}_n$의 진화 방정식은 위-흐름 시간 미분, 아래-흐름 시간 미분, 자우만 시간 미분 등으로 표현할 수 있다. 식 (256)과 (257)은 미끄러짐 계수 이외에, 탄성률 G_n과 완화시간 λ_n을 물질 상수로 가지고 있다. 이 두 물질 상수는 선형 점탄성의 이산 완화시간 분포에 해당하므로 선형 점탄성 데이터로부터 바로 구할 수 있지만 ζ_n과 무차원 함수 $\mathbf{H}(\mathbf{B}_n, \alpha_n)$에 있을 수 있는 매개변수 α_n은 비선형 점탄성 데이터를 이용하여야만 결정할 수 있는 비선형 물질 상수이다.

식 (256)과 (257)로 표현될 수 있는 구성방정식 모형을 일반화된 비선형 맥스웰 모형이라고 부를 수 있다. Leonov, 1992는 이런 통합적인 구성방정식을 정준형(canonical form)이라고 불렀다. 무차원 함수 $\mathbf{H}(\mathbf{B}_n, \alpha_n)$의 형태에 따라서 UCM, PTT, 기제쿠스, 레오노프 모형 등, 다양한 구성방정식이 정해진다. 예는 Leonov, 1992뿐만 아니라 여러 구성방정식을 동시에 비교하는 다양한 문헌에서 찾아볼 수 있다.

현상학적 모형은 이산 완화시간 분포 $\{G_n, \lambda_n\}_{n=1}^{n=N}$를 이론적으로 제시할 수 없지만 분자모형은 할 수 있다. 하지만 대부분의 분자모형이 제시하는 완화시간 분포는 단분산성 고분자에 대해서도 정량적으로 정확하지는 않다. 이산 완화시간 분포는 선형 점탄성 데이터로부터 쉽게 구할 수 있고 이는 대부분의 분자모형의 완화시간 분포보다 훨씬 정확하다. 따라서 분자모형이건 현상학적 모형이건 식 (256)과 (257)의 어느 수식 형태가 일반적인 변형과 유동을 더 잘 모사할 수 있느냐가 더 중요하게 된다.

11 소성 이론

금속은 대표적인 탄성체로 간주할 수 있지만, 응력이 일정 수준에 도달하게 되면 유체처럼 흐르고 영구변형을 남기는 특징을 보인다. 이러한 금속의 역학적 거동을 소성 거동(plastic behavior)이라고 한다. 이 장에서는 소성 거동에 관한 구성방정식 이론과 모형에 대해서 배운다.

11.1 항복

탄성체로 여겨지던 고체가 유체와 같이 흐르게 되는 조건을 항복 조건(yield condition)이라고 하고 흐름의 발생을 항복이라고 한다. 항복 조건을 실험적으로 파악하기 위해서는 다양한 응력 상태에서 흐름이 발생하는지를 관찰하면 된다. 그런데 코시 응력은 대칭인 2차 텐서이므로 독립적인 성분이 6개나 된다. 따라서 6차원 공간의 한 점이 응력 상태 하나에 대응되므로 실험만으로 항복 조건을 찾는다는 것은 응력 상태 각각에 대해서 항복과 항복이 아닌 것을 표시하여 항복의 경계를 찾는 것이다. 실험만으로 항복 조건을 찾는 일은 따라서 무수히 많은 실험이 필요하기에 효율적이지 못하다.

코시 응력은 대칭이므로 세 개의 고유치를 가진다. 세 개의 고유치

$\sigma_1 \geq \sigma_2 \geq \sigma_3$로부터 항복 조건을

$$Y_\sigma(\sigma_1, \sigma_2, \sigma_3) - \tau_c^2 = 0 \tag{11.1}$$

로 표시할 수 있는 함수가 존재한다고 가정할 수 있다. 고유치 대신에 세 개의 주요 불변량 I_{T}, II_{T}, III_{T}를 이용해서

$$Y_i(I_{\mathrm{T}}, II_{\mathrm{T}}, III_{\mathrm{T}}) - \sigma_{\mathrm{c}}^2 = 0 \tag{11.2}$$

를 항복 조건으로 모형화할 수 있을 것이다. 식 (1)을 사용하는 항복 조건으로는 트레스카 판별식(Tresca criterion)이 있고 식 (2)를 사용하는 항복 조건으로는 폰 미지즈 판별식(von Mises criterion)이 있다(Khan and Huang, 1995).

금속에 정압력과 같은 등방성 응력, $\mathbf{T} = -p\mathbf{I}$를 가하고 압력 p를 바꾸어 가며 항복의 발생을 관찰하면 항복현상을 발견할 수 없다. 따라서 식 (1)과 (2)의 항복함수 Y_σ나 Y_i는 전체 응력 $\mathbf{T}$보다는 편차응력(deviatoric stress) $\mathbf{S}$의 함수여야 할 것이다. 편차응력은 $\mathbf{S} \equiv \mathbf{T} - (\mathrm{tr}\mathbf{T}/3)\mathbf{I}$이므로 첫 번째 주요 불변량은 0이 된다. 즉, $I_{\mathrm{S}} = 0$이다. 편차응력의 주요 불변량은 다음이 된다.

$$\begin{aligned} &I_{\mathrm{S}} = 0, \\ &II_{\mathrm{S}} = \frac{1}{2} S_{ik} S_{ik} = \frac{1}{6}\left[(\sigma_1 - \sigma_2)^2 + (\sigma_2 - \sigma_3)^2 + (\sigma_3 - \sigma_1)^2\right], \\ &III_{\mathrm{S}} = \det(S_{ik}) = \frac{1}{3} S_{ik} S_{km} S_{mi}. \end{aligned} \tag{11.3}$$

폰 미지즈 판별식은 항복함수를 $Y_i \equiv II_{\mathrm{S}}$로 선정한 판별식으로 양수인 σ_c^2보다 II_{S}가 작으면 금속은 탄성체와 같이 거동하고 그렇지 않으면 흐름이 발생한다는 것이다. 그러면 항복의 경계는 다음으로 표현된다.

$$II_{\mathrm{S}} = \sigma_c^2 \Leftrightarrow \frac{1}{2} S_{ik} S_{ik} = \sigma_c^2. \tag{11.4}$$

이 식은 응력의 주요 불변량을 좌표 $(\sigma_1, \sigma_2, \sigma_3)$로 하는 3차원 공간의 타원 기둥의 표면을 나타낸다. 3차원의 응력 공간 $(\sigma_1, \sigma_2, \sigma_3)$를 Π-공간(Π-space)이라고 부른다. 반면에 트레스카 판별식은 고유치 σ_k 중에서 가장 큰 것과 가장 작은 것의 차이 $\sigma_1 - \sigma_2 \geq 0$가 특정 수치 이상이면 항복이 일어나고 그렇지 않으면 탄성체와 같은 거동을 한다는 판별식이다. Π-공간에 트레스카 판별식을 그려보면 육각 기둥이 된다.

어떤 항복의 판별식이 실험 결과와 더 일치하느냐는 물질의 종류에 따라서 다를 것이다. 위의 두 판별식은 가장 간단한 것이나, 많은 금속 재료에 대해서 상당한 일치성을 보인다고 한다. 더 정교한 일치성을 보이는 항복의 판별식은 금속재료의 구성방정식을 개발하는 데 있어 매우 중요하므로 많은 모형이 제안되었으며 이에 대해서는 Lubliner, 1990과 Khan and Huang, 1995 같은 소성역학 교재를 참조 바란다. 여기서는 소성역학의 일반적인 구성방정식 이론을 다루기 때문에, 수학적으로 간편하고 편리한 폰 미지즈 판별식만을 사용하기로 한다. 물론 고분자 고체와 같이 정압력에도 항복이 영향을 받는 물질의 경우 엄밀하게는 폰 미지즈 판별식을 사용할 수 없지만(Kinloch and Young, 1983) 그래도 현상의 윤곽을 파악하는 데는 도움이 될 것이다.

일축 연신 시험을 할 때, 응력은 $\mathbf{T} = \sigma \mathbf{e}_1 \otimes \mathbf{e}_1$이 된다. 항복이 일어날 때의 σ 값, 항복응력(yield stress)을 σ_Y라고 하면 식 (4)에 의해서 다음이 얻어진다.

$$\sigma_c = \frac{\sigma_Y}{\sqrt{3}}. \tag{11.5}$$

단순 전단 변형으로 힘을 가하면 응력은 $\mathbf{T} = \tau(\mathbf{e}_1 \otimes \mathbf{e}_2 + \mathbf{e}_2 \otimes \mathbf{e}_1)$가 되고 전단 항복응력을 τ_Y라고 하면 식 (4)로부터 다음이 얻어진다.

$$\sigma_c = \frac{\tau_Y}{\sqrt{2}}. \tag{11.6}$$

식 (8.3)으로부터 $\mathbf{S} = 2G\mathbf{E}'$와 $\mathrm{tr}\mathbf{T} = 3K\mathrm{tr}\mathbf{E}$ 임을 알 수 있다. 따라서 식 (8.5)의 선형 등방성 탄성체의 변형률 포텐셜을 다음과 같이 응력의 함수로 다시 쓸 수 있다.

$$\Phi(\mathbf{E}) = \Phi^*(\mathbf{T}) \equiv \Phi^*_{vol} + \Phi^*_{dis}, \quad \Phi^*_{vol} = \frac{(T_{mm})^2}{18K},$$

$$\Phi^*_{dis} = \frac{S_{ik}S_{ik}}{4G}. \tag{11.7}$$

여기서 Φ^*_{vol} 은 부피 변화만에 의한 변형률 포텐셜이고 Φ^*_{dis} 는 찌그러짐 만에 의한 변형률 포텐셜이라고 해석할 수 있다. 식 $(7)_3$을 식 (4)와 비교하면, 폰 미지즈 판별식을 찌그러짐 변형률 포텐셜(distortion strain potential)이 $\sigma_c^2/(2G)$가 될 때 항복이 일어나는 것으로 해석할 수 있다. 즉, 항복은 찌그러짐 변형률 포텐셜이 어떤 최대치에 도달할 때 발생한다는 해석이다. 따라서 다음과 같이 변형률을 이용한 항복의 판별식을 만들 수도 있다.

$$E'_{ik}E'_{ik} - \frac{\gamma_Y^2}{4} = 0. \tag{11.8}$$

여기서 $\gamma_Y \equiv \tau_Y/G$이고 항복 전단변형률이라고 부른다.

11.2 속도 의존성이 없는 미소 변형 모형

11.2.1 금속의 역학적 거동

금속의 일축 연신을 생각해 보자. 응력이 0에서 항복응력 σ_Y에 도달하기 전까지 금속은 선형 탄성체로 거동할 것이다. 즉, 응력이 $Y_i(\mathbf{S}) < \sigma_c^2$을 만족시키는 동안은 탄성체로 거동할 것이다. 이 응력 범위에서 금속

은 $\sigma = E_Y\epsilon$의 거동을 하게 된다. 여기서 E_Y는 영 탄성률(Young's modulus)이고 연신 방향을 $\mathbf{e}_1$이라고 하면 $\sigma = T_{11}$이고 $\epsilon = E_{11}$이 된다. 응력이 $Y_i(\mathbf{S}) \geq \sigma_c^2$가 되면 변형률 ϵ은 계속해서 증가하고 응력은 변형률에 따라서 $\sigma = E_Y\epsilon$와는 다른 방식으로 증가하거나 σ_Y로 일정해질 수 있다. 전자의 경우는 경화(hardening)가 일어난다고 하고 후자의 경우는 완전한 소성 거동(perfect plasticity)을 한다고 한다.

다음과 같은 사고실험(thought experiment)을 생각해 보자. 일축 연신 실험을 $t = 0$에서 시작한다. 시각 $t = 0$일 때 당연히 응력과 변형률 모두는 0이다. 항복이 시작되는 변형률은 $\epsilon_Y \equiv \sigma_Y/E_Y$라고 할 수 있고 시각 $t = t_Y$에서 $\epsilon(t_Y) = \epsilon_Y$라고 하고, 이때의 응력은 당연히 $\sigma[\epsilon(t_Y)] = \sigma_Y$이다. 시각 $t = t_1 > t_Y$에서 변형률이 $\epsilon(t_1) = \epsilon_1 > \epsilon_Y$이 되고 이때의 응력은 $\sigma[\epsilon(t_1)] = \sigma_1 > \sigma_Y$라고 하자. 시간 $0 \leq t \leq t_1$까지 변형률과 응력 모두는 시간에 따라서 증가하였다. 이제 시간 $t_1 < t \leq t_0$까지 변형률을 감소시켜서 시각 $t = t_0$에서 응력이 $\sigma[\epsilon(t_0)] = 0$이 되도록 해 보자. 이러한 실험의 결과는 다음과 같다.

$$\begin{aligned} &\sigma = E_Y\epsilon && \text{for } 0 \leq t \leq t_Y \\ &\sigma = g_1(\epsilon) && \text{for } t_Y < t < t_1 \\ &\sigma = E_Y(\epsilon - \epsilon_0) && \text{for } t_1 \leq t \leq t_0. \end{aligned} \tag{11.9}$$

여기서 $\epsilon_0 = \epsilon(t_0)$이고 $g(\epsilon)$은 경화가 있는 경우 증가함수이고 완전 소성의 경우는 σ_Y값을 가지는 상수함수이다. 연속성을 위해서 함수 $g_1(\epsilon)$은

$$g_1(\epsilon_Y) = \sigma_Y = E_Y\epsilon_Y, \quad g_1(\epsilon_1) = \sigma_1 \tag{11.10}$$

을 만족해야 한다. 식 (9)는 $t = t_1$에서도 연속이어야 하므로

$$\epsilon_0 = \epsilon_1 - \frac{\sigma_1}{E_Y} \tag{11.11}$$

이 된다.

식 (9)가 의미하는 바는 힘을 가했을 때인 $0 \le t \le t_Y$에서와 힘을 제거하는 중인 $t_1 \le t \le t_0$일 때 $\sigma - \epsilon$ 궤적은 모두 같은 기울기를 가지는 직선이라는 것이다. 식 $(9)_1$은 $\sigma < \sigma_Y$이므로 구간 $0 \le t \le t_Y$에서의 변형은 탄성적이라는 것이 명확하다. 그런데 식 $(9)_3$은 식 $(9)_1$과 같은 응력과 변형률 사이의 관계식이다. 따라서 구간 $t_1 \le t \le t_0$에서의 역학적 거동은 탄성체와 같을지도 모른다는 추정을 할 수 있다. 여기서 ϵ은 구간 $t_1 \le t \le t_0$에서의 변형률이고 ϵ_0는 응력이 0이 되었는데도 남은 변형률이다. 따라서 $\epsilon - \epsilon_0$는 탄성적 거동을 하는 변형률이라고 생각할 수도 있을 것이다. 그러면 변형률 ϵ은 탄성 변형률 ϵ_e와 소성 변형률 ϵ_p의 합이 아닐까? 즉, 다음과 같은 추정을 할 수 있다.

$$\epsilon = \epsilon_e + \epsilon_p. \tag{11.12}$$

응력을 오로지 탄성 변형률 ϵ_e만의 함수로 생각한다면 $0 \le t \le t_Y$에서는 $\epsilon = \epsilon_e$이므로 식 $(9)_1$은 설명된다. 식 $(9)_3$이 타당해지려면, 즉 $\epsilon - \epsilon_0 = \epsilon_e$가 성립되려면 제중(unloading)하는 동안 소성 변형률 ϵ_p는 $t \ge t_1$에 대해서는 더는 변화되지 않아야 하고 $\epsilon_p(t_1) = \epsilon_0$이어야 한다. 그러면 $t \le t_Y$에서는 ϵ_p는 항상 0이었다가 응력이 항복응력을 초과하면서 ϵ_p가 증가해야 한다. 즉 항복 조건 $Y(\sigma) \ge \sigma_c^2$일 때만 ϵ_p가 변하게 된다고 할 수 있다. 물론 여기서 $Y = II_S$를 의미한다. 폰 미지즈 판별식이 아닌 다른 판별식을 사용한다면 항복함수(yield function) Y는 다른 형태를 가지게 될 것이다. 이 가정을 확인하기 위해서 임의의 변형률을 $\epsilon_2 > \epsilon_1$까지 변형시키고 변형률이 ϵ_2일 때의 응력을 σ_2라고 하자. 그러면 식 $(9)_2$의 $g_1(\epsilon)$이 $dg_1/d\epsilon \ge 0$이므로 당연히 $\sigma_2 \ge \sigma_1$이 될 것이다. 변형률 ϵ_2에 도달한 후에 응력이 0이 될 때까지 압축시켜 보자. 그러면 식 (9) 대신에 다음이 얻어질 것이다.

$$\begin{aligned} \sigma &= E_Y\epsilon && \text{for } 0 \le t \le t_Y \\ \sigma &= g_2(\epsilon) && \text{for } t_Y < t < t_2 \\ \sigma &= E_Y(\epsilon - \epsilon_0{}') && \text{for } t_2 \le t \le t_0{}'. \end{aligned} \tag{11.13}$$

그러면 시각 t_2까지 축적된 소성 변형률은 앞에서와 같은 방법으로

$$\epsilon_p(t_2) = \epsilon_0{}' \tag{11.14}$$

가 될 것이다. 게다가 같은 논리로 식 (11)과 같은 다음이 성립될 것이다.

$$\epsilon_0{}' = \epsilon_2 - \frac{\sigma_2}{E_Y}. \tag{11.15}$$

항복 조건을 만족하는 중에 발생하는 변형에서만 소성 변형률이 변화한다는 가정에서 보면 ϵ_2로 표시되는 두 번째 실험은 ϵ_1으로 표시되는 첫 번째 실험보다 더 오랫동안 소성 변형이 일어났고 변화의 방향은 같았으므로 자연스럽게 $\epsilon'_0 - \epsilon_0 > 0$이라고 추정할 수 있다. 당연히 실험적 결과도 $\delta\epsilon \equiv \epsilon_2 - \epsilon_1 > 0$일 때마다 $\epsilon'_0 - \epsilon_0 > 0$이 됨을 보여 준다. 그러면 식 (11)과 (15)로부터 다음의 부등식이 성립된다.

$$\epsilon'_0 - \epsilon_0 = \delta\epsilon - \frac{g(\epsilon_2) - g(\epsilon_1)}{E_Y} > 0. \tag{11.16}$$

함수 $g_2(\epsilon)$의 변형률 구간이 함수 $g_1(\epsilon)$의 변형률 구간을 포함하는데 $0 \le \epsilon \le \epsilon_1$의 변형률 구간에서 두 함수가 같다는 것을 실험적으로 관찰할 수 있다. 따라서 식 (16)에서 $g_2(\epsilon_2) - g_1(\epsilon_1)$ 대신에 $g(\epsilon_2) - g(\epsilon_1)$을 사용하였다. 그러면 식 (16)이 성립할 수 있는 $g(\epsilon)$의 조건을 도출할 수 있다. 만약 $\delta\epsilon$이 아주 작으면 $g(\epsilon_2) - g(\epsilon_1) \approx g'(\epsilon_1)\delta\epsilon$이 되므로 식 (16)은 다시 다음이 된다.

$$\left(1 - \frac{g'(\epsilon_1)}{E_Y}\right)\delta\epsilon > 0. \tag{11.17}$$

앞에서 $\delta\epsilon > 0$으로 설정하였으므로 그리고 ϵ_1과 ϵ_2는 임의로 선정하였으므로 부등식 (17)이 성립되려면

$$g'(\epsilon) < E_Y, \quad \epsilon_Y \le \epsilon \tag{11.18}$$

이 성립되어야 한다. 그런데 $g(\epsilon)$은 소성 변형이 일어날 때의 응력이므로 $\sigma-\epsilon$ 곡선에 대해서 항상 다음이 성립된다고 할 수 있다.

$$\frac{d\sigma}{d\epsilon} \le E_Y. \tag{11.19}$$

이와 같은 결과가 $\epsilon_Y \le \epsilon_1 < \epsilon_2$인 임의의 두 변형률 ϵ_1과 ϵ_2에 대해서 성립한다면 $t_2 = t_1 + \varDelta t$로 하였을 때

$$\dot{\epsilon}_p = \lim_{\varDelta t \to 0} \frac{\epsilon'_0 - \epsilon_0}{\varDelta t} \tag{11.20}$$

을 이용하여 실험적으로 소성 변형률의 속도를 구할 수 있을 것이다.

금속에 대해서 응력과 변형률이 0인 상태에서 출발해서 항복이 일어날 때까지 변형률을 증가시키고 항복응력 σ_Y와 항복 변형률 ϵ_Y를 측정해 보자. 변형률을 증가시키는 속도, 즉 변형률 속도를 바꾸어 가며 측정해도 같은 항복응력과 항복 변형률이 측정되고 게다가 영 탄성률도 변형률 속도에 무관하게 같은 값으로 측정된다. 항복 이전에 금속은 탄성체로 근사할 수 있으므로 당연한 결과인 것 같지만, 탄성영역의 경계인 σ_Y와 ϵ_Y가 변형의 속도에 무관하다는 것이 특이한 것이다. 그러면 항복 이후까지, 즉 ϵ_1을 고정하고 $\epsilon = 0$에서 $\epsilon = \epsilon_1$까지 다양한 변형률 속도로 변형을 주었을 때 $\sigma-\epsilon$ 그래프가 어떻게 달라지는지를 관찰할 필요가 있다. 놀랍게도 금속의 경우 $\sigma-\epsilon$ 그래프가 거의 같다는 것을

발견하게 된다. 이러한 특성은 고분자재료 대부분에서 발견되는 점탄성과 확연히 구분되는 것이다. 즉, 금속의 역학적 거동은 속도 의존성이 없다는 것을 알 수 있다.

지금까지 실험 결과를 검토해 보면 금속의 소성 변형률은 항복 조건을 만족할 때만 변화함을 알게 되었고 일축 연신과 뒤이은 압축으로 소성 변형률이 증가하는 경우만을 실험적으로 확인하였다. 그러면 소성 변형률이 감소하는 예도 있는가? 앞에서의 실험은 응력이 0이 될 때까지만의 압축을 고려했다. 응력이 σ_Y보다 크더라도 압축이 되는 구간에서 탄성체와 같은 거동을 하며 압축, 즉 제중을 하는 동안에는 소성 변형률이 멈춰 버렸다는 것을 알게 되었다. 그러면 응력이 음의 값을 가지도록 더 압축을 진행하면 어떤 일이 일어날까?

압축을 계속했더니 응력이 음의 값을 가져도 응력이 특정한 값 $-\sigma_* < 0$에 도달하기 전까지는 식 $(9)_3$이나 식 $(13)_3$과 같은 관계식을 일반화한 다음의 관계식을 만족한다는 것을 실험적으로 알게 되었다.

$$\sigma = E_Y(\epsilon - \epsilon_p) = E_Y\epsilon_e. \tag{11.21}$$

응력이 $-\sigma_*$에 도달했을 때의 시간과 변형률을 각각 t_*와 ϵ_*로 표시하기로 하자. 시각 $t > t_*$에서도 계속해서 압축을 시키면 식 (21) 대신에 응력은

$$\sigma = h(\epsilon), \quad t > t_* \text{ and } \epsilon < \epsilon_* \tag{11.22}$$

를 만족시킴을 실험적으로 관찰할 수 있다. 식 (22)의 영역은 항복 조건을 만족하는 구간으로 추정된다. 이 압축을 시각 $t_3 > t_*$에서 멈추고 변형률을 양의 방향으로 다시 증가시켜 보자. 즉 압축에서 다시 인장으로 변형의 방향을 뒤집은 것이다. 다시 응력이 0이 될 때의 시각과 변형률을 각각 t''_0, ϵ''_0라고 하자. 그러면 지금까지의 논의로

$$\epsilon_p(t_3) = \epsilon_0'' \tag{11.23}$$

이 된다. 실험 결과는 $\epsilon_0'' < \epsilon_0$이므로 변형 방향의 반전으로 소성 변형률이 줄었다는 것을 확인할 수 있다.

탄성 거동을 보이는 시간 구간은 $0 \le t \le t_Y$, $t_1 \le t \le t_0'$, $t_0' \le t \le t_*$, $t_3 \le t \le t_0''$이다. 이 중에서 항복 조건을 만족하지 않는 구간은 첫 번째와 세 번째 구간이므로 탄성 거동을 만족함은 당연하다. 하지만 두 번째와 네 번째 구간에 대해서는 일부는 부분적으로 항복 조건을 만족한다. 그런데 어떻게 탄성 거동을 하고 있을까? 첫 번째 구간에서 $\sigma > 0$이고 $\dot{\epsilon} > 0$, 두 번째 구간에서 $\sigma > 0$이고 $\dot{\epsilon} < 0$, 세 번째 구간에서 $\sigma < 0$이고 $\dot{\epsilon} < 0$, 네 번째 구간에서 $\sigma < 0$이고 $\dot{\epsilon} > 0$이다. 두 번째와 네 번째 구간의 공통점은 $\sigma\dot{\epsilon} < 0$이라는 것이다. 즉, 항복 조건을 만족하는 응력의 크기를 가지고 있더라도 제중이 일어나는 구간이다. 따라서 이 네 구긴에서 소성 변형률의 시간 미분은 0이라고 할 수 있다. 그러면 소성 변형률의 시간 미분에 대해서 다음과 같은 규칙을 적용할 수 있을 것이다.

$$\dot{\epsilon}_p = f(\sigma, \dot{\epsilon})\Theta\left(Y(\sigma) - \sigma_c^2\right)\Theta(\sigma\dot{\epsilon}). \tag{11.24}$$

여기서 $\Theta(x)$는 단위 계단함수이고 f는 구해야 할 함수로 반드시 편차응력의 함수이겠지만 그 외의 독립변수에 어떤 것이 포함되어야 할지는 더 연구해 보아야 할 것이다. 식 (24)를 흐름 규칙(flow rule)이라고 부른다.

이제 함수 $f(\sigma, \dot{\epsilon})$을 알게 되면 식 (12), (21), (24)를 연합하여 다음과 같은 구성방정식을 만들 수 있다.

$$\dot{\epsilon} = \frac{\dot{\sigma}}{E_Y} + f(\sigma, \dot{\epsilon})\Theta\left(Y(\sigma) - \sigma_c^2\right)\Theta(\sigma\dot{\epsilon}). \tag{11.25}$$

실험으로 응력과 변형률 사이의 관계는 변형률 속도 의존성이 없으므로 식 (25)도 속도 의존성이 없어야 한다. 시간에 대해서 $t \to \tau^{-1} t, \quad \tau > 0$의 변환을 식 (25)에 적용하면 $\dot{\epsilon} \to \tau\dot{\epsilon}, \; \dot{\sigma} \to \tau\dot{\sigma}$이므로 식 (25)는 다음이 된다.

$$\tau\dot{\epsilon} = \tau\frac{\dot{\sigma}}{E_Y} + f(\sigma, \tau\dot{\epsilon})\Theta\left(Y(\sigma) - \sigma_c^2\right)\Theta(\sigma\dot{\epsilon}). \tag{11.26}$$

여기서 $\tau > 0$이므로 $\Theta(\tau\sigma\dot{\epsilon}) = \Theta(\sigma\dot{\epsilon})$임을 이용하였다. 식 (26)이 임의의 양수 τ에 대해서 항상 식 (25)가 되려면

$$f(\sigma, \tau\dot{\epsilon}) = \tau f(\sigma, \dot{\epsilon}) \tag{11.27}$$

이 성립되어야 한다. 그러면 함수 $f(\sigma, \dot{\epsilon})$는 다음을 만족하는 것이어야 한다.

$$\frac{f(\sigma, \dot{\epsilon})}{\dot{\epsilon}} = \frac{\partial f}{\partial \dot{\epsilon}}. \tag{11.28}$$

그러면 가장 간단한 형태로 다음을 제안할 수 있다.

$$f(\sigma, \dot{\epsilon}) = \phi(\sigma)\dot{\epsilon}. \tag{11.29}$$

어떻게 함수 $\phi(\sigma)$를 구할지는 잠시 미루어 두고 실험 결과 몇 가지를 더 고찰할 필요가 있다. 인장에서 압축으로 전환될 때의 응력 σ_1과 압축에서 만나게 되는 두 번째 항복응력 σ_*의 크기를 비교해 보자. 어떤 금속이냐에 따라서 다른 결과가 얻어지는데 가장 기본적인 세 가지 경우를 다음과 같이 생각할 수 있다.

(i) 경화가 없는 경우(perfect plasticity):

$\sigma_1 = \sigma_* = \sigma_Y, \; dg/d\epsilon = dh/d\epsilon = 0$인 경우

(ii) 등방성 경화(isotropic hardening):

$\sigma_1 = \sigma_*, \; dg/d\epsilon \neq 0, \; dh/d\epsilon \neq 0$인 경우

(iii) 운동학적 경화(kinematic hardening):

$$\sigma_1 \neq \sigma_*,\ \sigma_1 + \sigma_* = 2\sigma_Y,\ dg/d\epsilon \neq 0,\ dh/d\epsilon \neq 0$$ 인 경우

만약에 항복 조건 $Y(\sigma) = \sigma_c^2$에서 σ_c가 물질 상수라면 (i)에 해당하게 되고 진폭이 항복 변형률 ϵ_Y보다 큰 주기함수로 일축 연신/압축으로 변형률을 주게 되면 응력의 진폭은 σ_Y로 일정하게 된다.

등방성 경화가 일어나는 경우는 σ_c가 상수가 아니라 소성 변형률의 누적에 따라서 증가하는 함수가 된다는 것을 의미한다. 누적 소성 변형률(accumulated plastic strain)은 다음과 같이 정의할 수 있다.

$$e_p(t) \equiv \int_0^t \sqrt{\frac{3}{2}\dot{\mathbf{E}}_p(\tau) : \dot{\mathbf{E}}_p(\tau)}\, \mathrm{d}\tau = \int_0^t \sqrt{\frac{3}{2}\dot{\epsilon}_{ik}^{(p)}(\tau)\dot{\epsilon}_{ik}^{(p)}(\tau)}\, \mathrm{d}\tau. \quad (11.30)$$

물론 여기서 $\mathbf{E}_p = \epsilon_{ik}^{(p)} \mathbf{e}_i \otimes \mathbf{e}_k$는 3차원화한 소성 변형률 텐서로 나중에 정확하게 정의하겠다. 즉, $\sigma_c(e_p)$는 소성 변형의 방향에 상관없이 소성 변형을 많이 겪게 되면 될수록 증가한다고 할 수 있다.

운동학적 경화는 응력 공간(Π-공간)에서 탄성영역($Y(\mathrm{S}) < \sigma_c^2$)의 크기와 형태는 변하지 않고 그 중심이 이동한다는 것이다. 따라서 탄성영역의 반지름에 해당하는 σ_c는 물질 상수로 고정되고 대신에 탄성영역의 중심에 해당하는 뒤 응력(back stress)이 소성 변형에 따라서 진화한다고 생각하는 모형이다. 이는 $\sigma_* < \sigma_Y$로 관찰되는 실험 결과인 바우싱거 효과(Bauschinger effect)를 설명하기 위해서 제안된 것이다.

11.2.2 고전적 이론의 가정들

강철의 항복응력은 대략 450MPa 정도이고 영 탄성률은 대략 200GPa이므로 항복 변형률은 대략 0.002 정도가 된다. 따라서 미소 변형률 텐서를 사용해도 항복 변형률의 서너 배 되는 변형까지는 충분히

감당할 수 있다. 앞 절에서 논의하였던 실험 결과들을 바탕으로 다음과 같은 가정을 할 수 있다.

[1] 전체 변형률은 미소 변형률 텐서 $\mathbf{E} = \epsilon_{ik}\mathbf{e}_i \otimes \mathbf{e}_k$로 기술할 수 있고 이는 탄성 변형률과 소성 변형률의 합으로 가정한다.

$$\epsilon_{ik} = \epsilon_{ik}^{(e)} + \epsilon_{ik}^{(p)}, \quad \mathbf{E} = \mathbf{E}_e + \mathbf{E}_p. \tag{11.31}$$

여기서 $\epsilon_{ik}^{(e)}$는 탄성 변형률의 성분이고 $\epsilon_{ik}^{(p)}$는 소성 변형률의 성분이다.

[2] 부피 변화는 오로지 탄성 변형률에 의해서만 일어나므로 소성 변형률의 시간 미분의 제1 주요 불변량은 0이 된다.

$$\epsilon_{kk}^{(p)} = \dot{\epsilon}_{kk}^{(p)} = 0, \quad \epsilon_{kk} = \epsilon_{kk}^{(e)}, \quad \mathrm{tr}\mathbf{E}_p = \mathrm{tr}\dot{\mathbf{E}}_p = \mathbf{O},$$
$$\mathrm{tr}\mathbf{E} = \mathrm{tr}\mathbf{E}_e. \tag{11.32}$$

[3] 응력은 탄성 변형률의 선형 함수이다.

$$T_{ik} = K\epsilon_{mm}^{(e)}\delta_{ik} + 2Ge_{ik}^{(e)}, \quad \mathbf{T} = K\mathrm{tr}\mathbf{E}_e\mathbf{I} + 2G\mathbf{E}_e'. \tag{11.33}$$

여기서 $e_{ik}^{(e)}$는 탄성 변형률의 편차 텐서 $\mathbf{E}_e'$의 성분이다. 즉, $e_{ik}^{(e)} \equiv \epsilon_{ik}^{(e)} - \epsilon_{mm}^{(e)}\delta_{ik}/3$이다.

[4] 소성 변형은 다음의 두 조건을 만족할 때만 일어난다.

$$F\left(S_{ik}, S_{ik}^{(b)}, e_p\right) \equiv Y\left(S_{ik}, S_{ik}^{(b)}\right) - \frac{\sigma_Y^2(e_p)}{3} = 0,$$
$$P \equiv \frac{\partial Y}{\partial T_{ik}}\dot{E}_{ik} > 0. \tag{11.34}$$

즉, 식 (34)를 만족해야만 $\dot{\epsilon}_{ik}^{(p)} \neq 0$이 된다. 식 (34)에서 항복함수 $Y\left(S_{ik}, S_{ik}^{(b)}\right)$를 다음과 같이 정의한다.

$$
\begin{aligned}
Y\left(S_{ik}, S_{ik}^{(b)}\right) &\equiv \frac{1}{2}\left(S_{ik} - S_{ik}^{(b)}\right)\left(S_{ik} - S_{ik}^{(b)}\right) \\
&= \frac{1}{2}(\mathbf{S} - \mathbf{S}_b) : (\mathbf{S} - \mathbf{S}_b).
\end{aligned} \tag{11.35}
$$

여기서 $S_{ik}^{(b)}$은 뒤 응력 $T_{ik}^{(b)}$의 편차 텐서 성분이다. 만약 항상 $S_{ik}^{(b)} = 0$이 되면 식 (35)는 폰 미지즈 판별식의 항복함수가 된다. 누적 소성 변형률 e_p는 이미 식 (30)에서 정의하였다. 일축 연신 실험에서의 항복응력에 해당하는 σ_Y가 만약 상수라고 한다면 등방성 경화는 발생하지 않는다. 식 $(34)_2$는 하중 조건(loading condition)으로 앞에서 금속의 역학적 거동을 설명했을 때 제안한 것을 3차원화한 것이다.

[5] 소성흐름은 항복 표면에 수직이라고 가정한다. 이를 수직 규칙(normality rule)이라고 부른다. 따라서 다음과 같은 흐름 규칙을 가징한다.

$$
\dot{\epsilon}_{ik}^{(p)} = \alpha \Theta(F) \Theta(P) \frac{\partial Y}{\partial T_{ik}} = \alpha \Theta(F) \Theta(P) \left(S_{ik} - S_{ik}^{(b)}\right). \tag{11.36}
$$

여기서 Y는 응력의 편차 텐서의 함수이므로 $\partial Y / \partial T_{ik} = \partial Y / \partial S_{ik}$가 됨을 유의하기를 바란다. 식 (36)의 비례계수 α는 다음의 일관성 조건(consistency condition)으로부터 구할 수 있다.

[6] 소성 변형이 일어나는 동안 항상 물질의 응력 상태는 항복 표면위에 있어야 한다. 이를 만족하기 위해서는 식 (34)의 F는 다음을 만족해야 한다.

$$
\frac{\mathrm{d}F}{\mathrm{d}t} = \frac{\partial F}{\partial S_{ik}} \dot{S}_{ik} + \frac{\partial F}{\partial S_{ik}^{(b)}} \dot{S}_{ik}^{(b)} + \frac{\partial F}{\partial e_p} \dot{e}_p = 0. \tag{11.37}
$$

이를 일관성 조건이라고 부른다.

[7] 뒤 응력의 시간에 대한 변화율이 필요하다. 다양한 모형이 있을 수 있지만, Armstrong and Frederick, 1966의 모형이 자주 사용된다. 암스트롱-프레데릭 모형은 다음과 같다.

$$\dot{T}_{ik}^{(b)} = c\dot{\epsilon}_{ik}^{(p)} - b\dot{e}_p T_{ik}^{(b)}, \quad \dot{\mathbf{T}}_b = c\dot{\mathbf{E}}_p - b\dot{e}_p \mathbf{T}_b. \tag{11.38}$$

여기서 c와 b는 물질 상수이다. 즉, c는 탄성률의 단위를 가지고 b는 무차원 물질 상수다.

가정 [2]는 항복이 등방성 응력과 무관하다는 것과 관련이 있다. 금속에 대해서, 항복 이후의 변형에서 부피 변화가 관찰되지 않으므로 이는 실험 결과의 수학적 표현이라고 할 수 있다. 가정 [3]~[5]는 이미 앞 절에서 그 타당성을 설명하였다. Prandtl, 1924와 Reuss, 1930은 소성 변형률의 속도가 편차응력에 비례한다고 가정하였다. 그런데 편차응력은 폰 미지즈 판별식을 사용한다면 $\partial Y/\partial T_{ik} = S_{ik}$가 되므로 이 관계식을 일반화하게 되면 다양한 항복 판별식을 사용할 수 있게 된다. 따라서 식 (36)은 간단한 아이디어를 일반화한 가정이라고 할 수 있다.

가정 [6]은 식 (36)의 비례계수 α를 구할 수 있게 해 주는 가정이다. 완전 소성체의 일축 연신이나 일축 압축의 $\sigma-\epsilon$ 그래프를 보면 인장응력은 항상 $|\sigma| \le \sigma_Y$ 이다. 항복이 일어나도 응력은 σ_Y를 넘지 못한다. 따라서 완전 소성 거동을 보이는 물질이 폰 미지즈 판별식을 따른다면 응력은 항상

$$F(S_{ik}) = \frac{1}{2} S_{ik} S_{ik} - \frac{\sigma_Y^2}{3} \le 0 \tag{11.39}$$

를 만족해야 한다. 이는 텐서의 크기를 $\| \mathbf{A} \| \equiv \sqrt{A_{ik}A_{ik}}$로 정의하면 식 (39)는 다음을 의미한다.

$$\| \mathbf{S} \| \leq \sqrt{\frac{2}{3}}\,\sigma_Y. \tag{11.40}$$

즉 편차응력의 크기가 제한된다는 뜻이다. 그런데 소성 변형은 $F=0$일 때 일어나므로 이를 시간에 대해서 미분하면 식 (39)는 다음을 준다.

$$\frac{\mathrm{d}F}{\mathrm{d}t} = S_{ik}\dot{S}_{ik} = 0. \tag{11.41}$$

그러면 이를 이용해서 식 (36)의 α를 구할 수 있게 된다. 이를 나중에 구체적으로 계산하기로 하자. 즉, 식 (41)을 만족하는 흐름 규칙은 편차 응력의 제한성과 일관성이 있게 된다. 그런데 경화 거동을 보이는 물질의 응력은 식 (39)를 만족시키지 못한다.

경화 거동을 보이는 물질에 대해서 식 $(34)_1$과 같이 소성 변형에 따라서 진화하는 항복 표면을 제안했으므로 계속해서 일관성 조건을 사용할 수 있지 않을까? 소성 변형을 할 때는 식 $(34)_1$의 F로 표현되는 항복 표면이 진화하기에 상태가 이 항복 표면에 항상 머물러 있어도 경하 거동을 기술할 수 있다. 따라서 식 (37)의 일관성 조건은 식 (36)의 α를 구할 수 있는 유용한 정보를 주므로 폐기하는 것은 합리적이지 못하다. 이 또한 간단한 아이디어를 일반화해서 성공적인 결과를 얻은 좋은 예라고 할 수 있다.

운동학적 경화를 위해서는 반드시 뒤 응력의 진화방정식을 모형화해야만 한다. 초기에 뒤 응력은 분명히 0이어야 한다. 하지만 소성 변형을 하게 됨에 따라서 금속 구조가 바뀌게 되고 0이 아닌 뒤 응력이 생성되어야 할 것이다. 따라서 뒤 응력은 소성 변형에 의한 변화하는 구조를 대표하는 양이 된다. 응력으로 표시했지만, 뒤 응력은 결국 구조를 대변하는 내부변수라고 할 수 있다. 게다가 식 (33)을 보면, 뒤 응력이 직접적으로 응력에 포함되지는 않는다. 따라서 뒤 응력 대신에 이를 전단 탄성률로 나눈 변형률 같은 텐서량으로 대체할 수도 있을 것이다. 다만 뒤 응력이 항복함수에 포함되어야 하기에 응력으로 다룰 뿐이다.

식 (38)을 보면 우변의 첫 항은 뒤 응력의 성장을 유발하는 것이고 두 번째 항은 변형에 따라서 뒤 응력의 과도한 성장을 제어하는 항이다. 소성 변형이 일어나지 않을 때, 즉 $\dot{\epsilon}_{ik}^{(p)} = 0$일 때 우변은 0이 되므로 뒤 응력은 변화하지 않게 되지만 소성 변형이 일어날 때는 변화가 발생한다. 식 (38)은 속도 의존성이 없는 모형화를 위해서 고안된 것임을 쉽게 알 수 있다.

11.2.3 경화가 없는 미소 변형 소성체

완전 소성체에는 경화 거동이 없으므로 σ_Y는 상수이고, 뒤 응력은 항상 0이다. 따라서 식 (34)는 다음이 된다.

$$F = \frac{1}{2} S_{ik} S_{ik} - \frac{\sigma_Y^2}{3} = 0, \quad P \equiv S_{ik} \dot{E}_{ik} > 0. \tag{11.42}$$

그러면 $F = 0$이고 $P > 0$일 때 식 (36)은 다음이 된다.

$$\dot{\epsilon}_{ik}^{(p)} = \alpha S_{ik}. \tag{11.43}$$

식 (31)과 (33)으로부터 편차응력은 다음과 같이 표현된다.

$$S_{ik} = 2 G e_{ik}^{(e)} = 2G\left(\epsilon'_{ik} - \epsilon_{ik}^{(p)}\right). \tag{11.44}$$

여기서 ϵ'_{ik}는 전체 변형률의 편차 텐서이다. 양변을 시간에 대해서 미분하면 다음이 얻어진다.

$$\dot{S}_{ik} = 2G\left(\dot{\epsilon}'_{ik} - \dot{\epsilon}_{ik}^{(p)}\right) = 2G\left(\dot{\epsilon}'_{ik} - \alpha S_{ik}\right). \tag{11.45}$$

이제 일관성 조건인 식 (41)에 식 (45)를 대입하고 정리해 보면 다음이 얻어진다.

$$S_{ik}\dot{\epsilon}_{ik} = \alpha S_{ik} S_{ik}. \tag{11.46}$$

여기서 $S_{ik}\dot{\epsilon}'_{ik} = S_{ik}\dot{\epsilon}_{ik}$를 이용하였다. 그러면 식 (45)로부터 α를 구할 수 있으므로 흐름 규칙은 다음이 된다.

$$\dot{\epsilon}_{ik}^{(p)} = \frac{3 S_{pq}\dot{\epsilon}_{pq}}{2\sigma_Y^2} S_{ik} \Theta(F) \Theta(P). \tag{11.47}$$

여기서 식 $(42)_1$로부터 $S_{ik}S_{ik} = 2\sigma_Y^2/3$임을 식 (47)에 적용하였다.

식 (33)의 가정으로 탄성 변형률의 진화방정식을 알면 응력을 계산할 수 있다. 식 (31)의 양변을 시간에 대해서 미분하고 식 (47)을 대입하면 다음이 얻어진다.

$$\dot{e}_{ik}^{(e)} = \dot{\epsilon}_{ik} - \frac{6G^2}{\sigma_Y^2} \dot{\epsilon}_{pq} e_{pq}^{(e)} e_{ik}^{(e)} \Theta(F) \Theta(P), \quad \epsilon_{kk}^{(e)} = \epsilon_{kk}. \tag{11.48}$$

맥스웰 모형의 탄성 변형률의 진화방정식

$$\dot{\epsilon}_{ik}^{(e)} = \dot{\epsilon}_{ik} - \frac{1}{\lambda}\epsilon_{ik}^{(e)} \tag{11.49}$$

와 비교하면 완전 소성체의 구성방정식은 비선형 미분방정식이지만 맥스웰 모형은 선형 미분방정식이라는 것을 알 수 있다. 맥스웰 모형에 응력 완화시험을 적용하면 탄성 변형률은 지수함수적인 감소를 하지만 식 (48)에서 알 수 있듯이 우변의 두 번째 항에 있는 $\dot{\epsilon}_{pq}$ 때문에, 완전 소성체의 탄성 변형률은 시간에 따라서 변하지 않게 된다. 즉 응력 완화가 일어나지 않는다.

식 (33)의 응력을 제공하는 자유 에너지 $f\left(\epsilon_{ik}^{(e)}, \theta\right)$가 있어서

$$\rho \frac{\partial f}{\partial \epsilon_{ik}^{(e)}} = K \epsilon_{mm}^{(e)} \delta_{ik} + 2 G e_{ik}^{(e)} \tag{11.50}$$

이라고 하자. 그러면 클라우시우스-듀헴 부등식에 완전 소성체의 구성

방정식을 적용할 수 있다. 만약 완전 소성체의 구성방정식이 열역학 제 2 법칙을 만족한다면 다음이 성립되어야 한다.

$$T_{ik}\dot{\epsilon}_{ik} - \rho\left(\frac{df}{dt}\right)_{\theta} = \rho\frac{\partial f}{\partial \epsilon_{ik}^{(e)}}\left(\dot{\epsilon}_{ik} - \dot{\epsilon}_{ik}^{(e)}\right) = \rho\frac{\partial f}{\partial \epsilon_{ik}^{(e)}}\dot{\epsilon}_{ik}^{(p)}$$
$$= T_{ik}\dot{\epsilon}_{ik}^{(p)} \geq 0. \tag{11.51}$$

식 (47)을 식 (51)에 대입하면

$$T_{ik}\dot{\epsilon}_{ik}^{(p)} = \frac{3S_{pq}\dot{\epsilon}_{pq}}{2\sigma_Y^2} T_{ik}S_{ik}\Theta(F)\Theta(P)$$
$$= \frac{3S_{pq}\dot{\epsilon}_{pq}}{2\sigma_Y^2} S_{ik}S_{ik}\Theta(F)\Theta(P) = P\Theta(F)\Theta(P) \geq 0 \tag{11.52}$$

가 된다. 여기서 $P < 0$이면 $\Theta(P) = 0$이 되므로 $T_{ik}\dot{\epsilon}_{ik}^{(p)} = 0$이 되고 $F < 0$이면 역시 $\Theta(F) = 0$이 되어서 $T_{ik}\dot{\epsilon}_{ik}^{(p)} = 0$이 된다. 그 외에는 항상 $T_{ik}\dot{\epsilon}_{ik}^{(p)} > 0$이 되므로 완전 소성체의 구성방정식은 클라우시우스-듀헴 부등식을 만족한다. 11.2.2절의 7가지 가정들을 기초로 개발된 구성방정식인데 클라우시우스-듀헴 부등식을 만족하는 것은 매우 흥미로운 일이다. 그러면 역으로 열역학 이론을 이용하여 완전 소성체의 구성방정식을 도출해 낼 수 있을까? 이에 대해서는 제13장에서 논의하게 될 것이다.

11.2.4 경화가 있는 미소 변형 소성체

사실 11.2.2절에서 경화가 있는 미소 변형 소성체의 구성방정식은 거의 완성되어 있다. 다만 식 (36)의 비례계수를 결정해야 하는 일만 남았을 뿐이다. 여기서도 역시 일관성 조건을 사용한다. 경화가 없는 경우와 비교해서 F는 편차응력 이외에 뒤 응력과 누적 소성 변형률을 독립변수로 가지고 있으므로 일관성 조건이 조금 더 복잡할 뿐이다. 자세한 계산과정은 Haupt, 2000을 보기를 바란다. 여기서는 열역학적 적합성을 고찰하려고 한다. 결과만을 써 보면 다음이 된다.

$$\alpha = \frac{3G}{N}\left(S_{ik} - S_{ik}^{(b)}\right)\dot{\epsilon}_{ik} = \frac{3G}{N}(\mathbf{S} - \mathbf{S}_{\mathrm{b}}) : \dot{\mathbf{E}}. \tag{11.53}$$

여기서

$$N = \sigma_Y^2(e_p)(2G + c) - \sigma_Y(e_p)b\left(S_{ik} - S_{ik}^{(b)}\right)S_{ik}^{(b)} + \frac{2}{3}\sigma_Y^2(e_p)\frac{d\sigma_Y}{de_p} \tag{11.54}$$

이다.

열역학적 적합성을 분석하기 위해서 뒤 응력을 무차원화한 뒤 변형률(back strain)을 다음과 같이 정의하자.

$$T_{ik}^{(b)} = K_b\epsilon_{mm}^{(b)}\delta_{ik} + 2G_b e_{ik}^{(b)}, \quad e_{ik}^{(b)} \equiv \epsilon_{ik}^{(b)} - \frac{\epsilon_{mm}^{(b)}}{3}\delta_{ik}. \tag{11.55}$$

여기서 K_b와 G_b는 탄성률의 단위를 가지는 양의 상수이다. 이 탄성률의 의미는 나중에 밝히기로 하자. 식 (55)의 양변에 대각합(trace)을 취하면 다음이 된다.

$$T_{kk}^{(b)} = 3K_b\epsilon_{mm}^{(b)} \Leftrightarrow \epsilon_{mm}^{(b)} = \frac{T_{mm}^{(b)}}{3K_b}. \tag{11.56}$$

또한 식 (55)로부터 $S_{ik}^{(b)}$는 다음이 됨을 쉽게 알 수 있다.

$$S_{ik}^{(b)} = 2G_b e_{ik}^{(b)} \Leftrightarrow e_{ik}^{(b)} = \frac{S_{ik}^{(b)}}{2G_b}. \tag{11.57}$$

이제 식 (38)을 뒤 변형률에 관한 식으로 변환하려고 한다. 식 (38)의 양변에 대각합을 취하면 다음이 된다.

$$\dot{T}^{(b)}_{mm} = -b\dot{e}_p T^{(b)}_{mm}. \tag{11.58}$$

여기에 식 (56)을 적용하고 정리하면 다음이 얻어진다.

$$\dot{\epsilon}^{(b)}_{mm} = -b\dot{e}_p \epsilon^{(b)}_{mm}. \tag{11.59}$$

여기서 $\epsilon^{(p)}_{mm} = 0$인 점을 이용하였다. 식 (59)를 시간에 대해서 적분하면 다음이 얻어진다.

$$\epsilon^{(b)}_{mm} = \exp(-be_p). \tag{11.60}$$

즉, 누적 소성 변형률 e_p는 독립적인 양이 아니고 뒤 변형률의 대각합으로 대체 가능한 양이라는 것을 알 수 있다. 식 (38)의 양변에 대해서 편차 텐서를 구하면 다음이 된다.

$$\dot{S}^{(b)}_{ik} = c\dot{\epsilon}^{(p)}_{ik} - b\dot{e}_p S^{(b)}_{ik}. \tag{11.61}$$

여기에 식 (57)을 적용하면 뒤 변형률의 편차 텐서에 대한 진화방정식을 얻을 수 있다.

$$\dot{e}^{(b)}_{ik} = \bar{c}\,\dot{\epsilon}^{(p)}_{ik} - b\dot{e}_p e^{(b)}_{ik}, \quad \bar{c} \equiv \frac{c}{2G_b}. \tag{11.62}$$

경화가 있는 미소 변형 소성체의 구성방정식이 클라우시우스-듀헴 부등식을 만족하는지를 알려면 자유 에너지를 정의하여야 한다. 원래 모형은 열역학을 기반으로 하는 것이 아니므로 식 (50)과 같은 합당하며 간단한 자유 에너지 모형이 필요하다. 경화가 있는 소성에 대해서는 탄성 변형률 이외에 뒤 변형률이 필요하므로 자유 에너지를 θ, $\epsilon^{(e)}_{ik}$, $\epsilon^{(b)}_{ik}$의 함수로 간주한다. 식 (60)에 의해서 상태변수에서 누적 소성 변형률은 제외하였다. 자유 에너지는 다음을 만족한다고 가정한다.

$$\rho\frac{\partial f}{\partial \epsilon^{(e)}_{ik}} = K\epsilon^{(e)}_{mm}\delta_{ik} + 2Ge^{(e)}_{ik} = T_{ik},$$

$$\rho\frac{\partial f}{\partial \epsilon_{ik}^{(b)}} = \frac{K_b}{\bar{c}}\epsilon_{mm}^{(b)}\delta_{ik} + \frac{2G_b}{\bar{c}}e_{ik}^{(b)} = \frac{T_{ik}^{(b)}}{\bar{c}}. \tag{11.63}$$

그러면

$$\rho\left(\frac{df}{dt}\right)_\theta = \rho\frac{\partial f}{\partial \epsilon_{ik}^{(e)}}\dot{\epsilon}_{ik}^{(e)} + \rho\frac{\partial f}{\partial \epsilon_{ik}^{(b)}}\dot{\epsilon}_{ik}^{(b)} = T_{ik}\dot{\epsilon}_{ik}^{(e)} + \frac{1}{\bar{c}}T_{ik}^{(b)}\dot{\epsilon}_{ik}^{(b)} \tag{11.64}$$

인데

$$\dot{\epsilon}_{ik}^{(b)} = \dot{e}_{ik}^{(b)} + \frac{1}{3}\dot{\epsilon}_{mm}^{b}\delta_{ik} \tag{11.65}$$

이므로 식 (64)는 다음이 된다.

$$\rho\left(\frac{df}{dt}\right)_\theta = T_{ik}\dot{\epsilon}_{ik}^{(e)} + \frac{1}{\bar{c}}S_{ik}^{(b)}\dot{e}_{ik}^{(b)} + \frac{T_{mm}^{(b)}\dot{\epsilon}_{nn}^{(b)}}{3\bar{c}}. \tag{11.66}$$

따라서 클라우시우스-듀헴 부등식은 다음이 된다.

$$T_{ik}\dot{\epsilon}_{ik} - \rho\left(\frac{df}{dt}\right)_\theta = T_{ik}\dot{\epsilon}_{ik}^{(p)} - \frac{1}{\bar{c}}S_{ik}^{(b)}\dot{e}_{ik}^{(b)} - \frac{T_{mm}^{(b)}\dot{\epsilon}_{nn}^{(b)}}{3\bar{c}} \geq 0. \tag{11.67}$$

여기서 $\epsilon_{ik} - \epsilon_{ik}^{(e)} = \epsilon_{ik}^{(p)}$를 이용하였다. 그런데

$$\begin{aligned} T_{ik}\epsilon_{ik}^{(p)} &= \left(S_{ik} + \frac{1}{3}T_{mm}\delta_{ik}\right)\epsilon_{ik}^{(p)} \\ &= S_{ik}\epsilon_{ik}^{(p)} + \frac{T_{mm}}{3}\epsilon_{kk}^{(p)} = S_{ik}\epsilon_{ik}^{(p)} \end{aligned} \tag{11.68}$$

이므로 식 (67)에 식 (59)와 식 (62)를 적용하면 다음이 얻어진다.

$$\begin{aligned} &T_{ik}\dot{\epsilon}_{ik} - \rho\left(\frac{df}{dt}\right)_\theta \\ &= \left(S_{ik} - S_{ik}^{(b)}\right)\dot{\epsilon}_{ik}^{(p)} + \frac{b\dot{e}_p}{\bar{c}}\left(S_{ik}^{(b)}e_{ik}^{(b)} + \frac{1}{3}T_{mm}^{(b)}\epsilon_{nn}^{(b)}\right). \end{aligned} \tag{11.69}$$

부호를 판별하기 위해서 식 (36), (56), (57)을 식 (69)에 대입하면 다음이 얻어진다.

$$\beta\left(S_{ik}-S_{ik}^{(b)}\right)\left(S_{ik}-S_{ik}^{(b)}\right) + \frac{b\dot{e}_p}{\bar{c}}\left[2G_b e_{ik}^{(b)} e_{ik}^{(b)} + K_b\left(\epsilon_{nn}^{(b)}\right)^2\right] \geq 0. \tag{11.70}$$

여기서 $\beta \equiv \alpha\Theta(F)\Theta(P)$이다. 모든 항이 제곱으로 이루어져 있고 b, $\bar{c}$, $\dot{e}_p$, G_b, K_b가 모두 양수이므로 $\alpha > 0$이기만 하면 클라우시우스-듀헴 부등식이 성립함을 알 수 있다. 식 (53)이 음이 아니라는 것은 Haupt, 2000을 참조 바란다.

11.3 대변형 모형

금속의 탄성 변형률 범위는 매우 작으므로 얼핏 대변형 모형(finite strain model)이 필요하지 않을 것으로 보인다. 하지만 미소 변형 모형은 소성 좌굴(plastic buckling)과 같은 구조적 불안정성을 해석하는 데 많은 단점을 보이고 균열 첨단(crack tip)에서 정확한 응력 변형의 상태를 분석할 수 없다. 게다가 단조(forging), 압출(extrusion), 인장(drawing)과 같은 성형공정에서 대변형을 무시하기 어렵다. 그래서 대변형을 기술할 수 있는 탄-소성 모형(elasto-plastic model)의 개발이 필요하게 된다 (Gurtin, Fried and Anand, 2010).

대변형의 탄-소성 모형의 개발도 미소 변형의 탄-소성 모형의 개발과 유사한 가정들을 사용한다. 하지만 미소 변형의 경우 식 (31)을 사용할 수 있지만 대변형에서는 사실 식 (4.14)의 미소 변형률도 사용할 수 없으므로 탄성 변형과 소성 변형을 나눌 수 있는 새로운 방법이 필요하게 된다. 당연히 이러한 변형의 분해는 코시-그린 변형률과 같은 엄밀한 변형률 텐서에 기반한 것이어야 한다. 이에 대해서는 이미 7.2절에서 배운 바 있다.

변형 그래디언트 $\mathbf{F}$를 탄성부 $\mathbf{F}_e$와 소성부 $\mathbf{F}_p$로 나눌 수 있다. 탄성부는 결정격자의 뒤틀림을 대표하고 소성부는 전위에 의한 변형을 대표한다고 가정하게 되면 금속의 전반에 분포하게 되는 응력은 $\mathbf{F}_e$로 구성할 수 있는 변형률 텐서, 예를 들면 $\mathbf{B}_e \equiv \mathbf{F}_e\mathbf{F}_e^{\mathrm{T}}$의 함수로 표현될 것으로 가정할 수 있다. 그러면 8.1절의 탄성체 모형을 이용하여 응력을 표현하는 공식을 얻을 수 있을 것이다.

$$\mathbf{T} = 2\rho\mathbf{B}_e\frac{\partial f}{\partial \mathbf{B}_e}. \tag{11.71}$$

물론 이 식은 열역학을 이용한 비선형 점탄성 모형에서도 사용한 식 (10.229)에 해당한다. 식 (71)이 유용하려면 변형에 따라서 어떻게 탄성변형률 $\mathbf{B}_e$가 결정되는지를 알아야 한다. 그러면 식 (7.50)으로부터 다음과 같은 $\mathbf{B}_e$의 진화방정식이 얻어진다.

$$\overset{\nabla}{\mathbf{B}}_e = -\mathbf{F}_e\hat{\mathbf{L}}_p\mathbf{F}_e^{-1}\mathbf{B}_e - \mathbf{B}_e\mathbf{F}_e^{-\mathrm{T}}\hat{\mathbf{L}}_p^{\mathrm{T}}\mathbf{F}_e^{\mathrm{T}} = -\mathbf{L}_p\mathbf{B}_e - \mathbf{B}_e\mathbf{L}_p^{\mathrm{T}}. \tag{11.72}$$

이 식은 식 (7.50)을 식 $(7.47)_2$와 식 (7.48)을 이용하여 다시 쓴 것일 뿐이다. 레오노프 모형에서는 비가역 열역학을 이용하여 $\mathbf{L}_p$를 모형화하였지만, 소성역학의 연구자들은 $\mathbf{L}_p$ 대신에 $\hat{\mathbf{L}}_p$의 모형화를 선택하기 때문에 식 (72)를 쓴 것이다.

일반적으로 소성유동은 비회전성 유동 즉, $\hat{\mathbf{L}}_p = \hat{\mathbf{L}}_p^{\mathrm{T}}$라고 가정한다. 이는 운동에 포함되는 강체 회전은 오로지 탄성 변형에만 존재한다는 것을 가정하는 것이다. 즉, $\mathbf{F}_e$와 $\mathbf{F}_p$를 극분해(polar decomposition)하여 $\mathbf{F}_e = \mathbf{R}_e\mathbf{V}_e$와 $\mathbf{F}_p = \mathbf{R}_p\mathbf{V}_p$가 얻어진다면 항상 $\mathbf{R}_p = \mathbf{I}$로 두어도 일관성이 파괴되지 않는다는 것이다. 이는 중간분포의 임의성을 제거하기 위한 것으로, $\mathbf{W}_p \equiv (1/2)\left(\mathbf{L}_p - \mathbf{L}_p^{\mathrm{T}}\right) = \mathbf{O}$을 가정하여도 경계치 문제의

해가 변하지 않기 때문에 채택되고 있다(Gurtin, Fied and Anand, 2010). 즉, $\hat{\mathbf{D}}_p \equiv (1/2)\left(\hat{\mathbf{L}}_p + \hat{\mathbf{L}}_p^{\mathrm{T}}\right) = \hat{\mathbf{L}}_p$가 된다.

여기서 $\mathbf{D}_p \equiv (1/2)\left(\mathbf{L}_p + \mathbf{L}_p^{\mathrm{T}}\right)$는 객관 텐서이며 현재분포에서 현재분포로의 선형사상으로 해석할 수 있다. 반면에 $\hat{\mathbf{D}}_p$은 불변 텐서이고 중간분포에서 중간분포로의 선형사상이다. 따라서 10.4절에서 $\mathbf{D}_p$의 모형화는 식 (10.238)과 같이 객관 텐서인 코시 응력의 편차 텐서를 이용하지만 $\hat{\mathbf{D}}_p$의 모형화는 불변 텐서이며 중간분포에서 중간분포로의 선형사상에 해당하는 응력을 이용하여야 할 것이다.

소성 변형률 속도 $\hat{\mathbf{D}}_p$와 짝을 이루는 응력을 찾기 위해서 클라우시우스-듀헴 부등식을 생각해 보자. 등온과정이라면 식 (6.31)은 다음이 된다.

$$\mathbf{T} : \mathbf{L} - \rho \dot{f} \geq 0. \tag{11.73}$$

좌변의 첫 번째 항은 응력 일률로 식 (7.46)을 이용하면 다음이 얻어진다.

$$\mathbf{T} : \mathbf{L} = \frac{1}{2}\left(\mathbf{F}_e^{-1}\mathbf{T}\mathbf{F}_e^{-\mathrm{T}}\right) : \dot{\mathbf{C}}_e + \left(\mathbf{F}_e^{\mathrm{T}}\mathbf{T}\mathbf{F}_e^{-\mathrm{T}}\right) : \hat{\mathbf{D}}_p. \tag{11.74}$$

우변의 첫 번째 항은 탄성에 의한 응력 일률, 두 번째 항은 소성에 의한 응력 일률로 해석할 수 있다. 여기서

$$\mathbf{C}_e \equiv \mathbf{F}_e^{\mathrm{T}}\mathbf{F}_e \tag{11.75}$$

이고 $\hat{\mathbf{D}}_p = \hat{\mathbf{L}}_p$를 사용하였다. 식 (74)의 우변의 첫 번째 항의 응력 $\mathbf{F}_e^{-1}\mathbf{T}\mathbf{F}_e^{-\mathrm{T}}$를 식 (7.26)의 제2 피올라-키르히호프 응력과 비교하면 다음과 같은 새로운 응력을 정의할 수 있다.

$$\hat{\mathbf{T}}_e \equiv J_e \mathbf{F}_e^{-1}\mathbf{T}\mathbf{F}_e^{-\mathrm{T}}. \tag{11.76}$$

물론 여기서

$$J_e \equiv \det \mathbf{F}_e \tag{11.77}$$

이다. 그런데

$$\left(\mathbf{F}_e^{\mathrm{T}}\mathbf{T}\mathbf{F}_e^{-\mathrm{T}}\right):\hat{\mathbf{D}}_p = \left(\mathbf{F}_e^{\mathrm{T}}\mathbf{F}_e\mathbf{F}_e^{-1}\mathbf{T}\mathbf{F}_e^{-\mathrm{T}}\right):\hat{\mathbf{D}}_p$$

$$= \frac{1}{J_e}\left(\mathbf{C}_e\hat{\mathbf{T}}_e\right):\hat{\mathbf{D}}_p \tag{11.78}$$

의 항등식이 성립하므로 다음과 같은 만델 응력(Mandel stress)을 정의할 수 있다(Mandel, 1973).

$$\mathbf{M}_e \equiv \mathbf{C}_e\hat{\mathbf{T}}_e. \tag{11.79}$$

소성 변형에 의한 부피 변화는 무시할 수 있으므로 $J = J_e$이고 $J_p \equiv \det\mathbf{F}_p = 1$이므로 $\mathrm{tr}\hat{\mathbf{D}}_p = 0$이다. 그러면 중간분포에 대한 자유 에너지 밀도를 $\hat{f}_{\mathrm{I}} \equiv \rho_{\mathrm{I}} f$라고 표시하면 다음이 성립된다.

$$\rho f = \frac{\rho_{\mathrm{I}}}{J_e} f = J_e^{-1}\hat{f}_{\mathrm{I}}. \tag{11.80}$$

게다가 $\hat{f}_{\mathrm{I}} = \hat{f}_{\mathrm{I}}(\mathbf{C}_e, \theta)$라고 한다면 식 (73)은 다음이 된다.

$$\left[\frac{1}{2}\hat{\mathbf{T}}_e - \frac{\partial \hat{f}_{\mathrm{I}}}{\partial \mathbf{C}_e}\right]:\hat{\mathbf{D}}_e + \mathbf{M}_e' : \hat{\mathbf{D}}_p \geq 0. \tag{11.81}$$

여기서 $\mathbf{M}_e'$은 만델 응력의 편차 텐서이다. 이 부등식을 만족시키는 $\hat{\mathbf{T}}_e$와 $\hat{\mathbf{D}}_p$은 무수히 많을 수 있지만 금속의 역학적 거동을 잘 묘사할 수 있으며 가장 간단한 것은 다음이 된다.

$$\hat{\mathbf{T}}_e = 2\frac{\partial \hat{f}}{\partial \mathbf{C}_e}, \quad \hat{\mathbf{D}}_p = \alpha\mathbf{M}_e'. \tag{11.82}$$

자유 에너지 밀도 $\hat{f}$가 등방성 함수이면 $\mathbf{M}_e$는 대칭 텐서가 되므로 식 $(82)_2$는 유효하게 된다. $\mathbf{M}_e$의 대칭성을 이용하면 식 (76), 식 (80), 식 $(82)_1$에 의해서 식 (71)이 성립됨을 쉽게 유도할 수 있다. 또한 식 $(82)_2$를 식 (72)에 대입하고 정리하면 다음이 얻어진다.

$$\mathbf{D}_p = \alpha\mathbf{S} \tag{11.83}$$

이 얻어진다. 이는 식 (10.238)과 같으며 또한 식 (36)과도 같다. 다만 식 (83)에는 흐름 조건 $\Theta(Y)\Theta(F)$가 생략되어 있을 뿐이다.

결과적으로는 굳이 $\hat{\mathbf{D}}_p$를 모형화하는 것보다 바로 $\mathbf{D}_p$를 모형화하는 것이 더 간단했을 것이다. 그런데 이처럼 복잡한 수학적 과정을 거치는 모형화를 하는 이유는 금속 결정에 대한 물리적인 고찰 때문이다. 중간 분포는 탄성 변형을 제거한 것으로 결국 결정격자의 뒤틀림을 제거하여 전위에 의한 영구변형만이 남은 상태를 대표하는 것이므로 $\hat{\mathbf{D}}_p$는 전위에 의한 변형의 속도이다. 따라서 $\hat{\mathbf{D}}_p$는 전위를 운동시키는 구동력에 비례해야 하고 그 구동력에 해당하는 것이 만델 응력이다.

그러면 응력이 변형속도에 영향을 받는 점탄성과 무엇이 다른가? 차이점은 계수 α가 무엇에 어떻게 의존하는 스칼라 함수이냐에 따라서 앞에서 논의한 결과는 점탄성 모형이 될 수도 있고 변형속도에 의존하지 않는 금속 소성 구성방정식이 될 수도 있다. 점탄성 고체의 경우 10.4.2절에서 논의한 바와 같이 응력이 항복 조건을 만족하지 않아도 비가역적인 소성 변형이 발생할 수 있지만 금속의 경우에는 항복 조건을 만족하고 하중 조건도 만족하여야 $\mathbf{D}_p$가 0이 되지 않는다. 게다가 식 $(82)_2$나 식 (83)이 변형률 속도에 의존하지 않는 소성 변형률 속도 모형이 되기 위해서는 시간을 $t \rightarrow \varkappa t$로 변환할 때 계수 함수 α는 $\alpha = \dot{h}_\varkappa(t)$를 만족한다고 하자. 그런데 $h_\varkappa(t) = h(\varkappa t)$라고 한다면 계수 함수 α는

$$\alpha(t) \rightarrow \varkappa \alpha(\varkappa t) \tag{11.84}$$

의 함수구조를 가지게 된다(Gurtin, Fried and Anand, 2010). 이 조건을 만족시키는 함수 α를 찾기 위해서는 11.2.2절에서 다루었던 항복 모형과 일관성 조건이 필요하게 된다.

사실 식 $(82)_2$로는 경화 거동을 표현할 수 없다. 이를 위해서는 식 (34)

의 편차응력 S를 만델 응력의 편차 텐서로 변경하여야 하고 뒤 응력의 진화방정식이 필요하게 된다. 물론 속도 의존성이 없는 구성방정식이 되기 위해서 뒤 응력의 진화방정식도 식 (84)와 같은 변환규칙을 만족해야 할 것이다. 그러면 식 (83)의 α는 $\| \mathbf{D} \|$에 비례하는 함수가 될 것이다.

11.4 점소성과 점탄성의 차이

앞 절의 논의를 보면 도대체 점소성체와 점탄성체의 차이는 무엇인가라는 질문을 하게 된다. 어떤 학자는 항복 조건이 존재하며 응력이 변형의 속도와 경로 모두에 의존하면 점소성, 항복 조건이 존재하며 응력이 변형의 경로에는 의존하지만, 변형속도에는 무관하면 소성, 항복 조건이 존재하지 않으면서 응력이 변형의 경로 및 속도 모두에 의존하면 점탄성으로 구분할지도 모르겠다. 하지만 이런 구분보다는 Haupt, 2000의 구분이 더 타당해 보인다. Haupt, 2000에 의하면 순환적인 변형에 대해서 각각의 변형률에 대해서 완전히 완화된 응력 값들을 구하고 이를 그래프로 그렸을 때 이력 고리(hysteresis loop)가 관찰되면 점소성체, 그렇지 않으면 점탄성체로 구분할 수 있다고 한다.

따라서 Haupt, 2000는 점소성의 응력은 다음과 같이 분해된다고 가정했다.

$$\mathbf{T} = \mathbf{T}_{eq} + \mathbf{T}_{ov}. \tag{11.85}$$

여기서 평형 응력 $\mathbf{T}_{eq}$는 변형속도 의존성이 없는 소성체의 응력에 해당하고 과잉 응력(overstress) $\mathbf{T}_{ov}$는 매우 느린 변형률에서는 점근적으로 소멸하고 또 응력 완화시험에서도 0으로 수렴하는 응력이다. 즉, $\mathbf{T} = \mathbf{T}_{ov}$라면 Haupt, 2000가 말하는 점탄성이 되고 이는 레오노프 모형이 해당한다고 할 수 있다. 반면에 $\mathrm{T} = \mathrm{T}_{eq}$라면 변형속도에 무관한 소성이 된다. 점탄성 모형에서의 평형 응력은 탄성체의 응력에 해당해서 이력 고리를 형성할 수 없지만 점소성 모형의 평형 응력이나 변형속도 의존성이 없는 소성 모형의 응력은 이력 고리를 형성한다. 이력 고리를 형성하는 이유에 대해서 생각해 보자.

속도 의존성이 없는 소성 모형은 제11장에서 설명한 것처럼, 하중을 하는 동안 응력이 일정 수준을 넘게 되면 즉, 항복 조건을 만족하게 되면 소성 변형률 속도가 0이 아니게 되나 제중을 하는 동안에는 응력 상태가 처음의 항복 조건을 만족하더라도 소성 변형률 속도는 0이 된다. 게다가 응력은 소성 변형률에 의존하는 것이 아니라 탄성 변형률에만 의존한다. 즉, 하중 과정과 제중 과정 중의 응력은 계속 탄성 변형률에만 의존하지만, 변형률의 변화는 하중 과정과 제중 과정에서 다르게 작동하기에 변형률-응력 곡선에서 이력 고리가 발생하게 된다. 물론 탄성 한계 이내에서의 하중 과정과 제중 과정에 대한 응력과 변형률의 변화는 각각 같은 방식을 따르기에 이력 고리가 발생하지 않는다. 이 응력 상태에서 물질은 탄성체로 간주할 수 있다.

반면에, 점탄성에서의 비가역적 변형률 속도는 모든 변형 과정 중에도 변화하고 있다. 즉, 항복 조건이 없으므로 물질의 특성이 탄성에서 다른 성질로 전이가 일어나는 것이 아니다.

점탄성 응력은 완화한다. 그러나 속도 의존성이 없는 소성체에서 소성 변형률 속도는 식 (47)에 나타낸 바와 같이 전체 변형률 속도와 선형적이어야만 한다. 따라서 응력 완화실험을 하게 되면 변형률 속도가 0이 되므로 소성 변형률 속도가 0이 되고 그 결과 식 (48)이 보여 주는 바와 같이 탄성 변형률 속도도 0이 되어 응력이 변하지 않게 되는 것이다.

12 변분법적 내부변수 이론

뉴턴 역학에서 입자에 작용하는 모든 힘을 위치와 운동량의 함수로 표현할 수 있으면 역학의 모든 목적을 달성할 수 있다. 하지만 입자가 어떤 제한식(constraint)을 따라서 운동하는 것은 명백한데 그러한 운동을 유발하는 힘의 규명은 쉽지 않다. 입자에 작용하는 힘 모두를 알지는 못하지만, 일부는 알고 있는 경우가 대부분이다. 달랑베르(d'Alembert)의 가상일 원리(virtual work principle)는 이러한 문제를 해결한 최초의 이론적 방법이라고 생각된다. 변분법을 이용한 물리학의 가장 대표적인 예는 최소 작용의 원리(principle of least action)일 것이며 라그란지 역학(Lagrangian mechanics)은 최소 작용 원리를 통한 달랑베르(D'Albert)의 가상 일 원리(virtual work principle)의 연역적 유도라고 할 수 있다(Lanczos, 1970). 그런데 최소 작용의 원리는 사실 최댓값을 구하는 것이기보다는 극값을 구하는 것일 뿐이다. 가우스(J. C. F. Gauss)는 최소 제곱법과 라그란지 승수법을 역학에 도입한 최소 제한의 원리(Gauss principle of least constraint, GPLC)를 개발했다. 이 방법은 운동궤적이 아닌 가속도에 대한 변분법이지만 진정한 최솟값에 대한 변분법이다(Lanczos, 1970). 운동의 제한 조건을 라그란지 승수법의 구속조건으로 사용하여 운동방정식을 유도하기 때문에, 제한 조건에 의해 발생하는 구속력을 직교좌표계로 구할 수 있다. 이 점은 일반화 좌표나 일반화 운동량을 사용하는 라그란지 역학이나 해밀토니안 역학보다 분자 동역학 전산모사에서 더 편리할 수 있으므로 애용된다(Evans and Morris, 2008; Todd and Daivis, 2017).

입자의 위치와 운동량은 고전역학에서의 상태변수라고 할 수 있고 이들의 운동방정식(진화방정식)은 뉴턴 역학으로 알려져 있다. 하지만 비가역 열역학에서 사용되는 상태변수의 진화방정식은 무엇이어야 하는가? 고전 비가역 열역학의 상태변수는 수지식으로 표현되는 물리량들이므로 이러한 걱정할 필요가 없지만, 내부변수 이론이나 확장 비가역 열역학은 고전적인 상태변수 이외의 상태변수를 가지기 때문에 이들의 진화방정식을 구해야만 한다.

Cho and Lee, 2021은 Eu, 2002와 마찬가지로 일반화된 수력학 방정식을 상태변수가 가질 수 있는 일반적인 진화방정식으로 채택하였다. 식 (5.51)이 일반적인 진화방정식의 한 예이다. 식 (5.51)의 우변의 마지막 항은 4.4절의 아핀 변형으로부터 구할 수 있지만, 나머지 항들은 아직 알 수 없다. Cho and Lee, 2021은 이는 마치 GPLC에서 구속력을 구하는 것과 유사하다고 볼 수 있다는 데 착안해서 평형과 비평형의 차이를 나타낼 수 있는 소산함수를 제안하고 이 함수가 최소화되는 조건을 찾는 변분법적 비가역 열역학을 개발하였다. 이 장의 내용은 Cho and Lee, 2021의 결과를 정리한 것이다.

12.1 기본 가정

12.1.1 비평형 척도

비평형 상태를 다룰 수 있는 비가역 열역학 이론을 개발하려고 한다면 먼저 평형과 비평형의 차이를 계량화할 수 있어야 할 것이다. 관심의 대상이 되는 열역학계와 그 주변을 생각할 때, 주변도 열역학계이므로, 두 열역학계가 평형을 이루고 있다면 두 열역학계는 식 (2.3)의 열역학적 힘인 ϕ_i와 θ를 같은 값으로 공유하게 된다. 열역학적 힘은 평형에서 상태변수들의 함수이며 동시에 상태변수로 채택할 수 있는 물리량들이다. 식 (2.3)에서 채택한 모든 상태변수가 크기 변수라면 열역학적 힘은 모두 세기 변수가 된다. 한 열역학계의 온도, 압력, 화학 포텐셜 등의 세기 변수들이 주변과 같은 값을 가지게 되면 그 열역학계는 평형을 이루고 있다고 본다.

그런데 어디까지가 주변일까? 보통 열역학에서는, 우주에서 관심의 대상인 열역학계를 제외한 나머지를 주변이라고 하는데 위에서와 같은 평형이 일어나려면 우주 전체가 평형에 도달해야 한다. 열역학계가 지상에 있는 길이 1m인 금속 정육면체라고 하자. 금속은 대기압과 중력으로 변형을 거의 하지 않을 정도로 단단하고 금속 원자의 증발이나 대기 중의 산소에 의한 부식도 없다고 하자. 금속 덩어리의 초기 온도가 대기의 온도와 다르다고 해도 어느 정도 시간이 지나면 금속과 대기의 온도 차가 없어질 것이다. 하지만 지상에서 10km 위의 공기는 영하 수십 도는 될 것이다. 금속이 평형을 이루는 주변이란 금속 표면에서 수미터 이내의 공기이지 성층권이나 목성의 대기는 아니다. 대기권만을 고려해도 주변은 사실 평형에 도달하지 않았다. 따라서 일반적으로 열역학적 힘과 같은 세기 변수를 이용하여 평형을 정의하지만 이는 완벽하다고 하기 어렵다. 즉, 제3장의 평형 모둠에 대한 논의는 완전하다고 보기 어렵다. 그런데도 제3장의 결과들이 실험 결과와 일치하는 것으로 보아 일반적인 평형의 정의가 매우 정밀한 근사라는 것을 의미한다.

어떤 작지만, 거시적인 대상의 온도를 실험적으로 일정하게 유지하는 방법은 대상의 온도가 목표치보다 낮아지면 인위적으로 가열해 주고 목표치보다 높아지면 냉각해 주는 방법이다. 가열과 냉각은 보통 가열 및 냉각 장치와 대상이 접촉된 상태에서 열전도를 통해서 이루어지는 경우가 대부분이므로 전도를 이용하여 온도를 자동 제어하는 경우를 가정해 보자. 부피도 원자 개수도 변하지 않은 강체 같은 금속 덩어리의 온도를 일정하게 제어하는 것으로 평형을 흉내 내는 것은 끊임없이 변하는 열 유속에 의한 것이다. 진정한 평형이라면 금속의 표면뿐만 아니라 내부에서도 열 유속이 0이 되는 것이다. 물론 열전달 문제에서 경계 온도가 일정하다고 가정하는 경우가 있지만, 이는 엄밀하게 말하면 경계에서 시간에 따라서 변하는 열 유속으로 경계조건을 만드는 것보다 매우 간단하면서 상당히 정확한 근사방법이기 때문이다.

먼저 고전 비가역 열역학의 상태변수들의 진화방정식을 생각해 보자. 간단하게 유체를 생각하면 상태변수는 비 내부 에너지(specific internal energy) u와 질량 밀도의 역수인 비체적(specific volume) v이다. 이들의 진화방정식은 다음이 된다.

$$\rho\dot{u} = -\frac{\partial q_k}{\partial x_k} + T_{ik}L_{ik}, \quad \rho\dot{v} = L_{kk}. \tag{12.1}$$

앞으로 3차 이상의 텐서도 사용하여야 하므로 첨자를 이용한 표기법을 필요할 경우 사용하기로 한다. 물론 중복되는 첨자에 대해서는 아인슈타인의 합산 규칙(Einstein's convention for summation)을 적용한다. 특별한 언급이 없는 경우 모든 벡터와 텐서의 성분은 직교좌표계의 성분으로 간주한다. 식 (1)에서 q_k는 열 유속 $\mathbf{q}$의 성분을, T_{ik}는 응력 $\mathbf{T}$의 성분을, L_{ik}는 속도 그래디언트 $\mathbf{L}$의 성분을 나타낸다. 평형에 도달하게 되면 유체 내의 어느 곳에서도 열 유속 $\mathbf{q}$와 속도 그래디언트 $\mathbf{L}$이 모두 0이 된다. 따라서 열 유속과 속도 그래디언트는 세기 변수보다 더 명백한 비평형 척도(nonequilibrium measure)라고 할 수 있다. 그러면 비평형 척도로 사용할 수 있는 물리량은 무엇이 있을까?

어떤 이는 $\mathbf{L}$ 대신에 응력 $\mathbf{T}$를 비평형 척도로 사용하려는 경향이 있다. 후리에 열전도 법칙에 의하면 열 유속 $\mathbf{q}$는 온도(상태변수)의 그래디언트에 비례하고 뉴턴의 점도 법칙에 의하면 잉여 응력은 속도 그래디언트에 비례하고 게다가 운동량 수지식에서 운동량 유속으로 해석될 수 있으므로(정확하게는 압력 텐서 $-\mathbf{T}$), 응력을 비평형 척도로 사용하려 하지만 이는 뉴턴 유체에 한정할 때 의미가 있고 고체의 경우 평형이지만 응력이 0이 아닐 수 있으며 비 뉴턴 유체의 경우에는 속도 그래디언트가 0이어도 0이 아닌 잉여 응력이 남을 수 있으므로 저자는 응력보다는 속도 그래디언트를 비평형 척도로 선정한다.

고전적 상태변수 이외의 상태변수인 내부변수의 진화방정식의 일반적인 형태를 내부변수가 스칼라, 벡터, 텐서인 경우로 나누어 써 보면 다음이 된다.

$$\rho\dot{a} = \rho(\dot{a})_{kin} - \frac{\partial J_k}{\partial x_k} + R,$$

$$\rho\dot{a}_i = \rho(\dot{a}_i)_{kin} - \frac{\partial J_{ik}}{\partial x_k} + R_i,$$

$$\rho\dot{A}_{ik} = \rho(\dot{A}_{ik})_{kin} - \frac{\partial J_{ikm}}{\partial x_m} + R_{ik}. \tag{12.2}$$

여기서 $(\dot{a})_{kin}$, $(\dot{a}_i)_{kin}$, $(\dot{A}_{ik})_{kin}$는 4.4절에서 다루었던 미시구조체의 운동학적 시간 미분(kinematic time derivative)을 의미한다. 이들은 모두 속

도 그래디언트의 함수이며 L = O일 때 0이 되는 시간 미분이다. 벡터 J_k, 2차 텐서 J_{ik}, 3차 텐서 J_{ikm}은 각각 스칼라 내부변수 a, 벡터 내부변수 a_i, 2차 텐서 내부변수 A_{ik}의 유속이고 R, R_i, R_{ik} 각각 스칼라, 벡터, 2차 텐서인 내부변수들의 완화항(relaxation source)이다. 식 (2)는 모두 식 (5.51)의 텐서 등급에 따른 형태일 뿐이다. 유속(flux)은 제어부피나 물질부피의 경계에서 일어나는 물리적 과정을, 완화항은 제어부피나 물질부피 안에서 일어나는 물리적 과정을 나타낸다.

물리적 과정이란 물질, 운동량, 에너지 등을 거시적인 규모에서 교환하는 과정이라고 정의해 보면 평형에 도달했을 때는 더는 경계면을 통한 교환과정이 일어나지 않을 것이다. 물론 평형이란 거시적인 물성이 고정되는 것이라기보다는 고정값을 중심으로 아주 미시적인 진폭으로 시간에 따라 진동하는 동적 평형이지만 거시적 규모에서 이러한 요동(fluctuation)은 무시할 수 있으므로 평형에서 유속 J_i, J_{ik}, J_{ikm}은 모두 0으로 수렴하게 될 것이다. 따라서 식 (2)의 모든 유속은 비평형 척도라고 할 수 있다. 마찬가지로 완화항이 평형에서도 0이 아니라면 지금까지 확정한 비평형 척도들이 사라졌을 때 내부변수의 시간 미분이 0이 되지 않기 때문에 모순이 된다. 따라서 모든 완화항도 평형에서는 0이 되어야 하며, 따라서 완화항도 비평형 척도가 된다. 일반적인 이동 현상(transport phenomena) 교재에서 R, R_i, R_{ik}를 생성항(source)이라고 부르지만 여기서는 완화항이라고 부르는 이유가 있다. 열역학계가 평형으로 접근하는 과정을 완화과정이라고 하기 때문이다. 따라서 모든 비평형 척도가 0이 되면 열역학계는 평형에 도달했다고 정의한다.

12.1.2 소산함수와 진화의 방향

그러면 비평형 척도가 상태변수의 함수인 열역학적 힘의 역할을 하는데 그 둘은 무엇이 다를까? 더 궁극적으로는 비평형 척도와 상태변수는 어떤 게 다를까? 식 (1)과 (2)의 좌변은 상태변수의 시간 미분이고 우변은 비평형 척도와 상태변수의 함수로 이루어져 있다. 이 방정식이 올바르게 물리를 기술할 수 있다면 우변은 상태변수의 함수에 미분연산자를 적용한 형태가 되어야 할 것이다. 그래야만 과거의 상태변수로부터 현재나 미래의 상태변수를 계산할 수 있기 때문이다. 그러면 어떻게 비평형 척도를 상태변수의 함수와 연결하게 할 수 있는가? 그리고 연결할 상태변수의 함수는 무엇이 되어야 하는가?

이에 관한 답을 구하기 위해서 비평형 척도를 독립변수로 하는 음이 아닌 소산함수를 다음과 같이 정의한다.

$$\Psi = \int_B \psi(\Im, X)\mathrm{d}V \geq 0, \quad \psi(0, X) = 0, \quad \psi(\Im, X) \geq 0. \qquad (12.3)$$

여기서 B는 열역학계를 이루는 물질이 차지하는 공간의 영역이고 $\Im$는 비평형 척도를, X는 고전적 비가역 열역학의 상태변수와 내부변수로 이루어진 상태변수를 나타내는 기호이다. 만약 $\Im$의 성분 중에서 하나라도 0이 아니라면 소산함수 ψ는 0이 되지 않는다는 점을 유의하기를 바란다. 따라서 소산함수는 총체적인 비평형 척도라고 할 수 있다.

평형, 비평형을 포함하는 모든 상태의 변화는 식 (1), (2)의 진화방정식을 제한식으로 하는 소산함수의 최소화로 이루어진다고 가정한다. 그 반대라면 한 번 평형을 떠난 열역학계는 다시는 평형을 이룰 수 없을 것이기 때문이다. 그 평형이 이전의 평형이든지 아니면 새로운 조건의 평형이든지 열역학계는 평형에 도달하지 못할 것이다. 그러면 소산함수

$\psi(\Im, X)$는 다음과 같은 아래로 볼록인 함수(convex function)이어야 한다.

$$\psi(t\Im_1 + (1-t)\Im_2, X) \le t\psi(\Im_1, X) + (1-t)\psi(\Im_2, X),$$
$$0 \le t \le 1. \tag{12.4}$$

여기서 $\Im_1$과 $\Im_2$는 임의의 두 비평형 척도이다.

이 함수의 이름이 소산함수인 이유는 이 함수의 값이 클수록 평형에서 더 빨리 멀어지고 있다고 가정하기 때문이다. 평형에서 더 빨리 멀어질수록 에너지 소산은 더 커지고 따라서 엔트로피도 더 빠르게 커질 것으로 기대한다.

열역학계 진화는 다음의 조건을 만족한다는 가정을 한다.

$$\delta A = 0, \quad A \equiv \int_{t_1}^{t_2} \int_B \underline{L} \mathrm{d} V \mathrm{d} t. \tag{12.5}$$

여기서

$$\underline{L} \equiv \psi + \underline{L}_c,$$
$$\underline{L}_c \equiv \lambda_u(\rho \dot{u} + \nabla \cdot \mathbf{q} - \mathbf{T} : \mathbf{L}) + \lambda_v(\rho \dot{v} - \mathrm{tr}\mathbf{L}) + \cdots \tag{12.6}$$

이다. 시간적 적분의 영역인 t_1과 $t_2 > t_1$은 임의의 값을 가질 수 있고 공간적 적분의 영역 B는 열역학계가 차지하는 공간영역의 임의의 부분 집합이다. 변분법은 비평형 척도에 대한 변분이라는 것을 유의하기를 바란다. 즉, $\delta A = 0$의 조건을 구한다는 것은 모든 비평형 척도에 대한 A의 범함수 미분이 0이 되는 조건을 구하는 것이다.

라그란지 역학과 비교해서, 범함수 A를 열역학적 작용(thermodynamic action), 함수 $\underline{L}$은 열역학적 라그란지안(thermodynamic Lagrangian)이라고 부를 수 있을 것이다. 여기서 $\underline{L}_c$는 상태변수들의 진화방정식과 라그란지 승수의 곱으로 이루어진 함수이다. 따라서 $\underline{L}_c$는 상태변수를 어떤 것으로 선택했는지에 따라서 달라질 수 있다. 식 $(5)_1$을 어떻게 계산할지는 다음 절에서 다루기로 하고 어떤 상태변수를 선정해야 할지를 먼저 생각해 보자.

평형 열역학에서 상태변수를 선정하는 방법이 다양하게 존재한다. 이는 르장드르 변환을 이용하여 다양한 자유 에너지를 정의할 수 있기 때문이다. 하지만 이론을 수립하는 데는 식 (2.1)이나 식 (2.3)과 같은 물리적 의미가 가장 간단하고 명료한 것으로부터 시작한다. 그 이후에 다양한 결과를 유도하고 다른 방식으로 상태변수를 선택해도 같은 열역학 이론이 얻어질 수 있다는 것을 확인하게 된다. 여기서도 마찬가지이다. 먼저 식 $(1)_1$을 보면 내부 에너지의 유속은 q_i이고 완화항은 $T_{ik}L_{ik}$라는 것을 알 수 있고, q_i와 T_{ik}뿐만 아니라 L_{ik}도 명확한 물리적 의미와 측정 방법이 있다. 하지만 식 (2)의 유속과 완화항은 수지식의 일반화로 형성된 수학적 대상일 뿐이지 아직 물리적 의미나 측정 방법이 확립되지 못했다. 따라서 반드시 내부 에너지는 상태변수로 선정해야 한다. 나중에 자유 에너지를 정의하면서 내부 에너지를 온도로 대체할 수는 있다. 식 $(1)_2$의 비체적은 유체에서는 타당한 상태변수이지만 고체의 경우 이보다는 변형률을 상태변수로 대체해야 한다. 변형률 텐서로 좌 코시-그린 변형률을 선정하면 진화방정식은 다음이 된다.

$$\dot{B}_{ik} = L_{im}B_{mk} + B_{im}L_{km}, \quad \dot{\mathbf{B}} = \mathbf{LB} + \mathbf{BL}^{\mathrm{T}}. \tag{12.7}$$

식 (7)은 식 $(1)_2$를 다음과 같은 이유로 포함하게 된다.

$$v = \tilde{v}\sqrt{\det\mathbf{B}}\,. \tag{12.8}$$

여기서 $\tilde{v} = 1/\tilde{\rho}$이고 식 (5.5)를 참조 바란다.

12.1.3 라그란지 승수

열역학적 작용에 대해서 $\delta A = 0$은 평형과 비평형 모두에 적용된다. 그런데 평형일 때 식 (3)에 의해서

$$A_{eq} = \int_{t_1}^{t_2}\int_B \rho\left(\lambda_u \dot{u} + \lambda_1 \dot{\xi}_1 + \lambda_2 \dot{\xi}_2 + \cdots + \lambda_n \dot{\xi}_n\right) \mathrm{d}V \mathrm{d}t \qquad (12.9)$$

가 된다. 여기서 ξ_k는 $u = \xi_0$와 마찬가지로 열역학계의 상태변수이다. 평형에서 $\psi = 0$이므로 식 (9)는 제한 조건인 상태변수 진화방정식의 파편들의 모임이다. 평형에 도달하게 되면 상태변수는 결국 열역학계의 경계조건을 만족시키는 상태변수의 값으로 고정될 것이므로 $\dot{\xi}_k = 0$이 될 것이므로 $A_{eq} = 0$이라고 해석할 수 있을 것이다. 그런데 고전 비가역 열역학에서는 평형에 도달하게 되면 엔트로피 생성률은 0이 되는 것을 가정한다. 그러면 식 (5.53)에서 주변으로부터 엔트로피가 유입되거나 유출되지 않는다면 경계에서 $\mathbf{h} = \mathbf{0}$이 되어야 하고 따라서 $\nabla \cdot \mathbf{h} = 0$이 되어서, 식 (5.53)은 결국 $\dot{s} = 0$이 된다. 즉, 엔트로피가 최댓값에 도달하게 된다고 할 수 있다. 카라테오도리의 열역학에 의하면 상태변수들의 공간(열역학 공간(thermodynamic space))은 다양한 값을 가지는 엔트로피 곡면으로 빈틈없이 채워져 있다. 내부 에너지를 독립변수로 하는 평형 열역학의 자연스러운 열역학 함수는 엔트로피이므로 $\dot{s} = 0$은

$$\frac{\partial s}{\partial u}\dot{u} + \frac{\partial s}{\partial \xi_1}\dot{\xi}_1 + \frac{\partial s}{\partial \xi_2}\dot{\xi}_2 + \cdots + \frac{\partial s}{\partial \xi_n}\dot{\xi}_n = 0 \qquad (12.10)$$

으로 펼쳐 쓸 수 있다. 식 (9)와 식 (10)을 비교하면 라그란지 승수 λ_k는 $\partial s / \partial \xi_k$라고 할 수 있다.

$$\lambda_k = \frac{\partial s}{\partial \xi_k}, \quad k = 0, 1, 2, \cdots, n, \quad \xi_0 \equiv u. \qquad (12.11)$$

사실 식 (11)을 얻는 데는 비평형에서도 상태변수의 함수인 엔트로피가

존재하고 엔트로피의 진화방정식은 식 (5.53)을 따른다고 가정한 것이다. 그리고 엔트로피 생성률 Ω는 항상 음이 아니며 평형에 도달하게 되면 0이 된다는 가정도 사용한다.

덧붙이면 모든 비평형 척도가 0이 된다는 것은, 즉 $\mathfrak{I} = 0$이면 열역학계가 주변과 아무런 상호작용을 하는 것이 아니므로 열역학계는 고립계가 된다는 것이다. 고립계의 평형은 엔트로피가 최대화된 상태이므로 식 (10)이 타당하고 따라서 식 (11)의 추정은 합리적이라고 할 수 있다. 식 (11)의 가정은 라그란지 승수를 결정해 주는 것뿐만 아니라 제5장에서 보여준 고전 비가역 열역학의 결과와도 일치한다는 것을 나중에 보일 것이다. 사실, Cho and Lee, 2021은 상태변수가 u와 v만 사용되는 유체의 경우, 고전 비가역 열역학과 일치하는 결과가 나오도록 라그란지 승수를 결정하여 식 (11)을 얻고 이를 다른 경우에도 타당할 것으로 가정하였다. 식 (11)은 평형에서 $\dot{\xi}_k = 0$보다 일반적이기 때문에 탄성체와 같이 변형이 엔트로피 변화를 유발하지 않는 이상적인 물질의 거동을 기술하는 데, 즉 가역적인 변화까지 포함하는 데 필요한 가정이다.

12.1.4 기본 가정의 비교

Eu, 2002는 화학반응도 고려된 유체에 대한 비가역 열역학 이론을 제안하였는데, 그의 이론은 다섯 개의 큰 가정과 여러 개의 작은 가정들을 공리계로 사용한다. 큰 가정이란 Eu가 proposition이란 이름으로 정리한 것들이고 작은 가정들이란 그가 특별히 정리하지 않은 가정들이다. 큰 가정만을 나열하면 첫째는 소산함수에 대한 것인데 그의 소산함수는 고전 비가역 열역학의 엔트로피 생성률과 유사한 것으로, 앞에서 정의한 소산함수와 개념적 출발선이 다르다. Eu는 그의 소산함수가 그가 정의하는 유속들과 그에 짝지어지는 열역학적 힘으로 구성되는 쌍선형 형식(bilinear form)으로 주어진다고 가정한다. 두 번째 가정은 상태변수들과 짝을 이루는 세기 변수, 즉, 온도, 압력, 화학 포텐셜과 같은 세기 변수가 존재한다는 가정이다. 세 번째는 질량, 운동량, 내부 에너지의 수지식에 관한 것이다. 네 번째는 비보존적 상태변수(non-conserved state variable)의 진화방정식의 일반적인 형태에 관한 것인데 그가 말하는 비보존적 상태변수는 평형 열역학의 상태변수 이외에 비가역 열역학을 일반적인 물질에 관해서 기술하기 위해서 추가되어야만 하는 상태변수를 말한다. 이는 식 (5.51)에 해당한다. 다섯 번째는 엔트로피 유속과 엔트로피 생성률의 수학적 형식에 관한 것이다. 그는 두 번째부터 다섯 번째까지의 큰 가정을 이용하여 비평형 엔트로피의 미분형을 유도하였다. 즉 네 가지의 큰 가정으로부터 비평형 엔트로피의 존재를 유도한 것이라고 볼 수 있다.

이 책의 기본 가정은 다음과 같이 요약된다.

[1] 비평형에서의 엔트로피가 존재하고 이는 고전 비가역 열역학의 엔트로피가 의존하는 상태변수와 내부변수라는 추가적인 변수에 의존하며 식 (5.53)과 식 (5.54)를 만족한다. 하지만 Eu의 다섯 번째 큰 가정과는 다르게 저자의 이론은 엔트로피 유속과 엔트로피 생성률을 유도할 것이다.

[2] 모든 상태변수의 진화방정식은 식 (5.51)의 형태를 가진다.

[3] 식 (3)과 식 (4)의 성질을 가지는 비평형 척도와 상태변수의 함수인 소산함수가 존재하며 식 (5)를 만족해야 한다.

[4] 라그란지 승수는 식 (11)을 따른다.

다음 절에서는 위의 기본 가정들을 이용하여 구성방정식의 모형화를 하기에 매우 편리한 비가역 열역학의 관계식을 유도하는 방법에 대해서 논의할 것이다. 그리고 그 결과를 정리하면 결국 6.3절에서 소개한 온새거의 변분 원리가 유도된다. 6.3절에서 논의하였듯이 온새거의 변분 원리는 마치 볼츠만의 엔트로피 공식, 식 (3.19)와 같이 직관으로 제안된 것이지만 12.2절의 결과는 더 일반적인 가정으로부터 온새거 변분 원리가 유도되는 것이다.

12.2 비가역 열역학 관계식의 유도

식 $(5)_1$을 계산하는 방법에 대해서 논의하기 위해서 다음과 같은 상태변수와 진화방정식을 고려해 보자.

$$
\begin{aligned}
&\rho\dot{u} = -\frac{\partial q_k}{\partial x_k} + T_{ik}L_{ik}, \quad \rho\dot{B}_{ik} = \rho L_{im}B_{mk} + \rho B_{im}L_{km}, \\
&\rho\dot{a}_i = \rho L_{ik}a_k - \frac{\partial J_{ik}}{\partial x_k} + R_i, \\
&\rho\dot{A}_{ik} = \rho(L_{im}A_{mk} + A_{im}L_{mk}) - \frac{\partial J_{ikm}}{\partial x_m} + R_{ik}.
\end{aligned}
\tag{12.12}
$$

여기서 열 유속 $\mathbf{q} = q_k\mathbf{e}_k$, 속도 그래디언트 $\mathbf{L} = \partial v_i/\partial x_k \mathbf{e}_i \otimes \mathbf{e}_k$, 벡터 내부변수 $\mathbf{a} = a_i\mathbf{e}_i$의 유속 $\mathbf{J} = J_{ik}\mathbf{e}_i \otimes \mathbf{e}_k$와 완화항 $\mathbf{r} = R_k\mathbf{e}_k$, 텐서 내부변수 $\mathbf{A} = A_{ik}\mathbf{e}_i \otimes \mathbf{e}_k$의 유속 $\mathbf{J}_{(3)} \equiv J_{ijk}\mathbf{e}_i \otimes \mathbf{e}_j \otimes \mathbf{e}_k$과 완화항 $\mathbf{R} = R_{ik}\mathbf{e}_i \otimes \mathbf{e}_k$는 모두 비평형 척도이다. 왜냐하면 이들이 모두 0일 때 상태변수들의 물질 시간 미분이 0이 되므로 평형에 도달한 것이기 때문이다. 확장 비가역 열역학에서는 단위 질량당 엔트로피(specific entropy)를 평형 열역학의 상태변수와 평형에서 0이 되는 유속들의 함수로 간주하는데(Jou,

Casas-Vazquez and Lebon, 1996) 평형에서 0이 되는 유속이란 여기에서 비평형의 척도라고 부르는 것에 해당한다. 따라서 확장 비가역 열역학은 상태변수와 비평형의 척도 모두에 의존하는 엔트로피를 사용하며 소산함수는 정의하지 않는다. 반면에 이 책의 이론은 상태변수만의 함수인 엔트로피와 비평형 척도의 함수인 소산함수의 두 가지 스칼라를 다룬다. 그런데 우리는 속도 그래디언트를 비평형 척도로 선택하였지만, 확장 비가역 열역학에서는 속도 그래디언트 대신에 소산 응력(dissipative stress)을 선택한다. 점성유체의 경우에는 소산 응력을 쉽게 정의할 수 있겠지만 일반적인 물질, 예를 들면 점탄성체, 소성체, 점소성체와 같은 물질에서 소산 응력과 비소산 응력을 구분한다는 것은, 이미 구성방정식에 대한 충분한 정보를 알 때도 어려운 일이다. 따라서 일반적인 물질에 대해서 구체화하기 어려운 소산 응력과 같은 것을 비평형 척도로 사용하는 것보다는 속도 그래디언트를 사용하는 것이 구성방정식을 위한 열역학 이론을 개발하는데 더 적당하다고 본다.

그러면 식 (12)로부터 $\underline{L}_c$는 다음이 된다.

$$\underline{L}_c = \rho\dot{s} + \frac{\partial \hat{h}_m}{\partial x_m} - \hat{\Omega}, \quad \hat{\Omega} \equiv \hat{\Omega}_{\rm flux} + \hat{\Omega}_{\rm mech} + \hat{\Omega}_{\rm rlx}. \tag{12.13}$$

여기서

$$\hat{h}_m \equiv \frac{\partial s}{\partial u} q_m + \frac{\partial s}{\partial a_i} J_{im} + \frac{\partial s}{\partial A_{ik}} J_{ikm}, \tag{12.14}$$

$$\hat{\Omega}_{\rm flux} \equiv q_m \frac{\partial}{\partial x_m}\frac{\partial s}{\partial u} + J_{im}\frac{\partial}{\partial x_m}\frac{\partial s}{\partial a_i} + J_{ikm}\frac{\partial}{\partial x_m}\frac{\partial s}{\partial A_{ik}}, \tag{12.15}$$

$$\hat{\Omega}_{\rm mech} \equiv \left(\frac{\partial s}{\partial u} T_{ik} + 2\rho B_{im}\frac{\partial s}{\partial B_{mk}} + \rho a_k \frac{\partial s}{\partial a_i} + 2\rho A_{im}\frac{\partial s}{\partial A_{mk}}\right) L_{ik}, \tag{12.16}$$

$$\hat{\Omega}_{\mathrm{rlx}} \equiv \frac{\partial s}{\partial a_i} R_i + \frac{\partial s}{\partial A_{ik}} R_{ik} \tag{12.17}$$

이고 다음과 같은 항등식을 사용하였다.

$$\frac{\partial}{\partial x_m}\left(q_m \frac{\partial s}{\partial u}\right) = \frac{\partial s}{\partial u}\frac{\partial q_m}{\partial x_m} + q_m \frac{\partial}{\partial x_m}\frac{\partial s}{\partial u}. \tag{12.18}$$

식 (13)을 식 (5)에 대입하고 정리하면 다음이 된다.

$$\begin{aligned} A = & \int_{t_1}^{t_2}\int_B \psi \mathrm{d}V\mathrm{d}t + \int_{t_1}^{t_2}\int_B \rho\dot{s}\mathrm{d}V\mathrm{d}t \\ & + \int_{t_1}^{t_2}\int_B \nabla \cdot \hat{\mathrm{h}}\mathrm{d}V\mathrm{d}t - \int_{t_1}^{t_2}\int_B \hat{\Omega}\mathrm{d}V\mathrm{d}t. \end{aligned} \tag{12.19}$$

우변의 두 번째 항은 다음이 된다.

$$\begin{aligned} & \int_{t_1}^{t_2}\int_B \rho\dot{s}\mathrm{d}V\mathrm{d}t = \int_{t_1}^{t_2}\frac{d}{dt}S(t)\mathrm{d}t = S(t_2) - S(t_1), \\ & S = \int_B \rho s \mathrm{d}V. \end{aligned} \tag{12.20}$$

따라서 비평형 척도들에 대해서 A를 범함수 미분하면 이 항은 0이 된다. 첫 번째와 마지막 항의 범함수 미분은 다음이 된다.

$$\begin{aligned} & \delta\int_{t_1}^{t_2}\int_B \psi \mathrm{d}V\mathrm{d}t = \int_{t_1}^{t_2}\int_B \frac{\partial\psi}{\partial\Im}\delta\Im\mathrm{d}V\mathrm{d}t, \\ & \delta\int_{t_1}^{t_2}\int_B \hat{\Omega}\mathrm{d}V\mathrm{d}t = \int_{t_1}^{t_2}\int_B \frac{\partial\hat{\Omega}}{\partial\Im}\delta\Im\mathrm{d}V\mathrm{d}t. \end{aligned} \tag{12.21}$$

여기서 $\psi = \psi(q_i, L_{ik}, J_{ik}, R_i, J_{ikm}, R_{ik})$이므로

$$\begin{aligned} \frac{\partial\psi}{\partial\Im}\delta\Im \equiv & \frac{\partial\psi}{\partial q_i}\delta q_i + \frac{\partial\psi}{\partial L_{ik}}\delta L_{ik} + \frac{\partial\psi}{\partial J_{ik}}\delta J_{ik} + \frac{\partial\psi}{\partial R_i}\delta R_i \\ & + \frac{\partial\psi}{\partial J_{ikm}}\delta J_{ikm} + \frac{\partial\psi}{\partial R_{ik}}\delta R_{ik} \end{aligned} \tag{12.22}$$

를 의미하고 마찬가지로

$$\frac{\partial\hat{\Omega}}{\partial\Im}\delta\Im=\frac{\partial\hat{\Omega}}{\partial q_i}\delta q_i+\frac{\partial\hat{\Omega}}{\partial L_{ik}}\delta L_{ik}+\frac{\partial\hat{\Omega}}{\partial J_{ik}}\delta J_{ik}+\frac{\partial\hat{\Omega}}{\partial R_i}\delta R_i$$
$$+\frac{\partial\hat{\Omega}}{\partial J_{ikm}}\delta J_{ikm}+\frac{\partial\hat{\Omega}}{\partial R_{ik}}\delta R_{ik} \qquad (12.23)$$

을 의미한다.

발산(divergence)이 있는 세 번째 항의 범함수 미분은 약간 복잡하다. 먼저 세 번째 항에 가우스 발산 정리를 적용하면 체적분은 면적분이 된다.

$$\int_{t_1}^{t_2}\int_B \nabla\cdot\hat{\mathrm{h}}\,\mathrm{d}V\mathrm{d}t=\int_{t_1}^{t_2}\oint_{\partial B}\hat{\mathrm{h}}\cdot\hat{\mathrm{n}}\,\mathrm{d}a\mathrm{d}t. \qquad (12.24)$$

그러면 여기에 범함수 미분을 취하면

$$\delta\int_{t_1}^{t_2}\oint_{\partial B}\hat{\mathrm{h}}\cdot\hat{\mathrm{n}}\,\mathrm{d}a\mathrm{d}t$$
$$=\int_{t_1}^{t_2}\oint_{\partial B}\left(\frac{\partial s}{\partial u}\delta q_k\hat{n}_k+\frac{\partial s}{\partial a_i}\delta J_{ik}\hat{n}_k+\frac{\partial s}{\partial A_{ik}}\delta J_{ikm}\hat{n}_m\right)\mathrm{d}a\mathrm{d}t \qquad (12.25)$$

가 된다. 다른 비평형 척도와 달리 q_i, J_{ik}, J_{ikm}은 경계를 통한 상호작용을 나타내는 유속들이다. 반면에 L_{ik}, R_i, R_{ik}는 영역 B 안에서 일어나는 물리 과정을 대표한다. 따라서 변분법을 적용할 때 변동함수 δq_i, δJ_{ik}, δJ_{ikm}은 영역 B 내부에서는 0이 아닐 수 있지만 경계면 ∂B 위에서는 0이 되는 것으로 선정할 수 있다. 이는 경계조건이 주어진 경우를 의미하며 열역학계를 특정하는 것이기도 하다. 그러면 이러한 변동에 대해서 식 (25)는

$$\delta\int_{t_1}^{t_2}\int_B \nabla\cdot\hat{\mathrm{h}}\,\mathrm{d}V\mathrm{d}t=0 \qquad (12.26)$$

을 의미한다. 그러면 최종적으로 $\delta A=0$은 다음을 의미한다.

$$\delta A = \int_{t_1}^{t_2}\int_B\left(\frac{\partial\psi}{\partial\Im} - \frac{\partial\hat{\Omega}}{\partial\Im}\right)\delta\Im \mathrm{d}V\mathrm{d}t = 0. \qquad (12.27)$$

임의의 시간 구간 $t_1 \le t \le t_2$와 임의의 물질부피 B에 대해서 식 (27)이 성립되기 위해서는

$$\frac{\partial\psi}{\partial\Im} - \frac{\partial\hat{\Omega}}{\partial\Im} = 0,$$

$$\left(\frac{\partial\psi}{\partial q_i} - \frac{\partial\hat{\Omega}}{\partial q_i}\right)\delta q_i + \left(\frac{\partial\psi}{\partial L_{ik}} - \frac{\partial\hat{\Omega}}{\partial L_{ik}}\right)\delta L_{ik}$$

$$+\left(\frac{\partial\psi}{\partial J_{ik}} - \frac{\partial\hat{\Omega}}{\partial J_{ik}}\right)\delta J_{ik} + \left(\frac{\partial\psi}{\partial R_i} - \frac{\partial\hat{\Omega}}{\partial R_i}\right)\delta R_i$$

$$+\left(\frac{\partial\psi}{\partial J_{ikm}} - \frac{\partial\hat{\Omega}}{\partial J_{ikm}}\right)\delta J_{ikm} + \left(\frac{\partial\psi}{\partial R_{ik}} - \frac{\partial\hat{\Omega}}{\partial R_{ik}}\right)\delta R_{ik} = 0 \qquad (12.28)$$

이 되어야 한다. 이를 열역학 기본방정식(fundamental equation of thermodynamics)이라고 부르자.

여기서 비평형 척도들의 변동은 서로 독립이다. 일단 변형이 고정된다면 즉, $\delta L_{ik} = 0$에서도 상태의 진화는 일어나게 되며 역으로 δL_{ik}를 제외한 모든 비평형 척도의 변동이 0일 수 있다. 이 경우 δL_{ik}의 계수는 0이 되어야 한다. 그러면 식 (28)의 6개 항 중에 5개 항만 남는다. 그러면 δq_i를 제외한 모든 비평형 척도의 변동을 0으로 고정할 수 있다. 그러면 역시 δq_i의 계수는 0이 되어야 한다. 내부변수의 유속과 완화항에 대한 변동식만 남게 되는데 유속과 완화항은 메커니즘이 다르므로 독립이라고 볼 수 있다. 그런데 δR_i와 δR_{ik}가 독립이지 않고 δJ_{ik}와 δJ_{ikm}이 서로 독립이지 않는다면 상태변수 a_i와 A_{ik}는 서로 독립이지 않기 때문에 애초에 상태변수의 선정이 잘못된 것이다. 텐서 등급이 다른 유

속끼리는 연계되지 않는다는 것이 큐리 정리(Currie theorem)(De Groot and Mazur, 1962)로 알려져 있으므로 일단 여기서는 모든 비평형 척도들의 변분은 서로 독립이라고 가정한다. 그러면 다음과 같이 6개의 비가역 열역학 관계식이 얻어진다.

$$\frac{\partial \psi}{\partial q_i} = \frac{\partial}{\partial x_i}\frac{\partial s}{\partial u}, \quad \frac{\partial \psi}{\partial J_{ik}} = \frac{\partial}{\partial x_k}\frac{\partial s}{\partial a_i}, \quad \frac{\partial \psi}{\partial J_{ikm}} = \frac{\partial}{\partial x_m}\frac{\partial s}{\partial A_{ik}}, \tag{12.29}$$

$$\frac{\partial \psi}{\partial R_i} = \frac{\partial s}{\partial a_i}, \quad \frac{\partial \psi}{\partial R_{ik}} = \frac{\partial s}{\partial A_{ik}}, \tag{12.30}$$

$$\frac{\partial \psi}{\partial L_{ik}} = \frac{\partial s}{\partial u} T_{ik} + 2\rho B_{im}\frac{\partial s}{\partial B_{mk}} + \rho a_k \frac{\partial s}{\partial a_i} + 2\rho A_{im}\frac{\partial s}{\partial A_{mk}}. \tag{12.31}$$

따라서 위 식들은 열역학 기본방정식의 최종판이라고 할 수 있다.

고전 비가역 열역학에서는 국부 평형 가정을 이용하여 $\partial s/\partial u = 1/\theta$라고 가정한다. 고전 비가역 열역학의 열역학 공간은 오로지 평형 열역학의 상태변수로만 이루어져 있지만, 내부변수 이론의 열역학 공간은 여기에 내부변수를 추가한 것이다. 확장 비가역 열역학의 열역학 공간도 비슷하게 평형 열역학의 상태변수에 열 유속과 소산 응력을 추가한 것이며 이 열역학 이론에서 비평형 온도를 $\partial s/\partial u = 1/\theta$로 정의한다. 비평형 온도를 어떻게 정의할 수 있느냐는 매우 어려운 문제로 이 책에서는 다루지 않기로 한다. 국부 평형 가정이 매우 타당하다고 고려해서 이 책에서도 $\partial s/\partial u = 1/\theta$를 사용하겠다. 그러면 식 $(29)_1$은 다음이 된다.

$$\frac{\partial \psi}{\partial q_i} = \frac{\partial}{\partial x_i}\frac{1}{\theta} = -\frac{1}{\theta^2}\frac{\partial \theta}{\partial x_i}. \tag{12.32}$$

만약에 소산함수가 열 유속에 대해서 이차형식의 함수라면 $\partial\psi/\partial q_i = q_i/\hat{\varkappa}$라고 할 수 있을 것이다. 물론 $\hat{\varkappa}$는 상태변수의 함수일 수 있다. 그러면 식 (32)는 다음이 된다.

$$q_i = -\varkappa \frac{\partial \theta}{\partial x_i}, \quad \varkappa \equiv \frac{\hat{\varkappa}}{\theta^2}. \tag{12.33}$$

만약 $\varkappa$가 상수가 된다면 식 (33)은 바로 후리에 열전도 법칙이 된다. 이는 실험 결과와 일치하는 것이므로 $\partial s / \partial u = 1/\theta$를 받아들이자. 그러면 식 (31)은 다음이 된다.

$$T_{ik} = \theta \frac{\partial \psi}{\partial L_{ik}} - 2\rho\theta B_{im} \frac{\partial s}{\partial B_{mk}} - \rho\theta a_k \frac{\partial s}{\partial a_i} - 2\rho\theta A_{im} \frac{\partial s}{\partial A_{mk}}. \tag{12.34}$$

두 스칼라 함수, ψ와 s를 적절히 모형화하면 탄성체, 점성유체, 점탄성체 등 피프킨 작도(Pipkin diagram)(Pipkin, 1986)에 나오는 모든 물질의 구성방정식을 식 (34)로부터 얻을 수 있다(Cho and Lee, 2021). 이에 대해서는 제13장에서 논의하기로 한다.

응력 텐서의 대칭성으로 식 (34)에 대해서 의문을 가질 수 있다. 먼저 우변의 첫 번째 항에 대해서 생각해 보자. 등방성 물질로 간주하면 ψ는 $\mathbf{L}$의 주요 불변량의 함수가 되어야 한다. 그런데 $\mathbf{L}$의 주요 불변량은 대칭 텐서인 $\mathbf{D} = (\mathbf{L} + \mathbf{L}^{\mathrm{T}})/2$의 주요 불변량과 일치한다. 그리고 $\partial \mathbf{D} / \partial \mathbf{L}$은 4차 항등 텐서(identity tensor)이기 때문에 합성함수의 미분을 이용하게 되면 우변의 첫 번째 항은 대칭 텐서가 된다. 두 번째 항에서 $\mathbf{B}$는 대칭 텐서이기 때문에 두 번째 항은 자연스럽게 대칭 텐서가 된다. 특별한 이유가 없다면 내부변수 $\mathbf{A}$도 대칭 텐서로 정의할 수 있으므로 마지막 항도 문제가 없다. 다만 세 번째 항이 문제일 수 있는 것처럼 보이지만 엔트로피가 등방성 함수라고 하면 세 번째 항은 $\mathbf{a} \otimes \mathbf{a}$에 비례하는 텐서가 되므로 문제가 되지 않는다. 그러면 벡터 내부변수에 대해서 엔트로피가 등방성 함수가 아닐 수 있는가? 액정의 경우 응력이 대칭 텐서가 아닐 수 있으므로 벡터 내부변수는 이방성 유체를 다루는 데 필요할 것이다.

식 (29)와 (30)은 소산함수가 비평형 척도의 이차형식일 때 명확하게 구성방정식을 만들기 쉽다. 하지만 굳이 소산함수가 이차형식일 필요는 없다. 이 경우에는 비평형 척도의 구성방정식이 음함수적으로 주어지므로 수학적으로 다루기 어려울 뿐이다. 하지만 응력에 대한 구성방정식을 만들 때는 이러한 문제가 없다. 식 (34)와 같이 응력의 상태변수의 함수로 명확하게 구해지기 때문이다.

이미 $\partial s/\partial u = 1/\theta$를 받아들였으므로 다음과 같이 자유 에너지를 정의할 수 있다.

$$f = u - \theta s. \tag{12.35}$$

양변에 전미분을 취하면 다음이 얻어진다.

$$\begin{aligned} \mathrm{d}f &= \mathrm{d}u - s\mathrm{d}\theta - \theta \mathrm{d}s \\ &= \mathrm{d}u - s\mathrm{d}\theta - \theta\left(\frac{\partial s}{\partial u}\mathrm{d}u + \frac{\partial s}{\partial B_{ik}}\mathrm{d}B_{ik} + \frac{\partial s}{\partial a_i}\mathrm{d}a_i + \frac{\partial s}{\partial A_{ik}}\mathrm{d}A_{ik}\right) \\ &= -s\mathrm{d}\theta - \theta\frac{\partial s}{\partial B_{ik}}\mathrm{d}B_{ik} - \theta\frac{\partial s}{\partial a_i}\mathrm{d}a_i - \theta\frac{\partial s}{\partial A_{ik}}\mathrm{d}A. \end{aligned} \tag{12.36}$$

따라서 다음이 성립함은 당연하다.

$$\begin{aligned} &\frac{\partial f}{\partial \theta} = -s, \quad \frac{\partial f}{\partial B_{ik}} = -\theta\frac{\partial s}{\partial B_{ik}}, \quad \frac{\partial f}{\partial a_i} = -\theta\frac{\partial s}{\partial a_i}, \\ &\frac{\partial f}{\partial A_{ik}} = -\theta\frac{\partial s}{\partial A_{ik}}. \end{aligned} \tag{12.37}$$

이제 식 (37)을 식 (29), (30), (31)에 사용하면 엔트로피 대신에 자유 에너지를 사용하여 구성방정식을 얻을 수 있다. 자유 에너지 f는 내부 에너지 u 대신에 온도를 상태변수로 사용하므로 등온과정에 관한 구성방정식을 개발하기 매우 편리하다.

정리하면 식 (29), (30), (31)을 이용하면 대부분의 구성방정식을 단지 두 가지 스칼라 함수의 모형화로 개발할 수 있게 된다. 이 점은 다른 어떤 구성방정식 이론보다 생산성이 높은 이론적 방법이라고 할 수 있다. 다양한 응용에 대해서는 제13장에서 다루기로 한다.

12.3 물리적 의미

식 (12)의 진화방정식과 엔트로피가 u, B_{ik}, a_i, A_{ik}의 함수라고 한다면 엔트로피의 시간 미분은 다음이 된다.

$$\rho\dot{s} = -\nabla \cdot \hat{\mathrm{h}} + \hat{\Omega}. \tag{12.38}$$

여기서 $\hat{\mathrm{h}}$와 $\hat{\Omega}$는 식 (13)~(17)에서 정의된 것이다. 식 (38)을 유도하는데 물론 고전 비가역 열역학에서 사용하였던 발산 분해를 사용하였다. 따라서 $\hat{\mathrm{h}}$와 $\hat{\Omega}$는 각각 엔트로피 유속과 엔드로피 생성률이라는 것을 알게 된다. 앞으로는 'hat' 기호를 생략하기로 한다. 결국 식 (27)은

$$\delta\int_B(\psi - \rho\dot{s})\mathrm{d}\,V = 0 \tag{12.39}$$

와 같다는 것을 의미한다. 이는 열역학적 유속과 열역학적 힘 사이의 관계가 선형이라는 가정으로부터 얻은 원래의 옹새거 변분 원리의 결과이다[6.3절 참조]. 이 책의 유도 과정은 열역학적 유속과 열역학적 힘을 정의하지도 않으며 게다가 소산함수가 열역학적 유속의 이차형식(quadratic form)이라는 가정도 하지 않는다. 옹새거는 식 (39)를 직관으로 제안했지만, 저자는 열역학적 현상에 대한 보다 근본적인 가정으로부터 유도하였다.

식 (39)는 라그란지 역학의 작용과 유사한 특성이 있다. 비평형 척

도들은 열역학 공간의 좌표인 상태변수의 시간 미분에 해당한다고 보면 소산함수는 라그란지 역학의 운동 에너지에 해당하고 엔트로피는 열역학 공간좌표의 함수이므로 포텐셜 에너지에 해당한다고 비유할 수 있다. 라그란지 역학을 열역학적으로 해석해 보면 평균 운동 에너지와 평균 포텐셜의 차이가 최소화되는 경로로 운동이 일어난다고 할 수 있다(Neuenschwander, 2011). 식 (39)는 비평형 척도로 표현되는 에너지 소산 속도 ψ와 상태변수의 함수인 엔트로피의 시간 미분 사이의 차이가 최소가 되는 방향으로 열역학적 현상이 일어난다는 것을 의미한다.

하지만 개념적으로 보면, Cho and Lee, 2021의 이론은 이보다는 가우스의 GPLC와 더 유사성이 강하다. 가우스 GPLC(Gauss's principle of least constraint)의 한 예를 들어보기 위해서 입자 한 개가 제한 조건

$$c(\mathbf{v})=0 \Rightarrow \frac{\partial c}{\partial \mathbf{v}} \cdot \mathbf{a}=0 \tag{12.40}$$

을 만족하며 알고 있는 힘 $\mathbf{f}_a$를 받아서 운동하고 있다고 하자. 여기서 $\mathbf{v}$는 입자의 속도이고 $\mathbf{a}=d\mathbf{v}/dt$이다. 식 (40)에 의해서 발생하는 힘을 알지는 못하지만 이를 $\mathbf{f}_c$라고 표시하자. 그러면 뉴턴 법칙에 따라서 다음과 같은 운동방정식을 생각할 수 있다.

$$\mathbf{a}-\frac{\mathbf{f}_a}{m}=\frac{\mathbf{f}_c}{m}. \tag{12.41}$$

따라서 우변은 구속력에 의한 가속도라고 할 수 있다. GPLC는

$$Z_0(\mathbf{a}) \equiv \frac{m}{2}\left(\mathbf{a}-\frac{f_a}{m}\right) \cdot \left(\mathbf{a}-\frac{f_a}{m}\right) \tag{12.42}$$

가 식 (40)의 제한 조건을 만족하며 최소화되는 운동을 한다는 것이다. 즉

$$Z(\mathbf{a}) \equiv Z_0(\mathbf{a}) - \lambda \frac{\partial c}{\partial \mathbf{v}} \cdot \mathbf{a}$$

$$= \frac{m}{2}\left(\mathbf{a} - \frac{f_a}{m}\right) \cdot \left(\mathbf{a} - \frac{f_a}{m}\right) - \lambda \frac{\partial c}{\partial \mathbf{v}} \cdot \mathbf{a} \tag{12.43}$$

이 가속도에 대해서 최소화되는 것이다. 물론 여기서 λ는 라그란지 승수이다. 식 (43)을 $\mathbf{a}$에 대해서 미분하면 다음이 얻어진다.

$$m\mathbf{a} - \mathbf{f}_a - \lambda \frac{\partial c}{\partial \mathbf{v}} = \mathbf{0}. \tag{12.44}$$

이 식으로부터

$$\mathbf{f}_c = \lambda \frac{\partial c}{\partial \mathbf{v}} \tag{12.45}$$

가 됨을 알 수 있다. 이제 라그란지 승수를 결정하기 위해서 식 (44)를 $\mathbf{a}$에 대해서 정리한 다음 식 (40)에 대입하면 다음이 얻어진다.

$$\lambda = -\frac{\mathbf{f}_a \cdot \partial c / \partial \mathbf{v}}{(\partial c / \partial \mathbf{v}) \cdot (\partial c / \partial \mathbf{v})}. \tag{12.46}$$

이 책의 열역학적 변분법 이론과 GPLC를 비교하면 소산함수 ψ는 Z_0에 대응되고 상태변수의 진화방정식은 식 (40)의 제한식에 해당한다. 그런데 열역학적 변분법에서는 소산함수의 함수구조가 알려지지 않아 모형화해야 하지만, GPLC의 Z_0는 뉴턴 역학에 따라서 그 함수구조가 이미 알려져 있다. 따라서 GPLC의 경우에는 식 (46)과 같이 자체적으로 라그란지 승수를 결정할 수 있지만, 열역학적 변분법에서는 소산함수를 모형화해야 하기에 라그란지 승수를 이론 자체만으로 결정할 수 없어서 몇 가지 가정을 이용하여 결정할 수밖에 없다. GPLC에서는 범함수 미분의 독립변수가 가속도 벡터 하나이지만 열역학적 변분법에는 다양한 텐서 등급의 비평형 척도들이 있다. GPLC 이론이 궁극적으로 제공하는 결과는 구속력 $\mathbf{f}_c$이 식 (45)와 (46)을 통해 이미 알고 있는 힘 $\mathbf{f}_a$와 제한 조건으로부터 구해진다는 것이다. 열역학적 변분법에서는 구속력 $\mathbf{f}_c$에 해당하는 유속, 응력, 완화항 등이 소산함수와 자유 에너지에 의해서 정해진다.

13 온새거 변분원리의 응용

13.1 탄성체와 점성유체의 구성방정식 유도

여기서는 6.1절에서 다루었던 고전 비가역 열역학을 이용한 구성방정식의 유도를 변분법적 방법으로 다시 유도하고 이전의 이론과 어떤 점이 다른지에 대해서 고찰하기로 한다.

이전과 마찬가지로 상태변수로 단위 질량당 내부 에너지(specific internal energy)와 좌 코시-그린 변형률을 선정한다. 그러면 단위 질량당 엔트로피(specific entropy)는 $s = s(u, \mathbf{B})$이고 두 상태변수의 진화방정식은 식 (12.12)$_1$과 (12.12)$_2$이다. 그러면 이 두 식으로부터 비평형 척도는 열 유속 $\mathbf{q}$, 속도 그래디언트 $\mathbf{L}$뿐이라는 것을 알게 된다. 이제 구성방정식을 얻으려면 식 (12.28)의 두 스칼라 함수 ψ와 $\hat{\Omega}$을 알아야 한다. 그런데 제12장에서 $\hat{\Omega} = \Omega$라는 것을 알았으므로, 식 (6.17)$_2$를 사용할 수 있다. 그러면 열역학 기본방정식은 다음이 된다.

$$\theta\frac{\partial\psi}{\partial\mathbf{q}} = -\frac{1}{\theta}\mathrm{grad}\theta,\quad \theta\frac{\partial\psi}{\partial\mathbf{L}} = \mathbf{T} + 2\rho\theta\mathbf{B}\frac{\partial s}{\partial\mathbf{B}}. \tag{13.1}$$

이제 소산함수 ψ와 단위 질량당 엔트로피의 모형화만 하면 그에 따라서 구체적인 구성방정식이 얻어진다. 그 전에 $f = u - \theta s$로 단위 질량당 자유 에너지를 도입하면 르장드르 변환에 의해서 식 $(1)_2$는 다음이 된다.

$$\theta \frac{\partial \psi}{\partial \mathbf{L}} = \mathbf{T} - 2\rho \mathbf{B} \frac{\partial f}{\partial \mathbf{B}}. \tag{13.2}$$

물론 $f = f(\theta, \mathbf{B})$이다. 당연히 소산함수는 $\psi = \psi(\theta, \mathbf{B}, \mathbf{D}, \mathbf{q})$이다. 이제 단위 질량당 자유 에너지와 소산함수를 어떻게 모형화하느냐에 따라서 식 $(1)_1$과 식 (2)가 어떤 구체적인 구성방정식을 제시하게 되는지를 보이겠다.

13.1.1 탄성체

탄성체의 정의에 대해서 생각해 볼 필요가 있다. 탄성체를 응력이 현재의 변형률에만 의존하는 물질이라고 정의하면 응력 $\mathbf{T}$는 온도 θ와 변형률 $\mathbf{B}$만의 함수가 되어야 한다. 그러면 식 (2)의 좌변은 0이 되어야 한다. 왜냐하면 우변의 두 번째 항은 자유 에너지의 미분이므로 온도 θ와 변형률 $\mathbf{B}$만의 함수이고 좌변의 소산함수는 온도와 변형률뿐만 아니라 변형률 속도와 열 유속의 함수이기 때문이다. 그러면 식 (2)는 다음이 되어야만 한다.

$$\mathbf{T} = 2\rho \mathbf{B} \frac{\partial f}{\partial \mathbf{B}}. \tag{13.3}$$

이 식은 8.1.2절에서 논의한 초탄성체(hyperelastic body)의 구성방정식에 해당한다.

식 (3)을 식 $(6.17)_2$의 엔트로피 생성률에 대입하면 열역학 제2 법칙을 위배하지 않는다는 것을 쉽게 확인할 수 있다.

고무와 같은 물질은 임의의 변형에도 부피는 거의 변하지 않는 물질로 알려져 있다. 비압축성을 가정하면

$$\mathrm{tr}\mathbf{L} = 0 \tag{13.4}$$

가 된다. 이와 같은 제한식이 사용되면 고전 비가역 열역학의 엔트로피 생성률을 바로 쓸 수 없다. 물론 이 경우에 단위 질량당 엔트로피는 비체적의 함수가 아니다. 열역학적 라그란지안이 다음이 된다.

$$\begin{aligned} \underline{L} &= \psi + \lambda\left(\rho\dot{u} + \frac{\partial q_i}{\partial x_i} - T_{ik}L_{ik}\right) \\ &\quad + \rho\Lambda_{ik}\left(\dot{B}_{ik} - L_{im}B_{mk} - B_{im}L_{km}\right) + \pi L_{kk}. \end{aligned} \tag{13.5}$$

여기서 λ, Λ_{ik}, π는 라그란지 승수이다. 발산 분해를 이용하여 식 (5)를 정리하면 다음이 된다.

$$\begin{aligned} \underline{L} &= \psi + \rho\left(\lambda\dot{u} + \Lambda_{ik}\dot{B}_{ik}\right) + \frac{\partial}{\partial x_k}(\lambda q_k) - q_k\frac{\partial \lambda}{\partial x_k} \\ &\quad - \left(\lambda T_{ik} + 2\rho B_{im}\Lambda_{mk} - \pi\delta_{ik}\right)L_{ik}. \end{aligned} \tag{13.6}$$

제12장의 이론에 따라서 라그란지 승수 λ와 Λ_{ik}는

$$\lambda = \frac{\partial s}{\partial u} \equiv \frac{1}{\theta}, \quad \Lambda_{ik} = \frac{\partial s}{\partial B_{ik}} \tag{13.7}$$

이 됨을 안다. 하지만 라그란지 승수 π는 열역학적 추론으로 결정할 수 없는 것이다. 식 (6)으로부터 엔트로피 유속은 $\mathbf{h} = \theta^{-1}\mathbf{q}$가 됨을 쉽게 알 수 있고 엔트로피 생성률은

$$\Omega = -q_k\frac{\partial \theta^{-1}}{\partial x_k} + \frac{1}{\theta}\left(T_{ik} + 2\rho\theta B_{im}\frac{\partial s}{\partial B_{mk}} - \theta\pi\delta_{ik}\right)L_{ik} \tag{13.8}$$

이 됨을 알 수 있다. 따라서 열역학 기본방정식 (12.28)을 이용하면 응력은 다음이 된다.

$$\mathbf{T} = \theta\pi\mathbf{I} + 2\rho\mathbf{B}\frac{\partial f}{\partial \mathbf{B}}. \tag{13.9}$$

여기서 $\theta\partial s/\partial\mathbf{B} = -\partial f/\partial\mathbf{B}$를 이용하였다. 등방성 물질이라면 단위 질

량당 자유 에너지는 $\mathbf{B}$의 주요 불변량의 함수여야 하므로

$$\mathbf{B}\frac{\partial f}{\partial \mathbf{B}}=\left(III_{\mathbf{B}}\frac{\partial f}{\partial III_{\mathbf{B}}}+II_{\mathbf{B}}\frac{\partial f}{\partial II_{\mathbf{B}}}\right)\mathbf{I} + \frac{\partial f}{\partial I_{\mathbf{B}}}\mathbf{B}-III_{\mathbf{B}}\frac{\partial f}{\partial II_{\mathbf{B}}}\mathbf{B}^{-1} \tag{13.10}$$

이 된다. 그런데 비압축성 때문에 $III_{\mathbf{B}}=1$이므로 $\partial f/\partial III_{\mathbf{B}}=0$이어야 한다. 따라서 식 (9)는 다음이 된다.

$$\mathbf{T}=-p\mathbf{I}+2\rho\frac{\partial f}{\partial I_{\mathbf{B}}}\mathbf{B}-2\rho\frac{\partial f}{\partial I_{\mathbf{B}^{-1}}}\mathbf{B}^{-1}. \tag{13.11}$$

여기서 $III_{\mathbf{B}}=1$일 때, $II_{\mathbf{B}}=I_{\mathbf{B}^{-1}}$이 됨을 이용하였고 여기서

$$-p\equiv\theta\pi+2\rho I_{\mathbf{B}^{-1}}\frac{\partial f}{\partial I_{\mathbf{B}^{-1}}} \tag{13.12}$$

이다. 정압력 p는 열역학 함수만으로 정해질 수 없고 경계조건으로 결정할 수 있음을 유의하기를 바란다. 그리고 비압축성이란 결국 약간의 부피 변화에도 매우 큰 응력이 필요하게 되는 물질의 특성을 극한적으로 공식화한 것임도 유의하기를 바란다.

13.1.2 점성유체

점성유체란 잉여 응력이 현재의 변형률 속도에만 의존하는 물질이다. 잉여 응력이란 응력에서 정압력을 제외한 응력을 말한다. 이렇게 복잡한 정의보다는 단위 질량당 엔트로피가 $\mathbf{B}$의 모든 성분에 의존하는 것이 아니라 $III_{\mathbf{B}}$에만 의존하는 물질이라고 볼 수 있다. 그러면 식 (2)는 다음과 같이 된다.

$$\mathbf{T}=-p_{eq}\mathbf{I}+\theta\frac{\partial\psi}{\partial \mathbf{L}}. \tag{13.13}$$

여기서 식 (6.22)가 성립되기 때문에

$$p_{eq} = -2\rho \mathbf{B}\frac{\partial f}{\partial \mathbf{B}} = -\frac{\partial f}{\partial v} \tag{13.14}$$

가 된다. 열 유속이 후리에 전도 법칙을 따른다면 소산함수를 다음과 같이 모형화할 수 있다.

$$\psi = \frac{q_i q_i}{2\hat{\varkappa}(\theta)} + \psi_{\mathrm{mech}}(\theta, \mathbf{D}). \tag{13.15}$$

그러면 식 (13)을 이용하면 식 (6.17)로부터 다음의 부등식이 얻어진다.

$$\frac{\partial \psi_{\mathrm{mech}}}{\partial L_{ik}} L_{ik} = \frac{\partial \psi_{\mathrm{mech}}}{\partial D_{ik}} D_{ik} \geq 0. \tag{13.16}$$

여기서 ψ_{mech}가 $\mathbf{D}$에 대한 등방성 함수로 가정했다. 그러면 다음이 얻어진다.

$$\frac{\partial \psi_{\mathrm{mech}}}{\partial \mathbf{D}} - \left(\frac{\partial \psi_{\mathrm{mech}}}{\partial I_{\mathrm{D}}} + I_{\mathrm{D}}\frac{\partial \psi_{\mathrm{mech}}}{\partial II_{\mathrm{D}}} + II_{\mathrm{D}}\frac{\partial \psi_{\mathrm{mech}}}{\partial III_{\mathrm{D}}}\right)\mathbf{I} - \left(\frac{\partial \psi_{\mathrm{mech}}}{\partial II_{\mathrm{D}}} + I_{\mathrm{D}}\frac{\partial \psi_{\mathrm{mech}}}{\partial III_{\mathrm{D}}}\right)\mathbf{D} + \frac{\partial \psi_{\mathrm{mech}}}{\partial III_{\mathrm{D}}}\mathbf{D}^2. \tag{13.17}$$

식 (16)과 식 (17)을 결합하면 ψ_{mech}가 어떤 구조의 함수이어야 하는지를 알려 준다. 적정한 ψ_{mech}를 찾았다고 가정하면 식 (17)은 식 (8.33) 같은 일반적인 점성유체의 구성방정식을 제공하게 된다.

비압축성 유체를 가정해 보자. 그러면 식 (13)의 p_{eq}는 경계조건으로부터 정해지는 정압력 p로 대체되어야 할 것이다. 비압축성이면 $I_{\mathrm{D}} = 0$이다. 8.2절에서 논의한 것처럼 실험으로 점성유체의 잉여 응력이 III_{D}에 어떻게 의존하는지를 밝히기는 매우 어려우므로 ψ_{mech}가 온도와 II_{D}만의 함수라고 가정하자. 그러면 식 (17)은 다음이 된다.

$$\frac{\partial \psi_{\mathrm{mech}}}{\partial \mathbf{D}} = -\frac{\partial \psi_{\mathrm{mech}}}{\partial II_{\mathrm{D}}}\mathbf{D}. \tag{13.18}$$

그러면 식 (16)으로부터

$$2\eta_{GNF} \equiv -\theta\frac{\partial \psi_{\mathrm{mech}}}{\partial II_{\mathrm{D}}} \geq 0 \tag{13.19}$$

이어야 한다는 것을 알 수 있다. 그러면 이 간단한 점성유체의 구성방정식은 다음이 된다.

$$\mathbf{T} = -p\mathbf{I} + 2\eta_{\mathrm{GNF}}\mathbf{D}. \tag{13.20}$$

일반화된 전단 속도를 $\dot{\gamma} \equiv \sqrt{4|II_{\mathrm{D}}|}$ 로 정의할 수 있으므로 일반화된 전단 점도 η_{GNF}는 온도와 $\dot{\gamma}$의 함수이다. 전단 박화 유체(shear thining fluid)라면

$$\frac{\partial \eta_{\mathrm{GNF}}}{\partial \dot{\gamma}} \leq 0 \tag{13.21}$$

을 만족시킨다.

13.1.3 보이그트 점탄성 고체

식 (2)에 대해서 탄성체나 점성유체에서와 같은 가정을 하지 않는다면 응력은 다음이 된다.

$$\mathbf{T} = \theta\frac{\partial \psi_{\mathrm{mech}}}{\partial \mathbf{L}} + 2\rho\mathbf{B}\frac{\partial f}{\partial \mathbf{B}}. \tag{13.22}$$

여기서 식 (15)도 사용하였다. 우변의 첫 번째 항은 식 (17)을 이용하여 다음과 같이 구성될 수 있는 변형률 속도에 의존하는 응력이다.

$$\theta\frac{\partial \psi_{\mathrm{mech}}}{\partial \mathbf{L}} = \eta_0\mathbf{I} + 2\eta_1\mathbf{D} + 4\eta_2\mathbf{D}^2. \tag{13.23}$$

따라서 이 응력은 점성 응력(viscous stress)이라고 부를 수 있다. 식 (22)에서 단위 질량당 자유 에너지가 온도와 좌 코시-그린 변형률만의 함수이므로 우변의 두 번째 항은 초탄성체의 응력에 해당한다. 즉, 탄성 응력(elastic stress)이다. 따라서 식 (22)는 일반화된 보이그트 모형이라고 할 수 있다.

13.1.4 고전적 이론과의 차이

상태변수를 θ와 $\mathbf{B}$만을 선택했을 때 고전 비가역 열역학 이론이 구성방정식 개발에 사용되는 방법은 다음의 부등식이다.

$$\left(\mathbf{T}-2\rho\mathbf{B}\frac{\partial f}{\partial \mathbf{B}}\right):\mathbf{L}\geq 0. \tag{13.24}$$

이 부등식을 만족하는 괄호 안의 응력 차, $\mathbf{T}-2\rho\mathbf{B}(\partial f/\partial\mathbf{B})$를 구하기 위해서 고전 비가역 열역학에서 응력 차는 속도 그래디언트에 비례하는 것으로 다음과 같이 정의한다.

$$\mathbf{T}-2\rho\mathbf{B}\frac{\partial f}{\partial \mathbf{B}}=\mathbf{M}_{(4)}:\mathbf{L}. \tag{13.25}$$

여기서 4차 텐서 $\mathbf{M}_{(4)}$는 양의 정치이다. 즉, 0이 아닌 임의의 2차 텐서 $\mathbf{X}$에 대해서 항상 다음이 성립되게 하는 4차 텐서이다. 즉,

$$\mathbf{X}:(\mathbf{M}_{(4)}:\mathbf{X})>0 \tag{13.26}$$

이다. 만약에 다루는 물질이 탄성체라고 한다면 탄성체는 변형 때문에 에너지 소산을 발생시키지 않는다는 가정을 해서 $\mathbf{T}-2\rho\mathbf{B}(\partial f/\partial\mathbf{B})=\mathbf{O}$를 사용하는 것이다. 하지만 이 책에서 소개하는 변분법적 비가역 열역학은 부등식이 아닌 식 (2)와 같은 등식을 제공한다. 따라서 단위 질량당 자유 에너지와 소산함수만 모형화하면 위에서 보인 바와 같이 다양한

구성방정식을 얻어낼 수 있다. 엔트로피 생성률이 음이 아니어야 한다는 조건은 소산함수가 가질 수 있는 수학적 구조를 제한해 줄 뿐이다.

13.2 점탄성체의 구성방정식 유도

13.2.1 내부변수가 2차 텐서인 경우

앞 절에서는 상태변수를 엔트로피의 경우 $\Gamma_s = (u, \mathbf{B})$로 자유 에너지의 경우 $\Gamma_f = (\theta, \mathbf{B})$로 선정하였다. 반면에 점탄성 모형인 레오노프 모형은 좌 코시-그린 변형률이 대신 내부변수 $\mathbf{B}_e$를 채택한 $\Gamma_f = (\theta, \mathbf{B}_e)$를 사용하고 있다. 레오노프 모형은 크뢰너-리 분해를 이용하여 $\mathbf{B}_e$의 진화방정식을 만들지만, 이 절에서는 변분법적 비가역 열역학의 이론적 체계에 따라서 구성방정식을 유도하겠다.

고분자 유체를 생각한다. 고분자의 응력은 고분자 사슬의 배좌(chain conformation)와 관련된다. 10.3절의 분자모형에서 고분자 사슬의 배좌를 사슬의 양 말단 거리를 나타내는 벡터로 이루어진 대칭 텐서의 앙상블로 대표하듯이 고분자의 미세구조를 대표하는 내부변수는 대칭이고 양정치인 2차 텐서(symmetric and positive definite tensor)로 상정하자. 그러면 다음과 같은 진화방정식의 일반적인 형태를 생각할 수 있다.

$$\rho \dot{B}_{ik}^{(e)} = \rho\left(L_{im} B_{mk}^{(e)} + B_{im}^{(e)} L_{km}\right) - \frac{\partial J_{ikm}}{\partial x_m} + R_{ik}. \tag{13.27}$$

그런데 $B_{ik}^{(e)} = B_{ki}^{(e)}$이므로 식 (27)은

$$J_{ikm} = J_{kim}, \quad R_{ik} = R_{ki} \tag{13.28}$$

을 의미한다. 물론 $B_{ik}^{(e)}$는 $\mathbf{B}_e$의 성분을 의미한다. 선택한 상태변수는 $\Gamma_s = (u, \mathbf{B}_e)$이므로 식 $(12.12)_1$의 단위 질량당 내부 에너지의 진화방정

식도 필요하다. 그러면 비평형 척도는 열 유속 q_i, 속도 그래디언트 L_{ik}, 내부변수의 유속인 3차 텐서 J_{ikm}, 그리고 완화항 R_{ik}가 된다. 따라서 열역학적 라그란지안은 다음이 된다.

$$\underline{L} = \psi\left(q_i, L_{ik}, J_{ikm}, R_{ik}, \theta, B_{ik}^{(e)}\right) + \frac{1}{\theta}\left(\rho\dot{u} + \frac{\partial q_k}{\partial x_k} - T_{ik}L_{ik}\right)$$

$$-\frac{1}{\theta}\frac{\partial f}{\partial B_{ik}^{(e)}}\left(\rho\dot{B}_{ik}^{(e)} - \rho L_{im}B_{mk}^{(e)} - \rho B_{im}^{(e)}L_{km} + \frac{\partial J_{ikm}}{\partial x_m} - R_{ik}\right). \quad (13.29)$$

이를 발산 분해를 이용하여 정리하면 엔트로피 유속은

$$h_i = \frac{q_i}{\theta} - \frac{1}{\theta}\frac{\partial f}{\partial B_{ik}^{(e)}}J_{ikm} \quad (13.30)$$

이 되고 엔트로피 생성률은 다음이 된다.

$$\Omega = \Omega_{flux} + \Omega_{mech} + \Omega_{rlx}. \quad (13.31)$$

여기시

$$\Omega_{flux} = q_i\frac{\partial\theta^{-1}}{\partial x_i} - J_{ikm}\frac{\partial}{\partial x_m}\frac{1}{\theta}\frac{\partial f}{\partial B_{ik}^{(e)}},$$

$$\Omega_{mech} = \frac{1}{\theta}\left(T_{ik} - 2\rho B_{im}^{(e)}\frac{\partial f}{\partial B_{mk}^{(e)}}\right),$$

$$\Omega_{rlx} = -\frac{1}{\theta}\frac{\partial f}{\partial B_{ik}^{(e)}}R_{ik} \quad (13.32)$$

이다. 열역학 기본방정식에 식 (32)를 적용하면 다음과 같은 방정식이 얻어진다.

$$-\frac{1}{\theta}\frac{\partial\theta}{\partial x_i} = \frac{\partial\psi}{\partial q_i}, \quad -\frac{\partial}{\partial x_m}\frac{1}{\theta}\frac{\partial f}{\partial B_{ik}^{(e)}} = \frac{\partial\psi}{\partial J_{ikm}},$$

$$-\frac{1}{\theta}\frac{\partial f}{\partial B_{ik}^{(e)}} = \frac{\partial\psi}{\partial R_{ik}},$$

$$T_{ik} = 2\rho B_{im}^{(e)} \frac{\partial f}{\partial B_{mk}^{(e)}} + \theta \frac{\partial \psi}{\partial L_{ik}}. \tag{13.33}$$

이제 소산함수와 단위 질량당 자유 에너지를 모형화하면 구체적인 구성 방정식을 얻게 된다.

식 $(33)_4$는 응력에 대해서 양함수적인 방정식이지만 식 (33)의 나머지 기본방정식들은 해당하는 비평형 척도에 대해서 근본적으로는 음함수적인 방정식이다. 하지만 소산함수가 비평형 척도들에 대해서 이차형식이라면 양함수적으로 비평형 척도들을 표현할 수 있다. 예를 들어 다음과 같은 소산함수의 모형을 생각해 보자.

$$\psi = \psi_q + \psi_J + \psi_R + \psi_L,$$

$$\psi_q(\mathbf{q}, \theta, \mathbf{B}_e) \equiv \frac{1}{2} \hat{K}_{ik}^{(-1)} q_i q_k,$$

$$\psi_J(\mathbf{J}_{(3)}, \theta, \mathbf{B}_e) \equiv \frac{1}{2} \tilde{K}_{ikmpqr}^{(-1)} J_{ikm} J_{pqr},$$

$$\psi_R(\mathbf{R}, \theta, \mathbf{B}_e) \equiv \frac{1}{2} \tilde{\eta}_{ikpq} R_{ik} R_{pq}. \tag{13.34}$$

여기서 $\hat{K}_{ik}^{(-1)}$은 2차 텐서 $\hat{K}_{ik}$의 역 텐서, $\tilde{K}_{ikmpqr}^{(-1)}$은 6차 텐서 $\tilde{K}_{ikmpqr}$의 역 텐서, $\tilde{\eta}_{ikpq}$는 4차 텐서이다. 소산함수 ψ_L은 속도 그래디언트 $\mathbf{L}$의 이차형식이 아니어도 식 $(33)_4$의 응력에 대한 구성방정식을 구체화하는 데 수학적인 문제가 없다. 이에 대해서는 이미 13.1.2절에서 다루었다. 세 가지 계수 텐서 $\hat{K}_{ik}^{(-1)}$, $\tilde{K}_{ikmpqr}^{(-1)}$, $\tilde{\eta}_{ikpq}$는 모두 상태변수 $\Gamma_f = (\theta, \mathbf{B}_e)$의 함수이어도 무방하며 소산함수가 음이 아닌 함수이기에 양의 정치 (positive definite)이다. 그러면 어떻게 계수 텐서의 일반적인 형태를 찾을 수 있을까? 네 가지 소산함수 ψ_q, ψ_J, ψ_R, ψ_L이 모두 등방성 함수라고 가정하자. 등방성 함수가 아니면 문제가 매우 복잡해지므로 여기서는 생략하기로 한다.

계수 텐서들은 모두 온도 θ와 내부변수 $\mathbf{B}_e$의 함수이어야 한다. 게다가 소산함수는 등방성 함수이어야 한다. 이에 대한 자세한 수학적 논의는 부록 5에서 다루고 여기서는 그 결과만을 사용하자.

먼저 ψ_q는 식 부록 5의 결과에 따라서

$$\psi_q(\mathbf{q}, \theta, \mathbf{B}_e) = \mathbf{q} \cdot \hat{\mathbf{K}}^{(-1)}\mathbf{q}, \quad \hat{\mathbf{K}}^{(-1)} \equiv \hat{\kappa}_0 \mathbf{I} + \hat{\kappa}_1 \mathbf{B}_e + \hat{\kappa}_2 \mathbf{B}_e^{-1} \tag{13.35}$$

가 된다. 물론 여기서 $\hat{\kappa}_i$는 모두 θ와 $\mathbf{B}_e$의 불변량의 함수이다. 식 (35)를 식 $(33)_1$에 적용하면 다음이 얻어진다.

$$\mathbf{q} = -\mathbf{K}\,\mathrm{grad}\theta, \quad \mathbf{K} = \frac{1}{\theta}\hat{\mathbf{K}} = \kappa_0 \mathbf{I} + \kappa_1 \mathbf{B}_e + \kappa_2 \mathbf{B}_e^{-1}. \tag{13.36}$$

여기서 κ_n은 해밀톤-케일리 정리와 역 텐서의 정의를 이용하면 계수가 $\hat{\kappa}_n$으로 이루어진 κ_n이 삼원 일차 연립방정식을 얻을 수 있어 쉽게 계산할 수 있다. 또한 ψ_q는 등방성 함수이지만 열전도 계수 텐서 $\mathbf{K}$는 변형이 없는 경우, 즉 $\mathbf{B}_e = \mathbf{I}$일 때만 등방성 텐서가 된다. 이는 변형, $\mathbf{B}_e \neq \mathbf{I}$일 때 물질의 이방성이 생긴다는 것을 의미한다. 실험으로 변형하는 점탄성 물질의 열전도 계수를 정밀하게 측정할 수 있는지는 모르겠지만, 그러한 실험방법이 있다면 식 $(36)_2$의 세 함수 κ_n를 실험적으로 결정할 수 있을 것이다.

완화항에 대한 소산함수 ψ_R에 대해서는 부록 5의 결과로부터 다양한 완화항에 대한 모형화를 할 수 있다. 하지만 4차 이상의 고차 텐서의 역텐서에 대한 수학적 어려움으로 소산함수를 비평형 척도의 이차형식으로 제한하여도 구체적인 구성방정식을 얻는 일반적인 수식을 아직은 확립하지 못하고 있다. 하지만 소산함수 ψ_R에 대한 몇 가지 간단한 모형을 소개할 필요가 있다. 먼저 다음의 모형을 생각해 보자.

$$\psi_R = \frac{\tilde{\eta}_0}{2}(\mathrm{tr}\mathbf{R})^2\mathbf{I} + \frac{\tilde{\eta}_1}{2}\mathbf{R}:\mathbf{R}. \tag{13.37}$$

여기서 $\tilde{\eta}_n = \tilde{\eta}_n\left(\theta, I_{\mathbf{B}_e}, II_{\mathbf{B}_e}, III_{\mathbf{B}_e}\right)$이다. 그러면 식 $(33)_3$과 식 (A5.20)에 의해서

$$\mathbf{R} = \frac{1}{\theta\left(3\tilde{\eta}_0 + \tilde{\eta}_1\right)}\mathrm{tr}\frac{\partial f}{\partial \mathbf{B}_e}\mathbf{I} - \frac{1}{\theta\tilde{\eta}_1}\frac{\partial f}{\partial \mathbf{B}_e} \tag{13.38}$$

이 된다.

점탄성 고체라면 평형에서의 응력은 0이 되어야 하고 점탄성 유체라고 하면 응력은 열역학적 정압력(thermodynamic and static pressure)이 되어야 한다. 물론 평형에서 $\mathbf{L} = \mathbf{O}$ 이므로 식 $(33)_4$의 우변의 소산함수 항은 0이 될 것이므로 우변의 자유 에너지 항은 평형에서 고체의 경우 0이 되어야 하고 유체의 경우 등방성 텐서가 되어야 한다. 게다가 완화항 $\mathbf{R}$은 물질이 평형에 도달할 때 0으로 소멸하여야 한다. 따라서 고체와 유체 구별 없이 성공적인 완화항 모형 중의 하나는 $\mathbf{R}$이 응력의 편차 텐서와 비례하는 것이다. 이를 위해서 소산함수 ψ_R을 다음과 같이 모형화해 보자.

$$\psi_R = \frac{\tilde{\eta}_0}{2}\left(\mathrm{tr}\mathbf{B}_e^{-1}\mathbf{R}\right)^2 + \frac{\tilde{\eta}_1}{2}\left(\mathbf{B}_e^{-1}\mathbf{R}\right):\left(\mathbf{B}_e^{-1}\mathbf{R}\right). \tag{13.39}$$

그러면 다음이 얻어진다.

$$\frac{\partial \psi_R}{\partial \mathbf{R}} = \tilde{\eta}_0\left(\mathrm{tr}\mathbf{B}_e^{-1}\mathbf{R}\right)\mathbf{B}_e^{-1} + \tilde{\eta}_1\mathbf{B}_e^{-2}\mathbf{R} = -\frac{1}{\theta}\frac{\partial f}{\partial \mathbf{B}_e}. \tag{13.40}$$

이를 $\mathbf{R}$에 대해서 표현하기 위해서 양변에 $\mathbf{B}_e$를 곱해 주면 다음이 얻어진다.

$$\tilde{\eta}_0\left(\mathrm{tr}\mathbf{B}_e^{-1}\mathbf{R}\right)\mathbf{I}+\tilde{\eta}_1\mathbf{B}_e^{-1}\mathbf{R}=-\frac{1}{\theta}\mathbf{B}_e\frac{\partial f}{\partial \mathbf{B}_e}. \tag{13.41}$$

이제 양변에 대각합(trace)을 취하고 정리하면 다음이 된다.

$$\mathrm{tr}\mathbf{B}_e^{-1}\mathbf{R}=-\frac{1}{\theta\left(3\tilde{\eta}_0+\tilde{\eta}_1\right)}\mathrm{tr}\mathbf{B}_e\frac{\partial f}{\partial \mathbf{B}_e}. \tag{13.42}$$

이를 식 (41)에 적용하고 정리하면

$$\mathbf{R}=-\frac{1}{\theta\tilde{\eta}_1}\mathbf{B}\left[\mathbf{B}_e\frac{\partial f}{\partial \mathbf{B}_e}-\frac{\tilde{\eta}_0}{3\tilde{\eta}_0+\tilde{\eta}_1}\left(\mathrm{tr}\mathbf{B}_e\frac{\partial f}{\partial \mathbf{B}_e}\right)\mathbf{I}\right] \tag{13.43}$$

이 된다. 식 $(33)_4$와 비교하면 대괄호 안은 점성 응력을 제외한 응력에 비례하는 양이라는 것을 알 수 있다. 만약 $\tilde{\eta}_0 \gg \tilde{\eta}_1$이라면 점성 응력을 제외한 응력의 편차 텐서에 비례하는 양이 된다는 것을 알 수 있다. 하지만 $\mathbf{B}_e\partial f/\partial\mathbf{B}_e$의 편차 텐서를 $\tilde{\mathbf{S}}$로 표시하면

$$\mathbf{B}_e\frac{\partial f}{\partial \mathbf{B}_e}=\tilde{\mathbf{S}}+\frac{1}{3}\left(\mathrm{tr}\mathbf{B}_e\frac{\partial f}{\partial \mathbf{B}_e}\right)\mathbf{I} \tag{13.44}$$

가 되므로 식 (43)은 다음과 같이 다시 쓸 수 있다.

$$\mathbf{R}=-\frac{1}{\theta\tilde{\eta}_1}\mathbf{B}_e\left[\tilde{\mathbf{S}}+\left(\frac{1}{3}-\frac{\tilde{\eta}_0}{3\tilde{\eta}_0+\tilde{\eta}_1}\right)\left(\mathrm{tr}\mathbf{B}_e\frac{\partial f}{\partial \mathbf{B}_e}\right)\mathbf{I}\right]. \tag{13.45}$$

따라서 $\tilde{\eta}_0>0$이고 $\tilde{\eta}_1>0$일 때, 이 모형으로 $\mathbf{R}$이 $\tilde{\mathbf{S}}$에 완벽하게 비례하게 만들 수는 없다. 오로지 $\tilde{\eta}_0 \gg \tilde{\eta}_1$일 때 근사적으로 $\mathbf{R}\propto\mathbf{B}_e\tilde{\mathbf{S}}$일 수 있다. 사실 이 결과는 레오노프 모형에서 비압축성을 가정했을 때 얻어지는 결과이며 이는 $\tilde{\eta}_0$는 부피 점도에 해당하고 $\tilde{\eta}_1$를 전단 점도에 해당한다고 해석하면 일관성이 있는 결과이다.

내부변수 $\mathbf{B}_e$의 유속인 3차 텐서 $\mathbf{J}_{(3)}$의 소산함수 ψ_J의 계수 텐서 $\tilde{K}^{(-1)}_{ikmpqr}$는 6차 텐서이다. 식 (7.96)에서 다루었듯이 등방성 6차 텐서는

15개의 기저 텐서로 이루어지는 변형을 고려한 $\widetilde{K}^{(-1)}_{ikmpqr}$ 를 계산하는 매우 복잡한 일이다. 저자가 계산을 시도한 적도 없고 앞으로 적극적으로 계산할 계획도 없다. 왜냐하면 실험적으로 $\widetilde{K}^{(-1)}_{ikmpqr}$ 를 규명할 방법이 거의 없을 것으로 보기 때문이다. 그러면 왜 $\mathbf{J}_{(3)}$와 같은 텐서량의 유속을 도입하는가? 상태변수의 진화방정식에 대한 통일적인 수학적 형태를 위해서 필요한 것 이외에 다른 이유가 있는가? 대부분의 점탄성체나 소성체의 구성방정식에 $\mathbf{J}_{(3)}$는 고려되지 않는데, 이 물리량이 필요할까? 이 질문에 대한 답은 Lee, Hwang and Cho, 2021에서 찾을 수 있다. 이들은 가장 간단한 경우로

$$\widetilde{K}_{ikmpqr} = \frac{1}{\widetilde{K}}\delta_{ip}\delta_{kq}\delta_{mr} \tag{13.46}$$

을 사용하였다. 그러면 식 $(33)_2$로부터 다음이 얻어진다.

$$J_{ikm} = -\widetilde{K}\frac{\partial}{\partial x_m}\frac{1}{\theta}\frac{\partial f}{\partial B^{(e)}_{ik}}. \tag{13.47}$$

이로부터 Lee, Hwang and Cho, 2021는 올드로이드-B 모형(Oldroyd-B model)을 사용했으므로 전체 응력에서 정압력과 용매의 점성 응력을 뺀 나머지인 고분자의 응력 $\mathbf{S}$의 다음과 같은 진화방정식을 유도했다.

$$\overset{\nabla}{\mathbf{S}} = -\frac{1}{\lambda}\mathbf{S} + 2\frac{\eta_p}{\lambda}\mathbf{D} + \varkappa\nabla^2\mathbf{S}. \tag{13.48}$$

여기서 우변의 마지막 항에서 $\varkappa = 0$이면 식 (48)은 원래의 올드로이드-B 모형이 된다. 일반적인 점탄성 모형을 이용한 유동의 계산은 계산 격자(mesh)의 크기를 줄일수록 더 정확한 해로 수렴하기보다는 발산하는 경우가 대부분이다. 하지만 $0 < \varkappa \ll 1$을 도입하면 계산 격자의 크기가 줄어듦에 따라서 유동이 수렴하는 것을 발견하게 되었다. 우변의 마지막 항은 수치 해의 발산을 막아 주는 안정화 작용을 하는 것으로

판단된다.

13.2.2 내부변수가 벡터인 경우

앞 절에서 내부변수를 대칭이고 양의 정치인 2차 텐서 $\mathbf{B}_e$로 선택했다. 대칭이고 양의 정치인 2차 텐서인 경우, 다음과 같은 스펙트럼 분해(spectral decomposition)가 가능하다.

$$\mathbf{B}_e = \beta_1^2 \hat{\mathbf{b}}_1 \otimes \hat{\mathbf{b}}_1 + \beta_2^2 \hat{\mathbf{b}}_2 \otimes \hat{\mathbf{b}}_2 + \beta_3^2 \hat{\mathbf{b}}_3 \otimes \hat{\mathbf{b}}_3. \tag{13.49}$$

여기서 β_k^2과 $\hat{\mathbf{b}}_k$는 각각 $\mathbf{B}_e$의 고유치와 고유 벡터이다. 고유 벡터 $\hat{\mathbf{b}}_k$는 단위 벡터로 설정할 수 있고 따라서 고유 벡터들은 서로 직교이다.

$$\hat{\mathbf{b}}_i \cdot \hat{\mathbf{b}}_k = \delta_{ik}. \tag{13.50}$$

그러면 2차 텐서 $\mathbf{B}_e$ 대신에 세 벡터 $\mathbf{b}_k \equiv \beta_k \hat{\mathbf{b}}_k$를 내부변수로 선택해도 좋지 않을까? 사실 2차 텐서를 다루는 것보다는 1차 텐서인 벡터를 다루는 것이 수학적으로 더 간단하고 편리할 것이므로 벡터 내부변수를 사용한 점탄성의 모형화는 의미가 있을 것이다.

상태변수를 $\Gamma_f = (\theta, \mathbf{b}_1, \mathbf{b}_2, \cdots, \mathbf{b}_N)$라고 하자. 여기서 $\mathbf{b}_\alpha$는 벡터 내부변수이다. 벡터 내부변수는 변위 벡터와 같은 기하학적 특성을 가진다고 가정하면 진화방정식의 일반적인 형태는 다음이 된다.

$$\rho \dot{\mathbf{b}}_\alpha = \rho \mathbf{L} \mathbf{b}_\alpha - \nabla \cdot \mathbf{J}_\alpha + \mathbf{r}_\alpha, \quad \alpha = 1, 2, \cdots, N. \tag{13.51}$$

여기서 $\mathbf{r}_\alpha$와 $\mathbf{J}_\alpha$는 각각 내부변수 $\mathbf{b}_\alpha$의 완화항 벡터와 유속으로 대칭인 2차 텐서로 가정한다. 식 $(12.12)_1$의 단위 질량당 내부 에너지의 진화방정식과 식 (51)로부터 엔트로피 생성률은 다음이 된다.

$$\theta \Omega = \left(\mathbf{T} - \rho \sum_{\alpha=1}^{N} \frac{\partial f}{\partial \mathbf{b}_\alpha} \otimes \mathbf{b}_\alpha \right) : \mathbf{L} - \frac{\mathbf{q} \cdot \nabla \theta}{\theta} - \theta \sum_{\alpha=1}^{N} \mathbf{J}_\alpha$$

$$: \nabla \frac{1}{\theta} \frac{\partial f}{\partial \mathbf{b}_\alpha} - \sum_{\alpha=1}^{N} \mathbf{r}_\alpha \cdot \frac{\partial f}{\partial \mathbf{b}_\alpha} \geq 0. \tag{13.52}$$

여기서 N이 어떤 값을 가지든지 수학적 구조는 크게 달라지지 않으므로 수학적으로 간단히 하기 위해서 $N=1$인 경우만을 고려하기로 하자. 그러면 식 (52)는 다시 다음과 같이 쓸 수 있다.

$$\theta\Omega = -\frac{\mathbf{q} \cdot \nabla\theta}{\theta} + \left(\mathbf{T} - \rho\frac{\partial f}{\partial \mathbf{b}} \otimes \mathbf{b}\right) : \mathbf{L} - \theta\mathbf{J}$$

$$: \nabla \frac{1}{\theta} \frac{\partial f}{\partial \mathbf{b}} - \mathbf{r} \cdot \frac{\partial f}{\partial \mathbf{b}} \geq 0. \tag{13.53}$$

당연하게도 비평형 척도는 속도 그래디언트 $\mathbf{L}$, 열 유속 $\mathbf{q}$, 내부변수의 유속 $\mathbf{J}$, 내부변수의 완화항 $\mathbf{r}$가 된다. 따라서 소산함수는 다음과 같이 가정할 수 있다.

$$\psi = \psi_1 + \psi_2. \tag{13.54}$$

여기서

$$\psi_1 = \psi_1(\Gamma_f, \mathbf{q}, \mathbf{r}), \quad \psi_2 = \psi_2(\Gamma_f, \mathbf{L}, \mathbf{J}) \tag{13.55}$$

이다. 열 유속과 벡터 내부변수의 완화항은 모두 벡터인 비평형 척도이고 속도 그래디언트와 벡터 내부변수의 유속은 모두 2차 텐서인 비평형 척도이다. 큐리 정리(Currie theorem)(De Groot and Mazur, 1962)에 의하면 같은 텐서 차수를 가지는 비평형 척도끼리는 서로 연계하는 현상을 가질 수 있다. 예를 들면 물질 확산의 유속과 열 유속은 서로 연계되어 확산이 열전도에 영향을 미치고 반대로 열전도가 확산에 영향을 미칠 수 있다. 따라서 식 (55)의 소산함수는 이러한 점을 반영한 것이다. 논의를 간단히 하기 위해서 $\mathbf{L}$과 $\mathbf{J}$ 사이의 연계는 없는 것으로 가정하겠다.

그러면 소산함수가 등방성 함수라고 가정하게 되면 다음과 같은 모형을 생각할 수 있다.

$$\psi_1 = \psi_1(\theta, b^2, q^2, r^2, \mathbf{q} \cdot \mathbf{r}), \tag{13.56}$$

$$\begin{aligned}\psi_2 &= \psi_L\big(\theta, b^2, I_{\mathrm{D}}, II_{\mathrm{D}}, III_{\mathrm{D}}, \mathbf{b} \cdot \mathbf{D}\mathbf{b}, \mathbf{b} \cdot \mathbf{D}^2\mathbf{b}\big) \\ &\quad + \psi_J\big(\theta, b^2, \mathrm{tr}\mathbf{J}, \mathbf{J}:\mathbf{J}, \mathbf{b} \cdot \mathbf{J}\mathbf{b}, \mathbf{b} \cdot \mathbf{J}^2\mathbf{b}\big).\end{aligned} \tag{13.57}$$

여기서 $x^2 \equiv \mathbf{x} \cdot \mathbf{x}$를 의미하고 계산의 편리를 위해서 미리 $\mathbf{L}$ 대신에 대칭 부인 $\mathbf{D}$를 사용하였다. 그러면 비평형 척도의 이차형식을 가정하면

$$2\psi_1 = k_1^{(-1)} q^2 + k_2^{(-1)} r^2 + k_3^{(-1)} \mathbf{q} \cdot \mathbf{r} \tag{13.58}$$

$$2\psi_J = K_0(\mathrm{tr}\mathbf{J})^2 + K_1 \mathbf{J}:\mathbf{J} + K_2(\mathbf{b} \cdot \mathbf{J}\mathbf{b})^2 + K_3 \mathbf{b} \cdot \mathbf{J}^2\mathbf{b} \tag{13.59}$$

를 선택할 수 있을 것이다. 여기서 계수들은 상태변수의 양수인 등방성 함수라고 가정할 수 있다. 그러면 다음이 얻어진다.

$$\begin{aligned}\frac{\partial \psi}{\partial \mathbf{q}} &= k_1^{(-1)}\mathbf{q} + k_3^{(-1)}\mathbf{r} = -\frac{1}{\theta^2}\nabla\theta, \\ \frac{\partial \psi}{\partial \mathbf{r}} &= k_3^{(-1)}\mathbf{q} + k_2^{(-1)}\mathbf{r} = -\frac{\partial f}{\partial \mathbf{b}}, \\ \frac{\partial \psi}{\partial \mathbf{J}} &= K_0(\mathrm{tr}\mathbf{J})\mathbf{I} + K_1\mathbf{J} + K_2(\mathbf{b} \cdot \mathbf{J}\mathbf{b})\mathbf{b} \otimes \mathbf{b} \\ &\quad + \frac{1}{2}K_3[\mathbf{b} \otimes (\mathbf{J}\mathbf{b}) + (\mathbf{J}\mathbf{b}) \otimes \mathbf{b}] = -\nabla\left(\frac{1}{\theta}\frac{\partial f}{\partial \mathbf{b}}\right), \\ \mathbf{T} &= \rho\frac{\partial f}{\partial \mathbf{b}} \otimes \mathbf{b} + \theta\frac{\partial \psi_L}{\partial \mathbf{L}}.\end{aligned} \tag{13.60}$$

식 $(60)_1$과 식 $(60)_2$는 $\mathbf{q}$와 $\mathbf{r}$의 선형 연립방정식이므로 이를 풀어서 다음을 얻을 수 있다.

$$\mathbf{q} = \frac{1}{k_1^{(-1)}k_2^{(-1)} - \left(k_3^{(-1)}\right)^2}\left(-\frac{k_2^{(-1)}}{\theta^2}\nabla\theta + k_3^{(-1)}\frac{\partial f}{\partial \mathbf{b}}\right),$$

$$\mathbf{r} = \frac{1}{k_1^{(-1)}k_2^{(-1)} - \left(k_3^{(-1)}\right)^2}\left(\frac{k_3^{(-1)}}{\theta^2}\nabla\theta - k_1^{(-1)}\frac{\partial f}{\partial \mathbf{b}}\right),$$

$$k_1^{(-1)}k_2^{(-1)} - \left(k_3^{(-1)}\right)^2 > 0. \tag{13.61}$$

여기서 부등식은 엔트로피 생성률이 음이 아니기 위해서 도입된 것이다.

식 $(60)_3$을 풀어야 유속 $\mathbf{J}$를 구할 수 있는데 이는 4차 텐서 K_{ikpq}의 역 텐서를 구하는 문제가 된다. 4차 텐서 K_{ikpq}는 $\mathbf{J} = \mathbf{J}^{\mathrm{T}}$를 이용하면 다음과 같다.

$$K_{ikpq}J_{pq} = -\frac{\partial}{\partial x_i}\frac{1}{\theta}\frac{\partial f}{\partial b_k},$$

$$K_{ikpq} = K_0\delta_{ik}\delta_{pq} + \frac{K_1}{2}(\delta_{ip}\delta_{kq} + \delta_{iq}\delta_{kp})$$
$$+ K_2 b_i b_k b_p b_q + \frac{K_3}{2}(b_i b_q \delta_{kp} + \delta_{ip} b_k b_q). \tag{13.62}$$

수학적으로 가장 간단한 경우인 $K_2 = K_3 = 0$을 생각해 보면 식 (A5.20)에 의해서 다음이 얻어진다.

$$\mathbf{J} = \frac{K_0}{K_1(3K_0 + K_1)}\left[\nabla \cdot \left(\frac{1}{\theta}\frac{\partial f}{\partial \mathbf{b}}\right)\right]\mathbf{I}$$
$$-\frac{1}{K_1}\left\{\nabla\left(\frac{1}{\theta}\frac{\partial f}{\partial \mathbf{b}}\right) + \left[\nabla\left(\frac{1}{\theta}\frac{\partial f}{\partial \mathbf{b}}\right)\right]^{\mathrm{T}}\right\}. \tag{13.63}$$

식 $(60)_4$를 보면 응력은 대칭이 아닐 수도 있는 것처럼 보인다. 하지만 단위 질량당 자유 에너지 f가 벡터 내부변수 $\mathbf{b}$의 등방성 함수라면 $f = f(\theta, b)$가 되므로

$$\rho \frac{\partial f}{\partial \mathbf{b}} \otimes \mathbf{b} = \frac{\rho}{b} \frac{\partial f}{\partial b} \mathbf{b} \otimes \mathbf{b} \tag{13.64}$$

가 되어 식 $(60)_4$의 응력은 대칭임을 알 수 있다. 식 $(60)_4$의 우변의 두 번째 항이 대칭 텐서가 됨은 이미 13.1.2절에서 다루었다는 것을 기억하기를 바란다. 만약 상태변수로 세 개의 벡터 내부변수를 선택했다면 식 $(60)_4$ 대신에 다음이 된다.

$$\mathbf{T} = \rho \left(\frac{1}{b_1} \frac{\partial f}{\partial b_1} \mathbf{b}_1 \otimes \mathbf{b}_1 + \frac{1}{b_2} \frac{\partial f}{\partial b_2} \mathbf{b}_2 \otimes \mathbf{b}_2 + \frac{1}{b_3} \frac{\partial f}{\partial b_3} \mathbf{b}_3 \otimes \mathbf{b}_3 \right) + \theta \frac{\partial \psi_L}{\partial \mathbf{L}}. \tag{13.65}$$

이 식은 식 $(33)_4$와 완벽히 일치하지는 않는다. 하지만 2차 텐서보다는 벡터를 다루는 것이 수학적으로 더 쉬우므로 수치해법 적용에 유리할 것으로 예상할 수 있다.

13.3 소성체 및 점소성체의 구성방정식 유도

여기서는 제11장에서 다루었던 구성방정식을 열역학적으로 재구성한다. 물론 제11장에서 기존의 모형이 열역학적 일치성을 가지고 있는 것을 보인 바 있지만 이는 이미 모형을 만들고 이 모형이 클라우시우스-듀헴 부등식을 만족하는지를 보인 것일 뿐, 열역학적 이론으로부터 출발해서 소성 모형을 도출한 것은 아니다. 따라서 이 절에서는 몇 가지 가정으로부터 소성 모형의 구성방정식을 유도하고자 한다.

소성체의 구성방정식을 개발하기 위해서 제법 많은 가정이 사용된다는 것을 제11장에서 설명했었다. 그 많은 가정은 크게 두 가지로 나누어 볼 수 있다. 첫째는 실험 결과로부터 수식화한 것이고 둘째는 구성방정식을 위해서 상상한 것이다. 11.2.2절의 가정 7가지 중에서 [1], [2], [4]는 실험 결과의 수식화라고 할 수 있지만 나머지 가정들은 창의적인 직관으로부터 만든 가정들이다. 직관으로부터 얻은 가정들은 물론 이 가정으로 얻어진 최종결과인 구성방정식이 얼마나 실험 결과와 일치하는지 확인한 후에 그 타당성을 얻게 된다. 하지만 직관으로부터 구성한 가정들은 다른 가정으로 대체될 수도 있는 것이다. 이 책의 목표인 열역학을 이용한 구성방정식의 개발은 직관으로 구성한 가정들을 열역학 원리로 대체하는 것이다.

13.3.1 미소 변형의 소성에 대한 열역학

상태변수를 선정하기 위해서 11.2.2절의 가정 [1]을 사용한다. 식 (11.31)에 의해서 상태변수를 탄성 변형률 $\mathbf{E}_e$와 소성 변형률 $\mathbf{E}_p$ 중에서 하나를 선정할 수 있다. 그러면 $\Gamma_s = (u, \mathbf{E}_e)$를 선정하자. 상태변수로 $\Gamma_s =$ $\Gamma_s =$, $\Gamma_s = (u, \mathbf{E}, \mathbf{E}_p)$, $\Gamma_s = (u, \mathbf{E}_p, \mathbf{E}_e)$ 대신에 $\Gamma_s = (u, \mathbf{E}_e)$를 선정하는 이유는 첫째 식 (11.31)에 의해서 세 변형률이 모두 독립이 아니라는 점, 둘째 항복이 일어나기 전, 즉 탄성 범위에서는 $\mathbf{E} = \mathbf{E}_e$이기 때문에 $\mathbf{E}_p$가 관찰되지 못하는 점과 항복 후에 제중 과정에서 $\mathbf{E}_p \neq \mathbf{O}$이지만 응력은 $\mathbf{E}_e$에 의해서만 결정되는 것으로 관찰되는 점 때문이다.

식 (11.31)은 실험 결과를 수식화한 결과이므로 이로부터 유도되는 결과도 사용할 수 있다. 즉 식 (11.31)을 시간에 대해서 미분하면 다음이 얻어진다.

$$\dot{\mathbf{E}} = \dot{\mathbf{E}}_e + \dot{\mathbf{E}}_p. \tag{13.66}$$

이는 상태변수인 내부변수 $\mathbf{E}_e$의 진화방정식이라고 할 수 있다. 여기서 전체 변형률 $\mathbf{E}$의 시간에 대한 미분은 운동학으로부터 $\dot{\mathbf{E}} = \mathbf{D}$라고 할 수 있기 때문이다.

미소 변형에서 부피 변화는 $\text{tr}\mathbf{E}$로 근사할 수 있고 실험 결과 항복 후의 변형에서의 부피 변화는 항복 전까지의 부피 변화로 고정되므로 식 (11.32)는 역시 실험 결과를 수식화한 것이라고 할 수 있다. 이는 나중에 열역학적 라그란지안을 구성할 때 사용할 수 있는 수식이다.

가정 [3]은 탄성 범위에서 얻은 경험식인데 이 응력에 관한 공식이 항복 후에도 유효하다는 보장은 없다. 하지만 이를 받아들이고 구성방정식을 완성한 후 완성된 구성방정식이 실험 결과와 일치한다면 타당성이 검증되는 가정이다. 앞에서의 점탄성에 대한 열역학적 유도로 알 수 있듯이 식 (11.33)은 열역학 이론으로 유도하려는 구성방정식이다. 여기서 유도라는 단어를 사용하였지만 정확하게 말하면 열역학 이론은 단지 응력이 탄성 변형률의 함수로 주어진다는 것만을 말해 줄 뿐 식 (11.33)과 같은 구체적인 수식은 단위 질량당 자유 에너지의 모형화로 결정할 수 있는 것임을 미리 말해 둔다. 따라서 식 (11.33)은 가정으로 사용하지 않을 것이다.

가정 [4]는 실험 결과를 수식화한 것인데 다만 어떤 항복함수의 식을 사용하느냐는 모형화의 영역이다. 수식 전개의 편리 때문에 식 $(11.34)_1$을 선정할 뿐이다. 금속은 실험으로 응력 공간에서의 항복 표면을 확인할 수 있는 물질이므로 식 (11.34)가 타당하지만 고분자 고체에 대해서 실험으로 항복 표면을 확인할 수 있는지는 의문이다. 식 $(11.34)_2$는 제중 과정과 하중 과정을 구분 짓는 수식이므로 항복 표면의 존재가 확인된 물질이라면 받아들이지 않을 수 없는 가정이다. 물론 $(11.34)_2$와 다소 다른 정의가 있을 수 있다(Haupt, 2000; Gurtin, Fried and Anand, 2010).

가정 [5]는 열역학으로 유도하려는 가장 중요한 가정이다. 앞에서 말했듯이 식 (66)은 다음과 같이 내부변수 $\mathbf{E}_e$의 진화방정식이다.

$$\dot{\mathbf{E}}_e = \mathbf{D} - \mathbf{D}_p, \quad \mathbf{D}_p \equiv \dot{\mathbf{E}}_p. \tag{13.67}$$

여기서 $\mathbf{D}_p$는 식 (27)의 완화항에 해당함을 유추할 수 있고 게다가 소성 변형률의 시간에 대한 미분이기 때문에 소성 변형률 속도 텐서라고 부르자.

가정 [6]은 식 (11.36)의 비례계수 α를 결정하기 위해서 도입한 가정으로 보인다. 완전한 소성 거동을 보이는 금속이라면 응력 상태는 항복 표면에 있어야 한다는 일관성 조건은 실험 결과의 수식화라고 할 수 있다. 그러면 경화 거동을 보여 주는 금속에 관해서도 일관성 조건, 가정 [6]을 실험 결과의 수식화라고 할 수 있을까? 금속의 경우, 바우싱거 효과를 관찰할 수 있고 이를 설명하기 위해서 채택된 실험 결과에 의한 가정이라고 할 수 있다. 식 (11.34)의 항복 조건을 만족하는 물질이 있다고 하자. 그리고 하중과 제중을 반복하는 실험을 하였을 때, 소성 변형을 유발하는 응력 상태가 식 (11.37)을 만족하는 실험 결과가 얻어진다면 식 (11.37)을 상태변수가 진화할 때 반드시 따라야만 하는 제한식이라고 할 수 있다. 그러면 열역학적 라그란지안을 구성할 때 식 (11.37)을 구속조건으로 채택하여야 할 것이다. 하지만 고분자 고체와 같은 물질에도 적용할 수 있을지 의문이다. 고분자 고체에 대한 많은 실험 결과가 필요할 것으로 본다. 이는 가정 [7]도 마찬가지이다. 과연 고분자 고체에 대해서도 뒤 응력을 실험적으로 확인할 수 있을까? 하지만 가정 [7]과 관련된 식 (11.38)은 내부변수 $\mathbf{E}_e$로는 현상을 설명하기 어려운 물질에 대해서 추가적인 내부변수가 필요할 때 고려해 볼 수 있는 내부변수의 진화방정식을 직관적으로 제시한 것이라고 본다.

가정 [7]은 뒤 응력에 관한 것으로 운동학적 경화를 기술하기 위해서 도입된 것이다. 뒤 응력은 진응력처럼 직접 측정되는 물리량이 아니라 단지 항복 표면의 내부인 탄성영역의 중심 위치를 대표하는 가상의 물리량이다. 상태변수로 변형률인 $\mathbf{E}_e$를 선정했듯이 뒤 응력에 해당하는 상태변수로 뒤 응력 대신에 $\mathbf{E}_b$를 사용하여야 할 것이다. 이를 뒤 변형률(back strain)이라고 하자. 이제 뒤 변형률의 진화방정식이 필요하다. 뒤 변형률은 항복함수를 변형률에 대한 것으로 변환했을 때 항복함수의 중심을 나타내는 변형률이며 이 변형률은 오로지 소성 변형률 속도가 0이 아닐 때 변화하게 된다. 따라서 $\mathbf{E}_b$의 시간 미분은 $\mathbf{D}$에 의해서 구동되는 것이 아니라 $\mathbf{D}_p$에 의해서 구동될 것으로 보인다. 만약 $\dot{\mathbf{E}}_b$가 $\mathbf{D}$에 의존하게 된다면 탄성 범위에서 항복 조건이 변화될 것이기에, 실험으로 항복함수를 확인할 수 없게 될 수도 있다. 따라서 식 $(67)_1$과 유사하게 다음과 같은 진화방정식을 제시할 수 있다.

$$\dot{\mathbf{E}}_b = \mathbf{D}_p - \mathbf{R}_b. \tag{13.68}$$

사실 이 식은 Armstrong and Frederick, 1966의 모형인 식 (11.38)의 변형이라고 볼 수 있다. 여기서 $\mathbf{R}_b$는 완화항으로 식 (12.2)의 R, R_i, R_{ik}와 같은 물리적 의미가 있다.

왜 식 (67)과 (68)은 식 (12.2)와 같은 일반화된 수력학 방정식(generalized hydrodynamic equation)의 형태를 가지지 않는가? 이는 미소 변형을 가정했기 때문에, 모든 운동학적 양(kinematical quantity)은 기하학적으로 선형화되어 일반화된 수력학 방정식의 형태를 가지지 않게 된다.

이제 상태변수를 다음과 같이 선정한다.

$$\Gamma_s = (u, \mathbf{E}_e, \mathbf{E}_b), \quad \Gamma_f = (\theta, \mathbf{E}_e, \mathbf{E}_b). \tag{13.69}$$

금속의 항복은 등방성 응력에 영향을 받지 않으므로 다음과 같은 구속 조건을 사용한다.

$$\mathrm{tr}\mathbf{D}_p = 0, \quad \mathrm{tr}\mathbf{R}_b = 0. \tag{13.70}$$

즉, $\mathbf{D}_p$와 $\mathbf{R}_b$는 편차 텐서여야 하는 조건이다.

열역학적으로 경화 거동이 있지만 속도 의존성이 없는 미소 변형에 대한 소성 모형을 설립하기 위해서 먼저 식 $(11.34)_1$의 항복조건을 다음과 같이 선택한다.

$$F = (\mathbf{E}_e' - \mathbf{E}_b') : (\mathbf{E}_e' - \mathbf{E}_b') - \beta^2(e_p) = 0. \tag{13.71}$$

여기서 $\beta^2(e_p)$는 실험 결과로부터 결정할 수 있는 음이 아닌 함수이다. 그러면 식 (11.37)의 일관성 조건은 다음이 된다.

$$\dot{F} = (\mathbf{E}_e' - \mathbf{E}_b') : \left(\dot{\mathbf{E}}_e' - \dot{\mathbf{E}}_b'\right) - 2\beta\beta'\dot{e}_p = 0, \quad \beta' = \frac{d\beta}{de_p}. \tag{13.72}$$

일관성 조건이 여기서 어떻게 사용될 것인지에 대해서는 나중에 논의하기로 한다.

이제 열역학적 라그란지안를 다음과 같이 구할 수 있다.

$$\underline{L} = \psi + \frac{1}{\theta}(\rho\dot{u} + \nabla \cdot \mathbf{q} - \mathbf{T} : \mathbf{L}) - \frac{\rho}{\theta}\frac{\partial f}{\partial \mathbf{E}_e} : \left(\dot{\mathbf{E}}_e - \mathbf{D} + \mathbf{D}_p\right)$$
$$- \frac{\rho}{\theta}\frac{\partial f}{\partial \mathbf{E}_b} : \left(\dot{\mathbf{E}}_b - \mathbf{D}_p + \mathbf{R}_b\right) + \lambda_1 \mathrm{tr}\mathbf{D}_p + \lambda_2 \mathrm{tr}\mathbf{R}_b. \tag{13.73}$$

물론 여기서

$$\frac{\partial s}{\partial u} = \frac{1}{\theta}, \quad \frac{\partial s}{\partial \mathbf{E}_e} = -\frac{1}{\theta}\frac{\partial f}{\partial \mathbf{E}_e}, \quad \frac{\partial s}{\partial \mathbf{E}_b} = -\frac{1}{\theta}\frac{\partial f}{\partial \mathbf{E}_b} \tag{13.74}$$

를 이용하였다. 이제 식 (74)로부터 엔트로피 생성률을 구하고 그에 따라서 열역학 기본방정식을 유도하면 다음이 된다.

$$\theta\frac{\partial\psi}{\partial\mathbf{q}}=-\frac{1}{\theta}\mathrm{grad}\theta,\quad \theta\frac{\partial\psi}{\partial\mathbf{L}}=\mathbf{T}-\rho\frac{\partial f}{\mathbf{E}_e},$$

$$\theta\frac{\partial\psi}{\partial\mathbf{D}_p}=\rho\frac{\partial f}{\mathbf{E}_e}-\rho\frac{\partial f}{\mathbf{E}_b}-\lambda_1\theta\mathbf{I},\quad \theta\frac{\partial\psi}{\partial\mathbf{R}_b}-\rho\frac{\partial f}{\partial\mathbf{E}_b}-\lambda_2\theta\mathbf{I}. \qquad (13.75)$$

이제 단위 질량당 자유 에너지 f와 소산함수 ψ를 모형화하면 구체적인 구성방정식을 얻을 수 있다. 다음과 같은 모형을 제시할 수 있을 것이다.

$$\rho\frac{\partial f}{\partial\mathbf{E}_e}=K\mathrm{tr}\mathbf{E}_e\mathbf{I}+2G\mathbf{E}_e{}',\quad \rho\frac{\partial f}{\partial\mathbf{E}_b}=K\mathrm{tr}\mathbf{E}_b\mathbf{I}+2G\mathbf{E}_b{}', \qquad (13.76)$$

$$\theta\psi=\frac{\mathbf{q}\cdot\mathbf{q}}{2\bar{\chi}}+\frac{\mathbf{D}_p:\mathbf{D}_p}{2g_p}+\frac{\mathbf{R}_b:\mathbf{R}_b}{2g_b}+\psi_e. \qquad (13.77)$$

여기서 g_p, g_b, ψ_e는 $\mathbf{D}$, θ, $\mathbf{E}_e{}'$, $\mathbf{E}_b{}'$의 실숫값을 가지는 함수이고 $\bar{\chi}$는 θ만의 함수로 가정한다. 그리고 ψ_e는 응력이 실험 결과와 일치하는 수학적 형태를 가지게 하도록 도입된 것이다.

이 모형과 식 (75)의 기본방정식으로부터 다음과 같은 구성방정식들이 얻어진다.

$$\mathbf{T}=K\mathrm{tr}\mathbf{E}_e\mathbf{I}+2G\mathbf{E}_e{}'-\frac{\mathbf{D}_p:\mathbf{D}_p}{2g_p^2}\frac{\partial g_p}{\partial\mathbf{D}}+\frac{\partial\psi_e}{\partial\mathbf{D}}-\frac{\mathbf{R}_b:\mathbf{R}_b}{2g_b^2}\frac{\partial g_b}{\partial\mathbf{D}},$$

$$\mathbf{D}_p=Kg_p\left(\mathrm{tr}\mathbf{E}_e+\mathrm{tr}\mathbf{E}_b-\frac{\lambda_1\theta}{K}\right)\mathbf{I}+2g_pG(\mathbf{E}_e{}'-\mathbf{E}_b{}'),$$

$$\mathbf{R}_b=g_b(K\mathrm{tr}\mathbf{E}_b-\lambda_2\theta)\mathbf{I}+2Gg_b\mathbf{E}_b{}'. \qquad (13.78)$$

결정되지 않은 라그란지 승수 λ_1과 λ_2은 모두 구속조건에 대한 것으로 식 (70)을 고려해 보면, 다음을 만족해야만 한다.

$$\lambda_1=\frac{K}{\theta}(\mathrm{tr}\mathbf{E}_e+\mathrm{tr}\mathbf{E}_b),\quad \lambda_2=\frac{K}{\theta}\mathrm{tr}\mathbf{E}_b. \qquad (13.79)$$

그러면 식 $(78)_2$와 $(78)_3$은 다음이 된다.

$$\mathbf{D}_p = 2g_p G(\mathbf{E}_e' - \mathbf{E}_b'), \quad \mathbf{R}_b = 2Gg_b\mathbf{E}_b'. \tag{13.80}$$

실험 결과에 의하면 응력은 $\mathbf{E}_b$, $\mathbf{D}$, $\mathbf{D}_p$, $\mathbf{R}_b$ 중의 어느 것에도 의존하지 말아야 한다. 이를 위한 가장 간단한 경우는

$$\frac{\partial \psi_e}{\partial \mathbf{D}} = \frac{\mathbf{D}_p : \mathbf{D}_p}{2g_p^2}\frac{\partial g_p}{\partial \mathbf{D}} + \frac{\mathbf{R}_b : \mathbf{R}_b}{2g_b^2}\frac{\partial g_b}{\partial \mathbf{D}} \tag{13.81}$$

이다. 식 (80)을 식 (81)에 적용하면 소산함수 ψ_e는 다음이 되어야 한다.

$$\psi_e = 2G^2\left[(\mathbf{E}_e' - \mathbf{E}_b') : (\mathbf{E}_e' - \mathbf{E}_b')g_p + (\mathbf{E}_b' : \mathbf{E}_b')g_b\right]. \tag{13.82}$$

그러면 응력은 다음과 같이 주어진다.

$$\mathbf{T} = K\mathrm{tr}\mathbf{E}_e\mathbf{I} + 2G\mathbf{E}_e'. \tag{13.83}$$

이제 남은 일은 함수 g_p와 g_b를 구하는 일이다. 제11장의 소성 이론에서와 마찬가지로 함수 g_p와 g_b를 구하기 위해서 일관성 조건, 식 (72)에 다음의 가정을 적용한다.

$$g_b = \gamma_b(\theta, \mathbf{E}_e, \mathbf{E}_b)g_p. \tag{13.84}$$

그러면 다음이 얻어진다.

$$\begin{aligned}\beta\beta'\dot{e}_p = (\mathbf{E}_e' - \mathbf{E}_b') : \mathbf{D} - 4Gg_p(\mathbf{E}_e' - \mathbf{E}_b') : (\mathbf{E}_e' - \mathbf{E}_b') \\ + 2G\gamma_b g_p(\mathbf{E}_e' - \mathbf{E}_b') : \mathbf{E}_b'.\end{aligned} \tag{13.85}$$

그런데 $\dot{e}_p$의 정의인 식 (11.30)과 식 $(80)_1$을 이용하면 다음이 얻어진다.

$$\begin{aligned}\dot{e}_p &= \sqrt{\frac{3}{2}\mathbf{D}_p : \mathbf{D}_p} = \frac{2\sqrt{2}}{\sqrt{3}}Gg_p\sqrt{(\mathbf{E}_e' - \mathbf{E}_b') : (\mathbf{E}_e' - \mathbf{E}_b')} \\ &= \frac{2\sqrt{2}}{\sqrt{3}}G\beta g_p.\end{aligned} \tag{13.86}$$

여기서 $\mathbf{D}_p = \dot{\mathbf{E}}_p$인 것을 유의하기를 바란다. 식 (86)을 식 (85)에 대입

하고 정리하면 다음이 된다.

$$g_p = \frac{(\mathbf{E}_e{}' - \mathbf{E}_b{}') : \mathbf{D}}{4G\left[\beta^2(1+\beta'/\sqrt{6}) - \gamma_b(\mathbf{E}_e{}' - \mathbf{E}_b{}') : \mathbf{E}_b{}'/2\right]}. \tag{13.87}$$

여기서 γ_b가 상태변수만의 함수이므로 식 (87)로부터 g_p는 $\mathbf{D}$에 일차적으로 의존하는 실숫값을 가지는 함수라는 것을 알 수 있다. 그러면 식 (86)을 참조해서

$$\gamma_b = \mu\beta(e_p) \tag{13.88}$$

이라고 가정하자. 그러면

$$g_b = \mu\beta g_p = \frac{\sqrt{3}}{2\sqrt{2}}\frac{\mu}{G}\dot{e}_p \tag{13.89}$$

라고 간단히 쓸 수 있고 역시 g_b도 $\mathbf{D}$에 일차적으로 의존하는 실숫값을 가지는 함수라는 것을 알 수 있다. 그러면 뒤 변형률의 진화방정식은 다음이 된다.

$$\dot{\mathbf{E}}_b{}' = \mathbf{D}_p - \frac{\sqrt{3}}{2\sqrt{2}}\frac{\mu}{G}\dot{e}_p\mathbf{E}_b{}'. \tag{13.90}$$

이 식은 Armstrong and Frederick, 1966의 진화방정식의 변형률 판이라고 할 수 있다.

소성 변형은 하중 과정이면서 항복 조건을 만족할 때이므로 식 (87)에는 식 (11.36)에 사용한 $\Theta(F)\Theta(P)$ 항을 가져야 한다. 항복 현상이 발견되는 물질이라면 인위적으로 이 항을 식 (87)에 도입하면 된다.

식 (87)은 얼핏 완성된 것처럼 보이지만, 등방성 경화를 고려한 모형은 식 $(80)_1$과 식 (11.30)을 이용해야만 누적 소성 변형률 e_p를 구할 수 있고 그래야만 식 (87)의 $\beta(e_p)$와 $d\beta/de_p$를 구할 수 있으며 식 (87)을 이용해서 g_p가 결정되고 다시 식 $(80)_1$로 $\mathbf{D}_p$가 얻어지는 순환구조로 되

어 있다. 이런 순환적 구조는 물론 제11장의 모형에서도 발견된다. 이는 두 함수 g_p와 g_b를 모형화하기 위해서 일관성 조건을 사용하기 때문이다. 이러한 모형은 주요한 함수들이 음함수적으로 연계되어 있으므로, 경계치 문제를 계산할 때, 반복적인 수치 방법을 채택해야 할 것이다.

제11장에서 다룬 전통적인 소성 이론은 여기서 소개한 열역학적 소성 이론에 비해서 더 간결해 보일 것이다. 응력에 관한 공식, 뒤 변형률의 진화방정식, 흐름 규칙 등을 열역학 이론은 유도하지만, 기존의 소성 이론은 간결한 수식들을 직관으로 선택하기 때문이다. 이런 직관을 통한 연구는 수많은 시행 중에서 소수의 성공사례를 남길 뿐이다. 이 책에서 제안하는 변분법적 열역학 이론은 직관을 최소화하는 모형화를 지향하며 이 이론은 광범위한 물질들의 구성방정식을 같은 체계에서 유도할 수 있게 해 주는 장점이 있다는 것을 유의하기를 바란다.

13.3.2 대변형의 소성에 대한 열역학

여기서는 Anand *et al.*, 2009의 대변형 점소성 구성방정식을 변분법적 열역학, 즉 온새거 변분 원리를 이용하여 다시 모형화할 것이다. 미소 변형과 달리 대변형에서는 실험 결과로부터 식 (11.31)이나 식 (66)과 같은 진화방정식을 확인하기 어렵다. 물론 미소 변형률을 사용할 수 없는 것도 이유가 된다. 따라서 대변형 연속체 역학에서는 크뢰너-리 분해와 같은 가정을 사용하여야 한다. 물론 이 책의 열역학적 접근에서는 이 가정을 사용하지 않을 것이다.

Anand *et al.*, 2009에서는 전체적인 변형을 나타내는 좌 코시-그린 변형률 $\mathbf{B}$, 탄성 변형률로 해석할 수 있는 텐서 내부변수 $\mathbf{B}_e$, 경화 거동을 표현하기 위한 뒤 변형률 $\mathbf{H}$, 그리고 온도 θ를 상태변수로 선택했다. 이 논문은 소성역학의 전통적인 방법론을 사용하기 때문에 중간분포(intermediate configuration)와 불변 텐서 및 객관 텐서를 같이 고려하고 있다. 하지만 여기서는 크뢰너-리 분해를 사용하지 않기 때문에 모든 벡터 및 텐서는 객관 텐서만을 고려할 것이다. 즉, 라그란지 기술법(Lagrange description)보다는 오일러 기술법(Euler description)을 선호한다. 따라서 Anand *et al.*, 2009와 여기서 다룬 내용을 직접적으로 비교하기 위해서는 피올라 응력, 만델 응력, 우 코시-그린 변형률 등을 그에 대응되는 객관 텐서로 변환하여야 할 것이다.

상태변수로 $\Gamma_f = (\theta, \mathbf{B}, \mathbf{B}_e, \mathbf{H})$, $\Gamma_s = (u, \mathbf{B}, \mathbf{B}_e, \mathbf{H})$를 선택한다. 여기서 세 2차 텐서는 모두 객관 텐서이고 대칭이며 기하학적 특성은 좌 코시-그린 변형률과 같다고 가정하자. 변형률 $\mathbf{B}$의 진화방정식은 이미 운동학으로부터 알고 있으므로

$$\dot{\mathbf{B}} = \mathbf{L}\mathbf{B} + \mathbf{B}\mathbf{L}^{\mathrm{T}} \tag{13.91}$$

이다. 그러면 탄성 변형률 $\mathbf{B}_e$의 진화방정식은 식 $(12.12)_4$와 같아야 할 것이다. 그런데 고체를 대상으로 한다면 확산에 해당하는 3차 텐서 J_{ikm}을 무시할 수 있을 것이다. 그런데 완화항은 레오노프 모형의 경우에는 식 (10.241)과 같이 $\mathbf{R}_e = -2\mathbf{D}_p\mathbf{B}_e$로 표현될 수도 있다. 사실 이는 크뢰너-리 분해의 결과이지만 이를 채택하기로 한다. 그러면 열역학으로 구해야 하는 것은 $\mathbf{R}_e$ 대신에 $\mathbf{D}_p$가 된다. 이러한 선택을 한 이유는 뒤 변형률에 해당하는 $\mathbf{H}$의 진화방정식을 논의할 때 밝혀지게 된다. 그러면 $\mathbf{B}_e$의 진화방정식은 다음이 된다.

$$\rho\dot{\mathbf{B}}_e = \rho\left(\mathbf{L}\mathbf{B}_e + \mathbf{B}_e\mathbf{L}^{\mathrm{T}}\right) - 2\mathbf{D}_p\mathbf{B}_e. \tag{13.92}$$

뒤 변형률을 고려한다는 것은 물질의 변형이 항복 거동을 포함한다는

것은 물론이고 바우싱어 효과를 보인다는 것을 의미한다. 고전적인 소성 이론에서 뒤 응력은 진응력에 영향을 주지 않는데, 만약 **H** 의 진화방정식을 식 (92)와 유사하게

$$\rho\dot{\mathbf{H}} = \rho(\mathbf{LH} + \mathbf{HL}^{\mathrm{T}}) - \mathbf{R}_H \tag{13.93}$$

이라고 선택하게 되면 **H** 는 진응력에 관여하게 된다. 이를 방지하기 위해서 다음과 같은 진화방정식을 선택한다.

$$\rho\dot{\mathbf{H}} = \rho(\mathbf{D}_p\mathbf{H} + \mathbf{HD}_p) - \mathbf{R}_H. \tag{13.94}$$

항복 표면의 이동은 소성 변형이 일어날 때만 일어나므로 식 (93)을 선택할 수 없다. 식 (94)를 선택한다는 것은 $\mathbf{D}_p$가 소성 변형과 관련된 속도 그래디언트에 해당한다는 것이고 소성 변형의 속도 그래디언트는 대칭인 텐서로 간주하는 것이다. 그러면 열역학적 라그란지안은 다음이 된다.

$$\begin{aligned}\underline{L} = \psi &+ \frac{1}{\theta}(\rho\dot{u} + \nabla \cdot \mathbf{q} - \mathbf{T}:\mathbf{L}) - \frac{\rho}{\theta}\frac{\partial f}{\partial \mathbf{B}}:(\dot{\mathbf{B}} - \mathbf{LB} - \mathbf{LB}^{\mathrm{T}}) \\ &- \frac{1}{\theta}\frac{\partial f}{\partial \mathbf{B}_e}:\left[\rho\dot{\mathbf{B}}_e - \rho(\mathbf{LB}_e + \mathbf{B}_e\mathbf{L}^{\mathrm{T}}) + 2\mathbf{B}_e\mathbf{D}_p\right] \\ &- \frac{1}{\theta}\frac{\partial f}{\partial \mathbf{H}}:\left[\rho\dot{\mathbf{H}} - \rho(\mathbf{D}_p\mathbf{H} + \mathbf{HD}_p) - \mathbf{R}_H\right] + \lambda \mathrm{tr}\mathbf{D}_p.\end{aligned} \tag{13.95}$$

여기서 마지막 항은 소성 변형률 속도 $\mathbf{D}_p$가 편차 텐서라는 구속조건을 위해 도입되었다. 지금까지와 마찬가지로 식 (95)에서 엔트로피 생성률을 도출할 수 있고 그로부터 다음과 같은 열역학 기본방정식이 얻어진다.

$$\mathbf{T} = 2\rho\mathbf{B}\frac{\partial f}{\partial \mathbf{B}} + 2\rho\mathbf{B}_e\frac{\partial f}{\partial \mathbf{B}_e},$$

$$\theta\frac{\partial \psi}{\partial \mathbf{D}_p} = 2\rho\mathbf{B}_e\frac{\partial f}{\partial \mathbf{B}_e} - 2\rho\mathbf{H}\frac{\partial f}{\partial \mathbf{H}} - \lambda\mathbf{I},$$

$$\theta\frac{\partial\psi}{\partial \mathbf{R}_H}=-\frac{\partial f}{\partial \mathbf{H}},\quad \theta\frac{\partial\psi}{\partial \mathbf{q}}=-\frac{1}{\theta}\nabla\theta. \tag{13.96}$$

여기서 고체이므로 수학적 편의상 $\partial\psi/\partial\mathbf{L}=\mathbf{O}$로 간주하였다. 실험적 근거만 있다면 $\partial\psi/\partial\mathbf{L}\neq\mathbf{O}$을 사용할 수도 있다.

이제 구성방정식을 구체화하기 위해서 소산함수를 다음과 같이 모형화한다.

$$\theta\psi=\frac{\mathbf{q}\cdot\mathbf{q}}{2\bar{\varkappa}}+\frac{\mathbf{D}_p:\mathbf{D}_p}{2g_p}+\frac{\mathbf{R}_H:\mathbf{R}_H}{2g_H}. \tag{13.97}$$

물론 ψ의 등방성을 이용해서 식 (97)보다 더 일반적인 소산함수를 제안할 수도 있지만 여기서는 예를 보이기 위해서 식 (97)처럼 간단한 형태를 고려한다. 소산함수 ψ가 상태변수인 $\mathbf{B}$, $\mathbf{B}_e$, $\mathbf{H}$의 함수이기도 하므로 부록 5의 지식을 이용하여 더 복잡한 모형도 제안할 수 있다는 점을 유의하기를 바란다. 물론 식 (97)에서 함수 g_p와 g_H는 상태변수의 함수이다. 식 (97)를 이용하면 다음과 같은 구성방정식을 얻을 수 있다.

$$\mathbf{D}_p=g_p\left(2\rho\mathbf{B}_e\frac{\partial f}{\partial\mathbf{B}_e}-2\rho\mathbf{H}\frac{\partial f}{\partial\mathbf{H}}-\lambda\mathbf{I}\right),\quad \mathbf{R}_H=-g_H\frac{\partial f}{\partial\mathbf{H}}. \tag{13.98}$$

라그란지 승수는 $\mathrm{tr}\mathbf{D}_p=0$을 이용하면 다음과 같이 정해진다.

$$\lambda=\frac{1}{3}\mathrm{tr}\left(2\rho\mathbf{B}_e\frac{\partial f}{\partial\mathbf{B}_e}-2\rho\mathbf{H}\frac{\partial f}{\partial\mathbf{H}}\right). \tag{13.99}$$

Anand *et al.*, 2009은 $\mathbf{D}_p$ 대신에 불변 텐서인 $\hat{\mathbf{D}}_p$와 불변 텐서인 유효 만델 응력(effective Mandel stress)의 편차 텐서 사이의 관계식을 유도했지만 이를 현재 분포로 변환하면 식 (98)이 된다.

만약에 g_p에 항복 조건에 관한 판별식을 도입하면 항복 표면을 가진 모형이 되고 그렇지 않다면 점탄성 모형이 될 것이다. 일관성 조건을 사용하느냐 아니냐에 따라서 속도 의존성이 없는 모형이 될 수도 있고 일관성 조건을 사용하지 않으면 속도 의존성이 있는 모형이 될 수도 있다. 다양한 경우는 모두 소산함수와 단위 질량당 자유 에너지를 어떻게 모형화하느냐에 달려 있다.

13.4 유체 혼합물의 구성방정식 유도

여기서는 두 가지 이상의 성분이 혼합된 유체 혼합물의 구성방정식을 온새거 변분법으로 유도하고자 한다. 편의상 이성분 계(binary mixture)로 간주하고 성분 간의 화학반응은 고려하지 않는다. 두 가지의 유체 1과 2를 혼합하게 되면 온도와 혼합비에 따라서 균일한 단일상을 이루기도 하고 상 분리(phase separation)가 일어나서 두 가지 상을 가지게 된다. 각각 성분의 질량 밀도를 ρ_1과 ρ_2라고 하자. 그러면 유체 혼합물의 질량 밀도는 $\rho=\rho_1+\rho_2$라고 할 수 있다. 그런데 성분 k의 속도장을 $\mathbf{v}_k$로 표시하면 형식상 ρ_k의 진화방정식은 다음이 된다.

$$\frac{\partial \rho_k}{\partial t}=-\nabla\cdot(\rho_k \mathbf{v}_k). \tag{13.100}$$

이는 혼합 유체의 질량 수지식

$$\frac{\partial \rho}{\partial t}=-\nabla\cdot(\rho \mathbf{v}) \tag{13.101}$$

의 형식을 그대로 채택한 것이다. 성분 1과 2의 질량 분율은 다음과 같이 정의할 수 있다.

$$c_1=\frac{\rho_1}{\rho_1+\rho_2}=\frac{\rho_1}{\rho},\quad c_2=\frac{\rho_2}{\rho},\quad c_1+c_2=1. \tag{13.102}$$

그러면 식 (100)과 (101)로부터 다음을 유도할 수 있다.

$$\rho\dot{c}_k = -\nabla \cdot \mathbf{j}_k, \quad \mathbf{j}_k \equiv \rho_k(\mathbf{v}_k - \mathbf{v}). \tag{13.103}$$

이성분 계의 경우 $c_1 + c_2 = 1$이므로 c_1과 c_2 모두는 독립적인 상태변수가 아니다. 따라서 다음과 같은 질서도(order parameter)를 정의한다.

$$c \equiv c_1 - c_2. \tag{13.104}$$

그러면 상태변수 c의 진화방정식은 식 (103)으로부터 다음이 됨을 쉽게 유도할 수 있다.

$$\rho\dot{c} = -\nabla \cdot \mathbf{j}, \quad \mathbf{j} \equiv \mathbf{j}_1 - \mathbf{j}_2. \tag{13.105}$$

만약 두 물질이 점성유체라고 한다면 상태변수는

$$\Gamma_s = (u, v, c, \nabla c), \quad \Gamma_f = (\theta, v, c, \nabla c) \tag{13.106}$$

이 될 것이다. 여기서 $v = \rho^{-1}$이다. 하지만 점탄성 유체라고 한다면 상태변수는 다음과 같아야 할 것이다.

$$\Gamma_s = (u, c, \nabla c, \mathbf{B}_1, \mathbf{B}_2), \quad \Gamma_f = (\theta, c, \nabla c, \mathbf{B}_1, \mathbf{B}_2). \tag{13.107}$$

여기서 $\mathbf{B}_k$는 k번째 성분의 탄성 변형률이다. 상태변수 중에 c의 그래디언트 ∇c가 포함된 이유는 계면의 효과를 반영하기 위해서이다(Cahn and Hilliard, 1958).

질서도의 그래디언트에 대한 진화방정식은 식 (105)로부터 얻을 수 있다. 그런데 ∇과 물질 시간 미분은 서로 교환이 가능하지 않으므로 식 (105)를 다음과 같이 오일러 기술로 바꿀 필요가 있다.

$$\frac{\partial}{\partial t}\rho c = -\nabla \cdot (\rho c\mathbf{v} + \mathbf{j}). \tag{13.108}$$

식 (108)의 시간 미분($\partial/\partial t$)과 ∇ 연산자는 서로 교환이 가능하므로 양변에 그래디언트를 취해 주면 다음이 얻어진다.

$$\rho \frac{\mathrm{d}}{\mathrm{d}t} \nabla c = -\nabla \cdot \mathbf{J}^{\mathrm{T}} - \rho \mathbf{L}^{\mathrm{T}} \nabla c + \mathbf{j} \cdot \nabla \nabla \log v. \qquad (13.109)$$

여기서 2차 텐서 $\mathbf{J}$는 다음과 같이 정의된다.

$$\mathbf{J} = \nabla \mathbf{j} + \nabla \log v \otimes \mathbf{j}. \qquad (13.110)$$

점탄성을 위한 두 텐서 내부변수 $\mathbf{B}_1$과 $\mathbf{B}_2$의 진화방정식은 다음과 같은 일반화된 수력학적 형태를 가질 것으로 가정한다.

$$\rho \dot{\mathbf{B}}_k = \rho \left(\mathbf{L} \mathbf{B}_k + \mathbf{B}_k \mathbf{L}^{\mathrm{T}} \right) - 2 \mathbf{D}_p \mathbf{B}_k. \qquad (13.111)$$

여기서 확산항을 생략했다.

먼저 점성유체 혼합물을 고려해 보자. 그러면 상태변수는 식 (106)이 되고 상태변수들의 진화방정식은 다음이 된다.

$$\rho \dot{u} = -\nabla \cdot \mathbf{q} + \mathbf{T} : \mathbf{L}, \quad \rho \dot{v} = \mathbf{I} : \mathbf{L}, \quad \rho \dot{c} = -\nabla \cdot \mathbf{j},$$

$$\rho \dot{\mathbf{g}} = -\rho \mathbf{L}^{\mathrm{T}} \mathbf{g} - \nabla \cdot \mathbf{J}^{\mathrm{T}} + \mathbf{j} \nabla \nabla \log v, \quad \mathbf{g} \equiv \nabla c. \qquad (13.112)$$

여기서 표기법을 간단히 하기 위해서 질서도 c의 그래디언트를 $\mathbf{g}$로 표시하였다. 이 식에서 알 수 있듯이 이 열역학계의 비평형 척도는 열 유속 $\mathbf{q}$, 속도 그래디언트 $\mathbf{L}$, 질서도의 확산 유속 $\mathbf{j}$이다. 질서도 그래디언트의 확산 유속 $\mathbf{J}$는 식 (110)에서 알 수 있듯이 $\mathbf{j}$와 독립적인 양이 아니다. 그러면 소산함수는 상태변수와 이 세 비평형 척도의 함수이다.

식 (112)의 네 개의 진화방정식으로부터 열역학적 라그란지안은 다음과 같이 주어진다.

$$\begin{aligned} \underline{L} = \psi &+ \frac{1}{\theta} (\rho \dot{u} + \nabla \cdot \mathbf{q} - \mathbf{T} : \mathbf{L}) - \frac{1}{\theta} \frac{\partial f}{\partial v} (\rho \dot{v} - \mathbf{I} : \mathbf{L}) \\ &- \frac{1}{\theta} \frac{\partial f}{\partial c} (\rho \dot{c} + \nabla \cdot \mathbf{j}) \\ &- \frac{1}{\theta} \frac{\partial f}{\partial \mathbf{g}} (\nabla \cdot \mathbf{J}^{\mathrm{T}} + \rho \mathbf{L}^{\mathrm{T}} \mathbf{g} - \mathbf{j} \cdot \nabla \nabla \log v). \end{aligned} \qquad (13.113)$$

발산 분해를 이용하여 정리하면 엔트로피 생성률은 다음이 된다.

$$\Omega=\frac{1}{\theta}\left(\mathbf{T}-\rho\frac{\partial f}{\partial v}\mathbf{I}+\rho\mathbf{g}\otimes\frac{\partial f}{\partial \mathbf{g}}\right):\mathbf{L}-\frac{\mathbf{q}\cdot\nabla\theta}{\theta^2}$$

$$-\mathbf{j}\cdot\left[\frac{1}{\theta^2}\nabla\theta+\frac{1}{\theta}\frac{\partial f}{\partial \mathbf{g}}\cdot\nabla\nabla\log v-\nabla\left(\nabla\cdot\frac{1}{\theta}\frac{\partial f}{\partial \mathbf{g}}-\frac{1}{\theta}\frac{\partial f}{\partial \mathbf{g}}\cdot\nabla\log v\right)\right]. \quad (13.114)$$

그러면 기본방정식은 다음이 된다.

$$\mathbf{T}=\rho\frac{\partial f}{\partial v}\mathbf{I}-\rho\mathbf{g}\otimes\frac{\partial f}{\partial \mathbf{g}}+\theta\frac{\partial\psi}{\partial \mathbf{L}},\quad \theta\frac{\partial\psi}{\partial \mathbf{q}}=-\frac{1}{\theta}\nabla\theta,$$

$$\frac{\partial\psi}{\partial \mathbf{j}}=-\nabla\frac{1}{\theta}\frac{\partial f}{\partial c}-\frac{1}{\theta}\frac{\partial f}{\partial \mathbf{g}}\cdot\nabla\nabla\log v$$

$$+\nabla\left(\nabla\cdot\frac{1}{\theta}\frac{\partial f}{\partial \mathbf{g}}-\frac{1}{\theta}\frac{\partial f}{\partial \mathbf{g}}\cdot\nabla\log v\right). \quad (13.115)$$

간단한 모형으로 다음과 같은 소산함수를 가정해 보자.

$$\psi=\frac{\mathbf{q}\cdot\mathbf{q}}{2\bar{\varkappa}}+\frac{\mathbf{j}\cdot\mathbf{j}}{2\bar{D}}+\frac{\bar{\eta}_B}{2}(\mathrm{tr}\mathbf{L})^2+\bar{\eta}_S\mathbf{D}':\mathbf{D}'. \quad (13.116)$$

이 모형은 같은 차수의 비평형 척도인 $\mathbf{q}$와 $\mathbf{j}$ 사이의 연계를 가정하지 않은 매우 간단한 모형이다. 물질 확산은 열 유속에 의해서 영향을 받을 수 있고 그 반대도 성립된다(De Groot and Mazur, 1962). 그러면 구성방정식은 다음이 된다.

$$\mathbf{T}=(\eta_B\mathrm{tr}\mathbf{L}-p)\mathbf{I}+2\eta_S\mathbf{D}'-\rho\nabla c\otimes\frac{\partial f}{\partial\nabla c},\quad \mathbf{q}=-\varkappa\nabla\theta,$$

$$\mathbf{j}=-\bar{D}\left(\frac{1}{\theta}\frac{\partial f}{\partial c}-\nabla\cdot\frac{1}{\theta}\frac{\partial f}{\partial\nabla c}\right)-\frac{\bar{D}}{\theta}\frac{\partial f}{\partial\nabla c}\cdot\nabla\nabla\log v$$

$$-\bar{D}\nabla\left(\frac{1}{\theta}\frac{\partial f}{\partial\nabla c}\cdot\nabla\log v\right). \quad (13.117)$$

여기서 $-p=\rho\partial f/\partial v$를 이용하였다.

만약 유체가 비압축성이면 $\nabla \log v = \mathbf{0}$ 이므로 식 $(117)_1$과 식 $(117)_3$은 다음이 된다.

$$\mathbf{T} = -p\mathbf{I} + 2\eta_S \mathbf{D}' - \rho \nabla c \otimes \frac{\partial f}{\partial \nabla c},$$

$$\mathbf{j} = -\overline{D}\left(\frac{1}{\theta}\frac{\partial f}{\partial c} - \nabla \cdot \frac{1}{\theta}\frac{\partial f}{\partial \nabla c}\right). \tag{13.118}$$

그런데 자유 에너지 범함수는

$$F = \int \rho f \, \mathrm{d}V \tag{13.119}$$

이므로 c에 대해서 범함수 미분을 취하면 다음이 된다.

$$\frac{\delta F}{\delta c} = \rho\left(\frac{\partial f}{\partial c} - \nabla \cdot \frac{\partial f}{\partial \nabla c}\right). \tag{13.120}$$

그러면 등온과정일 경우 식 $(118)_2$는 다음과 같이 표현할 수 있다.

$$\mathbf{j} = -D\nabla \frac{\delta F}{\delta c}, \quad D \equiv \frac{\overline{D}}{\rho\theta}. \tag{13.121}$$

이 식은 진즈버그-란다우 방정식(Ginzburg-Landau equation)으로 알려져 있다(Grmela and Öttinger, 1997).

비평형 척도 $\mathbf{j}$와 $\mathbf{q}$는 서로 연계되어서 작동할 수 있다. 이러한 효과에 대한 논의는 Cho and Lee, 2021을 참조 바란다. 점탄성 유체 혼합물에 대한 논의는 Lee, Hwang and Cho, 2023과 Lee *et al.*, 2023을 참조 바란다. Lee *et al.*, 2023에는 열역학으로 유도하지 않은 현상학적 모형들, 즉 팔리앙 모형(Palierne, 1990), 그람스파쳐-마이스너 모형(Gramespacher and Meissner, 1992), 도이-오타 모형(Doi and Ohta, 1991)과 열역학적 모형 사이의 비교가 다루어졌다.

14 도이의 온새거 변분원리 응용

Doi, 2011은 식 (6.43)의 온새거 변분 원리에서 소산함수를 상태변수의 시간 미분의 2차 형식으로 간주한 것이다. 예를 들어 단위 부피당 엔트로피 즉, 엔트로피 밀도를 $\hat{s}(\xi_1, \xi_2, \cdots, \xi_N)$이라고 하고 ξ_k를 계의 비평형 상태를 기술하는 상태변수라고 하면 온새거 변분 원리를 다음과 같이 해석한다.

$$\delta \int_{B_t} \left(\frac{d\hat{s}}{dt} - \psi \right) \mathrm{d}V = 0, \quad \psi \equiv \frac{1}{2} \sum_{i=1}^{N} \sum_{k=1}^{N} L_{ik} \dot{\xi}_i \dot{\xi}_k. \tag{14.1}$$

여기서 L_{ik}는 온새거 행렬(Onsager matrix)이라고 부르며 대칭이고 양의 정치(symmetric and positive definite)이다. 따라서 온새거 행렬은 가역인 행렬이다. 식 (1)의 범함수 미분은 $\dot{\xi}_k$에 관한 것이다.

$$\dot{\xi}_i = \sum_{k=1}^{N} (L^{-1})_{ik} \frac{\partial \hat{s}}{\partial \xi_k} \tag{14.2}$$

가 얻어진다. 물론 여기서

$$\frac{d\hat{s}}{dt} = \sum_{k=1}^{N} \frac{\partial \hat{s}}{\partial \xi_k} \dot{\xi}_k \tag{14.3}$$

을 사용하였다.

이를 등온과정으로 확장해서 엔트로피 밀도 대신에 자유 에너지 밀도로 대체하고 온새거 행렬 대신에 마찰 행렬(friction matrix)이라고 명명한 대칭이고 양의 정치인 정방 행렬을 사용한 다음과 같은 변분 원리를 제안한다.

$$\delta\int_{B_t}\left(\frac{d\hat{f}}{dt}+w\right)\mathrm{d}\,V=0,\quad w\equiv\frac{1}{2}\sum_{i=1}^{N}\sum_{k=1}^{N}\zeta_{ik}\dot{\Xi}_i\dot{\Xi}_k. \tag{14.4}$$

그러면 상태변수의 진화방정식을 다음과 같이 얻을 수 있게 된다.

$$\dot{\Xi}_i=\sum_{k=1}^{N}(\zeta^{-1})_{ik}\frac{\partial\hat{f}}{\partial\Xi_k}. \tag{14.5}$$

물론 여기서 Ξ_k는 자유 에너지에 대한 상태변수이다. 즉, $\hat{f}=\hat{f}(\Xi_1,\Xi_2,\cdots,\Xi_N)$을 의미한다.

여기서 주의해야 할 것은 $\dot{\Xi}_k$가 단순히 상태변수 Ξ_k의 시간 미분이 아니라는 것이다. Doi, 2011에서 예를 든 온새거 변분 원리의 응용 예에서 $\dot{\Xi}_k$는 Ξ_k의 전체 시간 미분에서 가역적인 시간 변화율을 뺀 것으로 즉, 에너지 소산과 관련된 시간 미분 성분이다. 예를 들어 상태변수 중의 하나가 벡터 $\mathbf{a}$라고 하자. 그러면 일반화된 수력학적 형태의 진화 방정식인 식 $(12.12)_3$에서 우변의 둘째와 셋째 항의 합을 의미하게 된다. 즉, 전체 시간 미분에서 운동학적 시간 미분을 빼 준 것이다. 제12장의 변분 원리는 식 $(12.12)_3$의 $\mathbf{J}=J_{ik}\mathbf{e}_i\otimes\mathbf{e}_k$와 $\mathbf{r}=R_i\mathbf{e}_i$에 대한 범함수 미분을 이용하는 반면에 Doi, 2011의 변분 원리는 $\mathbf{a}$에 대한 범함수 미분을 이용한다는 차이점이 있다. 제12, 13장의 변분 원리와 Doi, 2011의 변분 원리 사이의 작은 차이 중의 하나는 단위 질량당 물리량이 아니라 단위 부피당 물리량을 이용하여 변분 원리를 기술한다는 것과 그에 따라서 시간 미분은 물질 시간 미분이 아니라 오일러 표기법(Eulerian description)의 시간 미분이라는 것이다.

Doi, 2011의 변분 원리에서는 내부 에너지의 진화방정식을 고려하지 않고 응력을 단지 다음의 식으로 얻을 수 있다고 선언한다.

$$\mathbf{T} = \frac{\partial R}{\partial \mathbf{L}}. \tag{14.6}$$

여기서 R은 단위 부피당 레일레이안으로 전체 레일레이안 R_{tot}의 피적분함수이다. 즉,

$$R_{ay} \equiv \int R \mathrm{d}V, \quad R = \frac{d\hat{f}}{dt} + w \tag{14.7}$$

이다. 적분은 물질부피에 대한 체적분이 아니라 제어부피에 대한 적분이다.

Doi, 2011은 식 (6)은 다음과 같은 추론으로 유도된다고 설명한다. 만약 레일레이안 R이 속도 그래디언트를 통해서 속도장에 의존하게 된다면 $\delta R_{tot}/\delta \mathbf{v} = \mathbf{0}$은

$$\nabla \cdot \left(\frac{\partial R}{\partial \mathbf{L}}\right)^{\mathrm{T}} = 0 \tag{14.8}$$

을 의미하고 이를 운동량 수지식

$$\nabla \cdot \mathbf{T} = 0 \tag{14.9}$$

와 비교하여 식 (6)이 얻어진다고 설명하였다. 그런데 식 (9)는 관성력과 물체력이 생략되는 경우에만 합당한 운동량 수지식이다. 따라서 식 (6)은 논리적 비약을 안고 있다. 물론 Doi, 2011은 그가 생각하는 온새거 변분원리는 상태변수의 변화가 매우 느리고 레이놀즈 수가 매우 작은 경우에 적용할 수 있다고 한다. 적어도 Doi, 2011은 기술된 온새거 변분 원리는 특별한 경우들에 대해서 직관으로 확장한 구성방정식을 유도하는 방법일 뿐이지 일반적인 열역학 이론체계를 세우고 그를 바탕으로 구성방정식을 유도하는 체계적이고 보편적인 방법론은 아닌 것 같다.

압축성 유체를 가정한다면 식 (6)으로는 정압력을 가지는 구성방정식

을 얻을 수 없는 단점을 가지고 있다. 오로지 비압축성을 가정하고 레일레이안에 비압축성 조건인 $\nabla \cdot \mathbf{v} = 0$을 도입하여야 하고 이 제한식에 대한 라그란지 승수가 정압력이 된다. 따라서 도이의 접근법으로는 점탄성 고체나 소성체 등의 구성방정식은 유도되지 못한다. 즉, 도이의 접근법은 매우 제한된 물질에만 적용할 수 있다. 도이의 접근법은 근본적으로 등온과정만을 고려하기 때문에 열 유속의 구성방정식을 제공할 수 없다. 따라서 열 유속과 확산 유속의 연계 과정을 기술할 수 없다.

구성방정식 개발의 경험이 많지 않은 연구자라면 Doi, 2011을 읽고 도이의 방법을 활용하려고 할 때 어떤 변수를 소산함수의 독립변수로 사용해야 할지를 모를 수 있다. 상태변수, 진화방정식의 형태, 비평형 척도 등의 개념을 체계적으로 정립해 놓지 않았기 때문에 발생하는 혼동이라고 할 수 있다.

부록 1

이론의 필요성

오랫동안 사용해 온 온도계 대부분은 유체의 부피팽창을 이용한 것이다. 이 온도계들은 측정할 수 있는 온도 범위에서 온도 1단위당 팽창하는 비율이 일정하다는 가정하에 만든 것들이다. 그러면 이 온도계들로 실험하여 얻은 보일의 법칙(Boyle's law)이나 게이-루삭의 법칙(Gay-Lussac law)은 온도계의 가정이 틀린 것이면 법칙으로서의 효력을 잃을 것이다. 부피팽창 방식의 온도계들만으로 온도계의 가정을 증명할 수는 없다. 사실 열팽창계수는 온도 구간에 따라서 상당한 차이를 보인다. 수은 온도계가 한동안 가장 많이 사용된 이유는 아마도 열팽창계수가 넓은 온도 범위에서 가장 일정했기 때문일 것이다.

이상기체 법칙을 실험 결과만으로 얻었다면 불완전한 법칙이지만 이는 아주 오랫동안 다양한 분야에 적용되었다. 그러다 통계역학이 등장하고, 이상기체를 분자 간 상호작용이 없는 분자로 간주하였더니 이상기체의 상태방정식이 얻어졌다. 이를 바탕으로 부피를 일정하게 하고 온도에 따라서 압력을 측정하면 상당히 넓은 온도 범위에서 정확한 온도를 측정할 수 있게 되었다. 이 온도계로 알코올이나 수은의 열팽창계수를 측정하였더니 이 유체들을 온도계에 응용할 수 있을 정도의 일정성을 확인하였다고 볼 수 있다. 따라서 통계역학으로 이상기체의 상태방정식이 얻어졌기 때문에, 즉 이론이 있었기 때문에 실험만으로 해결될 수 없었던 의심이 풀리게 되었다고 할 수 있다.

갈릴레오가 성당의 샹들리에가 진자운동을 하는 것을 보고 진자의 주기성을 알아냈다고 한다. 정확한 시계가 있어야 진자운동의 주기성을 알아낼 수 있었을 것이다. 그런데 모래시계는 있었겠지만, 그때까지 진자의 주기와 같은 짧은 시간을 측정할 수 있는 시계가 없었다고 하자. 맥박수만으로 진자의 주기성을 증명했다고 할 수 있는가? 진자의 주기성을 인식하게 되는 계기는 되겠지만 증명은 안 된다. 하지만 뉴턴 역학으로 진자의 운동방정식을 풀면 진자의 운동은 삼각함수로 표현된다. 삼각함수의 주기성은 수학적으로 명쾌하다. 이 역시 최초의 시계를 발명했다고 해도 그 시계가 균일하게 시간을 측정해 준다는 보장은 없다. 뉴턴 역학과 같은 이론적 보완이 필요한 것이다.

쿨롱 시대에는 원자핵과 전자 및 분자구조에 대한 인식이 없었다. 오늘날 대부분의 이공계 대학생은 전하의 근원은 원자핵과 전자라는 것을 알고 있다. 중성인 물체 근처에 하전체가 다가오면 분극이 일어난다는 것은 학부 1학년 물리학 과정에서 배울 수 있다. 이러한 지식을 가지고 쿨롱의 실험을 본다면 의심하지 않을 수 없게 된다. 의심되는 실험 결과이지만 쿨롱 법칙을 이용하여 얻어진 결과물들은 쿨롱 법칙이 옳다는 것을 간접적으로 증명한다. 아마도 정밀하게 쿨롱의 실험을 분석하면 의심은 기우에 불과하다는 것을 알 수 있을 것이다.

여기서 짚고 넘어가고 싶은 것은 초기에 불완전하게 얻은 과학지식이 그 당시에는 불완전하다는 것을 모른 채 인정되었고 그로부터 얻은 지식에 의해서 다시 초기의 지식획득과정이 의심되었지만 분석해 보니 옳았다는 것을 알게 되는 경우가 많다는 것이다. 저자의 생각으로는 다른 과학 분야보다 열역학 분야가 이러한 사례를 더 많이 가지고 있는 것 같다. 그중에 대표적인 것이 클라우시우스 부등식이 아닐까 생각된다.

부록 2

범함수의 미분과 변분법

범함수의 미분을 설명하기 전에 먼저 일변수 함수의 미분에 대해서 생각해 보자. 실수 x에서 실수 $y=f(x)$로의 함수에 대한 미분은 학부 교과서에서는

$$\frac{dy}{dx} \equiv \lim_{\epsilon \to 0} \frac{f(x+\epsilon)-f(x)}{\epsilon} = f'(x) \tag{A2.1}$$

로 정의한다. 이 극한 식을 다음과 같이 바꾸어 쓸 수도 있다.

$$\lim_{\epsilon \to 0} [f(x+\epsilon)-f(x)-f'(x)\epsilon] = 0. \tag{A2.2}$$

여기서 $f(x+\epsilon)-f(x)$는 정의구역에서의 미소 변화량 ϵ에 기인한 공변역의 미소 변화를 의미한다. 따라서 식 (2)는 정의구역의 미소 변화량을 공변역의 미소 변화량으로 대응시키는 선형사상 $f'(x)$가 존재한다는 것을 의미한다.

이 개념을 정의구역이 벡터이고 공변역이 실수인 함수에도 적용할 수 있다. 즉, $y=f(\mathbf{x})$인 함수를 생각해 보면 이 함수의 미분은 다음의 극한 식을 만족하는 벡터에서 실수로의 선형사상 $\tilde{L}(\ )$를 찾는 것으로 시작된다.

$$\lim_{\epsilon \to 0} \left[f(\mathbf{x}+\epsilon\mathbf{h})-f(\mathbf{x})-\tilde{L}(\epsilon\mathbf{h})\right] = 0. \tag{A2.3}$$

벡터 $\mathbf{h}$에서 실수로 r의 선형사상은 어떤 벡터 $\mathbf{g}$에 의해서 다음과 같이 특정될 수 있다.

$$\tilde{L}(\mathbf{h}) = \mathbf{g} \cdot \mathbf{h}. \tag{A2.4}$$

$\tilde{L}(\ )$이 선형사상이므로 정의구역이 N개의 단위 직교 기저 벡터 (orthonormal base vector) $\{\mathbf{e}_i\}_{i=1}^{i=N}$로 생성되는 N차원 벡터 공간일 때, 기저에 대응되는 함숫값 $\{g_i\}_{i=1}^{i=N}$을 알면 임의의 벡터 $\mathbf{h} = h_1\mathbf{e}_1 + h_2\mathbf{e}_2 + \cdots + h_N\mathbf{e}_N$의 $\tilde{L}(\ )$에 의해서 대응되는 실수를 다음과 같이 구할 수 있게 된다.

$$\tilde{L}(\mathbf{h}) = \sum_{i=1}^{N} g_i h_i. \tag{A2.5}$$

따라서 $\mathbf{g} = g_1\mathbf{e}_1 + g_2\mathbf{e}_2 + \cdots + g_N\mathbf{e}_N$라는 것을 알 수 있다. 이제 g_i와 함수 $f(\mathbf{x})$의 관계를 찾아야 한다. 식 (3)을 식 (1)과 같은 형식으로 바꿀 수 있으면 이 작업을 완료할 수 있게 된다. 식 (3)의 함수 $f(\mathbf{x} + \epsilon\mathbf{h})$는 벡터 $\mathbf{x}$와 $\mathbf{h}$를 어떤 값으로 고정했을 때, 실수 ϵ의 일변수 함수로 간주할 수 있다. 그러면 $\phi(\epsilon) \equiv f(\mathbf{x} + \epsilon\mathbf{h})$로 정의했을 때

$$\begin{aligned}\lim_{\epsilon \to 0} \frac{f(\mathbf{x} + \epsilon\mathbf{h}) - f(\mathbf{x})}{\epsilon} &= \tilde{L}(\mathbf{h}) = \mathbf{g} \cdot \mathbf{h} \\ &= \left(\frac{df(\boldsymbol{x} + \epsilon\mathbf{h})}{d\epsilon}\right)_{\epsilon = 0} = \phi'(0)\end{aligned} \tag{A2.6}$$

이 됨을 알 수 있다. 물론 여기서 $\phi'(\epsilon) \equiv d\phi/d\epsilon$이다. 그런데

$$\phi'(0) = \mathbf{h} \cdot \operatorname{grad} f = \sum_{i=1}^{N} \frac{\partial f}{\partial x_i} h_i \tag{A2.7}$$

이므로

$$\mathbf{g} = \operatorname{grad} f = \sum_{i=1}^{N} \frac{\partial f}{\partial x_i} \mathbf{e}_i \tag{A2.8}$$

이 된다. 따라서 벡터에서 실수로의 함수 $f(\mathbf{x})$의 미분은 $\operatorname{grad} f = \nabla f$라는 것을 알게 된다.

이 책을 읽는 대부분의 독자는 이미 알고 있는 내용이라 지루했을 것이다. 식 (6)과 같이 미분을 정의하는 것을 가토 미분(Gâteaux derivative)이라고 한다(Debnath and Mikusiński, 2005). 범함수에 대해서 가토 미분을 적용하려고 한다. 다음과 같은 농도 분포 $c(\mathbf{x})$의 범함수를 생각해 보자.

$$F[c(\mathbf{x})] \equiv \int_B [f_0(c) + k\nabla c \cdot \nabla c] \mathrm{d}V. \tag{A2.9}$$

이 범함수는 칸-힐리아드 이론(Cahn-Hilliard theory)의 자유 에너지 범함수이다[2.4.2절 참조]. 다음과 같이 정의되는 ϵ의 일변수 함수를 생각해 보자.

$$\phi(\epsilon) \equiv F[c(\mathbf{x}) + \epsilon h(\mathbf{x})]. \tag{A2.10}$$

여기서 함수 $h(\mathbf{x})$는 임의의 함수이나 적분 영역 B의 경계 ∂B에서는 0이 되는 함수이다. 그러면

$$\phi'(0) = \lim_{\epsilon \to 0} \frac{F[c(\mathbf{x}) + \epsilon h(\mathbf{x})] - F[c(\mathbf{x})]}{\epsilon} \tag{A2.11}$$

을 계산하기 위해서 다음을 고려해야 한다.

$$\frac{F[c(\mathbf{x}) + \epsilon h(\mathbf{x})] - F[c(\mathbf{x})]}{\epsilon} = \frac{1}{\epsilon} \int_B [f_0(c + \epsilon h) - f_0(c)] \mathrm{d}V$$

$$+ \frac{1}{\epsilon} \int_B k(2\epsilon \nabla c \cdot \nabla h + \epsilon^2 \nabla h \cdot \nabla h) \mathrm{d}V$$

$$= \int_B f'_0(c) h(x) \mathrm{d}V + \int_B 2k \nabla c \cdot \nabla h \mathrm{d}V + O(\epsilon). \tag{A2.12}$$

여기서 $f'_0(c) \equiv df_0/dc$를 의미하고 $\epsilon \to 0$일 때 $O(\epsilon)$은 ϵ만큼 빠르게 0이 되는 함수이다. 그런데

$$\phi'(0)=\int_B f'_0(c)h(\mathbf{x})\mathrm{d}V+2\int_B k\nabla c\cdot\nabla h\mathrm{d}V \tag{A2.13}$$

이다. 식 (7)과 비교하면 식 (13)은 어떤 것이 $h(\mathbf{x})$와 곱해진 것의 영역 B에 대한 적분이 되는 형태이어야 범함수의 미분을 구할 수 있을 것 같다. 이런 형태로 바꾸기 위해서 다음의 항등식을 이용한다.

$$k\nabla c\cdot\nabla h=\nabla\cdot(kh\nabla c)-h\nabla\cdot(k\nabla c). \tag{A2.14}$$

식 (14)를 식 (13)에 대입하고 발산정리를 사용한다. 여기서 변동(variation) $h(\mathbf{x})$가 ∂B에서 0이 된다는 것을 이용하면 식 (13)은 다음이 된다.

$$\phi'(0)=\int_B\left[f'_0(c)+\nabla\cdot(k\nabla c)\right]h(x)\mathrm{d}V. \tag{A2.15}$$

따라서 범함수 $F[c(\mathbf{x})]$의 미분을 $\delta F/\delta c(\mathbf{x})$로 표시하면 다음이 된다.

$$\frac{\delta F}{\delta c(\mathbf{x})}=\frac{df_0}{dc}+\nabla\cdot(k\nabla c). \tag{A2.16}$$

만약 $\delta F/\delta c(\mathbf{x})=0$이라면 $F[c(\mathbf{x})+\epsilon h(\mathbf{x})]-F[c(\mathbf{x})]=0$을 의미하므로 이를 만족하는 $c(\mathbf{x})$는 범함수의 극점이라는 것을 의미한다. 그러면 미분방정식

$$\frac{df_0}{dc}+\nabla\cdot(k\nabla c)=0 \tag{A2.17}$$

의 해는 불균일계의 자유 에너지를 최소화하는 농도 분포가 된다.

변분법(calculus of variation)에서는 $\epsilon h(\mathbf{x})$를 함수 $c(\mathbf{x})$의 변동(variation)이라고 부르고 $\delta c(\mathbf{x})$로 표시한다(Lanczos, 1970). 변분법은 최소 작용의 원리(principle of minimum action)를 이용하는 해석역학(analytical mechanics)의 라그란지안 역학(Lagrangian mechanics)이나 해밀토니안 역학(Hamiltonian mechanics)에서 매우 유용한 수학적 방법일 뿐만 아니라 통계역학과 열역학에서도 중요한 역할을 한다(Davis, 1996; Hansen and McDonald, 2006).

부록 3

수력학적 상호작용

점도 η_s인 비압축성 뉴턴 유체에 지름이 a인 구형 입자 N개가 떠 있는 현탁액을 생각해 보자. 각 입자의 속도 벡터와 각 입자에 작용하는 힘 사이의 관계를 얻고자 하는 것이 이 부록의 목표다. 먼저 입자가 하나 있는 경우부터 생각해 보자.

스토크스(G. G. Stokes)는 비압축성 뉴턴 유체에 지름이 a인 구형 입자가 속도 $\mathbf{v}_1$으로 움직일 때, 이 입자에 작용하는 저항력을 계산하고자 했다. 나비에-스토크스 방정식은 비선형 편미분 방정식으로 해석해를 구하는 것은 거의 불가능한 경우가 많으므로 레이놀즈 수(Reynolds number)가 작아서 관성력을 무시할 수 있다고 가정하고 정상상태의 속도장을 구하려고 하였다. 그러면 다음의 두 방정식을 풀어야 한다.

$$\nabla \cdot \mathbf{v} = 0, \quad -\nabla p + \eta_s \nabla^2 \mathbf{v} = \mathbf{0}. \tag{A3.1}$$

여기서 물체력을 생략하였다. 이 문제의 경계조건은

$$[\mathbf{v}(\mathbf{x})]_{r=a} = \mathbf{0}, \quad \lim_{\|\mathbf{x}\| \to 0} \mathbf{v}(\mathbf{x}) = v_0 \mathbf{e}_3 \tag{A3.2}$$

로 정했다. 왜냐하면 원점에 입자가 고정되어 있고 아주 멀리서 일정 방향으로 일정한 크기의 흐름이 있는 것으로 문제를 단순화했기 때문이다.

식 $(1)_2$의 양변에 발산을 취하면 식 $(1)_1$에 의해서 압력 p는 다음의 라플라스 방정식을 만족하게 된다.

$$\nabla^2 p = 0. \tag{A3.3}$$

구면좌표계를 이용하여 압력장의 일반형을 다음과 같이 가정한다.

$$p = p_0 + \eta_s p_1 \frac{\cos\theta}{r}. \tag{A3.4}$$

물론 이는 더 일반적인 해의 형태의 근사이지만 식 (1)이 선형 편미분 방정식이기 때문에 식 (4)의 대략적인 형태가 식 (1)과 경계조건을 만족하는 해를 주게 된다면 해의 유일성에 의해서 추정한 해가 정답이라는 것을 알 수 있다. 식 (4)를 식 $(1)_2$에 대입하고 식 $(1)_1$과 경계조건인 식 (2)를 만족하는 상수 p_0와 p_1을 구하면 속도장은 다음이 된다.

$$\mathbf{v} = v_o\left(1 - \frac{a}{r}\right)\mathbf{e}_3 + \frac{1}{4}v_o a\left(r^2 - a^2\right)\nabla\frac{\cos\theta}{r^2}, \quad p = -\frac{3v_o a}{2}. \tag{A3.5}$$

속도장이 구해졌으므로 뉴턴 유체의 응력은 다음이 된다.

$$\mathbf{T} = -p\mathbf{I} + \eta_s\left[(\nabla\mathbf{v})^{\mathrm{T}} + \nabla\mathbf{v}\right]. \tag{A3.6}$$

그러면 구형 입자에 작용하는 힘은 다음이 된다.

$$\mathbf{f} = \oint_{r=a}\mathbf{T}\,\mathrm{d}\mathbf{a}. \tag{A3.7}$$

구면좌표계를 이용한 면적분을 수행하고 나면 다음이 얻어진다.

$$\mathbf{f} = 6\pi\eta_s a\mathbf{v}_o, \quad \mathbf{v}_o \equiv v_o\mathbf{e}_3. \tag{A3.8}$$

식 (8)을 스토크스 법칙(Stokes' law)이라고 부른다. 여기서 입자를 고정하고 멀리서 일정한 유체의 속도장 $\mathbf{v}_o$를 가정한 것은 정지한 유체에 속도 $\mathbf{v}_o$로 움직이는 구형 입자를 고려한 것과 같으므로 식 (8)은 구형 입자가 일정한 속도 $\mathbf{v}$로 운동한다면 그때 입자에 작용하는 힘은 다음이 된다는 것으로 해석할 수 있다.

$$\mathbf{f} = \zeta\mathbf{I}\mathbf{v}, \quad \zeta = 6\pi\eta_s a. \tag{A3.9}$$

여기서 ζ를 마찰계수라고 부르고 $\zeta\mathbf{I}$의 역텐서인

$$\mathbf{M} \equiv \frac{1}{\zeta}\mathbf{I} \tag{A3.10}$$

을 이동도 텐서(mobility tensor)라고 부른다. 입자가 하나이기 때문에 이동도 텐서는 등방성 텐서가 되었다고 볼 수 있다. 식 (10)을 이용해 식 (9)를 다음과 같이 다시 쓸 수 있다.

$$\mathbf{v} = \mathbf{M}\mathbf{f}. \tag{A3.11}$$

입자의 개수가 $N > 1$인 경우 위와 같은 접근법을 사용하게 되면 더 복잡한 경계조건이 입자의 개수만큼 늘어나게 된다. 즉, α번째 입자의 위치를 $\mathbf{r}_\alpha$라고 하면 식 $(2)_1$은

$$[\mathbf{v}(\mathbf{x})]_{\|\mathbf{x}-\mathbf{r}_\alpha\| = a} = \mathbf{0} \tag{A3.12}$$

가 된다. 이러한 경계조건이 N개 필요하게 된다. 이 방법은 많은 입자에 대해서 효과적인 방법이 아니기 때문에 단일입자 문제에서는 도입하지 않은 다음과 같은 물체력을 도입힌다.

$$\mathbf{b}(\mathbf{x}) = \sum_{\alpha=1}^{N} \mathbf{f}_\alpha \delta(\mathbf{x} - \mathbf{r}_\alpha). \tag{A3.13}$$

여기서 $\mathbf{f}_\alpha$는 입자 α에 작용하는 힘이다. 이 힘은 식 (7)과 같은 방법으로 계산되어야 하겠지만 목표로 하는 것은 유체 전체에 분포하는 응력장(stress field)이 아니라 식 (9)나 (11)을 얻는 것임을 유념해야 한다.

입자 각각의 속도를 $\mathbf{v}_\alpha$라고 하고 현탁액의 유동장을 $\mathbf{v}(\mathbf{x})$라고 하자. 정상상태를 가정하고 레이놀즈 수(Reynolds number)가 작아서 관성력을 무시할 수 있다고 하면 지배 방정식은 다음이 된다.

$$\nabla \cdot \mathbf{v} = 0, \quad -\nabla p + \eta_s \nabla^2 \mathbf{v} + \mathbf{b} = \mathbf{0}. \tag{A3.14}$$

여기서 $\mathbf{f}_\alpha$는 α번째 입자에 작용하는 힘이고 $\mathbf{r}_\alpha$는 α번째 입자의 위치이다. 식 (13)을 식 (14)에 대입하고 정리하면 다음이 얻어진다.

$$\eta_s \nabla^2 \mathbf{v} - \nabla p = -\sum_{\alpha=1}^{N} \mathbf{f}_\alpha \delta(\mathbf{x} - \mathbf{r}_\alpha). \tag{A3.15}$$

이 편미분 방정식을 풀기 위해 다음과 같은 후리에 변환을 정의한다.

$$\hat{\mathbf{v}}(\mathbf{k}) \equiv \int_{R^3} \mathbf{v}(\mathbf{x}) e^{-i\mathbf{k}\cdot\mathbf{x}} d^3\mathbf{x}. \tag{A3.16}$$

여기서 속도장 $\mathbf{v}(\mathbf{x})$와 압력장 $p(\mathbf{x})$는 모두 $\|\mathbf{x}\| \to \infty$에 대해서 0으로 수렴한다고 가정한다. 다음의 항등식을 사용할 것이다.

$$\int_{R^3} \nabla p e^{-i\mathbf{k}\cdot\mathbf{x}} d^3\mathbf{x} = -i\mathbf{k}\hat{p}(\mathbf{k}),$$

$$\int_{R^3} \nabla \cdot \mathbf{v} e^{-i\mathbf{k}\cdot\mathbf{x}} d^3\mathbf{x} = -i\mathbf{k} \cdot \hat{\mathbf{v}}(\mathbf{k}),$$

$$\int_{R^3} \nabla p e^{-i\mathbf{k}\cdot\mathbf{x}} d^3\mathbf{x} = -i\mathbf{k}\hat{p}(\mathbf{k}). \tag{A3.17}$$

그러면 식 (14)는 다음이 된다.

$$\mathbf{k} \cdot \hat{\mathbf{v}} = 0, \quad -k^2 \eta_s \hat{\mathbf{v}} + i\mathbf{k}\hat{p} = -\sum_{\alpha=1}^{N} \mathbf{f}_\alpha e^{i\mathbf{k}\cdot\mathbf{r}_\alpha}. \tag{A3.18}$$

여기서 파수 벡터(wave number vector) $\mathbf{k}$가 속도장의 후리에 변환 $\hat{\mathbf{v}}$와 수직이므로 식 $(18)_2$의 양변에 $i\mathbf{k}$를 내적 해 주고 정리하면 다음과 같이 압력장의 후리에 변환을 구할 수 있게 된다.

$$\hat{p} = \frac{1}{k^2} i\mathbf{k} \cdot \sum_{\alpha=1}^{N} \mathbf{f}_\alpha e^{i\mathbf{k}\cdot\mathbf{r}_\alpha}. \tag{A3.19}$$

이를 다시 식 $(18)_2$에 대입하고 정리하면 속도장의 후리에 변환을 다음과 같이 구할 수 있다.

$$\hat{\mathbf{v}} = \frac{1}{\eta_s k^2} (\mathbf{I} - \hat{\mathbf{k}} \otimes \hat{\mathbf{k}}) \hat{\mathbf{b}}(\mathbf{k}). \tag{A3.20}$$

여기서 $\hat{\mathbf{k}} \equiv \mathbf{k}/k$이고 $\hat{\mathbf{b}}(\mathbf{k})$는 물체력 $\mathbf{b}(\mathbf{x})$의 후리에 변환이다. 식 (20)은 후리에 변환의 합성곱 정리를 이용하면 다음이 됨을 알 수 있다.

$$\mathbf{v}(\mathbf{x}) = \int_{\mathrm{R}^3} \mathbf{H}(\mathbf{x}-\mathbf{r})\mathbf{b}(\mathbf{r})\mathrm{d}^3\mathbf{r}. \tag{A3.21}$$

여기서

$$\mathbf{H}(\mathbf{x}) = \frac{1}{(2\pi)^3}\int_{\mathrm{R}^3} \frac{1}{\eta_s k^2}(\mathbf{I}-\hat{\mathbf{k}}\otimes\hat{\mathbf{k}})e^{\mathrm{i}\mathbf{k}\cdot\mathbf{x}}\mathrm{d}^3\mathbf{k} \tag{A3.22}$$

이다. 이 대칭 텐서를 오신 텐서(Oseen tensor)라고 부른다. 식 (22)를 계산하면 오신 텐서는 다음과 같다.

$$\mathbf{H}(\mathbf{x}) = \frac{1}{8\pi\eta_s \|\mathbf{x}\|}(\mathbf{I}+\hat{\mathbf{x}}\otimes\hat{\mathbf{x}}). \tag{A3.23}$$

여기서 물론 $\hat{\mathbf{x}} \equiv \|\mathbf{x}\|^{-1}\mathbf{x}$ 이다.

식 (13)과 식 (23)을 식 (21)에 대입하고 정리하면 다음이 얻어진다.

$$\mathbf{v}(\mathbf{x}) = \sum_{\beta=1}^{N} \mathbf{H}(\mathbf{x}-\mathbf{r}_\beta)\mathbf{f}_\beta. \tag{A3.24}$$

좌변이 위치 $\mathbf{x}$에서의 속도를 의미하므로 α번째 입자가 위치 $\mathbf{x}$에 있을 때의 α번째 입자의 속도를 구할 수 있을 것이다. 즉, $\mathbf{v}_\alpha = \mathbf{v}(\mathbf{x}=\mathbf{r}_\alpha)$라고 할 수 있으므로 다음이 얻어진다.

$$\mathbf{v}_\alpha = \sum_{\beta=1}^{N} \mathbf{M}_{\alpha\beta}\mathbf{f}_\beta, \quad \mathbf{M}_{\alpha\beta} \equiv \mathbf{H}(\mathbf{r}_\alpha - \mathbf{r}_\beta). \tag{A3.25}$$

여기서

$$\mathbf{M}_{\alpha\beta} \equiv \mathbf{H}(\mathbf{r}_\alpha - \mathbf{r}_\beta) = \frac{1}{8\pi\eta_s r_{\alpha\beta}}(\mathbf{I}+\hat{\mathbf{r}}_{\alpha\beta}\otimes\hat{\mathbf{r}}_{\alpha\beta}),$$

$$\mathbf{r}_{\alpha\beta} \equiv \mathbf{r}_\alpha - \mathbf{r}_\beta \tag{A3.26}$$

이다. 물론 $r_{\alpha\beta} \equiv \|\mathbf{r}_{\alpha\beta}\|$ 이다. 이 식은 $\alpha \neq \beta$일 때는 문제가 없지만

$\alpha = \beta$이면 분모가 0이 되는 문제를 가지고 있다. 이를 방지하기 위해서 $\alpha = \beta$일 때는 하나의 입자에 대한 이동도 텐서를 사용하기로 한다. 그러면 다음이 된다.

$$\mathbf{M}_{\alpha\beta} = \begin{cases} \zeta^{-1}\mathbf{I} & \text{for}\, \alpha = \beta \\ \mathbf{H}(\mathbf{r}_{\alpha\beta}) & \text{for}\, \alpha \neq \beta \end{cases}, \quad \zeta = 6\pi\eta_s a. \tag{A3.27}$$

식 (26)을 보면 이동도 텐서 $\mathbf{M}_{\alpha\beta}$는 다음과 같은 특징을 가짐을 쉽게 알 수 있다.

$$\mathbf{M}_{\alpha\beta} = \mathbf{M}_{\beta\alpha}. \tag{A3.28}$$

0이 아닌 임의의 벡터 $\mathbf{c}$에 대해서 다음도 성립된다.

$$\mathbf{c} \cdot \mathbf{M}_{\alpha\beta}\mathbf{c} = \frac{1}{8\pi\eta_s r_{\alpha\beta}}\left[\mathbf{c} \cdot \mathbf{c} + \frac{(\mathbf{c} \cdot \mathbf{r}_{\alpha\beta})^2}{r_{\alpha\beta}^2}\right] > 0. \tag{A3.29}$$

따라서 $\mathbf{M}_{\alpha\beta}$는 양의 정치인 텐서이다. 대칭이고 양의 정치인 텐서에는 역텐서가 존재한다. 텐서 $\mathbf{M}_{\alpha\beta}$의 역텐서는 다음이 된다.

$$\mathbf{M}_{\alpha\beta} = 8\pi\eta_s r_{\alpha\beta}\left(\mathbf{I} - \frac{1}{2}\hat{\mathbf{r}}_{\alpha\beta} \otimes \hat{\mathbf{r}}_{\alpha\beta}\right). \tag{A3.30}$$

스프링-덤벨 모형에 적용하기 위해서 $N = 2$인 경우를 생각해 보자. 그러면 식 (25)와 (27)에 의해서 다음이 성립된다.

$$\mathbf{v}_1 = \frac{1}{\zeta}\mathbf{f}_1 + \mathbf{M}_{12}\mathbf{f}_2, \quad \mathbf{v}_2 = \mathbf{M}_{12}\mathbf{f}_1 + \frac{1}{\zeta}\mathbf{f}_2. \tag{A3.31}$$

두 덤벨 사이의 상대 위치를 $\mathbf{h} \equiv \mathbf{r}_1 - \mathbf{r}_2$라고 했으므로 식 (31)의 두 식을 변변이 빼면 다음이 얻어진다.

$$\dot{\mathbf{h}} = \left(\frac{1}{\zeta}\mathbf{I} - \mathbf{M}_{12}\right)(\mathbf{f}_1 - \mathbf{f}_2). \tag{A3.32}$$

따라서 식 (10.69)의 이동도 텐서 $\mathbf{M}$은 다음이 된다.

$$\mathbf{M} = \frac{1}{\zeta}\mathbf{I} - \frac{1}{8\pi\eta_s h}\left(\mathbf{I} + \hat{\mathbf{h}} \otimes \hat{\mathbf{h}}\right)$$

$$= \left(\frac{1}{\zeta} - \frac{1}{8\pi\eta_s h}\right)\mathbf{I} - \frac{1}{8\pi\eta_s h}\hat{\mathbf{h}} \otimes \hat{\mathbf{h}}. \tag{A3.33}$$

부록 4

수직 좌표와 일반화된 후리에 변환

여기서는 식 (10.151)과 같은 선형 편미분 방정식의 해석해를 구하는 방법에 대해서 논의하겠다. 다음과 같은 선형 편미분 방정식을 생각해 보자.

$$\frac{\partial u}{\partial t} = \tilde{\mathfrak{I}}_x u, \quad 0 \leq t, \quad 0 \leq x \leq L. \tag{A4.1}$$

여기서 u는 $u(t, x)$로 t와 x의 함수이고 $\tilde{\mathfrak{I}}_x$는 x에 대한 선형 미분 연산자(linear differential operator)이다. 이 미분방정식의 해 $u(t, x)$는 다음과 같은 경계조건을 만족한다고 하자.

$$\left(\frac{\partial u}{\partial x}\right)_{x=0} = \left(\frac{\partial u}{\partial x}\right)_{x=L} = 0. \tag{A4.2}$$

이제 식 (1)의 편미분 방정식을 풀기 위해서 해를 다음과 같이 가정하자.

$$u(t, x) = \sum_{p=0}^{\infty} \tilde{\phi}_p(x) \psi_p(t). \tag{A4.3}$$

두 함수 집단 $\tilde{\phi}_p(x)$와 $\psi_p(t)$를 어떻게 구하는지를 논의하기 위해서는 미분연산자 $\tilde{\mathfrak{I}}_x$의 고유함수(eigenfunction)

$$\tilde{\mathfrak{I}}_x \phi_p = \lambda_p \phi_p, \quad p = 0, 1, 2, \cdots \tag{A4.4}$$

와 함수의 내적을 이용하여야 한다. 물론 λ_p는 실수로 고유치(eigenvalue)라고 한다.

구간 $0 \le x \le L$에서 정의되는 함수들에 대해서 다음과 같은 내적(inner product)을 정의하자(Hassani, 2013; Cho, 2016).

$$\langle f, g \rangle = \int_0^L f(x)g(x)w(x)\mathrm{d}x, \quad w(x) \ge 0. \tag{A4.5}$$

여기서 $f(x)$와 $g(x)$는 임의의 함수이고 가중 함수 $w(x)$는 내적의 정의에 사용되는 적분 구간에 대해서 음이 아닌 함수이다. 만약 연산자 $\tilde{\mathfrak{I}}_x$가 임의의 함수 $f(x)$와 $g(x)$에 대해서 항상

$$\langle f, \tilde{\mathfrak{I}}_x g \rangle = \langle g, \tilde{\mathfrak{I}}_x f \rangle \tag{A4.6}$$

을 만족한다면 $\tilde{\mathfrak{I}}_x$를 자기 수반 연산자(self-adjoint operator)라고 부른다. 자기 수반 연산자의 고유함수 $\phi_p(x)$들에 대해서 항상 다음이 성립된다.

$$\langle \phi_p, \phi_q \rangle = \langle \phi_p, \phi_p \rangle \delta_{pq}. \tag{A4.7}$$

여기서 중복된 첨자에 대해서 합산규칙을 적용하지 않는다. 식 (7)을 만족시키는 두 함수 $\phi_p(x)$와 $\phi_q(x)$는 서로 수식(orthogonal)이라고 한다. 내적의 정의로부터 임의의 함수 $f(x) \ne 0$에 대해 항상 $\langle f, f \rangle > 0$이므로

$$\tilde{\phi}_p(x) \equiv \frac{\phi_p(x)}{\sqrt{\langle \phi_p, \phi_p \rangle}} \tag{A4.8}$$

을 정의하면

$$\langle \tilde{\phi}_p, \tilde{\phi}_q \rangle = \delta_{pq} \tag{A4.9}$$

가 성립된다. 서로 수직이며 크기가 1인 함수 수열(sequence of orthonormal function)이 주어지면 임의의 함수를 식 (3)과 같이 표현할 수 있다.

식 (3)의 양변에 $\tilde{\phi}_q(x)$와의 내적을 취하게 되면 다음이 얻어진다.

$$\psi_q(t) = \langle \tilde{\phi}_q, u \rangle. \tag{A4.10}$$

식 (1)의 미분연산자가 자기 수반 연산자라고 가정하자. 양변에 $\tilde{\phi}_p(x)$

와의 내적을 취하게 되면

$$\frac{d\psi_p}{dt} = \lambda_p \psi_p(t) \tag{A4.11}$$

이 얻어진다. 이 상미분 방정식의 일반해는 $\psi_p(t) = c_p e^{\lambda_p t}$이므로 식 (1)의 해석해는

$$u(t, x) = \sum_{p=0}^{\infty} c_p e^{\lambda_p t} \tilde{\phi}_p(x) \tag{A4.12}$$

가 된다.

그러면 식 (12)가 식 (2)의 경계조건도 만족할 수 있는가? 만약에 모든 p에 대해서 $\phi_p(x)$가 식 (2)의 경계조건을 만족한다면 그렇게 될 것이다. 자세한 내용에 대해서는 Deen, 1998을 참조 바란다. 더 높은 수준의 수학을 원한다면 Hassani, 2013을 참조 바란다. 여기서는 식 (10.151)와 관련한 다음의 경우를 생각해 보자.

$$\tilde{\Im}_x = \frac{\partial^2}{\partial x^2}. \tag{A4.13}$$

임의의 함수 $f(x)$와 $g(x)$에 대해서 $w(x) = 1$로 내적을 정의하고 $f(x)$와 $\tilde{\Im}_x g$의 내적을 계산해 보면 다음이 된다.

$$\begin{aligned} \langle f, \tilde{\Im}_x g \rangle &= \int_0^L f(x) \frac{d^2 g}{dx^2} \mathrm{d}x \\ &= \alpha \left[f(x) \frac{dg}{dx} \right]_{x=0}^{x=L} - \int_0^L \frac{df}{dx} \frac{dg}{dx} \mathrm{d}x \\ &= \left[f(x) \frac{dg}{dx} - g(x) \frac{df}{dx} \right]_{x=0}^{x=L} + \int_0^L \frac{d^2 f}{dx^2} g(x) \mathrm{d}x \\ &= \left[f(x) \frac{dg}{dx} - g(x) \frac{df}{dx} \right]_{x=0}^{x=L} + \langle g, \tilde{\Im}_x f \rangle. \end{aligned} \tag{A4.14}$$

이 미분연산자가 자기 수반 연산자가 되기 위해서는

$$\left[f(x)\frac{dg}{dx} - g(x)\frac{df}{dx}\right]_{x=0}^{x=L} = 0 \tag{A4.15}$$

이어야 한다. 즉, 식 (13)의 미분연산자는 식 (15)를 만족하는 함수들에 대해서만 자기 수반 연산자가 될 수 있다. 함수의 특성과 관계없이 자기 수반 연산자가 되는 예도 있으며 그중 하나는 스투름-리우빌 연산자(Sturm-Liouville operator)이다(Hassani, 2013).

식 (13)의 연산자의 고유치 문제를 $\tilde{\Im}_x \phi_p = -\lambda_p^2 \phi_p(x)$로 하면 고유함수는 $\sin\lambda_p x$ 또는 $\cos\lambda_p x$가 된다. 그런데 경계조건이 식 (2)인 미분방정식을 풀려고 한다면 $\phi_p(x) = \cos\lambda_p x$로 선정할 수 있을 것이다. 그러면

$$\sin\lambda_p L = 0 \tag{A4.16}$$

을 만족해야 하므로

$$\lambda_p = \frac{\pi p}{L} \tag{A4.17}$$

이 되어야 할 것이다.

부록 5

소산함수의 등방성

소산함수는 비평형 척도와 상태변수의 함수이다. 소산함수의 모형화를 위해서 소산함수는 비평형 척도의 이차형식으로 표현되는 것이 편리하고 비평형 척도의 종류별로 분해되는 것이 편리하다. 즉, 식 (13.34)와 같은 경우를 생각하자.

먼저 비평형 척도가 벡터인 ψ_q를 생각해 보자. 이 소산함수가 등방성 함수라면 다음을 만족한다.

$$\psi_q(\mathbf{Qq}, \theta, \mathbf{QB}_e\mathbf{Q}^{\mathrm{T}}) = \psi_{\mathrm{q}}(\mathbf{q}, \theta, \mathbf{B}_e), \quad \psi_q(\mathbf{q}, \theta, \mathbf{B}_e)$$

$$= \frac{1}{2}\hat{K}_{ik}^{(-1)} q_i q_k, \quad \hat{K}_{ik}^{(-1)}(\theta, \mathbf{B}_e) > 0. \tag{A5.1}$$

여기서 $\mathbf{Q}$는 임의의 직교 텐서이고, 2차 텐서 $\hat{K}_{ik}^{(-1)}$은 대칭이며 양의 정치이고 상태변수의 함수이다. 물론 $\hat{K}_{ik}^{(-1)}$가 대칭 텐서가 아니더라도 이 텐서의 대칭 부가 양의 정치이면 소산함수가 음이 아니게 할 수 있다. 왜냐하면 반대칭 텐서(anti-symmetric tensor)의 이차형식은 항상 0이기 때문이다. 따라서 $\hat{K}_{ik}^{(-1)}$가 대칭 텐서라고 가정하는 것이 편리하다. 식 $(1)_1$을 만족하기 위해서 소산함수는 다음과 같이 표현될 수 있다.

$$\psi_q(\mathbf{q}, \theta, \mathbf{B}_e)$$

$$= \tilde{\psi}_q(\theta, \mathrm{tr}\mathbf{B}_e, \mathrm{tr}\mathbf{B}_e^2, \mathrm{tr}\mathbf{B}_e^3, \mathbf{q}\cdot\mathbf{Iq}, \mathbf{q}\cdot\mathbf{B}_e\mathbf{q}, \mathbf{q}\cdot\mathbf{B}_e^2\mathbf{q}). \tag{A5.2}$$

여기서 독립변수에 $\mathbf{q}\cdot\mathbf{B}_e^n\mathbf{q}\,(n>2)$가 제외된 것은 해밀턴-케일리 정

리 때문이다. 그런데 ψ_q는 식 (1)$_2$와 같이 $\mathbf{q}$에 대한 2차 함수이어야 하므로 식 (2)의 우변은 다음이 되어야 할 것이다.

$$2\psi_q(\mathbf{q}, \theta, \mathbf{B}_e)$$

$$= \tilde{k}_0^{(-1)} \mathbf{q} \cdot \mathbf{I}\mathbf{q} + \tilde{k}_1^{(-1)} \mathbf{q} \cdot \mathbf{B}_e \mathbf{q} + \tilde{k}_2^{(-1)} \mathbf{q} \cdot \mathbf{B}_e^2 \mathbf{q}. \tag{A5.3}$$

여기서 물론 $\tilde{k}_n^{(-1)}$은 θ, $I_{\mathbf{B}_e}$, $II_{\mathbf{B}_e}$, $III_{\mathbf{B}_e}$의 함수이다. 따라서

$$\widetilde{\mathbf{K}}^{-1} = \tilde{k}_0 \mathbf{I} + \tilde{k}_1 \mathbf{B}_e + \tilde{k}_2 \mathbf{B}_e^2 \tag{A5.4}$$

가 됨을 알 수 있다.

그러면 식 (13.1)$_1$을 이용하여 열 유속을 구하면

$$\mathbf{q} = -\mathbf{K}\,\mathrm{grad}\,\theta, \quad \mathbf{K} \equiv \frac{1}{\theta}\widetilde{\mathbf{K}} \tag{A5.5}$$

가 된다. 식 (5)로부터 $\widetilde{\mathbf{K}}$를 쉽게 구하기 위해서 해밀턴-케일리 공식

$$\mathbf{B}_e^2 = I_{\mathbf{B}_e}\mathbf{B}_e - II_{\mathbf{B}_e}\mathbf{I} + III_{\mathbf{B}_e}\mathbf{B}_e^{-1} \tag{A5.6}$$

을 이용하면 식 (4)는 다음이 된다.

$$\widetilde{\mathbf{K}}^{-1} = \left(\tilde{k}_0 - \tilde{k}_2 II_{\mathbf{B}_e}\right)\mathbf{I} + \left(\tilde{k}_1 + \tilde{k}_2 I_{\mathbf{B}_e}\right)\mathbf{B}_e + \tilde{k}_2 III_{\mathbf{B}_e}\mathbf{B}_e^{-1}. \tag{A5.7}$$

그러면 $\widetilde{\mathbf{K}}$는 식 (7)과 유사한

$$\widetilde{\mathbf{K}} = \tilde{\varkappa}_0 \mathbf{I} + \tilde{\varkappa}_1 \mathbf{B}_e + \tilde{\varkappa}_2 \mathbf{B}_e^{-1} \tag{A5.8}$$

의 형태를 가질 것이므로 $\widetilde{\mathbf{K}}^{-1}\widetilde{\mathbf{K}} = \mathbf{I}$와 해밀턴-케일리 공식을 이용하면 $\tilde{\varkappa}_n$을 모두 구할 수 있다. 번거로운 대수 연산을 생략한다. 다만 원리상으로는 실험 결과와 식 (5)를 비교해서 $\tilde{\varkappa}_n = \tilde{\varkappa}_n\left(\theta, I_{\mathbf{B}_e}, II_{\mathbf{B}_e}, III_{\mathbf{B}_e}\right)$을 구할 수 있다는 점을 유념하기 바란다.

식 (7)에서 $\mathbf{I}$, $\mathbf{B}_e$, $\mathbf{B}_e^{-1}$ 모두가 대칭이고 양의 정치이므로 이 세 텐

서의 계수들이 모두 음이 아니면 당연히 $\tilde{\mathbf{K}}^{-1}$은 양의 정치이다. 하지만 계수 중에 일부가 음이어도 $\tilde{\mathbf{K}}^{-1}$는 양의 정치일 수 있다. $\tilde{\mathbf{K}}^{-1}$가 양의 정치이면 $\tilde{\mathbf{K}}$도 양의 정치이다. 텐서 $\mathbf{B}_e$의 고유치와 고유 벡터를 각각 $\beta_n > 0$, $\mathbf{b}_n$으로 표시하면 $\mathbf{B}_e$가 대칭이기 때문에 $\mathbf{b}_m \cdot \mathbf{b}_n = \delta_{mn}$이다. 따라서 임의의 벡터 $\mathbf{v} = v_1\mathbf{b}_1 + v_2\mathbf{b}_2 + v_3\mathbf{b}_3 \neq \mathbf{0}$에 대해서

$$\mathbf{v} \cdot \tilde{\mathbf{K}}\mathbf{v} = \sum_{n=1}^{3}\left(\tilde{\varkappa}_0 + \tilde{\varkappa}_1\beta_n + \frac{\tilde{\varkappa}_2}{\beta_n}\right)v_n^2 > 0 \tag{A5.9}$$

가 항상 성립되어야 한다. 따라서 $n = 1, 2, 3$ 각각에 대해서

$$\tilde{\varkappa}_0 + \tilde{\varkappa}_1\beta_n + \frac{\tilde{\varkappa}_2}{\beta_n} > 0 \tag{A5.10}$$

이 항상 성립되어야 한다. 열전도 계수 텐서 $\mathbf{K}$가 식 (5)와 식 (8)이 된다는 것은 변형이 없을 때($\mathbf{B}_e = \mathbf{I}$), 열전도는 등방성이지만 변형이 있을 때는 비등방성 열전도가 일어난다는 것을 의미한다.

이제 비평형 척도가 2차 텐서인 ψ_R에 대해서 논의해 보자. 소산함수 ψ_R이 등방성 함수가 되려면

$$\psi_R = \tilde{\psi}_R\begin{pmatrix}\theta, \mathrm{tr}\mathbf{B}_e, \mathrm{tr}\mathbf{B}_e^2, \mathrm{tr}\mathbf{B}_e^3, \mathrm{tr}\mathbf{R}, \mathrm{tr}\mathbf{R}^2, \mathrm{tr}\mathbf{R}^3, \\ \mathrm{tr}\mathbf{R}\mathbf{B}_e, \mathrm{tr}\mathbf{R}^2\mathbf{B}_e, \mathrm{tr}\mathbf{R}\mathbf{B}_e^2, \mathrm{tr}\mathbf{R}^2\mathbf{B}_e^2\end{pmatrix} \tag{A5.11}$$

인 함수 $\tilde{\psi}_R$이 존재해야 한다(Rosati, 2000). 그런데 소산함수 ψ_R은 $\mathbf{R}$의 이차형식이어야 하므로 $\tilde{\psi}_R$은 $(\mathrm{tr}\mathbf{R})^2$, $\mathrm{tr}\mathbf{R}^2$, $(\mathrm{tr}\mathbf{R}\mathbf{B}_e)^2$, $\mathrm{tr}\mathbf{R}^2\mathbf{B}_e$, $(\mathrm{tr}\mathbf{R}\mathbf{B}_e^2)^2$, $\mathrm{tr}\mathbf{R}^2\mathbf{B}_e^2$의 선형결합(linear combination)이어야 한다.

$$\begin{aligned} 2\psi_R = {} & \tilde{\eta}_0(\mathrm{tr}\mathbf{R})^2 + \tilde{\eta}_1\mathrm{tr}\mathbf{R}^2 + \tilde{\eta}_2(\mathrm{tr}\mathbf{R}\mathbf{B}_e)^2 + \tilde{\eta}_3\mathrm{tr}\mathbf{R}^2\mathbf{B}_e \\ & + \tilde{\eta}_4(\mathrm{tr}\mathbf{R}\mathbf{B}_e^2)^2 + \tilde{\eta}_5\mathrm{tr}\mathbf{R}^2\mathbf{B}_e^2. \end{aligned} \tag{A5.12}$$

물론 여기서 $\tilde{\eta}_n = \tilde{\eta}_n(\theta, I_{\mathbf{B}_e}, II_{\mathbf{B}_e}, III_{\mathbf{B}_e})$ 또는 $\tilde{\eta}_n = \tilde{\eta}_n(\theta, \mathrm{tr}\mathbf{B}_e, \mathrm{tr}\mathbf{B}_e^2, \mathrm{tr}\mathbf{B}_e^3)$이다. 그러면 식 (12)는 다시 다음과 같이 쓸 수 있다.

$$\psi_R = \frac{1}{2}\tilde{\eta}_{ikpq} R_{ik} R_{pq}. \tag{A5.13}$$

여기서 4차 텐서 $\tilde{\eta}_{ikpq}$는 다음이 된다.

$$\begin{aligned}\tilde{\eta}_{ikpq} = {} & \tilde{\eta}_0 \delta_{ik}\delta_{pq} + \tilde{\eta}_1 \delta_{ip}\delta_{kq} + \tilde{\eta}_2 B_{ik}^{(e)} B_{pq}^{(e)} + \frac{\tilde{\eta}_3}{2}\left(B_{ip}^{(e)}\delta_{kq} + \delta_{ip} B_{kq}^{(e)}\right) \\ & + \tilde{\eta}_4 B_{im}^{(e)} B_{mk}^{(e)} B_{pn}^{(e)} B_{nq}^{(e)} \\ & + \frac{\tilde{\eta}_5}{2}\left(B_{im}^{(e)} B_{mq}^{(e)} \delta_{kq} + \delta_{ip} B_{kn}^{(e)} B_{nq}^{(e)}\right).\end{aligned} \tag{A5.14}$$

식 $(13.33)_3$의 기본방정식으로부터 완화항 $\mathbf{R}$을 구하려면 식 (14)의 4차 텐서의 역텐서를 구해야 한다. 이 문제는 결코 쉽지 않다.

식 (14)를 식 $(13.33)_3$에 대입하면 다음이 된다.

$$\begin{aligned}\mathbf{H} = {} & \tilde{\eta}_0 \mathrm{tr}\mathbf{R}\,\mathbf{I} + \tilde{\eta}_1 \mathbf{R} + \tilde{\eta}_2 (\mathbf{B}_e : \mathbf{R})\mathbf{B}_e + \frac{\tilde{\eta}_3}{2}(\mathbf{B}_e\mathbf{R} + \mathbf{R}\mathbf{B}_e) \\ & + \tilde{\eta}_4 (\mathbf{B}_e^2 : \mathbf{R})\mathbf{B}_e^2 + \frac{\tilde{\eta}_5}{2}(\mathbf{B}_e^2\mathbf{R} + \mathbf{R}\mathbf{B}_e^2).\end{aligned} \tag{A5.15}$$

여기서

$$\mathbf{H} \equiv -\frac{1}{\theta}\frac{\partial f}{\partial \mathbf{B}_e} \tag{A5.16}$$

이다. Rosati, 2000은 대칭인 2차 텐서 $\mathbf{A}$, $\mathbf{H}$가 주어졌을 때 다음과 같은 방정식을 만족하는 2차 텐서 $\mathbf{X}$를 구하는 일반적인 방법을 제시하였다.

$$\mathbf{A}\mathbf{X} + \mathbf{X}\mathbf{A} = \mathbf{H}. \tag{A5.17}$$

이 문제는 $\tilde{\eta}_3$만 0이 아니고 식 (15)의 모든 $\tilde{\eta}_n$이 0일 때이다. 그러면 식 (17)의 해는 다음이 된다.

$$2K\mathbf{X} = \left(I_{\mathbf{B}_e}^2 + II_{\mathbf{B}_e}\right)\mathbf{H} - I_{\mathbf{B}_e}(\mathbf{AH} + \mathbf{HA}) - III_{\mathbf{B}_e}\left(\mathbf{A}^{-1}\mathbf{H} + \mathbf{HA}^{-1}\right)$$
$$+ \mathbf{AHA} + I_{\mathbf{B}_e} III_{\mathbf{B}_e} \mathbf{A}^{-1}\mathbf{HA}^{-1}. \tag{A5.18}$$

여기서

$$K \equiv I_{\mathbf{B}_e} II_{\mathbf{B}_e} - III_{\mathbf{B}_e} \tag{A5.19}$$

이다. 즉 $K=0$이면 $\mathbf{X}$를 유일하게 구할 수 없게 된다. 이는 식 (15)에서 $\tilde{\eta}_5$만 0이 아니고 나머지가 0인 경우에도 해당한다. 만약 $\tilde{\eta}_0$와 $\tilde{\eta}_1$만 0이 아니고 나머지는 0일 경우

$$\mathbf{R} = -\frac{\tilde{\eta}_0 \mathrm{tr}\mathbf{H}}{\tilde{\eta}_1\left(3\tilde{\eta}_0 + \tilde{\eta}_1\right)}\mathbf{I} + \frac{1}{\tilde{\eta}_1}\mathbf{H} \tag{A5.20}$$

이 된다.

가장 일반적인 식 (15)로부터 $\mathbf{R}$을 구한다는 것은 식 (14)로 표현되는 4차 텐서의 역텐서가 존재한다는 것이다. 식 (15)의 특수한 예 중의 하나인 식 (17)의 경우 식 (19)의 K가 0이 되면 역텐서가 존재하지 않게 된다. 따라서 구성방정식을 위해서 식 (15)로부터 $\mathbf{R}$을 구할 수 있으려면 일반적인 4차 텐서가 역텐서를 가질 수 있는 조건에 관한 연구가 필요하다. 이는 저자의 지식 밖의 일이므로 비교적 간단한 소산함수로 모형화하는 것이 이 책의 한계라고 할 수 있다. 비평형 척도가 3차 텐서인 소산함수 ψ_J에 대한 모형화는 더 어려운 문제이다. 하지만 가장 간단한 모형은

$$\psi_J = \frac{1}{2\tilde{K}} J_{ijk} J_{pqr} \tag{A5.21}$$

이다. 물론 $\tilde{K} = \tilde{K}\left(\theta, I_{\mathbf{B}_e}, II_{\mathbf{B}_e}, III_{\mathbf{B}_e}\right) > 0$이다.

참고문헌

Acierno, D., La Mantia, F. P., Marrucci, G., Titomanlio, G, 1976, "A non-linear viscoelastic model with structure-dependent relaxation times," Journal of Non-Newtonian Fluid Mechanics, 1, 125-146.

Anand, L., Gurtin, M. E., 2003, "A theory of amorphous solids undergoing large deformations, with application to polymeric glasses," International Journal of Solids and Structures, 40, 1465-1487.

Anand, L., Ames, N. M., Srivastava, V., Chester, S. A., 2009, "A thermo-mechanically coupled theory for large deformations of amorphous polymers. Part I: formulation," International Journal of Plasticity, 25, 1474-1494.

Anderssen, R. S., Davies, A. R., de Hoog, F. R., Loy, R. J., 2015, "Derivative based algorithms for continuous relaxation spectrum recovery," Journal of Non-Newtonian Fluid Mechanics, 222, 132-140.

Aris, R., 1962, Vectors, Tensors, and the Basic Equations of Fluid Mechanics, Prentice-Hall.

Armstrong, P. J., Frederick, C. O., 1966, "A mathematical representation of the multiaxial Bauschinger effect," Report RD/B/N731, CEGB, Central Electricity Generating Board, Berkely, UK.

Atkinson, K., Han, W., 2000, Theoretical Numerical Analysis, A Functional Analysis Framework, 3rd Ed., Springer.

Bae, J.-E., Cho, K. S.,2015a, "Semianalytical methods for the determination of the nonlinear parameter of nonlinear viscoelastic constitutive equations from LAOS data," Journal of Rheology, 59, 525-555.

Bae, J.-E., Cho, K. S.,2015b, "Logarithmic method for continuous relaxation spectrum and comparison with previous methods," Journal of Rheology, 59, 1081-1112.

Bae, J.-E., Cho, K. S., 2016, "A systematic approximation of discrete relaxation time spectrum from the continuous spectrum," Journal of Non-Newtonian Fluid Mechanics, 235, 64-75.

Baravian, C., Quemada, D., 1998, "Using instrumental inertia in controlled stress rheometry," Rheological Acta, 37, 223-233.

Baravian, C., Benbelkacem, G., Caton, F., 2007, "Unsteady rheometry: Can we characterize week gels with a controlled stress rheometer," Rheological Acata, 46, 577-581.

Barenblatt, G. I., 1996, Scaling, Self-Similarity, and Intermediate Asymptotics, Cambridge University Press.

Baumgaertel, M., Winter, H. H., 1989, "Determination of discrete relaxation and retardation time spectra from dynamic mechanical data," Rheological Acta, 28, 511-519.

Benmouffok-Benbelkacem, G., Caton, F., Baravian C., Skali-Lami, S., 2010, "Non-linear viscoelasticity and temporal behavior of typical yield stress fluids:Carbopol, xanthan and ketchup," Rheological Acta, 49, 305-314.

Bird, R. B., Armstrong, R. C., Hassager, O., 1987, Dynamics of Polymeric Liquids, vol. 1, Fluid Mechanics, John Wiley and Sons.

Bird, R, B, Curtiss, C. F., Armstrong, R. C, Hassager, O., 1987, Dynamics of Polymeric Liquids, vol. 2, Kinetic Theory, John Wiley and Sons.

Blatz, P. J., Sharda, S. C., Tschoegl, N. W., 1974, "Strain energy function for rubberlike materials based on a generalized measure of strain," Transaction of the Society of Rheology, 18, 145-161.

Boyce, M. C., Parks, D. M., Argon, A. S., 1988, "Large inelastic deformation of glassy polymers, part I: Rate dependent constitutive model," Mechanics of Materials, 7, 15-33.

Cahn, J. W., Hilliard, J. E., 1958, "Free energy of a nonuniform system. I. Interfacial free energy," Journal of Chemical Physics, 28, 258-267.

Callen, H. B., 1991, Thermodynamics and an Introduction to Thermostatistics, 2nd Ed., Wiley.

Casimir, G., 1945, "On Onsager's principle of microscopic reversibility," Review of Modern Physics, 17, 343-350.

Carathéodory, C., 1909, Untersuchungen uber die grundlagen der thermodynamik, Math. Ann., 67, 355-386.

Chandler, D., 1987, Introduction to Modern Statistical Mechanics, Oxford University Press.

Chang, H., 2004, Inventing Temperature: Measurement and Scientific Progress, Oxford University Press.

Cho, K. S., 2013, "Power series approximations of dynamic moduli and relaxation spectrum," Journal of Rheology, 57, 679-697.

Cho, K. S., 2016, Viscoelasticity of Polymers: Theory and Numerical Algorithms, Springer.

Cho, K. S., 2021, "Energy-conserving DPD and thermodynamically consistent Fokker-Planck equation," Physica A, 583, 126285.

Cho, K. S., Ahn, K. H., Lee, S. J., 2004, "Universality of linear viscoelasticity of monodisperse linear polymers," Journal of Polymer Science: Part B" Polymer Physics, 42, 2730-2737.

Cho, G., Choi, J., Cho, K. S., 2023, "Application of Post-Widder inversion formula to the calculation of relaxation spectrum from relaxation modulus," in preparation

Cho, K. S., Hyun, H., Ahn, K. H., Lee, S. J., 2005, "A geometric interpretation of large amplitude oscillatory shear response," Journal of Rheology, 49, 747-758.

Cho, K. S., Kwon, M. K., Lee, J., Kim, S., 2017, "Mathematical analysis on linear viscoelastic identification," Korea-Australia Rheology Journal, 29, 249-268.

Cho, K. S., Lee, J., 2021, "A variational approach to irreversible thermodynamics," Journal of Korean Physical Society, 79(3), 230-241.

Cho, K. S., Park, G. W., 2013, "Fixed-point iteration for relaxation spectrum from dynamic mechanical data," Journal of Rheology, 57, 647-678.

Cho, K. S., Song, K.-W., Chang, G.-S., 2010, "Scaling relations in nonlinear viscoelastic behavior of aqueous PEO solutions under large amplitude oscillatory shear flow," Journal of Rheology, 54, 27-63.

Choi, J., Cho, K. S., Kwon, M. K, 2022, "Self-Similarity and Power-Law Spectra of Polymer Melts and Solutions," Polymers, 14, 3924 (14pp).

Choi, S. J., Schowalter, W. R., 1975, "Rheological properties of nondilute suspensions of deformable particles," Physics of Fluids, 18, 420-427.

Churchill, R. V., 1972, Operational Mathematics, 3rd Ed., McGraw-Hill.

Cohen, A. M., 2007, Numerical Methods for Laplace Transform Inversion, Springer.

Cole, K. S., Cole, R. H., 1942, "Dispersion and absorption in dielectrics. II.

Direct current characteristics," Journal of Chemical Physics, 10, 98-105.
Coleman, B. D., 1964, "Thermodynamics of materials with memory," Archive for Rational Mechanics and Analysis, 17, 1-46.
Coleman, B. D., Gurtin, M. E., 1967, "Thermodynamics with internal state variables," Journal of Chemical Physics, 47, 597-613.
Davis, H. T., 1996, Statistical Mechanics of Phases, Interfaces, and Thin Films, VCH Publishers, Inc.
Davies, A. R., Anderssen, R. S., 1997, "Sampling localization in determining the relaxation spectrum," Journal of Non-Newtonian Fluid Mechanics, 73, 163-179.
Davies, A. R., Anderssen, R. S., 1998, "Sampling localization and duality algorithms in practice," Journal of Non-Newtonian Mechanics, 79, 235-253.
Davies, A. R., Goulding, N. J., 2012, "Wavelet regularization and the continuous relaxation spectrum," Journal of Non-Newtonian Fluid Mechanics, 189-190, 19-30.
Debnath, L., Mikusiński, P., 2005, Hilbert Spaces with Applications, 3rd Ed., Elsevier.
Debye, P., 1929, Polar Molecules, Chemical Catalog Company.
Deen, W. M., 1998, Analysis of Transport Phenomena, Oxford University Press.
De Gennes, P.-G., 1979, Scaling Concepts in Polymer Physics, Cornell University Press.
De Groot, S. R., Mazur, P., 1962, Nonequilibrium Thermodynamics, Dover Publications.
Doi, M., Edwards, S. F., 1978a, "Dynamics of concentrated polymer systems Part 1. Brownian motion in the equilibrium state," Journal of the Chemical Society, Faraday Transactions, 74, 1789-1801.
Doi, M., Edwards, S. F., 1978b, "Dynamics of concentrated polymer systems Part 2. Molecular motion under flow," Journal of the Chemical Society, Faraday Transactions, 74, 1802-1817.
Doi, M., Edwards, S. F., 1978c, "Dynamics of concentrated polymer systems Part 3. The constitutive equation," Journal of the Chemical Society, Faraday Transactions, 74, 1818-1832.
Doi, M., Edwards, S. F., 1979, "Dynamics of concentrated polymer systems Part 4. Rheological properties," Journal of the Chemical Society, Faraday Transactions, 75, 38-54.

Doi, M., Edwards, S. F., 1986, The Theory of Polymer Dynamics, Clarendon Press.

Doi, M., 1995, Introduction to Polymer Physics, Clarendon Press.

Doi, M., 2011, "Onsager's variational principle in soft matter," Journal of Physics: Condensed Matter, 23, 284118(8pp).

Doi, M., 2013, Soft Matter Physics, Oxford University Press.

Doi, M., Ohta, T., 1991, "Dynamics and rheology of complex interfaces, I." Journal of Chemical Physics, 95, 1242-1248.

Doolittle, A. K., 1951, "Studies in Newtonian flow. II. The dependence of the viscosity of liquids on free-space," Journal of Applied Physics, 22, 1471-1475.

Edwards, S. F., 1965, "The statistical mechanics of polymers with excluded volume," Proceedings of the Physical Society, 85, 613-624.

Elster, C., Honerkamp, J., 1991, "Modified maximum entropy method and its application to creep data," Macromolecules, 24, 310-314.

Emri, I., Tschoegl, N. W., 1993, "Generating line spectra from experimental responses. Part I: Relaxation modulus and creep compliance," Rheological Acta, 32, 311-321.

Eu, B. C., 2002, Generalized Thermodynamics, The Thermodynamics of Irreversible Processes and Generalized Hydrodynamics, Kluwer Academic Publishers.

Eu, B. C., Ichiyanagi, M., 1996, "On the Onsager variation principle and its generalization fro nonlinear irreversible thermodynamics, Fortschritte der Physik/ Progress of Physics, 44, 41-62.

Evans, D. J., Morris, G., 2008, Statistical Mechanics of Nonequilibrium Liquids, 2nd Ed., Cambridge University Press.

Evans, R. M. L., Tassieri, M., Auhl, D., Waigh, T. A., 2009, "Direct conversion of rheological compliance measurements into storage and loss moduli," Physical Review E, 80, 012501.

Ewoldt, R. H., McKinley, G. H., 2007, "Creep ringing in rheometry or how to deal with oft-discarded data in step stress test!," Rheology Bulletin, 76, 4-6.

Eyring, H., 1936, "Viscosity, plasticity, and diffusion as examples of absolute reaction rates," Journal of Chemical Physics, 4, 283-291.

Ferry, J. D., Williams, M. L., 1952, "Second approximation methods for determining the relaxation time spectrum of a viscoelastic material," Journal of Colloide Science, 7, 347-353.

Ferry, J. D., 1980, Viscoelastic Properties of Polymers, 3rd Ed., John Wiley & Sons.

Fulchiron, R., Verney, V., Cassagnau, P., Michel, A., Levoir, P., Aubard, J., 1993, "Deconvolution of polymer melt stress relaxation by the Padé-Laplace method," Journla of Rheology, 37, 17-34.

Fuoss, R. M., Kirkwood, J. G., 1941, "Electric properties of solids. VIII. Dipole moments in polyvinyl chloride-diphenyl systems," Journal of American Chemical Society, 63, 385-394.

Giesekus, H., 1982, "A simple constitutive equation for polymer fluids based on the concept of deformation-dependent tensorial mobility," Journal of Non-Newtonian Fluid Mechanics, 11, 69-109.

Gordon, R. J., Schowalter, W. R., 1972, "Anisotropic fluid theory: A different approach to the Dumbbell theory of dilute polymer solutions," Transactions of the Society of Rheology, 16, 79-97.

Gramespacher, H., Meissner, J., 1992, "Interfacial tension between polymer melts measure by shear oscillations of their blends," Journal of Rheology, 36, 1127-1141.

Green, A. E., Rivlin, R. S., 1957, "The mechanics of non-linear materials with memory," Archives for Rational Mechanics and Analysis, 1, 1-21.

Green, M. S., Tobolsky, A. V., 1946, "A new approach to the theory of relaxing polymeric media," Journal of Chemical Physics, 14, 80-92.

Griffiths, D. J., 2013, Introduction to Electrodynamics, 4th Ed., Pearson.

Grmela, M., Öttinger, H. C., 1997, "Dynamics and thermodynamics of complex fluids. I. Development of a general formalism," Physical Review E, 56, 6620-6632.

Groetsch, C. W., 1984, The Theory of Tikhonov Regularization for Fredholm Equations of the First Kind, Pitman Publishing Ltd.

Gurtin, M. E., Fried, E., Anand, L., 2010, The Mechanics and Thermodynamics of Continua, Cambridge University Press.

Hansen, P. C., 1992, "Numerical tools for analysis and solution of Fredholm integral equations of the first kind," Inverse Problems, 8, 849-872.

Hansen, J.-P., McDonald, I. R., 2006, Theory of Simple Liquids, 3rd Ed., Elsevier.

Hassani, S., 2013, Mathematical Physics. A Modern Introduction to Its Foundations, 2nd Ed., Springer.

Haupt, P., 2000, Continuum Mechanics and Theory of Materials, Springer.

He, C., Wood-Adams, P., Dealy, J. M., 2004, "Broad frequency range characterization of molten polymers," Journal of Rheology, 48, 711-724.

Honerkamp, J., Weese, J., 1989, "Determination of the relaxation spectrum by a regularization method," Macromolecules, 22, 4372-4377.

Honerkamp, J., Weese, J., 1993, "A nonlinear regularization method for the calculation of relaxation spectra," Rheological Acta, 32, 65-73.

Huang, K., 1991, Statistical Mechanics, 2nd Ed., Wiley.

Irving, J. H., Kirkwood, J. G., 1950, "The statistical mechanical theory of transport processes. IV. The equations of hydrodynamics," Journal of Chemical Physics, 18, 817-829.

Jaishankar, A., Sharma, V., McKinley, G. H., 2011, "Interfacial viscoelasticity, yielding and creep ringing of globular protein-surfactant mixtures," Soft Matter, 7, 7623-7634.

Jang, H., Lee, J., Kwon, M. K., Seo, K. H., Cho, K. S., 2021, "Analysis of PLA blends using weighted relaxation spectrum," Fibers and Polymers, 22, 314-322.

Jaynes, E. T., 1957a, "Information theory and statistical mechanics," Physical Review, 106, 620-630.

Jaynes, E. T., 1957b, "Information theory and statistical mechanics II," Physical Review, 108, 171-190.

Jensen, E. A., 2002, "Determination of discrete relaxation spectra using simulated annealing," Journal of Non-Newtonian Fluid Mechanics, 107, 1-11.

Jou, D., Casas-Vázquez, J., Lebon, G., 1996, Extended Irreversible Thermodynamics, 2nd Ed., Springer.

Kaschta, J., Stadler, F. J., 2009, "Avoiding waviness of relaxation spectra," Rheological Acta, 48, 709-713.

Kaye, A., 1962, Non-Newtonian Flow in Incompressible Fluids, College of Aeronautics, Note No. 134.

Khan, A. S., Huang, S., 1995, Continuum Theory of Plasticity, John Wiley & Sons.

Khan, S. A., Larson, R. G., 1987, "Comparison of simple constitutive equations for polymer melts in shear and biaxial and uniaxial extensions," Journal of Rheology, 31, 207-234.

Kim, M., Bae, J.-E., Kang, N., Cho, K. S., 2015, "Extraction of viscoelastic functions from creep data with ringing," Journal of Rheology, 59, 237-252.

Kim, S., Lee, J., Kim S., Cho, K. S., 2018, "Applications of Monte Carlo method to nonlinear regression of rheological data," Korea-Australia Rheology Journal, 30, 21-28.

Kinloch, A. J., Young, R. J., 1983, Fracture Behavior of Polymers, Elsevier Applied Science Publisher.

Kreuzer, H. J., 1981, Nonequilibrium Thermodynamics and Its Statistical Foundations, Clarendon Press.

Kröner, E., 1960, "Allgemeine kontinuumstheorie der versetzungen und eigenspannungen," Archive for Rational Mechanics and Analysis, 4, 273-334.

Kuiken, G. D. C., 1995, Thermodynamics of Irreversible Process, John Wiley and Sons.

Kwon, M. K., Cho, K. S., 2016, "Analysis of the Palierne model by relaxation time spectrum," Korea-Australia Rheology Journal, 28, 23-31.

Kwon, M. K., Lee, S. H., Lee, S. G., Cho, K. S., 2016, "Direct conversion of creep data to dynamic moduli," Journal of Rheology, 60, 1181-1197.

Kwon, M. K., Lee, J., Cho, K. S., Lee, S. J., Kim, H. C., Jeong, S. W., Lee, S. G., 2019, "Scaling analysis on the linear viscoelasticity of cellulose 1-ethyl-3-methyl imidazolium acetate solutions," Korea-Australia Rheology Journal, 31, 123-139.

Lai, W.M., Rubin, D., Kremple, E., 2009, Introduction to Continuum Mechanics, 4th Ed., Butterworth-Heinemann.

Lam, D. C. C., Yang, F., Chong, A. C. M., Wang, J., Tong, P., 2003, "Experiments and theory in strain gradient elasticity," Journal of the Mechanics and Physics of Solids, 51, 1477-1508.

Lanczos, C., 1970, The Variational Principles of Mechanics, 4th Ed., Dover.

Landsberg, P. T., 1964, "A decuction of Caratheodory's principle from Kelvin's principle," Nature, 201, 485-486.

Larson, R. G., 1984, "A constitutive equation for polymer melts based on partially extendeing strand convection," 28, 545-571.

Larson, R. G., 1987, "A critical comparison of constitutive equations for polymer melts," Journal of Non-Newtonian Fluid Mechanics, 23, 249-269.

Larson, R. G., 1988, Constitutive Equations for Polymer Melts and Solutions, Butterworths.

Laun, H. M., 1978, "Description of the non-linear shear behavior of a low density polyethylene melt by means of an experimentally determined strain dependent memory function," Rheological Acta, 17, 1-15.

Lee, E. H., 1969, "Elastic plastic deformation at finite strain," ASME Journal of Applied Mechanics, 36, 1-6.

Lee, S. H., Bae, J.-E., Cho, K. S., 2017, "Determination of continuous relaxation spectrum based on the Fuoss-Kirkwood relation and logarithmic orthogonal power-series approximation," Korea-Australia Rheology Journal, 29, 115-127.

Lee, J., Hwang, W. R., Cho, K. S., 2021, "Effect of stress diffusion on the Oldroyd-B fluid flow past a confined cylinder," Journal of Non-Newtonian Fluid Mechanics, 297, 104650.

Lee, J., Cho, K. S., 2022, "Application of numerical differentiation to conversion of linear viscoelastic functions," Korea-Australia Rheology Journal, 34, 187-196.

Lee, J., Kim, T., Jang, H., Kwon, M., Cho, K. S., 2023, "Rheological models for fluid mixtures: Theoretical foundation and linear viscoelasticity," Journal of Non-Newtonian Fluid Mechanics, 312, 104972.

Lee, J., Hwang, W. R., Cho, K. S., 2023, "Direct simulation of viscoelastic-viscoelastic emulsions in sliding bi-periodic frames using Cahn-Hilliard formulation," Jounral of Non-Newtonian Fluid Mechanics, 318, 105061.

Leonov, A. I., 1976, "Nonequilibrium thermodynamics and rheology of viscoelastic polymer media," Rheological Acta, 15(2), 85-98.

Leonov, A. I., 1987, "On a class of constitutive equations for viscoelastic liquids," Journal of Non-Newtonian Fluid Mechanics, 25, 1-59.

Leonov, A. I., 1992, "Analysis of simple constitutive equations for viscoelastic liquids," Journal of Non-Newtonian Fluid Mechanics, 42, 323-350.

Lewis, G. N., Randall, M., 1923, Thermodynamics, McGraw-Hill.

Lim, C. W., Zhang, G., Reddy, J. N., 2015, "A higher-order nonlocal elasticity and strain gradient theory and its applications in wave propagation," Journal of the Mechanics and Physics of Solids, 78, 298-313.

Lin, Y.-H., 2003, Polymer Viscoelasticity, Basics, Molecular Theories and Experiments, World Scientific.

Lodge, A. S., 1956, "A network theory of flow birefringence and stress in concentrated polymer solutions," Transactions of the Faraday Society, 52, 120-130.

Lubarda, V. A., 1999, "Duality in constitutive formulation of finite-strain elastoplasticity based on $\mathbf{F}=\mathbf{F}_e\mathbf{F}_p$ and $\mathbf{F}=\mathbf{F}_p\mathbf{F}_e$ decompositions," International Journal of Plasticity, 15, 1277-1290.

Lubliner, J., 1990, Plasticity Theory, Macmillan Publishing Company.

Ma, S.-K., 1985, Statistical Mechanics, World Scientific.

Marrucci, G., 1984, in Avdances in Transport Phenomena, Vol. V, A. S. Mujamdar and R. A. Mashelkar, Eds., John Wiley & Sons.

Malkin, A. Ya., Kuznetsov, V. V., 2000, "Linearization as a method for determining parameters of relaxation spectra," Rheological Acta, 39, 379-383.

Malkin, A. Ya., Masalova, I., 2001, "From dynamic modulus via different relaxation spectra to relaxation and creep functions," Rheological Acta, 40, 261-271.

Mandel, J., 1973, Thermodynamics and Plasticity. In: Delgado Domingas, J.J., Nina, M. N. R., & Whitelaw, J. H. (Eds.), Proceedings of The International Symposium on Foundations of Continuum Thermodynamics, Halsted Press, 283-304.

Marin, G., Graessley, W. W., 1977, "Viscoelastic properties of high molecular weight polymers in the molten state. I. Study of narrow molecular weight distribution samples," Rheological Acta, 16, 527-533.

Maugin, G. A., 1999, The Thermomechanics of Nonlinear Irreversible Behaviours, World Scientific.

McQuarrie, D. A., 1976, Statistical Mechanics, Harper and Row Publisher.

Mead, D. W., 1994, "Numerical interconversion of linear viscoelastic material functions," Journal of Rheology, 38, 1769-1795.

Neuenschwander, D. E., 2011, Emmy Noether's Wonderful Theorem, The Johns Hopkins University Press.

Middleman, S., 1998, An Introduction to Fluid Dynamics, Principles of Analysis and Design, John Wiley and Sons Inc.

Mindlin, R. D., 1964, "Micro-structure in linear elasticity," Archives for Rational Mechanics and Analysis, 16, 51-78.

Mindlin, R. D., Eshel, N. N., "On first strain-gradient theories in linear elasticity," International Journal of Solids and Structures, 4, 109-124.

Monchiet, V., Bonnet, G., 2011, "On the inversion of non symmetric sixth-order isotropic tensors and conditions of positiveness of third-order tensor valued quadratic functions," Mechanics Research Communications, 38, 326-329.

Mooney, M., 1940, "A theory of large elastic deformation," Journal of Applied Physics, 11, 582-592.

Müller, I., 2007, A History of Thermodynamics: The Doctrine of Energy and Entropy, Springer.

Noll, W., 1974, The Foundations of Mechanics and Thermodynamics, Springer.

Ogden, R. W., 1972, "Large deformation isotropic elasticity-on the correlation of theory and experiment for incompressible rubberlike solids," Proceedings of Royal Society, London A, 326, 565-584.

Ogden, R. W., 1984, Non-Linear Elastic Deformation, Dover.

Oldroyd, J. G., 1950, "On the formulation of rheological equations of state," Proceedings of the Royal Society London A., 523-541.

Onsager, L., 1931a, "Reciprocal relations in irreversible processes I," Physical Review, 37, 405-426.

Onsager, L., 1931b, "Reciprocal relations in irreverisble processes II," Physical Review, 38, 2265-2279.

Ortiz, C., Hadziioannou, G., 1999, "Entropic elasticity of single polymer chains of poly(methacrylic acid) measured by atomic force microscopy," Macromolecules, 32, 780-787.

Öttinger, H. C., Grmela, M., 1997, "Dynamics and thermodynamics of complex fluids, II. Illustrations of a general formalism," Physical Review E, 56, 6633-6655.

Öttinger, H. C., 2005, Beyond Equilibrium Thermodynamics, Wiley-Interscience.

Palierne, J. F., 1990, "Linear rheology of viscoelastic emulsions with interfacial tension," Rheological Acta, 29, 204-214.

Phan Thien, N., Tanner, R. I., 1977, "A new constitutive equation derived from network theory," Journal of Non-Newtonian Fluid Mechanics, 2, 353-365.

Phan-Thien, N., 1978, "A nonlinear network viscoelastic model," Journal of Rheology, 22, 259-283.

Pipkin, A. C., 1986, Lectures on Viscoelasticity Theory, 2nd Ed., Springer.

Prandtl, L., 1924, "Spannungsverteilung in plastischen Körpern." Proceedings of the 1st International Congress on Applied Mechanics, Delft, 43-54.

Prausnitz, J. M., Lichtenthaler, R. N., de Azevedo, E. G., 1986, Molecular Thermodynamics of Fluid-Phase Equilibria, Prentice Hall.

Press, W. H., Teukoisky, S. A., Vetterling, W. T., Flannery, B. P., 2002, Numerical Recipes in C++, 2nd Ed., Cambridge University Press.

Prigogine, I., 1957, The Molecular Theory of Solutions, North-Holland Publishing Company.

Renardy, M., 2008, "On the use of Laplace transform inversion for reconstruction of relaxation spectra," Journal of Non-Newtonian Fluid Mechanics, 154, 47-51.

Reuss, A., 1930, "Berüecksuctigung der elastischen formänderungen in der plastizitätstheorie," Zeitschrift fur Angewandte Mathematick und Mechanik, 10, 266-274.

Riande, E., Diaz-Calleja, R., Prolongo, M. G., Masegosa, R. M., Salom, C., 2000, Polymer Viscoelasticity, Marcel Dekker, Inc.

Rivlin, R. S., 1948, "Large elastic deformations of isotropic materials. I. Fundamental concepts," Philosophical Transactions of the Royal Society of London A 240, 459-490.

Rivlin, R. S., Sawyer, K. N., 1976, "The strain-energy function for elastomers," Transactions of the Society of Rheology, 20, 545-557.

Rosati, L., 2000, "A novel approach to the solution of the tensor equation $\mathbf{AX}+\mathbf{XA}=\mathbf{H}$," International Journal of Solids and Structures, 37, 3457-3477.

Roscoe, R., 1969, "Free damped oscillations in viscoelastic materials," Journal of Physics D: Applied Physics, 2, 1261-1266.

Roths, T., Maier, D., Friedrich, C., Marth, M., Honerkamp, J., 2000, "Determination of the relaxation time spectrum from dynamic moduli using an edge preserving regularization method," Rheological Acta, 39, 163-173.

Rouse, P. E., Jr., 1953, "A theory of the linear viscoelastic properties of dilute solutions of coiling polymers," Journal of Chemical Physics, 21, 1272-1280.

Rubinstein, M., Colby, R. H., 2003, Polymer Physics, Oxford University Press.

Sadd, M. H., 2009, Elasticity, Theory, Applications and Numerics, Elsevier.

Sandler, S. I., 2006, Chemical, Biochemical, and Engineering Thermodynamics 4th Ed., John Wiley and Sons.

Schwabl, F., 2006, Statistical Mechanics, 2nd Ed., Springer.

Shaayegan, V., Wood-Adams, P., Demarquette, N. R., 2012, "Linear viscoelasticity of immiscible blends: The application of creep," Journal of Rheology, 56, 1039-1056.

Shanbhag, S., 2019, "pyReSpect: A computer program to extrract discrete and continuous spectra from stress relaxation experiments," Macromolecular Theory and Simulations, 28, 1900005.

Shanbhag, S., 2020, "Relaxation spectra using nonlinear Tikhonov regularization with a Byesian criterion," Rheological Acta, 59, 509-520.

Shannon, C. E., 1948, "A mathematical theory of communication," Bell System Technical Journal, 27, 379-423.

Silbey, R. J., Alberty, R. A., Bawendi, M. G., 2005, Physical Chemistry, John Wiley and Sons.

Simhambhatla, M., Leonov, A. I., 1993, "The extended Pade-Laplace method for efficient discretization of linear viscoelastic spectra," Rheological Acta, 32, 589-600.

Simhambhatla, M., Leonov, A. I., 1995, "On the rheological modeling of viscoelastic polymer liquids with stable constitutive equations," Rheological Acta, 34, 259-273.

Sperling, L. H., 2006, Introduction to Physical Polymer Science, 4th Ed., Wiley-Interscience.

Stadler, F. J., Bailly, C., 2009, "A new method for the calculation of continuous relaxation spectra from dynamic-mechanical data," Rheological Acta, 48, 33-49.

Struik, L. C. E., 1967, "Free damped vibrations of linear viscoelastic materials," Rheological Acta, 6, 119-129.

Su, G.-J., 1946, "Modified law of corresponding states for real gases," Industrial and Engineering Chemistry, 38, 803-806.

Tanner, R. I., 2000, Engineering Rheology, 2nd Ed., Oxford University Press.

Takeh, A., Shanbhag, S., 2013, "A computer program to extract the continuous and discrete relaxation spectra from dynamic viscoelastic measurements," Applied Rheology, 23, 24628.

Tervoort, T. A., Klompen, E. T. J., Govaert, L. E., 1966, "A multi-mode approach to finite, three-dimensional, nonlinear viscoelastic behavior of polymer glasses," Journal of Rheology, 40, 779-797.

Thamban Nair, M., 2009, Linear Operator Equations, Approximation and

Regularization, World Scientific.
Tobolsky, A. V. and Murakami, K., 1959, “”Existence of a sharply defined maximum relaxation time for monodisperse polystyrene,“ Journal of Polymer Science, 40, 443-456.
Todd, B. D, Daivis, P. J., 2017, Nonequilibrium Molecular Dynamics: Theory, Algorithms and Applications, Cambridge University Press.
Treloar, L. R. G., 1975, The Physics of Rubber Elasticity, Oxford University Press.
Truesdell, C., 1969, Rational Thermodynamics, McGraw-Hill.
Truesdell, C., Noll, W., 1965, The Non-linear Field Theories of Mechanics, Handbich der Physik, vol. III/3 (de. S. Flügge), Springer.
Tschoegl, N. W., 1971a, “A general method for the determination of approximations to the spectral distributions from the dynamic response functions,” Rheological Acta, 10, 582-594.
Tschoegl, N. W., 1971b, “A general method for the determination of approximations to the spectral distributions from the transient response functions,” Rheological Acta, 10, 595-600.
Tschoegl, N. W., 1989, The Phenomenological Theory of Linear Viscoelastic Behavior, Springer.
Tschoegl, N. W., Emri, I., 1992, “Generating line spectra from experimental responses. III. Interconversion between relaxation and retardation behavior,” International Journal of Polymeric Materials, 18, 117-127.
Valanis, K. C., Landel, R. F., 1967, “The strain-energy function of a hyperelastic material in terms of the extension ratios,” Journal of Applied Physics, 38, 2997-3002
Valanis, K. C., 1971, Irreversible Thermodynamics of Continuous Media, Springer.
Wagner, M. H., 1976, “Analysis of time-dependent non-linear stress-growth data for shear and elongational flow of a low-density branched polyethylene melt,” Rheological Acta, 15, 136-142.
Wagner, N. J., Öttinger, H. C., Edwards, B. J., 1999, “Generalized Doi-Ohta model for multiphase flow developed via GENERIC,” AIChE Journal, 45, 1169-1181.
Weissenberg, K., 1947, “A continuum theory of rheological phenomena,” Nature, 159, 310-311.

White, J. L., Metzner, A. B., 1963, "Development of constitutive equations for polymeric melts and solutions," Journal of Applied Polymer Science, 7, 1867-1889.

Wiff, D. R., Gehatia, M., 1975, "Inferring mechanical relaxation spectra as an ill-posed problem," Journal of Applied Physics, 46, 4231-4234.

Wiff, D. R., 1978, "RQP method of inferring a mechanical relaxation spectrum," Journal of Rheology, 22, 589-597.

Williams, M. L., Landel, R. F., Ferry, J. D., 1955, "The temperature dependence of relaxation mechanisms in amorphous polymers and other glass-forming liquids," Journal of the American Chemical Society, 77, 3701-3707.

Yamamoto, M., 1956, "The visco-elastic properties of network structure I. General formalism," Journal of Physical Society of Japan, 11, 413-421.

Yeramian, E., Claverie, P., 1987, "Analysis of multiexponential functions without a hypothesis as to the number of components," Nature, 326, 169-174.

Zölzer, U., Eicke, H.-F., 1993, "Free oscillatory shear measurements-An intersting application of constant stress rheometers in the creep mode," Rheological Acta, 32, 104-107.

Zwanzig, R., 2001, Nonequilibrium Statistical Mechanics, Oxford University Press.

찾아보기

ㅈ

ㅊ

ㅋ